普通高等教育一流本科专业建设成果教材

化学工业出版社“十四五”普通高等教育规划教材

可靠性工程

陈洪根　主编　　方鹏亚　李　镇　副主编

Reliability Engineering

化学工业出版社

·北京·

内容简介

高等学校教材《可靠性工程》立足于现代可靠性理论及其最新发展，参考国内外可靠性工程领域的成功经验和方法，按照“可靠性基础理论、可靠性模型、可靠性技术、可靠性管理、可靠性应用”这一主线，系统介绍了可靠性工程基本理论、方法和技术，突出强调可靠性工程理论方法与实践应用的结合，重点培养学生学以致用的能力。全书共分9章，内容包括：可靠性工程基础理论、系统可靠性模型、可靠性设计、系统故障分析技术、可靠性试验、可靠性数据分析、RCM（reliability-centered maintenance）分析、可靠性管理和可靠性软件及应用。

本书内容全面、实用，可作为高等院校工业工程类、航空航天类、安全科学与工程类、机械工程类等相关专业本科生和研究生的可靠性工程课程教材，也可供从事质量与可靠性工程、安全工程等工作的工程技术人员参考。

图书在版编目（CIP）数据

可靠性工程/陈洪根主编；方鹏亚，李镇副主编．—北京：化学工业出版社，2022.8（2024.6重印）

ISBN 978-7-122-41386-4

Ⅰ.①可…　Ⅱ.①陈…②方…③李…　Ⅲ.①可靠性工程　Ⅳ.①TB114.39

中国版本图书馆CIP数据核字（2022）第078941号

责任编辑：李玉晖　杨　菁　　文字编辑：张柄楠　师明远
责任校对：田睿涵　　装帧设计：张　辉

出版发行：化学工业出版社（北京市东城区青年湖南街13号　邮政编码100011）
印　　装：北京科印技术咨询服务有限公司数码印刷分部
787mm×1092mm　1/16　印张17½　字数429千字　2024年6月北京第1版第4次印刷

购书咨询：010-64518888　　售后服务：010-64518899
网　　址：http://www.cip.com.cn
凡购买本书，如有缺损质量问题，本社销售中心负责调换。

定　　价：52.00元

前言

产品可靠性是衡量一个国家工业化发展程度的重要度量。自 20 世纪 40 年代提出以来，可靠性理论已成为保障产品质量和系统安全的有效途径，在航空航天、石油化工、机械、核能等领域得到广泛应用。当前，我国正处于由制造大国向制造强国转变升级的关键发展阶段，可靠性作为质量的核心指标在这一转型发展过程中具有比以往更加显著的重要作用，并被越来越多的企事业单位所重视和认识。推广和普及可靠性工程理论与方法技术，培养更多掌握可靠性工程理论的专业人才，有利于缓解我国产业转型升级中可靠性工程人才的供需矛盾，赋能我国由制造大国向制造强国转变。

本书是郑州航空工业管理学院工业工程专业国家级一流本科专业建设成果教材，主要为满足高等院校质量管理工程、工业工程、飞行器质量与可靠性、飞行器适航技术、安全工程等专业本科生和研究生的学习需要而编写。重点内容包括：可靠性基本概念、常用度量参数和寿命分布等基础理论；不可修系统可靠性模型、一般网络可靠性模型、经典可修系统可靠性模型等常用的系统可靠性模型；可靠性分配方法、可靠性预计方法、机械产品可靠性设计技术、电子产品可靠性设计技术等基础可靠性设计理论；故障模式、影响与危害性分析和故障树分析等故障分析技术；环境应力筛选试验、可靠性研制试验、可靠性验证试验、可靠性寿命试验和可靠性增长试验等可靠性试验基本理论与方法；可靠性数据统计分析、分布检验、参数估计等可靠性数据分析技术；以可靠性为中心的维修方式决策模型、预防维修周期决策模型等 RCM（reliability-centered maintenance）决策技术；可靠性软件及应用。

本书具有以下特点：①融入课程思政。通过“学而思之”“链接小知识”等栏目设置，引导学生利用所学的课程知识对时事政治、优秀传统文化等知识和现象进行思考分析，消除思政学习的枯燥性，锻炼学生利用专业知识分析具体问题能力的同时，潜移默化地培养学生的建设国家使命感、中华文化认同感和民族自豪感，激发学生的学习动力，提升学生的文化素养，实现思政教育和专业知识学习的有机融合。②强化应用实践能力培养。通过“即学即用”“案例分析”“课后习题”等栏目设置，以及可靠性软件及应用章节内容设置，构建立体化的实践应用知识体系，加强对学生实践应用能力的培养。③突出航空航天特色。可靠性工程源于航空航天领域，相关方法技术在航空航天领域得到广泛应用，通过在“引导案例”“案例分析”“习题例题”等环节引入航空航天背景的实例和材料，不仅有助于进一步强化学生对可靠性工程理论发展起源的理解，而且鉴于航空航天产品的高科技属性，还有助于激发学生的学习兴趣。

本书共分 9 章。第一章由陈洪根和李镇编写，第二章由李婧和李镇编写，第三章由尹莉萍编写，第四章由牛林清编写，第五章和第九章由方鹏亚编写，第六章由李镇编写，第七章由陈洪根编写，第八章由牛小娟编写。全书由陈洪根统稿。郑州航空工业管理学院管理工程学院李诗宇、邓阳、王鹏翔和航空工程学院代鹏雁、李静等五位研究生参与了本书的部分绘图和案例资料整理等工作。

本书在编写过程中，参考和利用了国内外学者的著作和材料，除了部分在正文中加以标注外，其余均以参考文献形式列在书后，在此谨向原作者表示衷心感谢。如有遗漏，敬请告知。

由于编者水平有限，对可靠性工程领域所涉及知识和内容的把握可能存在不足，书中的疏漏在所难免，敬请广大读者批评指正。

编者

2022 年 4 月

目录

第一章 可靠性工程基础理论

学习目标

① 了解可靠性工程的重要作用和发展历程及趋势；
② 理解可靠性工程的研究内涵和基本概念；
③ 掌握可靠性工程的常用度量参数模型和常用寿命分布模型。

导入案例

嫦娥五号高可靠性如何保证?

2020 年 11 月 24 日 4 时 30 分，我国在中国文昌航天发射场，用长征五号遥五运载火箭成功发射探月工程嫦娥五号探测器。2020 年 12 月 17 日 1 时 59 分，嫦娥五号返回器携带月球样品成功着陆，圆满完成各项任务。这是我国复杂度最高、技术跨度最大的航天系统工程，首次实现了我国地外天体采样返回。

在 2020 年 12 月 17 日举行的国务院新闻办就探月工程嫦娥五号任务有关情况新闻发布会上，针对中央广播电视总台央广记者提出的“我们注意到长征五号是我国起飞推力最大的运载火箭，而嫦娥五号也是我国现在研制最复杂的航天器，科研人员如何确保以上两大型号的高可靠性，从而确保能够应对各种风险挑战?”问题，中国航天科技集团有限公司副总经理、探月工程副总指挥杨保华表示，工程技术人员采取了一系列研发措施和办法，识别和控制各类风险，可靠安全地完成了此次任务。此外，他还特别强调了以下内容：

第一，可靠的产品是设计出来的。设计是源头，如果设计上存在缺陷的话，靠后期的生产制造来弥补是很困难的，甚至是不可能的。工程技术人员在研制初期就进行了大量的分析，还有精确的设计工作，进行了大量的仿真计算，以此吃透技术、摸透产品。

第二，可靠的产品是生产制造出来的。在生产过程中、在可检可测过程中，要逐项地检测，并记住这些参数。正是通过这一系列的措施和办法，采取一系列过程精细化质量控制，保证我们的产品实现其固有可靠性不降低。

第三，可靠的产品是通过实践不断考核出来的。因为嫦娥五号探测器有许多新的技术、新的产品，如果出现一些隐患或问题，按照技术问题规定的标准，只要把机理研究透了，采取相应的措施就能够解决。

第四，充分的地面验证，是航天保成功的有效措施。在嫦娥五号研制过程中，除了常规的验证天地差异、地面验证之外，还有一系列针对地月差异的模拟试验，比如在地面模拟1/6重力起飞综合试验，模拟月面的环境，钻取采样/表取采样、样品转移的综合试验，这个试验地面已经做了几百次的模拟。还有模拟月球轨道交会对接，制导、导航与控制全物理仿真试验，零重力条件下模拟样品的转移试验，在风洞里面模拟接近第二宇宙速度的高速再入等。

第五，充分继承。比如嫦娥五号环月飞行，继承了探月一期“绕”的技术，嫦娥五号软着陆月面，就继承了探月二期“落”的技术，嫦娥五号月球轨道交会对接则继承了中国载人航天工程地球轨道交会对接的技术。

资料来源：根据“国务院新闻办就探月工程嫦娥五号任务有关情况举行发布会”资料整理。

第一节 可靠性工程概述

一、可靠性工程的发展

人们对“可靠性”（reliability）的重视由来已久，但作为可靠性科学或可靠性定量指标的研究是从第二次世界大战才迅速发展起来的。美国是可靠性技术的发源地，可靠性研究始于20世纪40年代美国对电子真空管的失效分析。可靠性工程的发展主要可分为以下四个阶段。

1. 萌芽阶段（20世纪40年代）

第二次世界大战期间，美国的军用电子设备在储存期就有50%失效，机载电子管寿命连20h还不到。由此，迫使国防部开始探讨可靠性问题，并于1943年成立了“真空管研究委员会”，专门研究电子管的可靠性问题。这标志着可靠性研究的起步。

2. 创建阶段（20世纪50年代）

朝鲜战争期间，武器系统因雷达常出故障，能工作的时间仅16%，舰船设备只有33%能有效工作，这促使军内外开始系统的可靠性研究。美国于1950年成立“电子设备可靠性专门委员会”，1952年国防部成立“电子设备可靠性顾问委员会”（Advisory Group on Reliability of Electronic Equipment，AGREE）。1957年，AGREE发表的“军用电子设备可靠性”报告，明确产品的可靠性是可定量的、可分配的、可验证的，从而建立了可靠性的框架，奠定了可靠性的基础。苏联从20世纪40年代后期，日本、联邦德国从50年代后期也开始了可靠性研究；在此时，我国也已开始了对可靠性的研究，并建立了专门的温热带环境暴露试验机构中国亚热带电信器材研究所。

3. 全面发展阶段（20世纪60年代）

美国在该阶段迅速发展了可靠性设计和试验方法，并取得了重要成果。其中，1965年颁布的军用标准 MIL-STD-785 是最显著的成果。在此期间，世界各国也普遍成立了可靠性机构，推广可靠性教育，建立可靠性管理制度，制定可靠性标准。如英国 1961 年成立了“可靠性与质量全国委员会”；法国于 1962 年成立“可靠性中心”；日本从美国引进并发展了可靠性技术，专门成立了“可靠性研究委员会”；我国于 1963 年决定把中国亚热带电信器材研究所定为中国第一个可靠性与环境适应性研究所（四机部十六所）。

4. 深入发展阶段（20 世纪 70 年代至今）

一方面，由于军事装备的使用观念发生了战略性转变，从单纯重视性能到重视效能，从单纯要求高可靠性到要求可靠性、维修性等综合指标，并将可靠性、维修性作为减少全寿命周期费用的工具，可靠性分析、综合环境、可靠性增长及可靠性管理均得到进一步大力发展，如美国海军提出了“设计以可靠性第一、最大工作效能第二”的原则，我国于 1978 年开始实施《电子产品可靠性“七专”质量控制与反馈科学实验》计划，1987 年发布了 GJB 299—1987《电子设备可靠性预计手册》；另一方面，20 世纪 70 年代初期，随着各种各样的电子设备系统广泛应用于各科学技术领域、工业生产部门以及人们的日常生活中，可靠性工程理论在机械电子、石油化工、核能工程和其他民用产品领域中得到了长足发展。

综上所述，可靠性工程的诞生、发展是社会的需要，与科学技术的发展，尤其是与电子技术的发展密不可分。虽然可靠性工程起源于军事领域，但从它的推广应用和给企业以及社会带来的巨大经济效益的事实中，人们更加认识到提高产品可靠性的重要性。世界各国纷纷投入大量人力、物力进行研究，并在更广泛的领域里推广应用。

二、可靠性工程的重要意义

根据其在企业和社会中所发挥的作用，可靠性工程的重要意义主要可归纳为以下几方面。

1. 保证和提高产品的可靠性水平

随着科学技术的不断发展，人们对可靠性的要求也日益提高。可靠性要求变化的具体原因主要来源于四个方面。一是产品和系统规模日益增大，组成产品和系统的元件个数急剧增加，产品的复杂性不断增强，可靠性问题日益突出。例如波音 747 喷气客机就有约四百五十万个元件。而根据可靠性理论，产品复杂性的增加对系统可靠性具有显著影响，随着系统复杂性的增加，其可靠性迅速下降。表 1-1 是串联系统产品复杂性的增加对系统可靠性的影响。由表 1-1 可知，对于由 100000 个元件组成的系统，在单个元件的可靠性为 99.999%时，系统的可靠性也只有 36.79%。因此，在现代产品系统组成复杂且复杂性日益增加的情况下，提高元件可靠性就变得非常迫切了。二是在现代制造环境下，生产过程的自动化水平越来越高，使得工艺过程所用装备的作用越来越凸显，要求设备的可靠性也越来越高。例如，在生产线中只要有一台设备发生故障，就会导致整个生产线停产。三是产品全寿命周期费用的增长，要求提高产品可靠性。现在的产品，特别是军工品，因其复杂化，维修费用提高，导致全寿命周期费用大幅增长。在 20 世纪 60 年代末，美军军用电子设备每年的保障费用相当于当年的采购费，而到 1977 年，保障费是采购费的 1.5 倍；飞机电子设备每 10 年的年平均费用增长 9 倍。高额的、难以预见的维修费是用户的负担，这迫使人们更加重视可靠性的研究。四是现代武器装备、通信卫星、宇宙飞船等高科技产品的产生，对产品可靠性提出了更高的要求。五是安全生产的需求需要不断提高产品和设备的可靠性，尤其是核电、化工等涉及安全性的领域，要求设备必须具备高可靠性水平，才能满足其安全生产的需要，因为对于这些领域，设备一旦发生故障，就可能给整个地区或社会带来长期而严重的安全危害。

表 1-1　串联系统产品复杂性的增加与系统可靠性的影响关系

组成系统的元件个数/个	单个元件可靠性/%			
	99.999	99.99	99.9	99.0
	系统可靠性/%			
10	99.99	99.90	99.00	90.44
100	99.90	99.01	90.48	36.60
250	99.75	97.53	77.87	8.11
500	99.50	95.12	60.64	0.66
1000	99.01	90.48	36.77	<0.1
10000	90.48	36.79	<0.1	<0.1
100000	36.79	<0.1	<0.1	<0.1
1000000	<0.1	<0.1	<0.1	<0.1

数据来源：施国洪．质量控制与可靠性工程基础［M］．北京：化学工业出版社，2005。

针对上述可靠性水平要求变化，可靠性工程作为一门以提升产品可靠性水平为目标的学科，其对保证和提高产品的可靠性水平，满足人们对可靠性的日益增长需求具有重要作用。

2. 提高企业和社会经济效益

产品或设备的故障都会影响生产并造成一定经济损失，尤其是在现代制造环境下，随着工业设备容量的日益提高、参数的日益增多，因事故或故障引起的损失也随之增大。因此，可靠性工程作为一门以提升产品可靠性水平为目标的学科，其研究应用在提高产品可靠性水平的同时，可以减少设备故障的发生，一方面可以减少停机损失，另一方面在一定程度上还可以有效降低维修费用，从而大大提高企业和社会经济效益。

3. 提高产品市场竞争力

在现代市场环境下，作为市场竞争力具体表现的产品质量不仅包含产品的技术性能，同时还包括可靠性、经济性和安全性等指标。其中，技术性能是产品的技术指标，是出厂时产品应具有的质量指标要求；可靠性是产品在出厂后基于时间所表现的技术、性能维持特性，它与时间关联紧密，是产品性能在时间维度的延伸和扩展；经济性是在确定的性能和可靠性水平下的产品总成本，包括产品的购置成本和使用成本；安全性是产品在流通和使用过程中保证安全的程度，它通过风险值或可接受的危险概率来定量描述。在这些质量指标中，可靠性作为一种衡量产品全寿命质量特性的动态质量指标，在其中起着主导核心作用。可靠性高的产品在使用中不仅能保证其性能可以很好地实现，而且也不易发生故障，维修费用也可以下降，因故障所造成的损失也会减少，安全性也相应更高。因此，可靠性工程作为一门以提升产品可靠性水平为目标的学科，其对提高产品的市场竞争力具有重要作用。

三、可靠性工程的研究对象、任务与基本内容

1. 可靠性工程的研究对象、任务

可靠性工程是为适应产品的高可靠性要求而发展起来的新兴学科，是一门综合了多学科成果以解决可靠性问题为出发点的边缘学科。它研究的对象是产品的故障、故障产生原因及消除和预防措施。其主要任务是保证产品的可靠性、可用性和维修性，延长产品使用寿命、降低维修费用，提高产品使用效益。

2. 可靠性工程的基本内容

可靠性工程是一门为了保证产品在设计、生产和使用过程达到预定的可靠性指标，对产品（元件、零件、组件、部件、系统等）的失效现象及其发生的概率进行统计、分析、预测、试验、评估、控制的新兴学科。它与概率论与数理统计、运筹学、系统工程、价值工程、人机工程、计算机技术、机械、电子、工程材料、失效物理等学科密切相关，是一门具有技术和管理双重性的综合学科。它的涉及面非常广，包括了对产品开展可靠性工作的全过程，即可靠性数据收集与分析、失效机理研究、可靠性设计、可靠性预测、可靠性试验、可靠性管理、控制和评价等，这个过程基本贯穿了产品设计、生产、管理整个生命周期。根据可靠性工作的各项活动，可靠性工程的基本内容如表 1-2 所示。

表 1-2　可靠性工程的基本内容

序号	类别	主要内容	序号	类别	主要内容
1	可靠性基础理论	可靠性数学与故障物理学 集合论与逻辑代数 图论与随机过程 概率论与数理统计 系统工程与人因工程学 环境工程学与环境应力分析 试验及分析基础理论	6	元器件可靠性	元器件可靠性水平的确定 元器件失效分析与可靠性评价 元器件及原材料的合理选择 元器件的老化筛选 元器件现场使用情况调查和反馈
2	可靠性设计	可靠性预计与分配 储备设计和余度设计 降额设计和构建概率设计 热设计、抗机械力设计 防潮、腐蚀、烟雾、防尘设计 兼容设计和抗辐射设计 维修性设计和使用性设计 质量、体积、重量和经济指标综合设计	7	系统可靠性	故障模式、影响与危害性分析 事件树分析法(ETA) 故障树分析法(FTA) 可靠性综合评估
			8	制造过程中可靠性	生产过程质量控制手段和方法
3	可靠性试验	环境试验 寿命试验 筛选试验	9	可靠性教育	举办可靠性学习班、讲座与专业会议 进行企业内外的可靠性培训和考察 出版可靠性刊物、可靠性教材
4	可靠性使用的保证	使用和维护规程制定 操作和维修人员培训 安全性设计 人-机匹配设计和环境设计	10	可靠性管理	建立可靠性管理机构和研究机构 制定可靠性管理纲要和管理规范 建立质量反馈机制 开展产品可靠性评审
5	可靠性信息	现场数据收集、分析、整理和反馈 试验数据处理和反馈 元器件失效率汇集和交换 各种可靠性信息搜集和交流 用户调查和反馈	11	可靠性标准化	基础标准 试验方法标准 管理、认证标准 设计标准 产品标准

四、可靠性工程的特点

作为一门学科，可靠性工程和传统的技术概念有很大不同，主要表现出以下三个特点。

1. 管理和技术高度结合

可靠性工程是一门既包含固有技术又包含管理科学的综合性交叉学科。日本把可靠性技术比喻为“病疫学”和“病理学”密切结合的技术。病疫学是指分析和追踪故障的起因、产生的环节，从而将信息反馈给有关单位，以指导设计、制造环节的改进，这是可靠性管理的任务；病理学是研究具体故障的消除和预防技术。因此，管理和技术结合，通过管理指导技术合理利用，这就是可靠性工程技术的基本思想。

2. 众多学科的综合

产品的可靠性不是孤立存在的，它受许多环节、因素的影响。因此，可靠性工程技术和很多领域的技术密切相关，需要得到如系统工程、人机工程、生产工程、材料工程、环境工程、数理统计等学科的支持，并综合运用这些领域的技术成果解决产品的可靠性问题。

3. 反馈和循环

一个产品的可靠性首先是依靠设计，并通过制造来实现设计目标。为了把可靠性设计到产品中去，必须在设计阶段能预测和预防一切可能发生的故障，而预测、预防的依据要靠信息的反馈。反馈是可靠性工程技术的基本特点，没有反馈就没有可靠性。通过反馈，从而使设计、试验、制造和使用过程形成一个可靠性保证和改进的循环技术体系。

第二节 可靠性工程的基本概念

一、可靠性定义及相关基本概念

1. 可靠性的定义

最早的可靠性定义是由美国电子设备可靠性顾问委员会（AGREE）在1957年的《军用电子设备可靠性》报告中提出的。在其基础上，1966年美国的MIL-STD-721B正式给出了传统的可靠性经典定义，即“可靠性是指产品在规定的条件下和规定的时间内完成规定功能的能力”。

根据上述定义可知，可靠性内容包含了以下五个因素：

（1）对象

可靠性问题的研究对象是产品。在这里，产品是一个泛指的概念，可以是元件、组件、零件、部件、机器、设备，甚至整个系统。研究可靠性问题时，首先要明确对象，不仅要确定具体的产品，而且还应明确其内容和性质。如果研究对象是一个系统，则不仅包括硬件，而且包括软件和人的判断与操作等因素，需要从人-机系统的观点去观察和分析问题。

（2）规定条件

研究对象的使用条件包括运输条件、储存条件、使用时的环境条件（如温度、压力、湿度、载荷等）、使用方法等，这些条件不同，研究对象的可靠性水平也有很大差异。

（3）规定时间

可靠性是一个有时间性的定义，对于同一种产品对象，在不同的使用时间范围，其可靠性水平是不同的。这是因为在产品使用过程中，随着时间的增加和累计，产品的磨损和老化也将不断增加，这必然带来产品可靠性的变化。这里的时间定义是一个广义的概念，可以是统计的日历小时，也可以是工作循环次数、作业班次或行驶里程等，应根据具体产品特性而定。规定时间是可靠性区别于产品其他质量属性的重要特征。

(4) 规定功能

对于同一产品，如果规定的产品功能判据不同，即功能要求不一样，其可靠性也不同。因此，研究可靠性要明确产品规定功能的内容。一般来说，所谓“完成规定功能”是指在规定的使用条件下能维持所规定的正常工作而不失效（不发生故障），即研究对象（产品）能在规定的功能参数下正常运行。

(5) 能力

能力是指产品完成其规定功能的可能性大小。衡量可能性大小仅靠定性描述是不够的，还必须有定量描述，通常用“概率”来度量。把概念性的可靠性用具体的数学形式，即概率来表示，这就是可靠性技术的出发点。只有在用概率来定义可靠度后，对元件、组件、零件、部件、机器、设备、系统等产品的可靠程度的测定、比较、评价、选择等才具备了共同的基础，对产品可靠性方面的质量管理才有了保证。

因此，在讨论和评估产品的可靠性问题时，必须明确研究对象、使用条件、使用期限、规定功能等条件因素，否则，就失去了它的可比性。

2. 相关基本概念

上述传统的可靠性定义强调的是完成规定功能（完成任务）的能力，反映的是可靠性的一种综合概念内涵，在实际应用中尚存在一定的局限性。因此，为了更为充分地进一步理解可靠性的本质内涵，有必要进一步对与可靠性有关的一些基本概念进行阐述。

(1) 固有可靠性和使用可靠性

按产品可靠性的形成过程不同，可靠性可分为固有可靠性和使用可靠性。固有可靠性是通过设计、制造赋予产品的可靠性，即在生产过程中已经确立了的可靠性。它与产品的材料、设计与制造工艺及检验精度等有关。

使用可靠性是产品在具体使用条件下表现出来的可靠性。使用可靠性与产品的使用条件密切相关，它既受设计、制造的影响，又受使用条件的影响，尤其是使用者的素质，对使用可靠性的影响很大。一般情况下，使用可靠性总低于固有可靠性。

(2) 基本可靠性和任务可靠性

按照具体用途的不同，可靠性又可分为基本可靠性和任务可靠性。基本可靠性是指产品在规定条件下，无故障持续工作的能力。它是与寿命剖面相关的可靠性，反映了产品对维修和后勤保障的要求，因此统计时应包括全寿命过程的全部故障。

任务可靠性是指产品在规定的任务剖面完成规定功能的能力。它是与任务剖面相关的可靠性，反映了产品在执行任务时的能力，因此一般只统计危及任务成功的致命故障。

(3) 维修性和保障性

对于可修复产品而言，影响产品功能发挥的因素，除了可靠性之外，还有维修性。维修性是指故障部件或系统在规定的条件下和规定时间内，按照规定程序和方法进行维修时，恢复到指定状态的能力。维修性反映的是产品发生故障后恢复功能的能力，它是产品设计和装配的一种特性，赋予了产品一种便于维修的独有特质，使可修产品在出现故障后经过维修可以继续使用，从而提升产品可靠性。

保障性是产品的设计特性和计划的保障资源能满足功能使用要求的能力。它是产品尤其是装备便于保障的属性的综合体现，受到各种设计特性的影响和制约。保障性和可靠性、维修性等都是产品综合性能的重要组成部分，它们从不同侧面反映了产品的综合性能，要通过不同的专业工程进行设计、分析和评价。

(4) 狭义可靠性和广义可靠性

考虑了产品的维修性后，产品可靠性便有了广义和狭义之分。一般称“产品在规定的条件下和规定的时间内完成规定功能的能力”为狭义可靠性，它反映的是产品在某一稳定时间内发生失效的难易程度。

广义可靠性是指产品在整个寿命期限内完成规定功能的能力，它包括了狭义可靠性和维修性。当考察时间为指定瞬间时，广义可靠性可用瞬时可用度度量；考察时间为全寿命周期时，广义可靠性可用稳态可用度度量。

二、故障定义及相关基本概念

可靠性是相对故障而言的。在工程实践中，要提高产品可靠性，就要与故障及其发生原因作斗争；要评价产品可靠性，就要明确什么是故障并对故障进行统计分析。因此，明确故障及其相关基本概念对研究可靠性具有重要意义。

1. 故障和失效定义

故障是指产品规定功能丧失的状态。失效是指产品规定功能丧失的事件。在此，规定功能的丧失不仅指规定功能的完全丧失，同时也包括规定功能的降低等。在实际应用中，特别是对硬件产品而言，故障和失效很难严格区分。一般情况下，对于不可修产品习惯采用失效来描述，如弹药失效、电子元器件失效等，对于可修产品习惯采用故障来表示，比如飞机故障、装备故障等。在我国的可靠性工程中，一般不对故障和失效进行严格区分，因此本书也不做严格区分，除特殊说明外，两者可相互替代使用。

2. 故障模式及其分类

故障模式是指故障的表现形式，如短路、断裂、漏油等。按照特性差异，各种故障模式可以划分为损坏型故障模式、劣化型故障模式、脱落型故障模式、失调型故障模式、渗漏型故障模式、功能型故障模式等不同种类。各类型故障模式包含的主要故障模式如表 1-3 所示。

表 1-3　故障模式的分类

故障模式的类型	故障模式
损坏型故障模式	裂痕、裂纹、断裂、开路、短路、错位等
劣化型故障模式	老化、变色、变质、腐蚀、磨损等
脱落型故障模式	松动、脱开等
失调型故障模式	间隙不适、流量不当、压力不当、电压不当等
渗漏型故障模式	渗油、渗水、漏油、漏水、漏电等
功能型故障模式	性能不稳定、性能下降、接触不良等
其他	润滑不良、断水、缺油、质量不合格等

3. 故障机理和故障原因

故障机理是指引起产品失效的物理、化学和生物等变化过程，如轴的断裂是材料强度这一物理特性不够导致的。断裂和蠕变、磨损、疲劳、腐蚀、冲击、热影响是导致机械系统故障的六大主要故障机理。故障原因是指引起故障发生的设计、制造、使用和维修等因素。故障原因主要阐明产品为什么会失效，故障机理主要说明产品是如何失效以致不能执行规定功能的。

第三节　可靠性常用度量参数

根据度量内容的差异，可靠性常用度量参数主要分为可靠性度量参数、维修性度量参数、有效性度量参数等不同种类。

一、可靠性度量参数

可靠性的定义是产品在规定的条件下和规定的时间内，完成规定功能的能力。产品的可靠性具有定性和定量两层含义。由于可靠性研究的产品较为广泛，用来度量产品可靠性的“能力”也是多种多样的，因此在定量研究产品的可靠性时，就需要各种数量指标，以便说明产品的可靠性程度。通常将表示和衡量产品可靠性的各种数量指标统称为可靠性度量参数或可靠性特征量。可靠性度量参数主要有可靠度、失效概率密度、累积失效概率、失效率、平均寿命、可靠寿命和中位寿命等。

1. 可靠度

可靠度是产品在规定的条件下和规定的时间内完成规定功能的概率，通常以 R 表示。显然，规定的时间越短，产品完成规定功能的可能性越大；规定的时间越长，产品完成规定功能的可能性越小。由此可见，可靠度是时间的函数，故又可表示为 $R=R(t)$，称为可靠度函数。就概率分布而言，它又叫作可靠度分布函数，且是累积分布函数。它表示在规定的使用条件下和规定的时间内，无故障地完成规定功能而工作的产品占全部工作产品（累积起来）的百分率。因此，可靠度 R 或 $R(t)$ 的取值范围是

$$0 \leqslant R(t) \leqslant 1 \tag{1-1}$$

若产品在规定的条件下和规定的时间内完成规定功能的这一事件（E）的概率以 $P(E)$ 表示，则可靠度作为描述产品正常工作时间（寿命）这一随机变量（T）的概率分布可写成

$$R(t)=P(E)=P(T>t), 0 \leqslant t < \infty \tag{1-2}$$

根据可靠度的定义可知，$R(t)$ 描述了产品在 $(0,t]$ 时间段内完好的概率，且 $R(0)=1$，$R(+\infty)=0$，显然，规定时间越长，可靠度越低；规定时间越短，可靠度越高。可靠度与规定时间的关系如图 1-1 所示。

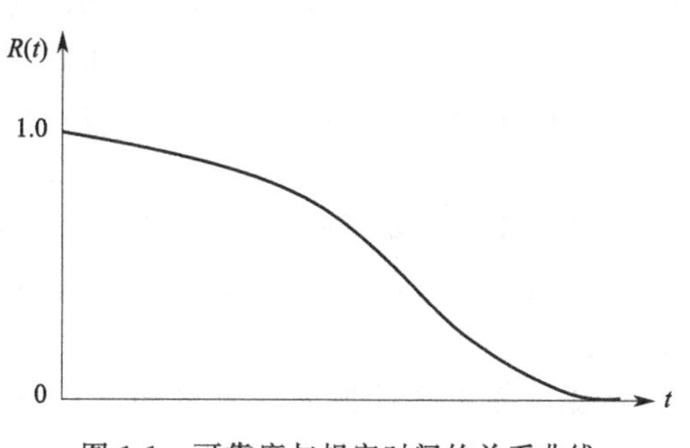

图 1-1　可靠度与规定时间的关系曲线

可靠性特征量理论上的值称为真值，它完全由产品失效的数学模型所决定。它虽然是客观存在的，但实际上是未知的，主要应用在理论研究方面。在实际工作中，我们只能获得有限个样本的观测数据，经过一定的统计计算得

到真值的估计值，称为可靠度估计值，记为$\hat{R}(t)$。

根据产品的可修复性特征，可靠度估计值$\hat{R}(t)$有如下定义：

(1) 不可修复产品的可靠度估计值

对于不可修复产品，可靠度估计值是指到规定的时间终止，能完成规定功能的产品数$n_s(t)$与该时间区间开始时可投入工作的产品总数n之比。即

$$\hat{R}(t)=\frac{n_s(t)}{n}=1-\frac{n_f(t)}{n} \tag{1-3}$$

式中，$n_f(t)$是在规定时间区间内未完成规定功能的产品数，即失效产品数。

(2) 可修复产品的可靠度估计值

对于可修复的产品，可靠度估计值是指一个或多个产品的无故障工作时间达到或超过规定时间的次数与观测时间内无故障工作总次数之比。即

$$\hat{R}(t)=\frac{n_s(t)}{n}=1-\frac{n_f(t)}{n} \tag{1-4}$$

式中，$n_s(t)$为无故障工作时间达到或超过规定时间的次数；$n_f(t)$为无故障工作时间未达到规定时间的次数；n为观测时间内无故障工作总次数，每个产品的最后一次无故障工作时间若未超过规定时间则不予以计入。

上述可靠度$R(t)$的时间t是由0开始计算的，实际使用中常需要知道工作过程中某一阶段执行任务的可靠度，即需要知道已经工作时间t_1后再继续工作t_2的可靠度。

从时刻t_1工作到时刻t_1+t_2的条件可靠度为任务可靠度，可记为$R(t_1+t_2 \mid t_1)$。由条件概率可知

$$R(t_1+t_2|t_1)=P(T>t_1+t_2|T>t_1)=\frac{R(t_1+t_2)}{R(t_1)} \tag{1-5}$$

根据观测值，任务可靠度估计值为

$$\hat{R}(t_1+t_2|t_1)=\frac{n_s(t_1+t_2)}{n_s(t_1)} \tag{1-6}$$

2. 累积失效概率

累积失效概率是指产品在规定条件下和规定时间内失效的概率，其值等于$1-R(t)$。也可以说产品在规定条件和规定时间内完不成规定功能的概率，故也称为不可靠度，它同样是时间的函数，记作$F(t)$，又可称作累积失效分布函数，显然，它与可靠度为互补关系，即

$$R(t)+F(t)=1 \tag{1-7}$$

$$F(t)=1-R(t)=1-P(T>t)=P(T\leqslant t) \tag{1-8}$$

从上述定义可知，$F(0)=0$，$F(\infty)=1$。累积失效概率$F(t)$与时间t的关系曲线如图1-2所示。

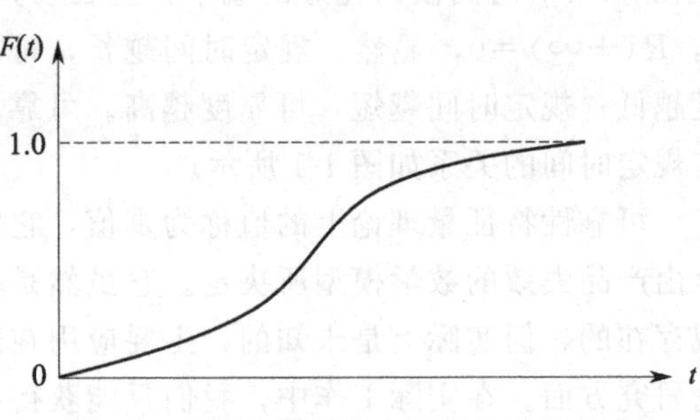

图1-2 累积失效概率与时间的关系曲线

根据可靠度估计值的计算可知，累积失效概率的估计值$\hat{F}(t)$为

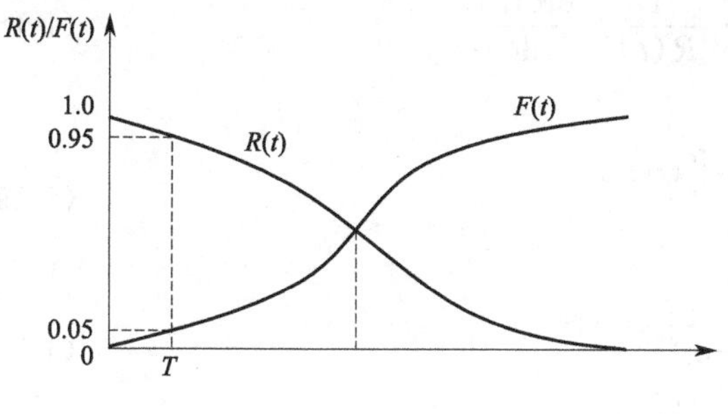

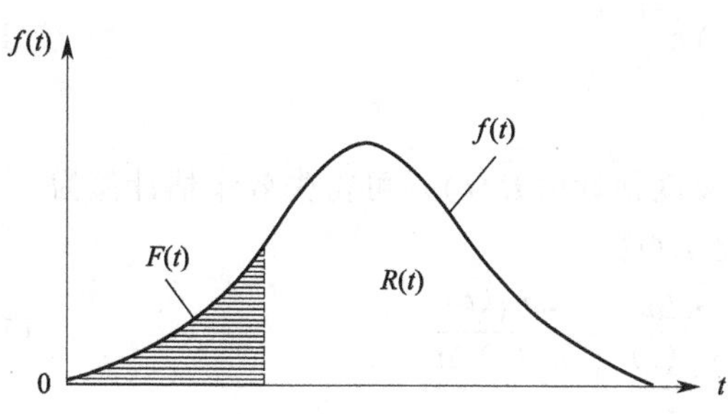

图 1-3　可靠度、累积失效概率和失效概率密度的关系

$$\hat{F}(t)=1-\hat{R}(t)=\frac{n_f(t)}{n} \tag{1-9}$$

3. 失效概率密度

失效概率密度是累积失效概率对时间的变化率，记作 $f(t)$。它表示产品在单位时间内失效的概率。其表示式为

$$f(t)=\frac{\mathrm{d}F(t)}{\mathrm{d}t}=-\frac{\mathrm{d}R(t)}{\mathrm{d}t}=F'(t) \tag{1-10}$$

由上式可知

$$F(t)=\int_0^t f(t)\,\mathrm{d}t \tag{1-11}$$

$$R(t)=1-F(t)=1-\int_0^t f(t)\,\mathrm{d}t =\int_t^{\infty} f(t)\,\mathrm{d}t \tag{1-12}$$

在确定的规定时间条件下，可靠度、累积失效概率和失效概率密度的关系如图 1-3 所示。

由此可知，失效概率密度的估计值为

$$\hat{f}(t)=\frac{F(t+\Delta t)-F(t)}{\Delta t}=\frac{n(t+\Delta t)-n(t)}{n\Delta t}=\frac{\Delta n_f(t)}{n\Delta t} \tag{1-13}$$

式中，Δt 为时间增量，Δn_f（t）是在$(t，t+\Delta t)$时间间隔内失效的产品数。

4. 失效率

(1) 失效率的定义

失效率是指工作到某时刻尚未失效的产品在该时刻后单位时间内发生失效的概率，记为 λ（t），称为失效率函数或故障率函数。

根据失效率的定义，失效率是指在时刻 t 尚未失效的产品在 $t\sim(t+\Delta t)$ 的单位时间内发生失效的条件概率，它反映 t 时刻失效的速率，也称为瞬时失效率，即

$$\lambda(t)=\lim_{\Delta t\to 0}\frac{P(t<T\leqslant t+\Delta t\,|\,T>t)}{\Delta t} \tag{1-14}$$

由条件概率

$$P(t<T\leqslant t+\Delta t\,|\,T>t)=\frac{P(t<T\leqslant t+\Delta t)}{P(T>t)} \tag{1-15}$$

可得失效率与可靠度及失效概率密度之间的关系为

$$\lambda(t)=\lim_{\Delta t\to 0}\frac{P(t<T\leqslant t+\Delta t)}{P(T>t)\Delta t}=\lim_{\Delta t\to 0}\frac{F(t+\Delta t)-F(t)}{R(t)\Delta t}=\lim_{\Delta t\to 0}\frac{\Delta F(t)}{R(t)\Delta t} \tag{1-16}$$

即

$$\lambda(t)=\frac{F'(t)}{R(t)}=-\frac{R'(t)}{R(t)}=\frac{f(t)}{R(t)} \tag{1-17}$$

对上式进行变换

$$\lambda(t)=\frac{f(t)}{R(t)}=-\frac{1}{R(t)}\times\frac{\mathrm{d}R(t)}{\mathrm{d}t} \tag{1-18}$$

两边积分并整理可得

$$R(t)=\mathrm{e}^{-\int_0^t \lambda(t)\,\mathrm{d}t} \tag{1-19}$$

进一步变换可得

$$F(t)=1-\mathrm{e}^{-\int_0^t \lambda(t)\,\mathrm{d}t} \tag{1-20}$$

$$f(t)=\lambda(t)\,\mathrm{e}^{-\int_0^t \lambda(t)\,\mathrm{d}t} \tag{1-21}$$

（2）失效率的估计值

根据前述失效概率密度估计值 $\hat{f}(t)$ 和可靠度估计值 $\hat{R}(t)$，可得失效率估计值为

$$\hat{\lambda}(t)=\frac{\hat{f}(t)}{\hat{R}(t)}=\frac{\dfrac{\Delta n_{\mathrm{f}}(t)}{n\Delta t}}{\dfrac{n_{\mathrm{s}}(t)}{n}}=\frac{\Delta n_{\mathrm{f}}(t)}{n_{\mathrm{s}}(t)\Delta t} \tag{1-22}$$

即失效率估计值为某一时刻后单位时间内失效的产品数与工作到该时刻尚未失效产品数之比。

【例 1-1】 今有某零件 100 个，已工作了 6 年，工作满 5 年时共有 3 个失效，工作满 6 年时共有 6 个失效，工作满 7 年时有 10 个失效。试根据以上数据计算这批零件工作满 5 年时以及满 6 年时的可靠度和失效率。(失效率单位：年$^{-1}$)

解： 根据题意可得产品总数 $n=100$；

满 5 年时，失效产品数量 $n_{\mathrm{f}}(5)=3$，正常工作产品数量 $n_{\mathrm{s}}(5)=100-3=97$；

满 6 年时，失效产品数量 $n_{\mathrm{f}}(6)=6$，正常工作产品数量 $n_{\mathrm{s}}(6)=100-6=94$；

满 7 年时，失效产品数量 $n_{\mathrm{f}}(7)=10$；

满 5、6 年时，在该时刻后的单位时间间隔内（$\Delta t=1$ 年）失效的产品数分别为 $\Delta n_{\mathrm{f}}(5)=6-3=3$，$\Delta n_{\mathrm{f}}(6)=10-6=4$。

则：

$$\hat{R}(5)=\frac{n_{\mathrm{s}}(5)}{n}=\frac{97}{100}=0.97$$

$$\hat{R}(6)=\frac{n_{\mathrm{s}}(6)}{n}=\frac{94}{100}=0.94$$

$$\hat{\lambda}(5)=\frac{\Delta n_{\mathrm{f}}(5)}{n_{\mathrm{s}}(5)\Delta t}=\frac{3}{97\times1}=0.0309\ \text{年}^{-1}$$

$$\hat{\lambda}(6)=\frac{\Delta n_{\mathrm{f}}(6)}{n_{\mathrm{s}}(6)\Delta t}=\frac{4}{94\times1}=0.04255\ \text{年}^{-1}$$

【例 1-2】 今有 200 个产品投入使用，在 100h 前有 2 个发生失效，在 100～105h 之间有 1 个发生失效。①试计算这批产品工作满 100h 时的失效概率密度和失效率；②若 1000h 前有 51 个产品发生失效，而在 1000～1005h 内有 1 个发生失效，试计算这批产品工作满 1000h 时的失效概率密度和失效率。

解： 根据题意可得

(1) 该产品工作满100h时的故障概率密度和故障率分别为

$$\hat{f}(100)=\frac{\Delta n_{\mathrm{f}}(100)}{n\Delta t}=\frac{1}{200\times5}=\frac{1}{1000}\mathrm{h}^{-1}$$

$$\hat{\lambda}(100)=\frac{\Delta n_{\mathrm{f}}(100)}{n_{\mathrm{s}}(100)\Delta t}=\frac{1}{(200-2)\times5}=\frac{1}{990}\mathrm{h}^{-1}$$

(2) 该产品工作满1000h时的故障概率密度和故障率分别为

$$\hat{f}(1000)=\frac{\Delta n_{\mathrm{f}}(1000)}{n\Delta t}=\frac{1}{200\times5}=\frac{1}{1000}\mathrm{h}^{-1}$$

$$\hat{\lambda}(1000)=\frac{\Delta n_{\mathrm{f}}(1000)}{n_{\mathrm{s}}(1000)\Delta t}=\frac{1}{(200-51)\times5}=\frac{1}{745}\mathrm{h}^{-1}$$

由此可见，在反映产品可靠性总体趋势变化方面，失效率比失效概率密度要更加灵敏。

(3) 失效率的单位

失效率$\lambda(t)$是一个非常重要的特征量，它的单位通常用时间的倒数表示。但对目前具有高可靠性的产品来说，就需要采用更小的单位来作为失效率的基本单位，因此失效率的基本单位用菲特（fit）来定义，1菲特$=10^{-9}\mathrm{h}^{-1}=10^{-6}/(10^{3}\mathrm{h})$。而在描述汽车、轴类、齿轮等一些产品的失效率时，不适宜用时间倒数，可用与其相当的“里程”“转速”“动作次数”等倒数来表示。

(4) 失效率曲线

产品的可靠性取决于产品的失效率，而产品的失效率随工作时间的变化具有不同的特点，根据长期以来的理论研究和数据统计，发现由许多零件构成的机器、设备或系统，在不进行预防性维修时，或者对于不可修复的产品，其失效率曲线的典型形态如图1-4所示。由于它的形状与浴盆的剖面相似，所以又称为浴盆曲线，可明显地分为三段，分别对应元件的三个不同阶段或时期。

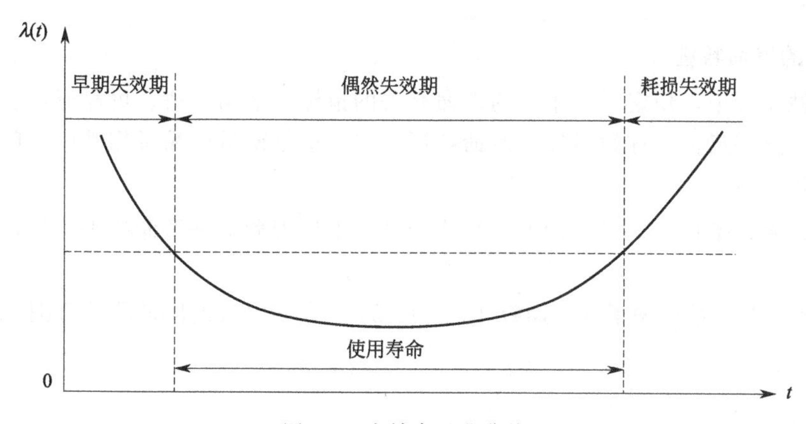

图1-4 失效率浴盆曲线

① 早期失效期（DFR）。

早期失效期出现在产品投入使用的初期，其特点是开始时失效率较高，但随着使用时间的增加失效率较快地下降，呈递减型。该时期的失效或故障是由于设计上的疏忽、材料缺陷、工艺质量问题、检验差错而混进了不合格品、不适应外部环境等缺点及设备中寿命短的部分等因素引起。这个时期的长短随设备或系统的规模和上述情况的不同而异。为了缩短这一阶段的时间，产品应在投入运行前进行试运转，以便及早发现、修正和排除缺陷；或通过试验进行筛选以剔除不合格品；或进行规定的磨合和调整，以便改善其技术状况。

② 偶然失效期（CFR）。

在早期失效期之后，早期失效已暴露无遗，产品的失效率就会大体趋于稳定状态并降至最低，且在相当一段时间内大致维持不变，呈恒定型。该时期故障的发生是偶然的或随机的，故称为偶然失效期。偶然失效期是设备或系统等产品的最佳状态时期，在规定的失效率下其持续时间称为使用寿命或有效寿命。人们总是希望延长这一时期，即希望在容许的费用内，延长使用寿命。

由于在这一阶段中，产品失效率近似为一个常数，故可设 $\lambda(t)=\lambda$（常数）。由可靠度计算公式可得 $R(t)=e^{-\int_0^t \lambda(t)\,dt}=e^{-\lambda t}$，这表明产品的可靠度与失效率成指数关系。

③ 耗损失效期（IFR）。

耗损失效期出现在设备、系统等产品投入使用的后期，其特点是失效率随工作时间的增加而上升，呈递增型。这是因为构成设备、系统的某些零件已过度磨损、疲劳、老化、寿命衰竭所致。若能预计耗损失效期到来的时间，并在这个时间稍前一点将要损坏的零件更换下来，就可以把未来将会上升的失效率降下来，延长可维护的设备或系统的使用寿命。当然，是否需要采取这些措施需要权衡，因为有时把它报废更为合算。

可靠性研究虽涉及上述三种失效类型或三种失效期，但着重研究的是随机失效，因为它发生在设备的正常使用期间。

这里必须指出，浴盆曲线的观点反映的是不可修复且较为复杂的设备或系统在投入使用后失效率的变化情况。一般情况下，凡是由单一的失效机理引起失效的零件、部件应归于DFR型。只有在稍复杂的设备或系统中，由于零件繁多且它们的设计、使用材料、制造工艺、工作（应力）条件、使用方法等不同，失效因素各异，才形成包含有上述三种失效类型的浴盆曲线。

5. 产品的寿命特征

在可靠性工程中，规定了一系列与寿命有关的指标：平均寿命、可靠寿命、特征寿命和中位寿命等。这些指标总称为可靠性寿命特征，它们也是衡量产品可靠性的尺度。

(1) 平均寿命

在产品的寿命指标中，最常用的是平均寿命。平均寿命就是寿命的平均值，即寿命的数学期望值。

由概率论及数理统计关于数学期望［见式(1-23)］的定义和时间的积分范围（$0\leqslant t\leqslant\infty$）

$$E(x)=\int_{-\infty}^{+\infty} x f(x)\,dx \tag{1-23}$$

得平均寿命 θ

$$\theta=E(t)=\int_0^{\infty} t f(t)\,dt \tag{1-24}$$

根据可靠度 $R(t)$ 和失效概率密度 $f(t)$ 的关系，化简可得

$$\begin{aligned}\theta=E(t)&=\int_0^{\infty} t f(t)\,dt=\int_0^{\infty} t\left(-\frac{dR(t)}{dt}\right)dt=-\int_0^{\infty} t\,dR(t)\\&=-\int_0^{\infty} d[tR(t)]+\int_0^{\infty} R(t)\,dt=-[tR(t)]_0^{\infty}+\int_0^{\infty} R(t)\,dt\end{aligned} \tag{1-25}$$

即

$$\theta=\int_0^{\infty} R(t)\,\mathrm{d}t \tag{1-26}$$

由于可修复产品和不可修复产品的寿命有不同的意义，故平均寿命也有不同意义。

① 不可修复产品的平均寿命 MTTF　对于不可修复产品，其寿命是指它失效前的工作时间。因此平均寿命就是指该产品从开始使用到失效前工作时间（或工作次数）的平均值(平均故障前时间)，记为 MTTF（mean time to failure)，即

$$\theta=\mathrm{MTTF}=\frac{1}{N}\sum_{i=1}^{N} t_i \tag{1-27}$$

式中，N 为测试产品的总数；t_i 为第 i 个产品失效前的工作时间，单位为 h。

② 可修复产品的平均寿命 MTBF　对于可修复产品，其寿命是指相邻两次故障间的工作时间。因此，它的平均寿命即为平均无故障工作时间或平均故障间隔，记为 MTBF (mean time between failure)。

$$\theta=\mathrm{MTBF}=\frac{1}{\sum_{i=1}^{N} n_i}\sum_{i=1}^{N}\sum_{j=1}^{n_i} t_{ij} \tag{1-28}$$

式中，N 为测试产品的总数；n_i 为第 i 个产品的故障数；t_{ij} 为第 i 个产品从第 $j-1$ 次故障到第 j 次故障的工作时间，单位为 h。

MTTF 与 MTBF 的理论意义和数学表达式的实际内容都是一样的，故统称为平均寿命。如果从一批产品中任取 N 个产品进行寿命试验，得到第 i 个产品的寿命数据为 t_i，则不论该产品是否可修复，其平均寿命的估计值均可表示为

$$\hat{\theta}=\frac{1}{N}\sum_{i=1}^{N} t_i \tag{1-29}$$

或表达为

$$\theta=\frac{\text{所有产品总的工作时间}}{\text{产品总数或总的故障次数}} \tag{1-30}$$

(2) 可靠寿命、中位寿命和特征寿命

产品可靠度与其使用期限有关，是其工作寿命 t 的函数。在可靠度函数 $R(t)$ 已知的条件下，不仅可以确定产品任意使用期限条件下的可靠度，也可以确定产品任意可靠度条件下的工作寿命。

可靠寿命是指产品可靠度值为 R 时的工作寿命，记为 T_R。

中位寿命是指产品可靠度值 $R=0.5$ 时的工作寿命，记为 $T_{0.5}$。

特征寿命是指产品可靠度值 $R=\mathrm{e}^{-1}$ 时的工作寿命，记为 $T_{\mathrm{e}^{-1}}$。

【例 1-3】 若已知某产品的失效率为常数 $\lambda(t)=\lambda=0.25\times10^{-4}\mathrm{h}^{-1}$，可靠度函数 $R(t)=\mathrm{e}^{-\lambda t}$，试求可靠度 $R=0.99$ 的可靠寿命、中位寿命和特征寿命。

解： 由 $R(t)=\mathrm{e}^{-\lambda t}$，等式两边取对数得 $t=-\frac{1}{\lambda}\ln R(t)$，即 $T_R=-\frac{1}{\lambda}\ln R$

则该产品的可靠寿命为

$$T_{0.99}=-\frac{1}{\lambda}\ln 0.99=-\frac{1}{0.25\times10^{-4}}\ln 0.99=402\mathrm{h}$$

中位寿命为

$$T_{0.5}=-\frac{1}{\lambda}\ln 0.5=-\frac{1}{0.25\times10^{-4}}\ln 0.5=27725.6\text{h}$$

特征寿命为

$$T_{0.5}=-\frac{1}{\lambda}\ln e^{-1}=-\frac{1}{0.25\times10^{-4}}\ln 0.3679=40000\text{h}$$

6. 可靠性主要特征量之间的关系

可靠性特征量中可靠度 $R(t)$、累积失效概率 $F(t)$、失效概率密度 $f(t)$ 和失效率 $\lambda(t)$ 之间的变换关系如表 1-4 所示。

表 1-4 可靠性主要特征量的变换关系

可靠性特征量	$R(t)$	$F(t)$	$f(t)$	$\lambda(t)$
$R(t)$	—	$1-F(t)$	$\int_t^{\infty} f(t)\,dt$	$\exp[-\int_0^t \lambda(t')dt']$
$F(t)$	$1-R(t)$	—	$\int_0^t f(t)\,dt$	$1-\exp[-\int_0^t \lambda(t')dt']$
$f(t)$	$-\frac{dR(t)}{dt}$	$\frac{dF(t)}{dt}$	—	$\lambda(t)\exp[-\int_0^t \lambda(t')dt']$
$\lambda(t)$	$-\frac{R'(t)}{R(t)}$	$\frac{F'(t)}{1-F(t)}$	$\frac{f(t)}{\int_t^{\infty} f(t')dt'}$	—

二、维修性度量参数

维修性是指在规定的条件下使用的可维修产品，在规定的时间内，按规定的程序和方法进行维修时，保持或恢复到能完成规定功能的能力。在这里规定的条件是指维修三要素：产品维修的难易程度（可维修性）；维修人员的技术水平；维修设施和组织管理水平（备用件、工具等的准备情况）。

如果把产品从开始出故障到修理完毕所经历的时间，即把故障诊断、维修准备及维修实施时间之和称为产品的维修时间，记为 Y，显然，这是一个随机变量。通常把产品维修时间 Y 所服从的分布称为维修分布，记为 $G(t)$，则

$$G(t)=P(Y\leqslant t) \tag{1-31}$$

如果 Y 是连续型随机变量，则其维修密度函数

$$g(t)=G'(t) \tag{1-32}$$

与产品的失效分布一样，维修时间的分布可以通过对维修数据的处理分析获得大致了解。因此，产品的维修性不仅是一个定性的能力表示，而且可以定量地加以描述。这些定量的指标称为维修性度量参数，主要包括维修度、修复率和平均修复时间等。

1. 维修度

维修度是指对可能修复的产品在发生故障后，在规定的条件下和规定的时间内完成修复的概率，记为 M。维修度是用概率表征产品维修难易程度的，是维修时间的函数，故一般记为 $M(t)$。

如果用随机变量 τ 表示修复故障产品的维修时间，则该产品在某一指定时刻 t 的维修度

$$M(t)=P(\tau \leqslant t) \tag{1-33}$$

显然 $0 \leqslant M(t) \leqslant 1$。

若维修时间的概率密度函数 $m(t)$ 已知，则

$$M(t)=P(\tau \leqslant t)=\int_0^t m(t)\,\mathrm{d}t \tag{1-34}$$

2. 修复率

修复率指修理时间已达到某一时刻但尚未修复的产品在该时刻后的单位时间内完成修理的概率，可表示为 $\mu(t)$。它是用单位时间修复发生故障的产品的比例来度量维修性的一个尺度。

$$\mu(t)=\frac{1}{1-M(t)} \times \frac{\mathrm{d}M(t)}{\mathrm{d}t}=\frac{m(t)}{1-M(t)} \tag{1-35}$$

式中，$m(t)$ 是维修时间的概率密度函数，即

$$m(t)=\frac{\mathrm{d}M(t)}{\mathrm{d}t} \tag{1-36}$$

若 $M(t)$ 服从指数分布，即 $\mu(t)=\mu$（常数），则

$$M(t)=1-\mathrm{e}^{-\mu t} \tag{1-37}$$

3. 平均修复时间

平均修复时间是指可修复产品的平均修理时间，其估计值为修复时间总和和修复次数之比，记作 MTTR（mean time to repair）。

$$\mathrm{MTTR}=E(Y)=\int_0^t t m(t)\,\mathrm{d}t \tag{1-38}$$

若修复时间服从指数分布，则平均修复时间是修复率的倒数，即

$$\mathrm{MTTR}=\frac{1}{\mu} \tag{1-39}$$

通常，使用平均修复时间的观测值更方便计算衡量，即

$$\mathrm{MTTR}=\frac{1}{n_\tau}\sum_{i=1}^{n_\tau} t_{\tau i} \tag{1-40}$$

式中，n_τ 为统计样本容量，即产品维修总次数；$t_{\tau i}$ 为第 i 次故障维修时间。

4. 可靠性度量参数与维修性度量参数比较

通过上述维修性度量参数的介绍可知，可靠性和维修性主要特征量存在着对应关系。可靠性指标依据的是从开始工作到故障发生的时间（寿命）数据，而维修性指标依据的是发生故障后进行维修所花费的时间——修复时间数据。两者相比，维修时间数据比寿命数据要小得多。另外，可靠性是由设计、制造、使用等因素所决定的，而维修性是人为地排除故障，使产品的功能恢复，因而人为因素影响更大。

可靠性度量参数与维修性度量参数的对比见表 1-5。

表 1-5 可靠性度量参数与维修性度量参数对比

项目	可靠性度量参数	维修性度量参数
累计概率分布	$R(t)=\int_t^\infty f(t)\,\mathrm{d}t$	$M(t)=\int_0^t m(t)\,\mathrm{d}t$
概率密度	$f(t)=\frac{\mathrm{d}F(t)}{\mathrm{d}t}$	$m(t)=\frac{\mathrm{d}M(t)}{\mathrm{d}t}$

续表

项目	可靠性度量参数	维修性度量参数
条件概率	$\lambda(t)=\dfrac{f(t)}{R(t)}$	$\mu(t)=\dfrac{m(t)}{1-M(t)}$
平均时间	$\text{MTTF(MTBF)}=\int_0^\infty tf(t)\mathrm{d}t$	$\text{MTTR}=\int_0^\infty tm(t)\mathrm{d}t$
常数特征	$F(t)=1-\mathrm{e}^{-\lambda t}$	$M(t)=1-\mathrm{e}^{-\mu t}$
	$\text{MTTF(MTBF)}=\dfrac{1}{\lambda}$	$\text{MTTR}=\dfrac{1}{\mu}$

三、有效性度量参数

有效性也称可用性，它是综合反映可靠性和维修性的一个重要概念，是一个反映可维修产品使用效率的广义可靠性尺度。如前所述，广义可靠性包含狭义可靠性和维修性，但并不是简单的加和，而是基于综合分析的有机组合。有效性表示可维修产品在规定的条件下使用时具有维持规定功能的能力。这里所指的规定条件包括产品的工作条件和维修条件。有效度是有效性的数量指标。

有效度（可用度）是指可维修产品在规定的条件下使用时，在某时刻具有或维持其功能的概率。对于可维修产品，当发生故障时，只要在允许的时间内修复后又能正常工作，其有效度与单一可靠度相比，是增加了正常工作的概率；对于不可维修产品，有效度就仅决定于且等于可靠度了。

有效度按照不同的计算方法划分，又可分为瞬时有效度、平均有效度、稳态有效度和固有有效度等。

1. 瞬时有效度

瞬时有效度指在某一特定瞬时，可维修产品保持正常工作状态或功能的概率，又称瞬时利用率，记为 $A(t)$。它反映在 t 时刻产品的有效度，而与 t 时刻以前是否失效无关。瞬时有效度常用于理论分析，而不便于在工程实践中应用 。

2. 平均有效度

平均有效度是指产品在某一规定的时间区间具有和维持其规定功能的平均概率，记为 $\bar{A}(t)$，即瞬时有效度 $A(t)$ 在时间区间 $[0,t]$ 内的平均值。

$$\bar{A}(t)=\frac{1}{t}\int_0^t A(t)\mathrm{d}t \tag{1-41}$$

设备或系统在执行任务期间 $[t_1, t_2]$ 的平均有效度，又称为任务有效度，即

$$\bar{A}(t)=\frac{1}{t_2-t_1}\int_{t_1}^{t_2} A(t)\mathrm{d}t \tag{1-42}$$

它表示设备或系统在任务期间可以使用的时间在时间区间 $[t_1, t_2]$ 中所占的比例。

3. 稳态有效度

稳态有效度又称为时间有效度或可工作时间比（up time ratio，UTR），记为 $A(\infty)$ 或 A。它是时间 $t\to\infty$ 时瞬时有效度 $A(t)$ 的极限。即

$$A(\infty)=A=\lim_{t\to\infty}A(t) \tag{1-43}$$

稳态有效度可反应产品长时间使用时其维护规定功能的能力，是常用的考核指标。具体衡量计算时多用经验观测值，表达为

$$A=\frac{\text{可工作时间}}{\text{可工作时间}+\text{不能工作时间}}=\frac{U}{U+D} \tag{1-44}$$

式中，U 为可维修产品的平均能正常工作的时间，h；D 为产品平均不能工作的时间，h。

或表达为

$$A=\frac{\text{MTBF}}{\text{MTBF}+\text{MTTR}} \tag{1-45}$$

当可靠度 $R(t)$ 和维修度 $M(t)$ 均为指数分布，即 $\lambda(t)=\lambda$、$\mu(t)=\mu$ 时，稳态有效度可由失效率和修复率来表述，即

$$A=\frac{\text{MTBF}}{\text{MTBF}+\text{MTTR}}=\frac{\mu}{\mu+\lambda} \tag{1-46}$$

由此可知，提高设备或系统的有效度有两条途径：一是提高设备的可靠性，延长设备的平均无故障工作时间 MTBF；二是加强维修性设计，提高维修性，以缩短平均修复时间 MTTR。但是，应注意到，提高 MTBF 和缩短 MTTR 之间是有矛盾的。为了提高维修性，缩短 MTTR 必须采取模块化设计、故障隔离设计、可接近性设计、可更换与可检测设计，但这又增加了设备的复杂性，使动态连接装置、附加检测电路及连接点的数目大大增加，从而使设备可靠性降低，MTBF 下降。

当 MTBF 很小时，MTTR 的缩短将使设备有效度 A 大幅增加。但当 MTBF 大于 150h 时，MTTR 的缩短使有效度 A 的增加量就很小了。因此在 MTBF<150h 时，更应加强维修性设计，以缩短 MTTR，更有效地提高设备的有效度。

4. 固有有效度

固有有效度可表示为

$$A=\frac{\text{工作时间}}{\text{工作时间}+\text{实际不能工作时间}}=\frac{\text{MTBF}}{\text{MTBF}+\text{MADT}} \tag{1-47}$$

式中 MADT（mean active down time）——平均不能工作时间。

上述为事后维修的公式。若是预防性维修，则表示为

$$A=\frac{\text{MTBM}}{\text{MTBM}+\bar{M}} \tag{1-48}$$

式中 $\bar{M}$——平均维修时间。

对上述各种有效度，不宜统称为有效度，而应具体说明是何种形式的有效度，并根据不同产品的具体情况进行适时选择。

第四节 常用寿命分布

在可靠性研究中，需要给出产品或者系统的寿命分布，可靠性理论及方法是以元器件

(零件）的寿命特征作为主要研究对象，因此寿命分布是可靠性工程应用和可靠性研究的基础。

寿命分布类型往往与施加的应力类型以及产品的失效机理和失效形式有关，某一类型的分布可以适用于具有共同失效机理的某些类型产品，故而寿命分布的类型也是各种各样的。根据分布用来描述的数据集，可将寿命分布类型分为连续分布和离散分布。

一、连续分布模型

在这一节，我们只讨论几种常见的连续寿命分布：指数分布、正态分布、对数正态分布以及威布尔分布等。

1. 指数分布

在可靠性理论中，指数分布是一种使用非常广泛的分布类型，不但在电子元器件偶然失效期使用普遍，而且在复杂系统和整机方面也经常使用，并且在机械技术的可靠性领域中也得到使用。指数分布常用于描述，由偶然因素的冲击引起系统失效的失效规律，通常认为在较短时间间隔内几乎不会发生多于一次的冲击，并且在这些短的时间间隔内是否发生冲击是彼此独立的，这样的冲击施加到系统上时，可以证明（0，t）内发生冲击的次数 $N(t)$ 服从以 λt 为参数的泊松分布，即 $N(t)$ 为泊松过程。其概率分布为

$$p\left[N(t)=k\right]=\frac{(\lambda t)^{k}}{k!}\mathrm{e}^{-\lambda t},k=0,1,2,\cdots \tag{1-49}$$

如果（0，t）内无冲击，即冲击次数 $k=0$ 时的概率，也就是产品的可靠度为

$$R(t)=P\left[N(t)=0\right]=\mathrm{e}^{-\lambda t},t\geqslant 0 \tag{1-50}$$

因此失效分布函数为

$$F(t)=1-\mathrm{e}^{-\lambda t},t\geqslant 0 \tag{1-51}$$

失效概率密度函数为

$$f(t)=\frac{\mathrm{d}F(t)}{\mathrm{d}t}=\lambda \mathrm{e}^{-\lambda t},t\geqslant 0 \tag{1-52}$$

若产品寿命 T 具有失效分布函数（1-51），或者具有失效密度函数（1-52），则称产品寿命 T 服从参数为 λ 的指数分布。其中，λ 为正实数，通常被称作恒定的失效率。

根据可靠性指标间的相互关系，可求出指数分布场合下的可靠性特征量。

指数分布的可靠度函数为

$$R(t)=1-F(t)=\mathrm{e}^{-\lambda t},t\geqslant 0 \tag{1-53}$$

如前所述，指数分布的失效率是恒定的，且

$$\lambda(t)=\frac{f(t)}{R(t)}=\lambda,t\geqslant 0 \tag{1-54}$$

指数分布的平均寿命为

$$\mathrm{MTTF/MTBF}=\int_0^{\infty}R(t)\,\mathrm{d}(t)=\int_0^{\infty}\mathrm{e}^{-\lambda t}=\frac{1}{\lambda}=\theta,t\geqslant 0 \tag{1-55}$$

指数分布的寿命方差为

$$D(T)=E(T^2)-(ET)^2=\frac{1}{\lambda^2} \tag{1-56}$$

由上可知指数分布的重要特征：①失效率 λ 为常数，反之，当失效率不为常数时，其寿

命则不服从指数分布；②平均寿命θ与失效率λ互为倒数；③平均寿命θ在数值上等于特征寿命，都是λ的倒数。

此外，指数分布还有一个很重要的性质就是所谓的“无记忆性”，即当产品寿命分布服从指数分布时，若工作到某时刻仍然正常的产品，自该时刻以后，其寿命分布仍为指数分布。简而言之，就是旧的产品与新的一样，具有“永远年轻”的性质。

由于指数分布的失效率不随时间变化，因此对于由指数分布寿命组件组成的系统，不能采用提前更换经过工作考验的部件来提高系统的可靠性。这种替换不仅干扰了系统，而且可能带来早期失效。

【例 1-4】 某种产品，在某种应力条件下，失效时间服从指数分布。已知该产品在 1000h 工作时间内将有 20%失效，试求其平均寿命。

解：$t=1000\text{h}$，$F(1000)=0.2$

由
$$F(t)=1-e^{-\lambda t}=0.2$$

可得
$$\lambda=\frac{-\ln 0.8}{1000}$$

则
$$\theta=\frac{1}{\lambda}=\frac{1000}{-\ln 0.8}=4481.4\text{h}$$

2. 正态分布

正态分布也称高斯分布，是概率论和数理统计中一个最基本且应用非常广泛的分布。在实际应用中，有许多实验数据可以用正态分布来拟合，作为它的近似分布，在可靠性工程中，材料强度、磨损寿命、疲劳失效以及同一批晶体管放大倍数的波动或使用寿命波动等都可以看作正态分布。其失效率函数可以描述耗损失效期的失效率随时间的变化情况。

高斯（1777 ~ 1855）

生平经历： 高斯 1777 年出生于德国的不伦瑞克，父亲是石匠，母亲是文盲。幼时家贫，且父亲不认为学问有用，但高斯依旧喜欢看书且在数学上表现出异乎寻常的天赋，九岁时就巧妙计算出了 1 到 100 的和。1791 年，获费迪南公爵肯定和赞助他做学问；1795 年进入哥廷根大学学习，1799 年完成了博士论文，29 岁时被洪堡等人联合推荐为哥廷根大学教授。一生致力于数学及物理、天文等领域的研究并取得大量历史性突破成果。1855 年 2 月 23 日与世长辞。

主要成就： 高斯被认为是历史上最重要的数学家之一，并享有“数学王子”之称，被称为与阿基米德、牛顿并列的世界三大数学家。除在数论、代数、统计、分析、微分几何等数学领域之外，高斯在大地测量学、地球物理学、力学、静电学、天文学和光学等方面皆有贡献，是著名的物理学家、天文学家和大地测量学家。数学上发现了质数分布定理和最小二乘法，发明了正态分布、微积分等；物理学上发现了万有引力定律，总结了三大运动规律，同韦伯一起发明了世界第一台电报机；光学上发现了太阳光的光谱，发明了反射式望远镜。出版了《算术研究》《天体运动论》等著作。

所获荣誉： 高斯的肖像曾被印刷在 1989 ~ 2001 年流通的 10 元德国马克纸币上；被誉为微分

几何的始祖之一；标准正态分布被称为高斯分布，以他的名字“高斯”命名的成果就多达110个。

若随机变量 X 的失效概率密度函数为

$$f(t)=\frac{1}{\sqrt{2\pi}\sigma}e^{\frac{-(t-\mu)^2}{2\sigma^2}},-\infty<t<\infty \tag{1-57}$$

则称 X 服从正态分布，记为 $X\sim(\mu,\sigma^2)$，其中 μ、σ 为正态分布的两个特征参数，μ 为平均值或MTTF；$\sigma>0$，是分布的标准差。

正态分布有一个主要的特点，即对称性，且在 $t=\mu$ 时，$f(t)$最大，即

$$f(\mu)=\frac{1}{\sqrt{2\pi}\sigma} \tag{1-58}$$

根据失效概率密度函数可求得失效概率（不可靠度）函数 $F(t)$为

$$F(t)=\int_{-\infty}^{t}f(t)\mathrm{d}t=\int_{-\infty}^{t}\frac{1}{\sqrt{2\pi}\sigma}e^{\frac{-(t-\mu)^2}{2\sigma^2}}\mathrm{d}t=\frac{1}{\sqrt{2\pi}\sigma}\int_{-\infty}^{t}e^{\frac{-(t-\mu)^2}{2\sigma^2}}\mathrm{d}t \tag{1-59}$$

按照式(1-59)，计算复杂并且困难，将其表达式进行变换，即令 $z=\frac{(t-\mu)}{\sigma}$，$\mathrm{d}t=\sigma\mathrm{d}z$，可以得到标准化正态分布的累积失效概率函数

$$F(t)=\int_{-\infty}^{\frac{t-\mu}{\sigma}}\frac{1}{\sqrt{2\pi}}e^{-\frac{z^2}{2}}\mathrm{d}z=\frac{1}{\sqrt{2\pi}}\int_{-\infty}^{z}e^{-\frac{z^2}{2}}\mathrm{d}z=\Phi(z) \tag{1-60}$$

根据失效分布函数 $F(t)$可得可靠度函数$R(t)$为

$$R(t)=1-F(t)=\frac{1}{\sqrt{2\pi}\sigma}\int_{t}^{\infty}e^{\frac{-(t-\mu)^2}{2\sigma^2}}\mathrm{d}t \tag{1-61}$$

由式(1-57)和式(1-61)，可得正态分布失效率函数为

$$\lambda(t)=\frac{f(t)}{R(t)}=\frac{1}{\sqrt{2\pi}\sigma}e^{\frac{-(t-\mu)^2}{2\sigma^2}}\Big/\frac{1}{\sqrt{2\pi}\sigma}\int_{t}^{\infty}e^{\frac{-(t-\mu)^2}{2\sigma^2}}\mathrm{d}t \tag{1-62}$$

正态分布的失效概率密度曲线如图1-5所示，不可靠度函数的曲线如图1-6所示，可靠度函数曲线如图1-7所示，失效率函数的曲线如图1-8所示。

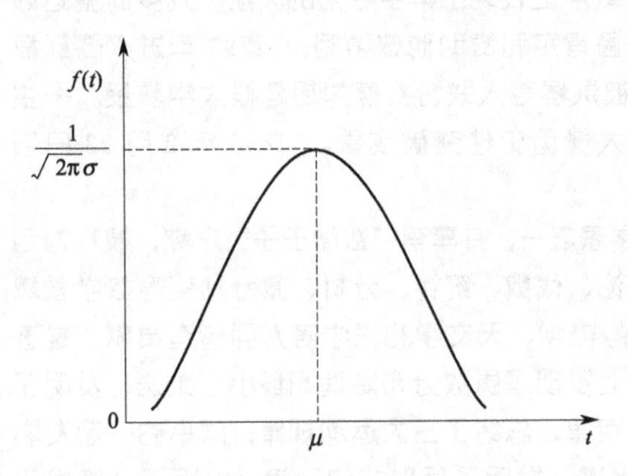

图1-5　正态分布失效概率密度曲线

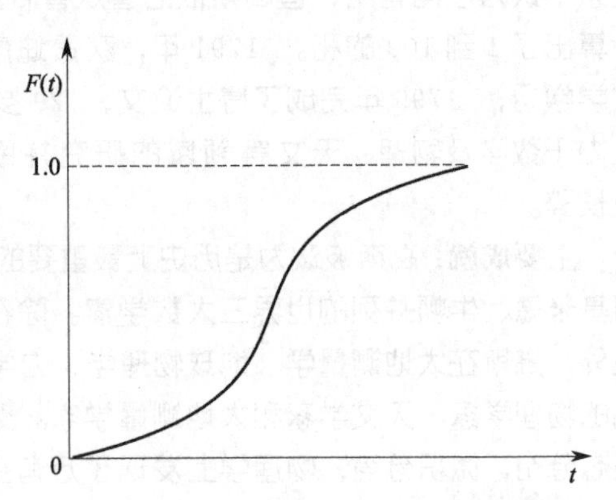

图1-6　正态分布不可靠度函数曲线

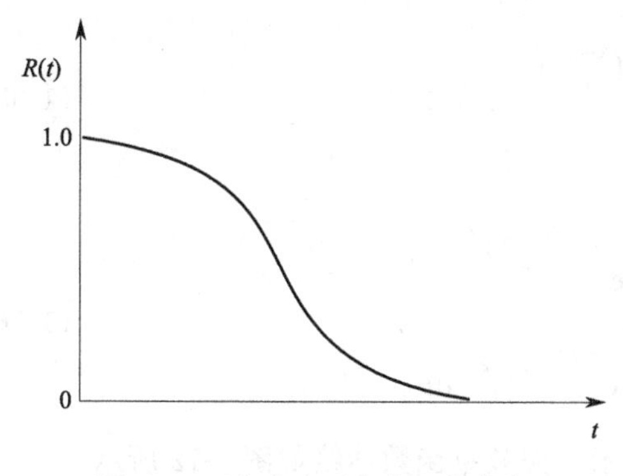

图 1-7　正态分布可靠度函数曲线

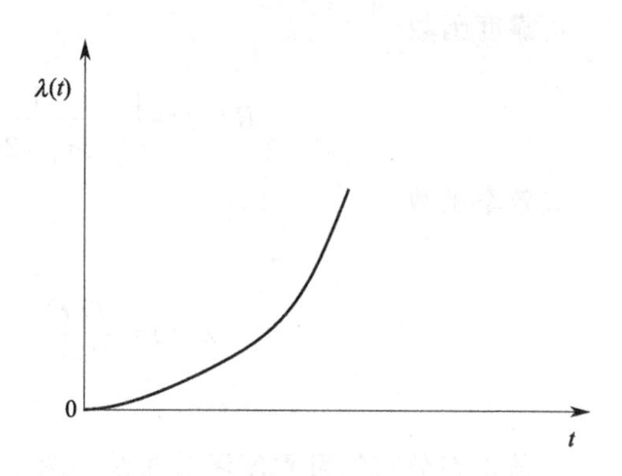

图 1-8　正态分布失效率函数曲线

即学即用

正态分布具有哪些典型特征？能否列举三个以上寿命可能服从正态分布的产品并分析确认其参数？

3. 对数正态分布

正态分布虽然应用较广，但由于其分布规律的对称性，往往使得正态分布在实际应用中受到一定的限制，比如定应力下材料的疲劳寿命及维修时间都不服从正态分布，即分布曲线不对称。而对数正态分布恰是描述此类寿命与耐久性的一种好的分布，它解决了对称正态分布在描述式样未经试验，即在 $t=0$ 时出现失效的不合理性，能使之更加符合实际。

假设随机变量 X 服从正态分布 N（μ_0，σ_0^2），则 $t=e^x$ 随机变量服从对数正态分布，其失效概率密度函数为

$$f(t)=\frac{1}{\sqrt{2\pi}\sigma_0 t}e^{-\frac{1}{2}\left(\frac{\ln t-\mu_0}{\sigma_0}\right)^2},t>0 \tag{1-63}$$

失效概率函数

$$F(t)=\int_0^t \frac{1}{t\sigma_0\sqrt{2\pi}}e^{-\frac{1}{2}\left(\frac{\ln t-\mu_0}{\sigma_0}\right)^2}dt,t>0 \tag{1-64}$$

对数正态分布的失效概率密度函数和累积失效概率函数曲线分别如图 1-9 和图 1-10 所示。

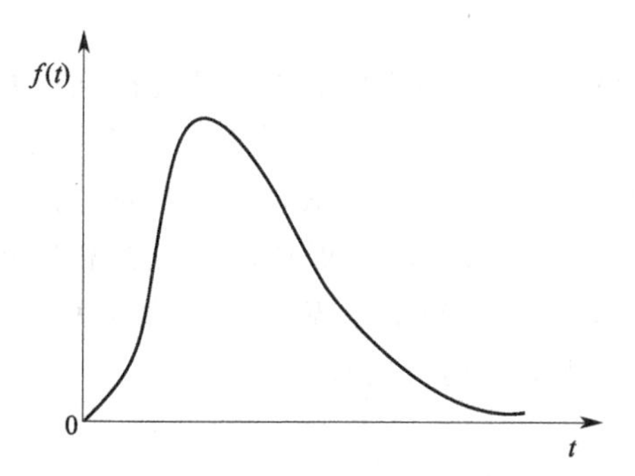

图 1-9　对数正态分布失效概率密度函数

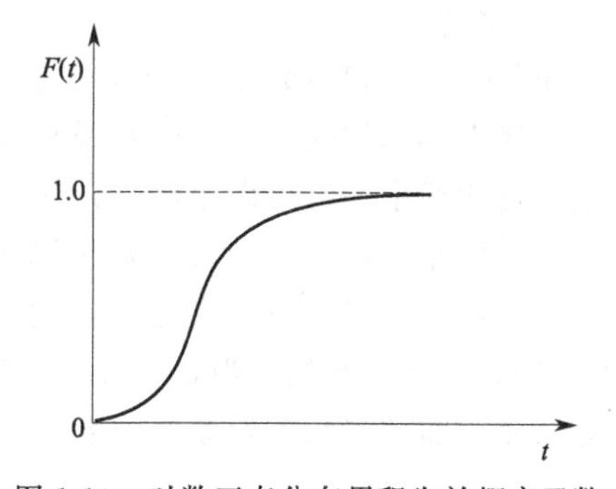

图 1-10　对数正态分布累积失效概率函数

可靠度函数

$$R(t)=\int_{t}^{\infty}\frac{1}{t\sigma_0\sqrt{2\pi}}\mathrm{e}^{-\frac{1}{2}\left(\frac{\ln t-\mu_0}{\sigma_0}\right)^2}\mathrm{d}t,t>0 \tag{1-65}$$

失效率函数

$$\lambda(t)=\frac{f(t)}{R(t)}=\frac{\frac{1}{t}\mathrm{e}^{-\frac{1}{2}\left(\frac{\ln t-\mu_0}{\sigma_0}\right)^2}}{\int_{t}^{\infty}\frac{1}{t}\mathrm{e}^{-\frac{1}{2}\left(\frac{\ln t-\mu_0}{\sigma_0}\right)^2}\mathrm{d}t} \tag{1-66}$$

对数正态分布的可靠度函数曲线如图 1-11 所示，失效率函数曲线如图 1-12 所示。

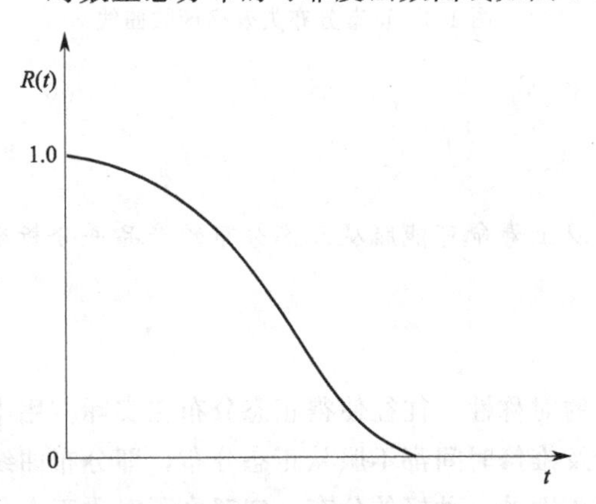

图 1-11　对数正态分布可靠度函数曲线

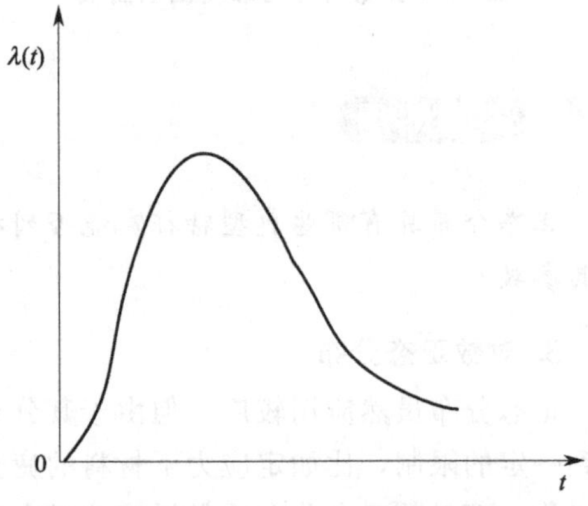

图 1-12　对数正态分布失效率函数曲线

4. 威布尔分布

威布尔分布是瑞典物理学家在分析材料强度和链条强度时，推导出的一种具有较强数据拟合能力的分布函数。由于威布尔分布能做出不同类型的故障率曲线，近些年来在可靠性分析中广泛应用。威布尔分布能全面描述失效率浴盆曲线的各个阶段，且当分布参数为特定值时，它可以蜕化为指数分布、瑞利分布和正态分布。

如果非负随机变量 X 服从威布尔分布，则其失效概率密度函数为

$$f(t)=\frac{m}{\eta}\left(\frac{t-\delta}{\eta}\right)^{m-1}\mathrm{e}^{-\left(\frac{t-\delta}{\eta}\right)^m},(\delta\leqslant t;m,\eta>0) \tag{1-67}$$

式中，m、η、δ 为威布尔分布的三个特征参数。其中，m 称为形状参数；η 称为尺度参数；δ 称为位置参数。

威布尔分布形状参数 m 决定了失效率函数的形状。$0<m<1$ 时，故障率随时间函数降低，能够代表早期的故障（也就是说早期失效）。$m=1$ 表明故障率是不变的，能代表“理想”的浴盆曲线中的有效寿命期。$m>1$ 时表明故障率在增长，可以表征损耗特征。尺度参数 η 影响时间轴的尺度。因此，对于固定的 δ 和 m，η 增大，分布保持起始位置和形状不变，向右侧横向扩展。位置参数 δ 沿着时间轴分布，用于估算最早发生故障的时间。对于 $\delta=0$，分布从 $t=0$ 开始。当 $\delta>0$ 时，产品存在一个无故障运行的时期。

威布尔分布的累积失效概率函数

$$F(t)=1-\mathrm{e}^{-\left(\frac{t-\delta}{\eta}\right)^m}\quad(\delta\leqslant t;m,\eta>0) \tag{1-68}$$

威布尔分布的可靠度函数

$$R(t)=1-F(t)=\mathrm{e}^{-\left(\frac{t-\delta}{\eta}\right)^m}\quad(\delta\leqslant t;m,\eta>0)\tag{1-69}$$

从式(1-69) 可以看出，当 $t=\eta+\delta$，可靠性值 $R(t)=36.8\%$，与 m 值无关。因此，对于任意威布尔故障概率密度函数，在 $t=\eta+\delta$ 时，有 36.8%的产品依然保持正常。对于一个指定的可靠度 R，产品的故障时间为

$$t=\delta+\eta[-\ln R(t)]^{1/m}\tag{1-70}$$

威布尔分布的失效率函数

$$\lambda(t)=\frac{f(t)}{R(t)}=\frac{m}{\eta}\left(\frac{t-\delta}{\eta}\right)^{m-1}\quad(\delta\leqslant t;m,\eta>0)\tag{1-71}$$

图 1-13 所示为 $\delta=1$，$\eta=1$ 时威布尔分布失效概率密度函数曲线，图 1-14 所示为 $\delta=1$，$\eta=1$ 时威布尔分布可靠度函数曲线。

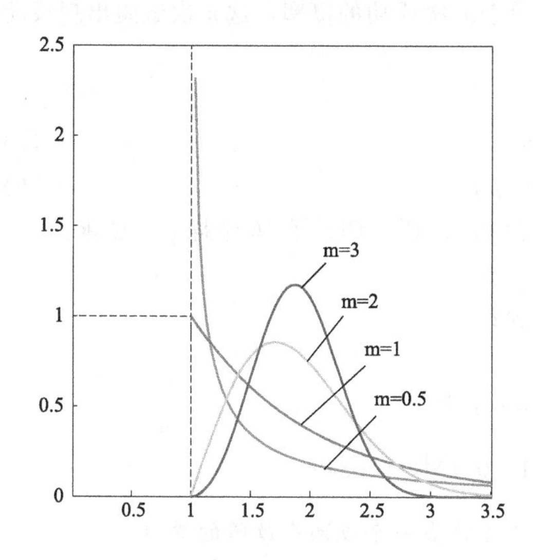

图 1-13　威布尔分布失效概率密度函数曲线

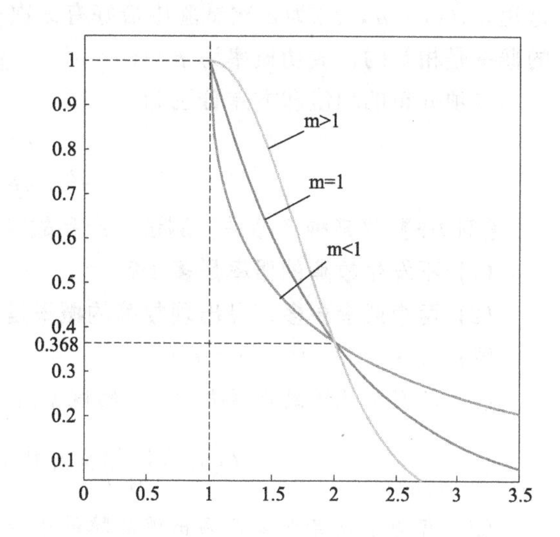

图 1-14　威布尔分布可靠度函数曲线

即学即用

威布尔分布的参数分别具有什么实际物理意义？该分布同正态分布、指数分布之间存在什么关系？

二、离散分布模型

故障时间是连续数据，但可靠性分析过程有时也存在离散数据情况，比如以缺陷数进行可靠性分析的情况。在这一节中，我们只讨论可靠性建模和风险评估中经常用到的两种离散分布：二项分布和泊松分布。

1. 二项分布

二项分布（binomial distribution）又称伯努利分布，是一种离散概率分布，通常应用于只有两个互斥结果形式的试验或测试中，用来表示只有两种可能结果的模型，通常两种结果为成功或失败，合格或不合格，其概率函数为

$$f(x)=\binom{n}{x}p^{x}(1-p)^{n-x},x=0,1,\cdots,n \tag{1-72}$$

式中，p 为成功的概率，其中 $0<p<1$；n 为独立实验的个数，x 为 n 次试验中成功的次数，组合公式由式(1-73) 定义

$$\binom{n}{x}=C_{x}^{n}=\frac{n!}{x!\ (n-x)!} \tag{1-73}$$

对于一个服从二项分布的随机变量，试验数必须是固定的，且所有试验成功（合格）的概率是相等的，其累积分布函数为

$$F(x)=\sum_{i=0}^{x}\binom{n}{i}p^{i}(1-p)^{n-i} \tag{1-74}$$

这里，$P(x,\ n,\ p)$为 n 次试验中恰好有 x 次或少于 x 次成功的概率，这 n 次试验出现成功的概率是相等的，成功概率为 p。

二项分布的均值和方差分别为

$$\mu=np \tag{1-75}$$

$$\sigma^{2}=np(1-p) \tag{1-76}$$

【例 1-5】 对某种产品进行测试，产品故障率为 0.1。假设测试了 10 个样品。试求：

(1) 不发生故障的概率是多少?

(2) 两个或者更多产品出现故障的概率是多少?

解：在这里 $n=10$，$p=0.1$

(1) 不发生故障的概率是 $x=0$ 的概率质量函数，即

$$f(0)=\binom{10}{0}\times 0.1^{0}\times(1-0.1)^{10}=0.349$$

(2) 有两个或者更多产品出现故障的概率等于 1 减去一个或两个故障的概率

$$P(\text{不少于两个})=1-[f(0)+f(1)]=1-0.349-[10\times 0.1\times(1-0.1)^{9}]=0.264$$

2. 泊松分布

泊松分布（poisson distribution）用来表示比率模型，被广泛应用于质量与可靠性工程中，比如每单位产品的不合格品数，一个给定时间内发生失效的次数等。其分布概率密度函数为

$$f(x)=\frac{e^{-u}\mu^{x}}{x!},x=0,1,\cdots \tag{1-77}$$

式中，$\mu>0$，为平均发生率。

泊松分布与指数分布关系密切，如果某产品在任何长为 t 的时间内发生故障的次数 x 服从参数为 $\mu=\lambda t$ 的泊松分布，则相继两次故障之间的时间间隔 T 服从参数为 λ 的指数分布。

3. 其他离散分布

其他用于可靠性分析的离散分布还有几何分布、负二项分布和超几何分布等。具体可参见《概率论与数理统计》等相关书籍。

伯努利试验进行到首次成功为止的试验总次数服从几何分布。几何分布有“无记忆”特性，表明试验次数可以从任意一次试验开始计算，不影响其真实分布。这一点上，几何分布和前面介绍的连续指数分布很相似。

伯努利试验进行到试验成功的次数达到某一指定值时的试验总次数服从负二项分布（几何分布的一种推广）。但是，负二项分布概念上不同于二项分布，因为它的成功次数已经预先指定，而试验次数是随机变量。

对于超几何分布，抽样方式为不放回抽样，样本母体中包含确定数字的缺陷或样本。超几何分布与几何分布的不同在于，抽样母体是有限的，并且为不放回抽样。

本章小结

知识图谱

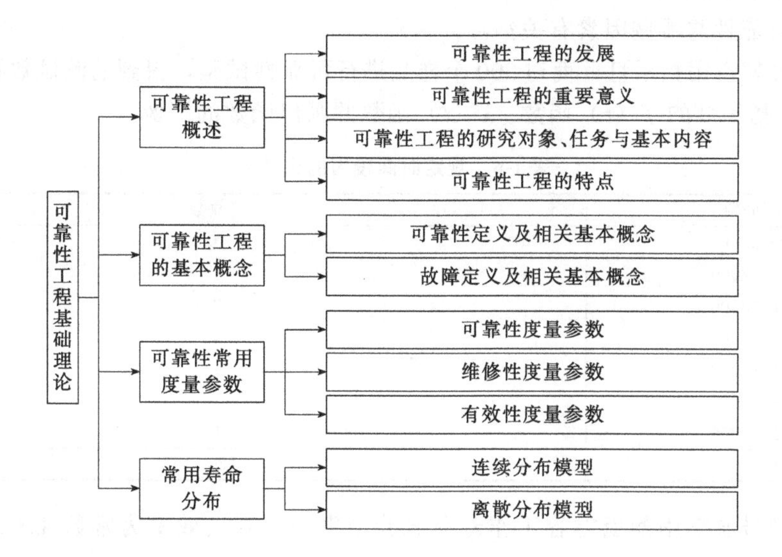

基本概念

可靠性	reliability
有效性	availability
维修性	maintainability
故障	failure
平均故障间隔时间	mean time between failure (MTBF)
平均故障前时间	mean time to failure (MTTF)
故障率	failure rate

学而思之

2014年，习近平总书记在河南视察时提出三个转变：中国制造向中国创造转变，中国速度向中国质量转变，中国产品向中国品牌转变。

思考：习近平总书记提出的中国速度向中国质量转变观点对可靠性工程学科和可靠性专

业从业人员的发展具有什么深远影响？

本章习题

1. 试比较分析下列概念的区别与联系：

(1) 可靠性和可靠度；

(2) 故障率和故障概率密度；

(3) MTBF 和 MTTF；

(4) 不可靠度与故障概率密度；

(5) 质量与可靠性。

2. 使用可靠性与哪些因素有关？

3. 某型号航空用指示灯厂商对 200 个样品进行可靠性试验，得到的测试数据如表 1-6 所示。试评估该指示灯的 $f(t)$ 函数、$\lambda(t)$ 函数并画出函数的图像。

表 1-6 规定时间段内的失效数

时间间隔	失效数
0～1000	10
1001～2000	4
2001～3000	2
3001～4000	1
4001～5000	1
5001～6000	1
6001～7000	1
总计	20

4. 在某型号航空用陶瓷电容工作寿命试验中发现，其失效率为常数 $4\times10^{-8}h^{-1}$。试计算：

(1) 该电容持续工作 10^4 小时以上的可靠度。

(2) 客户决定对某批次电容抽样 4000 个样本进行 5000h 的试验，则试验的期望失效数量是多少？

5. 某制造工程师对铣床刀具的耗损区故障率进行了观察统计，发现数据符合形状参数为 2.25、尺度参数为 1 的威布尔分布（单位：h）。试分析确定：

(1) 刀具正常工作达 10h 的可靠度；

(2) 刀具的平均寿命。

6. 某部件的寿命服从指数分布且已知故障率 $\lambda=2\times10^{-5}h^{-1}$，试求：

(1) 该部件正常工作达 5000h 的可靠度；

(2) 该部件已经正常工作 1000h 再正常工作达 5000h 的概率。

第二章 系统可靠性模型

学习目标

① 了解不可修系统的可靠性模型与特点；
② 了解一般网络基本理论；
③ 理解马尔可夫过程的基本理论；
④ 掌握经典不可修系统模型可靠性分析技术和方法；
⑤ 掌握复杂不可修系统可靠度分析的最小路集和最小割集方法；
⑥ 理解马尔可夫过程可修系统状态转移概率矩阵分析方法；
⑦ 了解马尔科夫过程可修系统的可用度建模方法。

导入案例

运载火箭速率陀螺冗余方案

冗余技术是提高运载火箭控制系统可靠性的最好方法，国外运载火箭和航天飞机大都采用系统级冗余技术，如美国的“德尔塔”火箭和“宇宙神”火箭、苏联的“东方”号火箭和“月球”号火箭及欧洲航天局的“阿里安5”火箭等均采用双套主备式控制系统（系统级冗余结构）。但若在某系列运载火箭控制系统采用系统级冗余，即在原控制系统的基础上并联一个控制系统显然不太现实，不过利用箭上现有的控制设备且不改变其安装位置和状态的条件下，用飞行控制软件实现控制信息冗余则是一个可行的简便方案。

该系列火箭各级姿态控制系统俯仰、偏航、滚动通道均采用速率陀螺控制，系统的低频相位裕度全靠速率陀螺提供，各级各通道校正网络是纯滤波网络没有微分作用，如果任一个速率陀螺失效，都会使姿态控制系统失稳，导致火箭飞行失败。该系列火箭一级飞行段箭上有九个速率陀螺；二级飞行段箭上有八个速率陀螺（一级滚动速率陀螺随一级箭体被分离掉），三级飞行段箭上有三个速率陀螺。如何利用好速率陀螺信息，选择速率陀螺冗余方案很关键。经大量姿控系统稳定性分析计算，确定速率陀螺冗余方案：

① 一、二级，采用双速率陀螺冗余方案。即俯仰、偏航、滚动各通道均采用一、二级

或二、三级两只对应通道的速率陀螺的信息经过冗余处理后使用，参加姿态控制系统控制。冗余速率陀螺配置如表 2-1 所示。

表 2-1　一、二级各通道冗余速率陀螺

飞行段	俯仰通道	偏航通道	滚动通道
一级	利用二级俯仰通道速率陀螺作为冗余速率陀螺	利用二级偏航通道速率陀螺作为冗余速率陀螺	利用二级滚动通道速率陀螺作为冗余速率陀螺
二级	利用一级俯仰通道速率陀螺作为冗余速率陀螺	利用一级偏航通道速率陀螺作为冗余速率陀螺	利用三级滚动通道速率陀螺作为冗余速率陀螺

② 三级，只有自身的俯仰、偏航、滚动三只速率陀螺，不能采用双速率陀螺冗余方案，经系统分析，采用校正网络增加微分作用起到冗余效果，速率陀螺发生故障时，由校正网络保证火箭飞行稳定。

速率陀螺冗余使用的模式为：箭机在每采样周期内，根据平台输出的俯仰、偏航、滚动各通道的姿态角以 T_θ 为周期求微分作为姿态角速度的基准信号，分别对俯仰、偏航、滚动各通道速率陀螺的输出进行故障诊断：①如果速率陀螺的输出信号与相应通道的基准信号的差值小于等于阈值 θ_D（三级）或两只速率陀螺的输出信号与相应通道的基准信号的差值均小于等于或大于 θ_D（一级、二级）时，速率陀螺参加系统控制；②如果速率陀螺的输出信号与相应通道的基准信号的差值大于 θ_D（三级）或某只速率陀螺的输出信号与相应通道的基准信号的差值大于 θ_D，而另一只速率陀螺的输出信号与相应通道的基准信号的差值小于等于（一级、二级）时，本计算周期内取消该速率陀螺控制；如果该速率陀螺的输出信号与相应通道的基准信号的差值大于阈值的故障累计次数超过阈值 S_θ 后，确认该速率陀螺故障，此后取消该速率陀螺的控制作用。

资料来源：马卫华．运载火箭速率陀螺冗余故障仿真［C］．全国仿真技术学术会议，2001.

第一节　系统和可靠性框图

一、系统及其分类

系统是为了完成某一特定功能，由若干彼此有关联且又能相互协调工作的单元组成的综合体。系统单元的含义均为相对而言，由研究对象而定。例如，把一条生产线当成一个系统时，组成作业线的各个部分或单机都是单元；把一台设备作为系统时，组成设备的部件（或零件）都可以当作单元；把部件作为系统研究时，组成部件的零件等就作为单元了。因此，单元可以是系统、机器、部件或者零件等。

系统按修复与否可分为不可修复系统和可修复系统两类，不可修复系统是指系统或其组成单元一旦发生失效，不再修复，系统处于失效状态。通过维修能够恢复其功能的系统，称为可修复系统。不可修复系统通常是因技术上不可修复或经济上不值得修复，或一次性使用，不必要进行修复所致。此外，对机械系统进行可靠性预测和分配时，也可简化为不可修复系统来处理。

根据单元在系统中所处状态及对系统的影响，可靠性系统可按照图 2-1 进行分类。

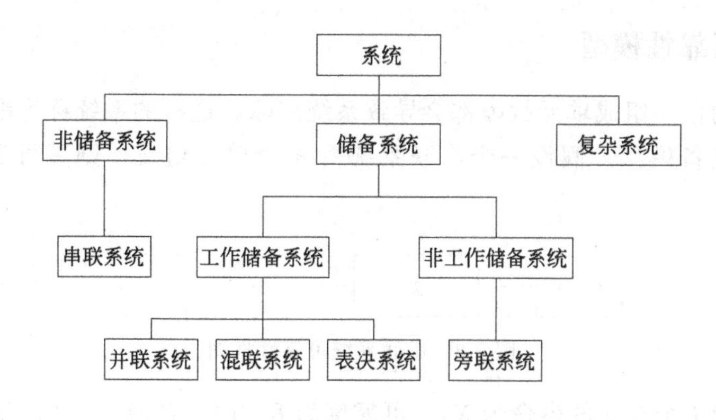

图 2-1　可靠性系统的类型

二、可靠性框图

在进行系统可靠性分析时，为了定量分配、估计和评价系统的可靠性，首先需要建立系统的可靠性框图。由于可靠性框图是从功能角度描述系统组成各部分相互连接关系的一种图形结构，因此它的建立，必须了解系统中每个单元的功能和各单元之间在可靠性功能上的联系，以及这些单元功能、失效模式对系统的影响。

系统可靠性框图建立的基础是系统原理图。系统原理图是表示组成系统的单元之间的物理关系和工作关系，可靠性框图是表示系统的功能与组成系统的单元之间的可靠性功能关系，因此可靠性框图与原理图并不完全等价，绝不能从工程结构上判定系统类型，而应从功能上研究系统类型。例如：某振荡电路由电感和电容组成，其原理图和可靠性框图如图 2-2 所示。在原理图中，电感 L 和电容 C 是并联关系，而可靠性框图中，电感 L 和电容 C 缺一不可，是串联关系。

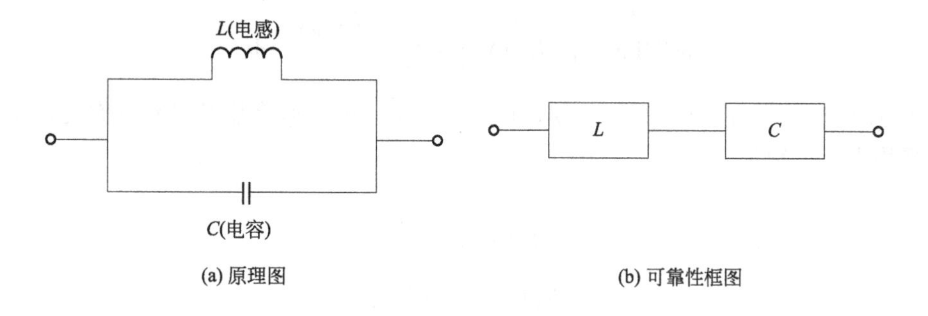

图 2-2　振荡电路原理图和可靠性框图

第二节　不可修复系统可靠性模型

虽然绝大多数的机械设备等系统都是可修复系统，但不可修复系统的分析方法是研究可修复系统的基础。本节主要介绍常用的不可修复系统可靠性模型。

一、串联系统可靠性模型

当一个系统的任一组成单元故障都会导致系统故障，这样的系统称为串联系统。串联系统是最常见的非储备模型。假设一个串联系统由 n 个单元组成，则其可靠性框图如图 2-3 所示。

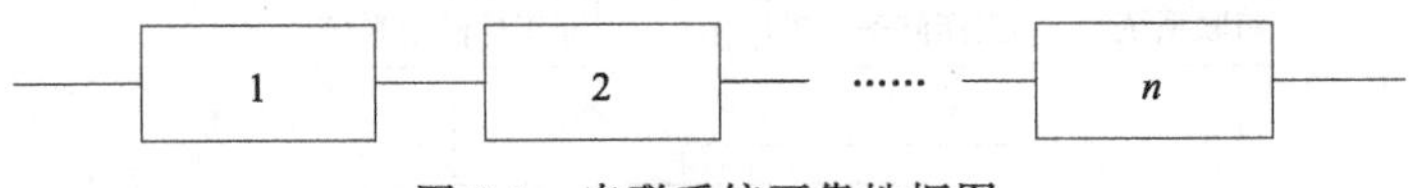

图 2-3　串联系统可靠性框图

若串联系统第 i 个单元的寿命为 X_i，可靠度为 $R_i(t)=P\{X_i>t\}$，其中 $i=1, 2, \cdots, n$，假定 $X_1, X_2, \cdots, X_n$ 相互独立。由串联系统的定义可知，系统的寿命 $X=\min\{X_1, X_2, \cdots, X_n\}$，则系统的可靠度为

$$\begin{aligned}R(t)&=P\{\min\{X_1,X_2,\cdots,X_n\}>t\}\\&=P\{X_1>t,X_2>t,\cdots,X_n>t\}\\&=\prod_{i=1}^{n}P\{X_i>t\}=\prod_{i=1}^{n}R_i(t)\end{aligned} \tag{2-1}$$

当第 i 个单元的失效率为 $\lambda_i(t)$ 时，则系统的可靠度为

$$R(t)=\prod_{i=1}^{n}\mathrm{e}^{-\int_0^t\lambda_i(u)\,\mathrm{d}u}=\mathrm{e}^{-\sum_{i=1}^{n}\int_0^t\lambda_i(u)\mathrm{d}u} \tag{2-2}$$

系统的失效率为

$$\lambda(t)=-\frac{R'(t)}{R(t)}=\sum_{i=1}^{n}\lambda_i(t) \tag{2-3}$$

因此，一个由独立单元组成的串联系统，其失效率是所有单元的失效率之和。

系统的平均寿命为

$$\mathrm{MTTF}=\int_0^{\infty}R(t)\,\mathrm{d}t=\int_0^{\infty}\mathrm{e}^{-\int_0^t\lambda(u)\,\mathrm{d}u}\,\mathrm{d}t \tag{2-4}$$

当 $R_i(t)=\mathrm{e}^{-\lambda_i t}$，$i=1, 2, \cdots, n$，即当第 i 个单元的寿命服从指数分布时，系统的可靠度和平均寿命分别为

$$R(t)=\mathrm{e}^{-\sum_{i=1}^{n}\lambda_i t} \tag{2-5}$$

$$\mathrm{MTTF}=\frac{1}{\sum_{i=1}^{n}\lambda_i} \tag{2-6}$$

特别的，若组成串联系统的各单元寿命均服从参数为 λ 的指数分布，即 $R_i(t)=\mathrm{e}^{-\lambda t}$，$i=1, 2, \cdots, n$ 时，则有

$$R(t)=\mathrm{e}^{-n\lambda t} \tag{2-7}$$

$$\mathrm{MTTF}=\frac{1}{n\lambda} \tag{2-8}$$

【例 2-1】已知一串联系统由两个单元组成，各单元失效率分别为 $\lambda_1=5\times10^{-5}\mathrm{h}^{-1}$，$\lambda_2=1\times10^{-5}\mathrm{h}^{-1}$，试计算该系统在 $t=1000\mathrm{h}$ 的可靠度、失效率和平均寿命。

解： $\lambda_s=\lambda_1+\lambda_2=(1+5)\times10^{-5}\mathrm{h}^{-1}=6\times10^{-5}\mathrm{h}^{-1}$

$$R(t)=\mathrm{e}^{-(\lambda_1+\lambda_2)t}=\mathrm{e}^{-6\times10^{-5}\times1000}=0.94176$$

$$\mathrm{MTTF}=\frac{1}{\lambda_1+\lambda_2}=\frac{1}{6\times10^{-5}}\mathrm{h}=16667\mathrm{h}$$

由以上分析可知，串联系统具有如下特征：串联系统的可靠度低于该系统每个单元的可靠度，且随着串联单元数量的增大而迅速降低；串联系统的失效率大于该系统各单元的失效率；串联系统的平均寿命小于各单元平均寿命，且串联单元越多，系统平均寿命越小；若串联系统各单元寿命服从指数分布，则该系统寿命也服从指数分布。

二、并联系统可靠性模型

当一个系统的所有组成单元都发生故障时才导致系统故障，这样的系统称为并联系统。并联系统模型是最简单的工作储备模型，假设一个并联系统由 n 个单元组成，则并联系统的可靠性框图如图 2-4 所示。

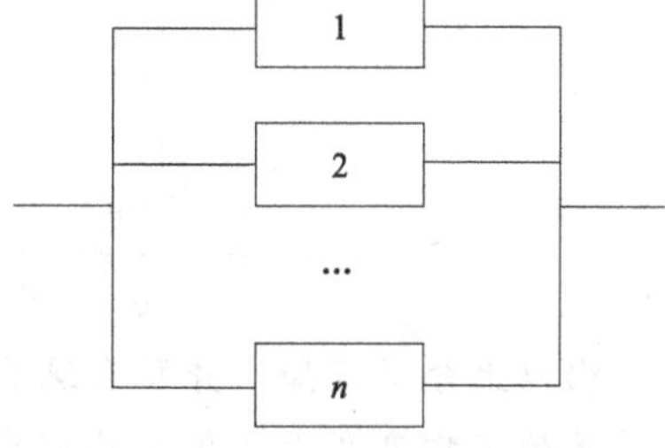

图 2-4　并联系统可靠性框图

若并联系统第 i 个单元的寿命为 X_i，可靠度为 $R_i(t)$，其中 $i=1$，2，…，n，假定 X_1，X_2，…，X_n 相互独立。由并联系统定义可知，系统的寿命 $X=\max\{X_1, X_2, \cdots, X_n\}$，并联系统的可靠度为

$$R(t)=P\{\max\{X_1,X_2,\cdots,X_n\}>t\}$$

$$=1-\prod_{i=1}^{n}[1-R_i(t)] \tag{2-9}$$

当 $R_i(t)=\mathrm{e}^{-\lambda_i t}$，$i=1$，2，…，$n$，则

$$R(t)=1-\prod_{i=1}^{n}[1-\mathrm{e}^{-\lambda_i t}] \tag{2-10}$$

上式可以改写为

$$R(t)=\sum_{i=1}^{n}\mathrm{e}^{-\lambda_i t}-\sum_{1\leqslant i<j\leqslant n}\mathrm{e}^{-(\lambda_i+\lambda_j)t}+\cdots+(-1)^{n-1}\mathrm{e}^{-(\lambda_1+\cdots+\lambda_n)t} \tag{2-11}$$

因此，系统的平均寿命为

$$\mathrm{MTTF}=\int_0^{\infty}R(t)\mathrm{d}t=\sum_{i=1}^{n}\frac{1}{\lambda_i}-\sum_{1\leqslant i<j\leqslant n}\frac{1}{\lambda_i+\lambda_j}+\cdots+(-1)^{n-1}\frac{1}{\lambda_1+\lambda_2+\cdots+\lambda_n} \tag{2-12}$$

当 $n=2$ 时，有

$$R(t)=\mathrm{e}^{-\lambda_1 t}+\mathrm{e}^{-\lambda_2 t}+\mathrm{e}^{-(\lambda_1+\lambda_2)t} \tag{2-13}$$

$$\mathrm{MTTF}=\frac{1}{\lambda_1}+\frac{1}{\lambda_2}-\frac{1}{\lambda_1+\lambda_2} \tag{2-14}$$

$$\lambda(t)=\frac{\lambda_1\mathrm{e}^{-\lambda_1 t}+\lambda_2\mathrm{e}^{-\lambda_2 t}-(\lambda_1+\lambda_2)\mathrm{e}^{-(\lambda_1+\lambda_2)t}}{\mathrm{e}^{-\lambda_1 t}+\mathrm{e}^{-\lambda_2 t}-\mathrm{e}^{-(\lambda_1+\lambda_2)t}} \tag{2-15}$$

当 $R_i(t)=\mathrm{e}^{-\lambda t}$，$i=1$，2，…，$n$ 时，则有

$$R(t)=1-[1-R_i(t)]^n=1-(1-\mathrm{e}^{-\lambda t})^n \tag{2-16}$$

$$\mathrm{MTTF}=\int_0^{\infty}[1-(1-\mathrm{e}^{-\lambda t})^n]\mathrm{d}t=\sum_{i=1}^{n}\frac{1}{i\lambda} \tag{2-17}$$

$$\lambda(t)=-\frac{R'(t)}{R(t)}=\frac{n\lambda\mathrm{e}^{-\lambda t}(1-\mathrm{e}^{-\lambda t})^{n-1}}{1-(1-\mathrm{e}^{-\lambda t})^n} \tag{2-18}$$

这表明由寿命服从指数分布的单元组成的并联系统，其系统寿命分布已不再服从指数分布，但$\lim\limits_{t\to\infty}\lambda(t)=\lambda$。

【例 2-2】已知一并联系统由两个单元组成，各单元失效率分别为$\lambda_1=5\times10^{-5}\mathrm{h}^{-1}$，$\lambda_2=1\times10^{-5}\mathrm{h}^{-1}$，试计算该系统在$t=1000\mathrm{h}$的可靠度、失效率和平均寿命。

解：$R_S(t)=1-[1-R_1(t)][1-R_2(t)]$

$=1-(1-\mathrm{e}^{-\lambda_1 t})(1-\mathrm{e}^{-\lambda_2 t})$

$=\mathrm{e}^{-\lambda_1 t}+\mathrm{e}^{-\lambda_2 t}-\mathrm{e}^{-(\lambda_1+\lambda_2)t}$

$=0.9995$

$$\theta_S=\frac{1}{\lambda_1}+\frac{1}{\lambda_2}-\frac{1}{\lambda_1+\lambda_2}=10333.33\mathrm{h}$$

$$\lambda(t)=\frac{\lambda_1\mathrm{e}^{-\lambda_1 t}+\lambda_2\mathrm{e}^{-\lambda_2 t}-(\lambda_1+\lambda_2)\mathrm{e}^{-(\lambda_1+\lambda_2)t}}{\mathrm{e}^{-\lambda_1 t}+\mathrm{e}^{-\lambda_2 t}-\mathrm{e}^{-(\lambda_1+\lambda_2)t}}=0.95656\times10^{-6}\mathrm{h}^{-1}$$

由以上分析可知，并联系统具有如下特征：并联系统的失效率低于各单元的失效率；并联系统的可靠度高于各单元的可靠度；并联系统的平均寿命高于各单元的平均寿命；并联系统的各单元寿命服从指数分布，该系统寿命不再服从指数分布。

三、混联系统可靠性模型

由串联系统和并联系统混合而成的系统称为混联系统，图 2-5(a) 为一混联系统可靠性框图。

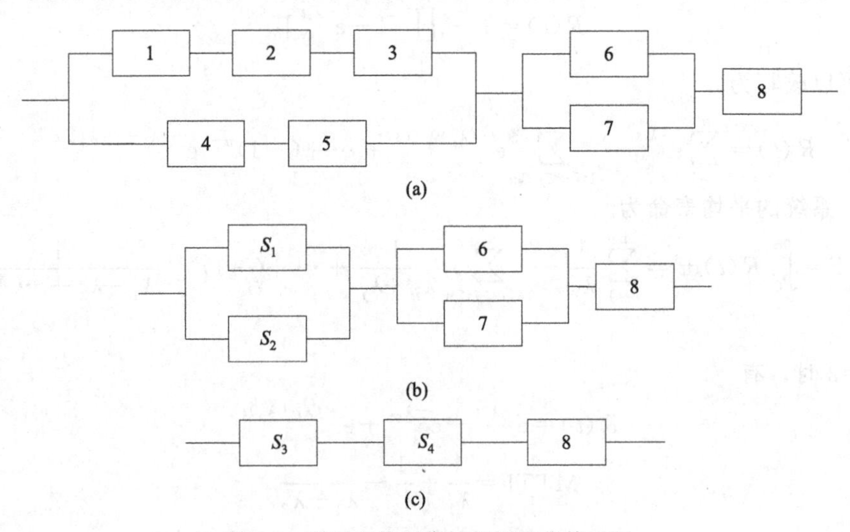

图 2-5　混联系统可靠性框图及化简过程

对于一般混联系统，可用串联和并联系统原理，将混联系统中的串联和并联部分简化成等效单元，如图 2-5(b)和图 2-5(c)；然后根据串联和并联系统的可靠性特征量计算公式求解出各子系统的可靠性特征量；最后，把每一个子系统作为等效单元，得到一个与混联系统等效的串联或并联系统，即可求出整个系统的可靠性特征量。

假设各单元的可靠度分别为 $R_i(t)$，则根据上述过程，可求得图 2-5(a) 混联系统的可靠度 $R_S(t)$ 和 $\lambda_S(t)$ 及平均寿命 θ_S，即

$$R_{S_1}(t)=R_1(t)R_2(t)R_3(t), R_{S_2}(t)=R_4(t)R_5(t)$$

$$R_{S_3}(t)=1-[1-R_{S_1}(t)][1-R_{S_2}(t)], R_{S_4}(t)=1-[1-R_6(t)][1-R_7(t)]$$

$$R_S(t)=R_{S_3}(t)R_{S_4}(t)R_8(t)$$

$$\lambda_S(t)=-\frac{R'_S(t)}{R_S(t)}$$

$$\theta_S=\int_0^{\infty}R_S(t)\,\mathrm{d}t$$

除一般混联系统外，最常见的混联系统是串-并联系统和并-串联系统。

1. 串-并联系统

串-并联系统又称附加单元系统，由若干个子系统串联而成，其中每个子系统又由若干个单元并联组成。其系统逻辑框图如图 2-6 所示。

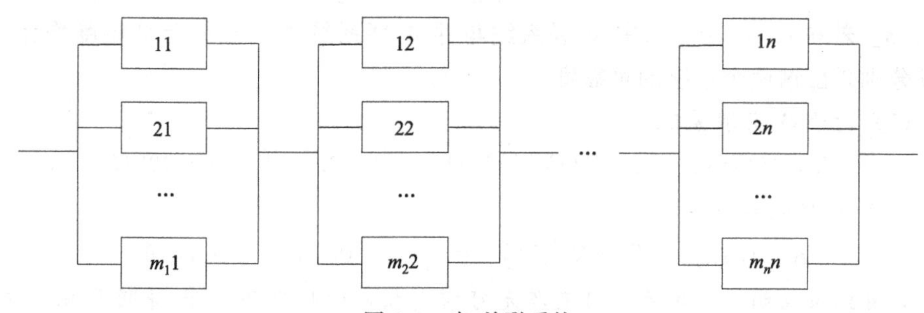

图 2-6 串-并联系统

设每个单元的可靠度为 $R_{ij}(t)$，$i=1, 2, \cdots, m_j$；$j=1, 2, \cdots, n$，则第 j 列子系统的可靠度为

$$R_j(t)=1-\prod_{i=1}^{m_j}[1-R_{ij}(t)] \tag{2-19}$$

串-并联系统的可靠度为

$$R_S(t)=\prod_{j=1}^{n}R_j(t)=\prod_{j=1}^{n}\{1-\prod_{i=1}^{m_j}[1-R_{ij}(t)]\} \tag{2-20}$$

若各单元可靠度相等，即 $R_{ij}(t)=R(t)$，且 $m_1=m_2=\cdots=m_n=m$，则系统可靠度为

$$R_S(t)=\{1-[1-R(t)]^m\}^n \tag{2-21}$$

2. 并-串联系统

并-串联系统又称附加通路系统，由若干个子系统并联而成，其中每个子系统又由若干个单元串联组成。其系统逻辑框图如图 2-7 所示。

设每个单元的可靠度为 $R_{ij}(t)$，$i=1, 2, \cdots, m$；$j=1, 2, \cdots, n_m$，则第 i 行子系统的可靠度为

$$R_i(t)=\prod_{j=1}^{n_i}R_{ij}(t) \tag{2-22}$$

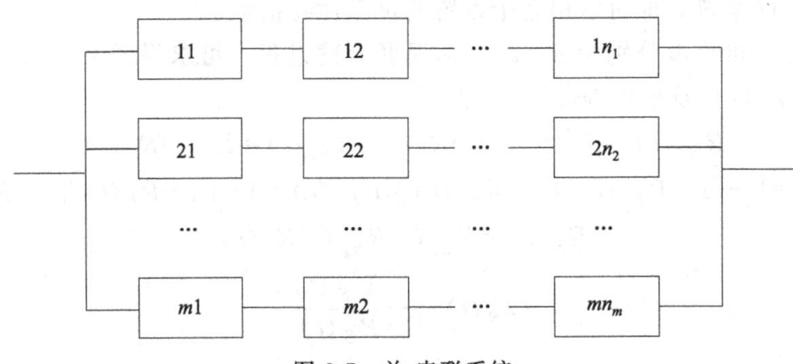

图 2-7 并-串联系统

并-串联系统的可靠度为

$$R_S(t)=1-\prod_{i=1}^{m}[1-R_i(t)]=1-\prod_{i=1}^{m}\left[1-\prod_{j=1}^{n_i}R_{ij}(t)\right] \tag{2-23}$$

若各单元可靠度相等，即 $R_{ij}(t)=R(t)$，且 $n_1=n_2=\cdots=n_n=n$，则系统可靠度为

$$R_S(t)=1-[1-R^n(t)]^m \tag{2-24}$$

【例 2-3】 若在 $m=n=5$ 的串-并联系统与并-串联系统中，各单元可靠度均为 $R(t)=0.75$，试分别求出这两个系统的可靠度。

解：(1) 对于串-并联系统

$$R_{S_1}(t)=\{1-[1-R(t)]^m\}^n=[1-(1-0.75)^5]^5=0.99513$$

(2) 对于并-串联系统

$$R_{S_2}(t)=1-[1-R^n(t)]^m=1-(1-0.75^5)^5=0.74192$$

上述计算结果表明，在单元数目及单元可靠度相同的情况下，串-并联系统可靠度高于并-串联系统可靠度。这是由于串-并联系统的每一个并联子系统中各单元互为后备，当其中一个单元失效时，并不影响整个并联子系统。而在并-串联系统中，若其中一个单元失效时，则串联子系统中的一个支路就失效。

四、表决系统可靠性模型

n 中取 k 的表决系统由 n 个部件组成，当 n 个部件中有 k 个或 k 个以上部件正常工作时，系统才能正常工作（$1\leqslant k\leqslant n$），即当失效的部件数大于或等于 $n-k+1$ 时系统失效，可记作 k/n（G）系统。表决系统的可靠性框图如图 2-8 所示。

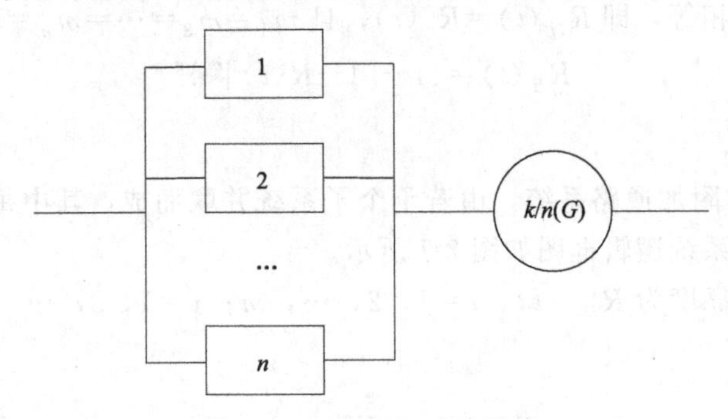

图 2-8 k/n（G）表决系统

当组成表决系统的 n 个单元相同时，系统的失效概率服从二项分布，其可靠度是失效部件数 X 不大于 $n-k$ 的概率。若每个单元的可靠度为 R_0，则表决系统的可靠度为

$$R_S=P(X\leqslant n-k)=\sum_{i=k}^{n}C_n^iR_0^i(1-R_0)^{n-i} \tag{2-25}$$

当各单元寿命服从指数分布时，则 k/n（G）表决系统的可靠度为

$$R_S(t)=\sum_{i=k}^{n}C_n^i\mathrm{e}^{-i\lambda t}(1-\mathrm{e}^{-\lambda t})^{n-i} \tag{2-26}$$

系统的平均寿命为

$$\theta=\int_0^{\infty}R_S(t)\mathrm{d}t=\sum_{i=k}^{n}C_n^i\int_0^{\infty}\mathrm{e}^{-i\lambda t}(1-\mathrm{e}^{-\lambda t})^{n-i}\mathrm{d}t=\frac{1}{\lambda}\sum_{i=k}^{n}\frac{1}{i} \tag{2-27}$$

k/n（G）表决系统是个通用模型，当 $k=n$ 时，k/n（G）系统等价于 n 个部件的串联系统；当 $k=1$ 时，k/n（G）系统等价于 n 个部件的并联系统；当 $k=m+1$ 时，$(m+1)/(2m+1)$（G）系统称为多数表决系统。

【例 2-4】 某种喷气飞机具有三台发动机，这种喷气飞机至少需要有两台发动机正常工作才能安全飞行。假设该飞机的事故仅由发动机引起，并设飞机起飞、降落和飞行期间的故障率均为同一常数，$\lambda=1\times10^{-3}\mathrm{h}^{-1}$。试计算该飞机工作 1h 的可靠度以及飞机的平均寿命。

解： 该系统为典型的 2/3 表决系统，系统可靠度为

$$R_S=\sum_{i=2}^{3}C_3^iR^i(1-R)^{3-i}=3R^2-2R^3$$

系统工作 1h 的可靠度和平均寿命为

$$\begin{aligned}R(t=1)&=3\mathrm{e}^{-2\lambda t}-2\mathrm{e}^{-3\lambda t}\\&=3\,\mathrm{e}^{-2\times1\times10^{-3}\times1}-2\,\mathrm{e}^{-3\times1\times10^{-3}\times1}\\&=0.999997\end{aligned}$$

$$\theta=\int_0^{\infty}R(t)\mathrm{d}t=\frac{3}{2\lambda}-\frac{2}{3\lambda}=833.3\mathrm{h}$$

五、旁联系统可靠性模型

为了提高系统可靠性，除了安装一个必备的工作单元外，还可以储备一些单元，以便当工作单元失效时，储备单元接替工作，直到所有单元都失效时系统才失效，这样的系统称为旁联系统，属于非工作储备系统。旁联系统可靠性框图如图 2-9 所示。

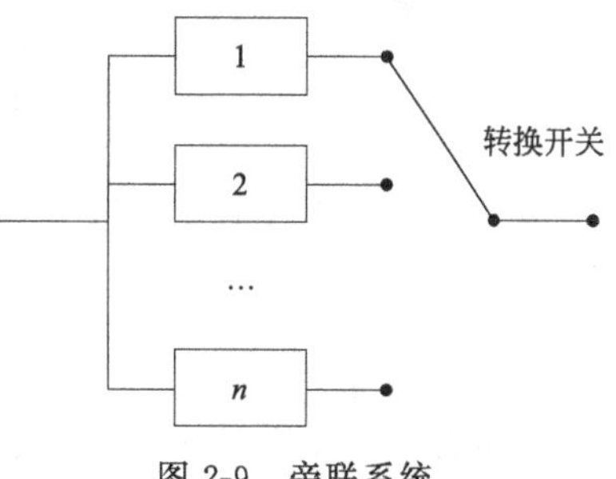

图 2-9 旁联系统

旁联系统按照储备单元的负载情况可分为 3 种，即冷储备系统、热储备系统和温储备系统。其中，冷储备为无载储备，储备单元在储备中不会失效，失效率为零；热储备为满载储备，储备单元在储备中的失效率和在工作时的失效率一样；温储备为轻载储备，储备单元的储备失效率大于零而小于工作失效率。

1. 冷储备系统

根据失效检测与转换装置在失效检测与转换时是否可靠，冷储备系统可进一步分为理想

开关——转换过程完全可靠和非理想开关——转换过程不一定可靠两种情况。

(1) 转换开关完全可靠

设某系统由 n 个部件组成，在初始时刻，一个部件开始工作，其余 $n-1$ 个部件作冷储备。当工作部件失效时，储备部件逐个去替换，直到所有部件都失效时，系统才失效。假设这 n 个部件的寿命分别为 X_1，X_2，…，X_n，且各部件相互独立，则冷储备系统的寿命为

$$X=X_1+X_2+\cdots+X_n \tag{2-28}$$

因此，系统的寿命分布为

$$F(t)=P\{X_1+X_2+\cdots+X_n\leqslant t\}=F_1(t)F_2(t)\cdots F_n(t) \tag{2-29}$$

其中，$F_i(t)$是第 i 个部件的寿命分布。

系统的平均寿命为

$$\mathrm{MTTF}=E\{X_1+X_2+\cdots+X_n\}=\sum_{i=1}^{n}EX_i=\sum_{i=1}^{n}T_i \tag{2-30}$$

其中，T_i 是第 i 个部件的平均寿命。

当 $F_i(t)=1-\mathrm{e}^{-\lambda t}$，$i=1$，2，…，$n$ 时，系统的寿命是 n 个独立同指数分布的随机变量之和，系统的可靠度和平均寿命为

$$\begin{cases}R(t)=\mathrm{e}^{-\lambda t}\displaystyle\sum_{k=0}^{n-1}\frac{(\lambda t)^k}{k!}\\ \mathrm{MTTF}=\dfrac{n}{\lambda}\end{cases} \tag{2-31}$$

当 $F_i(t)=1-\mathrm{e}^{-\lambda_i t}$，$i=1$，2，…，$n$，且 λ_1，λ_2，…，λ_n 均不相等时，若记系统寿命分布 $F(t)$的拉普拉斯变换为

$$\hat{F}(s)=\int_0^{\infty}\mathrm{e}^{-st}\mathrm{d}F(t),s\geqslant 0 \tag{2-32}$$

则

$$\hat{F}(s)=E\{\mathrm{e}^{-sX}\}=E\{\mathrm{e}^{-s(X_1+X_2+\cdots+X_n)}\}=\prod_{i=1}^{n}\frac{\lambda_i}{s+\lambda_i}=\sum_{i=1}^{n}c_i\frac{\lambda_i}{s+\lambda_i},s\geqslant 0 \tag{2-33}$$

其中

$$c_i=\prod_{\substack{k=1\\k\neq i}}^{n}\frac{\lambda_k}{\lambda_k-\lambda_i},i=1,2,\cdots,n \tag{2-34}$$

两端同乘以 $s+\lambda_j$，可得

$$\lambda_j\prod_{\substack{i=1\\i\neq j}}^{n}\frac{\lambda_i}{s+\lambda_i}=(s+\lambda_j)\sum_{i=1}^{n}c_i\frac{\lambda_i}{s+\lambda_i} \tag{2-35}$$

将 $s=-\lambda_j$ 代入上式，可得

$$\lambda_j\prod_{\substack{i=1\\i\neq j}}^{n}\frac{\lambda_i}{s+\lambda_i}=c_i\lambda_i \tag{2-36}$$

对所有 $j=1$，2，…，n 都成立，经拉普拉斯变换反演可得

$$F(t)=\sum_{i=1}^{n}c_i(1-\mathrm{e}^{-\lambda_i t})=\sum_{i=1}^{n}c_i-\sum_{i=1}^{n}c_i\mathrm{e}^{-\lambda_i t} \tag{2-37}$$

当 $t\to\infty$时，有 $F(t)\to 1$，因此，$\sum_{i=1}^{n}c_i=1$。最后得到系统的可靠度和平均寿命为

$$\begin{cases} R(t)=\sum_{i=1}^{n}\left[\prod_{\substack{k=1\\k\neq i}}^{n}\frac{\lambda_k}{\lambda_k-\lambda_i}\right]e^{-\lambda_i t} \\ \text{MTTF}=\sum_{i=1}^{n}\frac{1}{\lambda_i} \end{cases} \tag{2-38}$$

若系统由两个部件组成，则有

$$\begin{cases} R(t)=\frac{\lambda_2}{\lambda_2-\lambda_1}e^{-\lambda_1 t}+\frac{\lambda_1}{\lambda_1-\lambda_2}e^{-\lambda_2 t} \\ \text{MTTF}=\frac{1}{\lambda_1}+\frac{1}{\lambda_2} \end{cases} \tag{2-39}$$

(2) 转换开关不完全可靠：转换开关寿命 0-1 型

在实际问题中，冷储备系统的转换开关也可能失效，因此转换开关的好坏是影响系统可靠度的一个重要因素。假设系统由 n 个部件和一个转换开关组成，在初始时刻，一个部件开始工作，其余部件做冷储备单元。当工作部件失效时，转换开关立即从失效的部件转向下一个储备部件。此时转换开关不完全可靠，其寿命是 0-1 型的，即每次使用转换开关时，转换开关正常的概率为 p，转换开关失效的概率为 $q=1-p$，有以下两种情形之一系统就失效。

① 当正在工作的部件失效，使用转换开关时开关失效，此时系统失效；

② 当第 $n-1$ 次使用转换开关时，转换开关都正常，在这种情形下，n 个部件都失效时系统失效。

假设 n 个部件的寿命 X_1，X_2，…，X_n 相互独立并服从指数分布 $1-e^{-\lambda t}$，且与转换开关的好坏也是独立的。

为求得系统的可靠度，现引进一个随机变量 v，当 $v=j$ 时，表示转换开关首次失效，当 $v=n$ 时，表示若 $n-1$ 次使用转换开关，转换开关都正常。由 v 的定义可得

$$P(v=j)=p^{j-1}q, j=1,2,\cdots,n-1 \tag{2-40}$$

$$P(v=n)=p^{n-1} \tag{2-41}$$

由

$$\sum_{j=1}^{n}P(v=j)=1 \tag{2-42}$$

可知 v 是一个随机变量，且有

$$E\{v\}=\sum_{j=1}^{n}jP\{v=j\}=\sum_{j=1}^{n}jp^{j-1}+np^{n-1}=\frac{1}{q}(1-p^n) \tag{2-43}$$

用随机变量 X 来表示系统寿命，则有

$$X=X_1+X_2+\cdots+X_v \tag{2-44}$$

由于 X_1，X_2，…，X_n 与转换开关的寿命相互独立，因此它们与 v 相互独立。系统可靠度为

$$\begin{aligned} R(t)&=P\{X_1+X_2+\cdots+X_v>t\} \\ &=\sum_{j=1}^{n}P\{X_1+X_2+\cdots+X_v>t \mid v=j\}P(v=j) \\ &=\sum_{j=1}^{n-1}P\{X_1+X_2+\cdots+X_j>t\}p^{j-1}q+P\{X_1+X_2+\cdots+X_n>t\}p^{n-1} \end{aligned} \tag{2-45}$$

将

$$P\{X_1+X_2+\cdots+X_j>t\}=\sum_{i=0}^{j-1}\frac{(\lambda t)^i}{i!}e^{-\lambda t},j=1,2,\cdots,n-1 \tag{2-46}$$

代入式(2-45)，化简可得

$$R(t)=\sum_{j=1}^{n-1}p^{j-1}q\sum_{i=0}^{j-1}\frac{(\lambda t)^i}{i!}e^{-\lambda t}+p^{n-1}\sum_{i=0}^{n-1}\frac{(\lambda t)^i}{i!}e^{-\lambda t}$$
$$=\sum_{i=0}^{n-1}\frac{(\lambda pt)^i}{i!}e^{-\lambda t} \tag{2-47}$$

根据 X_1，X_2，…，X_n 与 v 的独立性，可以得出系统的平均寿命为

$$\text{MTTF}=E\{X_1+X_2+\cdots+X_n\}$$
$$=\frac{1}{\lambda q}(1-p^n) \tag{2-48}$$

当每个部件的失效率都各不相同时，可以类似地求得 $R(t)$ 和 MTTF。以两个部件组成的系统为例

$$P(v=j)=\begin{cases}q,j=1\\p,j=2\end{cases} \tag{2-49}$$

其可靠性函数

$$R(t)=P\left\{\sum_{j=1}^{v}X_j>t\right\}=e^{-\lambda_1 t}+\frac{p\lambda_1}{\lambda_1-\lambda_2}(e^{-\lambda_1 t}+e^{-\lambda_2 t}) \tag{2-50}$$

$$\text{MTTF}=\frac{1}{\lambda_1}+p\frac{1}{\lambda_2} \tag{2-51}$$

当 $p=1$，即转换开关完全可靠时，上述计算结果与转换开关完全可靠情形下完全一致。

(3) 转换开关不完全可靠：转换开关寿命指数型

若冷储备系统的转换开关不完全可靠，且转换开关寿命服从参数为 λ_K 的指数分布，同时转换开关与系统各部件的寿命相互独立，此时转换开关对系统的影响存在以下两种情况。

① 开关失效时，系统立即失效。显然，该系统的寿命为

$$X=\min|X_1+X_2+\cdots+X_n,X_K| \tag{2-52}$$

系统可靠度为

$$R(t)=P\{\min|X_1+X_2+\cdots+X_n,X_K|>t\}$$
$$=P\{X_K>t\}P\{X_1+X_2+\cdots+X_n>t\}$$
$$=e^{-(\lambda+\lambda_K)t}\sum_{k=0}^{n-1}\frac{(\lambda t)^k}{k!} \tag{2-53}$$

系统平均寿命为

$$\text{MTTF}=\int_0^\infty R(t)\,dt$$
$$=\sum_{k=0}^{n-1}\frac{\lambda^k}{k!}\int_0^\infty t^k e^{-(\lambda+\lambda_K)t}dt$$
$$=\frac{1}{\lambda_K}\left[1-\left(\frac{\lambda}{\lambda+\lambda_K}\right)^n\right] \tag{2-54}$$

② 开关失效时，系统不会立即失效，当工作部件失效需要开关转换时，由于开关失效而使系统失效。为简单起见，现只考虑两个部件的情形。假设两个部件的寿命 X_1、X_2 和

开关寿命 X_K 分别服从参数为 λ_1、λ_2 和 λ_K 的指数分布，且相互独立。

在初始时刻部件1进入工作状态，部件2做冷储备。当部件1失效时，需要使用转换开关，若此时转换开关已经失效（即 $X_K<X_1$），则系统失效，这时，系统的寿命就是部件1的寿命 X_1；当部件1失效时，若转换开关正常（即 $X_K>X_1$），则部件2替换部件1进入工作状态，直到部件2失效，系统失效，此时系统的寿命是 X_1+X_2。根据以上系统描述，系统寿命 X 为

$$X=X_1+X_2I_{\{X_K>X_1\}} \tag{2-55}$$

其中，$I_{\{X_K>X_1\}}$ 是随机事件 $\{X_K>X_1\}$ 的示性函数，即

$$I_{\{X_K>X_1\}}=\begin{cases}1, X_K>X_1\\0, X_K\leqslant X_1\end{cases} \tag{2-56}$$

因此，有

$$\begin{aligned}1-R(t)&=P\{X\leqslant t\}\\&=\mathrm{P}\{X_1\leqslant t, X_K\leqslant X_1\}+\mathrm{P}\{X_1+X_2\leqslant t, X_K>X_1\}\\&=\int_0^t P\{X_K\leqslant u\}dP\{X_1\leqslant u\}+\int_0^t P\{X_2\leqslant t-u, X_K>u\}dP\{X_1\leqslant u\}\\&=1-\mathrm{e}^{-\lambda_1 t}-\frac{\lambda_1}{\lambda_K+\lambda_1-\lambda_2}[\mathrm{e}^{-\lambda_2 t}-\mathrm{e}^{-(\lambda_1+\lambda_K)t}]\end{aligned} \tag{2-57}$$

系统的可靠度和平均寿命为

$$\begin{cases}R(t)=\mathrm{e}^{-\lambda_1 t}+\dfrac{\lambda_1}{\lambda_K+\lambda_1-\lambda_2}[\mathrm{e}^{-\lambda_2 t}-\mathrm{e}^{-(\lambda_1+\lambda_K)t}]\\\mathrm{MTTF}=\dfrac{1}{\lambda_1}+\dfrac{\lambda_1}{\lambda_2(\lambda_1+\lambda_K)}\end{cases} \tag{2-58}$$

2. 温储备系统

(1) 转换开关完全可靠

温储备系统与冷储备系统的不同在于，温储备系统中储备部件在储备期内也可能失效，部件的储备寿命分布和工作寿命分布一般并不相同。假设系统由 n 个同型部件组成，部件的工作寿命和储备寿命分别服从参数 λ 和 μ 的指数分布。在初始时刻，系统中一个部件工作，其余部件处于温储备状态，所有部件均可能失效。当工作部件失效时，由尚未失效的储备部件去替换，直到所有部件都失效，则系统失效。为方便讨论，先做以下假设：

① 转换开关是完全可靠的，且转换是瞬间的；

② 部件的工作寿命与其已储备了多长时间无关，均服从指数分布；

③ 所有部件的寿命均相互独立。

为求系统的可靠度和平均寿命，现用 S_i 表示第 i 个失效部件的失效时间，$i=1, 2, \cdots, n$，且 $S_0=0$。显然，$S_n=\sum_{i=1}^{n}(S_i-S_{i-1})$ 是系统的失效时间。在时间区间（S_{i-1}，S_i）中，系统已有 $i-1$ 个部件失效，还有 $n-i+1$ 个部件是正常的，其中，1个部件工作，$n-i$ 个部件处于温储备状态。

由于指数分布的无记忆性，S_i-S_{i-1} 服从参数为 $\lambda+(n-i)\mu$ 的指数分布，$i=1, 2, \cdots, n$，且相互独立。因此，该系统等价于 n 个独立部件组成的冷储备系统，其中第 i 个部件的

寿命服从参数$\lambda+(n-i)\mu$的指数分布，当$\mu>0$时可得

$$\begin{aligned}R(t)&=P\{S_n>t\}\\&=\sum_{i=1}^{n}\left[\prod_{\substack{k=1\\k\neq i}}^{n}\frac{\lambda+(n-i)\mu}{(i-k)\mu}\right]e^{-[\lambda+(n-i)\mu]t}\\&=\sum_{i=0}^{n-1}\left[\prod_{\substack{k=1\\k\neq i}}^{n-1}\frac{\lambda+k\mu}{(k-i)\mu}\right]e^{-(\lambda+i\mu)t}\end{aligned}\tag{2-59}$$

$$\text{MTTF}=\sum_{i=1}^{n}\frac{1}{\lambda i}=\sum_{i=1}^{n}\frac{1}{\lambda+(n-i)\mu}=\sum_{i=1}^{n-1}\frac{1}{\lambda+i\mu}\tag{2-60}$$

当温储备系统中部件寿命分布参数不相同时，计算系统可靠度较为烦琐，在此仅讨论两个部件组成的系统，假设在初始时刻，部件1工作，部件2处于温储备，部件1和2的工作寿命分别为X_1、X_2，部件2的储备寿命为Y_2，它们分别服从参数为λ_1、λ_2和μ的指数分布。此时系统的寿命为

$$X=X_1+X_2I_{\{Y_2>Y_1\}}\tag{2-61}$$

系统的可靠度和平均寿命为

$$\begin{cases}R(t)=e^{-\lambda_1 t}+\dfrac{\lambda_1}{\lambda_1-\lambda_2+\mu}\left[e^{-\lambda_2 t}-e^{-(\lambda_1+\mu)t}\right]\\[2ex]\text{MTTF}=\dfrac{1}{\lambda_1}+\dfrac{1}{\lambda_2}\left(\dfrac{\lambda_1}{\lambda_1+\mu}\right)\end{cases}\tag{2-62}$$

(2) 转换开关不完全可靠：转换开关寿命0-1型

假定使用转换开关时，正常工作的概率是p。为方便讨论，现只考虑两个不同类型部件组成的温储备系统，即转换开关正常时$X_K=1$，转换开关失效时$X_K=0$，系统的寿命可以表示为

$$X=X_1+X_2I_{\{Y_2>X_1\}}I_{\{X_K=1\}}\tag{2-63}$$

由全概率公式可知，

$$\begin{aligned}R(t)&=P\{X>t\}\\&=P\{X_1>t,X_K=0\}+P\{X_1+X_2I_{\{Y_2>X_1\}}>t,X_K=1\}\\&=e^{-\lambda_1 t}+\frac{p\lambda_1}{\lambda_1-\lambda_2+\mu}\left[e^{-\lambda_2 t}-e^{-(\lambda_1+\mu)t}\right]\end{aligned}\tag{2-64}$$

系统的平均寿命为

$$\text{MTTF}=\frac{1}{\lambda_1}+\frac{p\lambda_1}{\lambda_2(\lambda_1+\mu)}\tag{2-65}$$

(3) 转换开关不完全可靠：转换开关寿命指数型

假设转换开关的寿命X_K服从参数为λ_K的指数分布，且与部件寿命相互独立，此时，转换开关对系统的影响有以下两种形式。

① 当转换开关失效时，系统立即失效，系统的寿命为

$$X=\min\{X_1+X_2I_{\{Y_2>X_1\}},X_K\}\tag{2-66}$$

由此可知，系统的可靠度和平均寿命分别为

$$\begin{aligned}R(t)&=P\{X_K>t\}P\{X_1+X_2I_{\{Y_2>X_1\}}>t\}\\&=e^{-\lambda_K t}\left\{e^{-\lambda_1 t}+\frac{\lambda_1}{\lambda_1-\lambda_2+\mu}\left[e^{-\lambda_2 t}-e^{-(\lambda_1+\mu)t}\right]\right\}\end{aligned}\tag{2-67}$$

$$\mathrm{MTTF}=\frac{1}{\lambda_1+\lambda_K}+\frac{\lambda_1}{(\lambda_2+\lambda_K)(\lambda_1+\mu+\lambda_K)} \tag{2-68}$$

② 当转换开关失效时，系统并不立即失效，当工作部件失效需要使用转换开关时，由于转换开关失效而使系统失效。记转换开关寿命为 X_K，系统寿命为

$$X=X_1+X_2 I_{\{Y_2>X_1\}} I_{\{X_K>X_1\}} \tag{2-69}$$

可得

$$\begin{aligned}
1-R(t)&=P\{X\leqslant t\}\\
&=P\{X\leqslant t,Y_2<X_1\}+P\{X\leqslant t,Y_2>X_1,X_K<X_1\}+P\{X\leqslant t,Y_2>X_1,X_K>X_1\}\\
&=P\{X_1\leqslant t,Y_2<X_1\}+P\{X_1<t,Y_2>X_1,X_K<X_1\}+P\{X_1+X_2\leqslant t,Y_2>X_1,X_K>X_1\}\\
&=\int_0^{\infty}(1-e^{-\mu u})\lambda_1 e^{-\lambda_1 u}du+\int_0^{t}e^{-\mu u}(1-e^{-\lambda_K u})\lambda_1 e^{-\lambda_1 u}du+\int_0^{t}(1-e^{-\lambda_2(t-u)})e^{-\mu u}e^{-\lambda_K u}\lambda_1 e^{-\lambda_1 u}du\\
&=1-e^{-\lambda_1 u}-\frac{\lambda_1}{\lambda_1+\lambda_K+\mu-\lambda_2}[e^{-\lambda_2 t}-e^{-(\lambda_1+\lambda_K+\mu)t}]
\end{aligned} \tag{2-70}$$

因此

$$\begin{cases}
R(t)=e^{-\lambda_1 u}-\dfrac{\lambda_1}{\lambda_1+\lambda_K+\mu-\lambda_2}[e^{-\lambda_2 t}-e^{-(\lambda_1+\lambda_K+\mu)t}]\\
\mathrm{MTTF}=\dfrac{1}{\lambda_1}+\dfrac{\lambda_1}{\lambda_2(\lambda_1+\lambda_K+\mu)}
\end{cases} \tag{2-71}$$

3. 热储备系统

在实际使用中，储备单元由于受到环境因素的影响，在储备期间失效率不一定为零，这种系统称为热储备系统，该系统比冷储备系统复杂得多，因为储备部件在储备期间可能工作或运转，因此有发生故障的可能。假设系统由 n 个相同的部件组成，部件的工作寿命和储备寿命分别服从参数为 λ 和 μ 的指数分布。在初始时刻，一个部件工作，其余的部件作热储备，系统工作期间所有的部件均可能发生故障，但工作部件发生故障时，由尚未发生故障的储备部件去替换，直到所有的部件都发生故障，则系统发生故障。

设热储备系统 n 个部件的寿命均相互独立，部件的工作寿命与其储备了多长时间无关，所有部件的工作寿命和储备寿命分别服从参数为 λ 和 μ 的指数分布，t_i 是第 i 个故障部件的故障时间，$i=1$，2，…，n，令 $t_0=0$，则热储备系统的寿命为

$$X=\sum_{i=1}^{n}(t_i-t_{i-1}) \tag{2-72}$$

在时间区间（t_i，t_{i-1}）内，系统已有 $n-1$ 个部件发生故障，还有 $n-i+1$ 个部件正常工作，其中 1 个部件工作，$n-1$ 个部件作热储备。由于指数分布的无记忆性，t_i-t_{i-1} 服从参数为 $\lambda+$（$n-i$）μ 的指数分布，$i=1$，2，…，n，且相互独立，因此该系统等价于 n 个独立部件组成的冷储备系统，其中第 i 个部件的寿命服从 $\lambda_i=\lambda+$（$n-i$）μ 的指数分布。

当 $\mu>0$ 时，可得

$$\begin{cases}
R(t)=P(X>t)=\displaystyle\sum_{i=0}^{n-1}\left[\prod_{\substack{k=1\\k\neq i}}^{n}\frac{\lambda+k\mu}{(k-i)\mu}\right]e^{-(\lambda+i\mu)t}\\
\theta=\displaystyle\sum_{i=0}^{n-1}\left[\frac{1}{\lambda+i\mu}\right]
\end{cases} \tag{2-73}$$

当 $\mu=0$ 时，该系统为冷储备系统；当 $\mu=\lambda$ 时，该系统归结为并联系统。

当系统部件寿命分布的参数不同时，热储备系统可靠度的表达式较为复杂。在初始时刻，部件 1 工作，部件 2 为热储备。部件 1 和部件 2 的工作寿命分别为 x_1 和 x_2，部件 2 的储备寿命为 y。因此，系统的累积故障分布分别服从参数为 λ_1、λ_2 和 μ 的指数分布，系统的可靠度和平均寿命分别为

$$\begin{cases} R(t)=\mathrm{e}^{-\lambda_1 t}+\dfrac{\lambda_1}{\lambda_1-\lambda_2+\mu}\left[\mathrm{e}^{-\lambda_2 t}-\mathrm{e}^{-(\lambda_1+\mu)t}\right] \\ \theta=\dfrac{1}{\lambda_1}+\dfrac{\lambda_1}{\lambda_2(\lambda_1+\mu)} \end{cases} \tag{2-74}$$

假定转换开关不完全可靠，且转换开关寿命服从 0-1 型，使用转换开关时转换开关正常的概率为 R_{sw}。为方便讨论，现仅考虑两个不同类型部件的情况。在初始时刻部件 1 工作，部件 2 做热储备。部件 1 和部件 2 的工作寿命分别为 x_1 和 x_2，部件 2 的储备寿命为 y，系统的累积故障分布分别服从参数为 λ_1、λ_2 和 μ 的指数分布，则系统的可靠度和平均寿命分别为

$$\begin{cases} R(t)=\mathrm{e}^{-\lambda_1 t}+R_{\mathrm{sw}}\dfrac{\lambda_1}{\lambda_1-\lambda_2+\mu}\left[\mathrm{e}^{-\lambda_2 t}-\mathrm{e}^{-(\lambda_1+\mu)t}\right] \\ \theta=\dfrac{1}{\lambda_1}+R_{\mathrm{sw}}\dfrac{\lambda_1}{\lambda_2(\lambda_1+\mu)} \end{cases} \tag{2-75}$$

【例 2-5】 试比较均由两个相同单元组成的串联系统、并联系统、旁联系统（转换装置及储备单元都完全可靠）的可靠度。假定单元寿命服从指数分布，失效率为 λ，单元可靠度为 $R(t)=\mathrm{e}^{-\lambda t}=0.98$。

解： ① 串联系统可靠度

$$R_{s_1}(t)=R^2(t)=0.98\times0.98=0.9604$$

② 并联系统可靠度

$$R_{s_2}(t)=1-[1-R(t)]^2=1-(1-0.98)^2=0.9996$$

③ 旁联系统可靠度

$$\begin{aligned} R_{s_3}(t)&=\mathrm{e}^{-\lambda t}\sum_{k=0}^{n-1}\frac{(\lambda t)^k}{k!} \\ &=(1+\lambda t)R(t) \\ &=[1-\ln R(t)]R(t) \\ &=[1-\ln 0.98]\times0.98 \\ &=0.9998 \end{aligned}$$

由此可知，$R_{s_3}(t)>R_{s_2}(t)>R_{s_1}(t)$，即同等条件下，当旁联系统的转换装置和储备单元完全可靠时，旁联系统的可靠度要高于串联系统和并联系统。

即学即用

什么是旁联系统，试举例说明。旁联系统与并联系统的区别是什么？旁联系统可靠度及平均寿命有何特点？

第三节　一般网络的可靠性模型

一、一般网络系统

除上述串联、并联、表决等典型可靠性模型外，还有一类不能简单分解为串联和并联结构的复杂系统，如通信网络系统、交通网络系统、电网系统等，我们统称为一般网络系统。

根据系统可靠性框图，把表示单元的每个框用弧表示并标明方向，然后在各框的连接处标注上节点，在弧上标明方向，就构成了系统的网络图。网络图由节点和节点间的连线（弧或单元）所构成，其中，节点是系统的组成元素，连线（弧）体现了元素之间相互作用、互相依赖的联结关系。

一般网络系统的可靠性分析方法主要有：布尔真值表法（枚举法）、概率图法（卡诺图法）、全概率分解法、最小路集法、最小割集法、网络拓扑法、蒙特卡洛模拟法等。其中，布尔真值表法、概率图法和全概率分解法适用于简单网络系统，最小路集和最小割集法适用于大型网络系统，应用较广。

即学即用

能否绘制桥联（桥式）系统的可靠性框图和网络图？

二、布尔真值表法

布尔真值表法也称状态穷举法。对于简单的网络系统，可以采用枚举法确定系统可靠度。枚举法由两部分组成：一是确定每个单元正常或故障的所有可能的组合；二是确定在各种组合下系统是正常还是故障。对于单元正常与否的每个可能组合，这些组合发生的概率可以通过计算得到。假设这些时间是相互独立的，系统的可靠度就等于这些组合中系统正常工作概率的总和，或等于1减去故障概率总和。

设系统由 n 个单元组成，且各单元均有“正常”（用1表示）与“失效”（用0表示）两种状态，这样，该系统就有 2^n 种状态。对这 2^n 种状态逐一分析，即可得出系统可正常工作的状态有哪几种，并可分别计算其正常工作的概率。然后，将该系统所有正常工作的概率相加，即可得到该系统的可靠度。

设第 k 个状态是系统的正常状态，其中有 m 个元件正常，$n-m$ 个元件失效，则该状态发生的概率为

$$P_k = \prod_{i \subset 正常} R_i \prod_{j \subset 失效}^{n} F_i \tag{2-76}$$

系统的可靠度为所有使系统正常状态发生的概率之和，即

$$R_S = \sum_{k \subset 正常} P_k \tag{2-77}$$

布尔真值表法直观、易懂，但由于 n 较大时，状态穷举法中的 m 呈指数增长趋势，一般适用于单元数较少（$n \leqslant 6$）的小型网络系统。当单元数较多时，系统状态数很多，工作量太大，不宜采用。

单元和系统状态分析这一过程可借助布尔真值表进行。

【例 2-6】 请用枚举法计算图 2-10 所示系统可靠度，已知各单元的可靠度为 $R_A=R_B=0.90$，$R_C=R_D=0.95$，$R_E=0.80$。

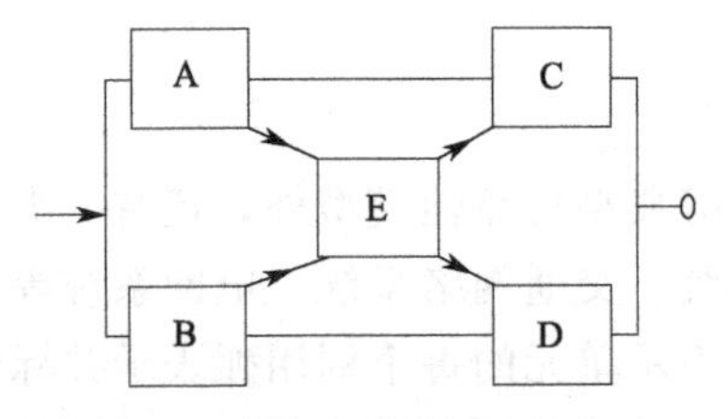

图 2-10 某系统可靠性框图

解： 对于图中的系统，有 32 种可能的组合，其布尔真值表如表 2-2 所示。

表 2-2 布尔真值表

A	B	C	D	E	系统	发生概率	A	B	C	D	E	系统	发生概率
1	1	1	1	1	S_1	0.582820	0	0	0	1	1	F_3	
0	1	1	1	1	S_2	0.064980	1	0	0	0	1	F_4	
1	0	1	1	1	S_3	0.064980	1	1	0	0	0	F_5	
1	1	0	1	1	S_4	0.030780	0	1	0	0	1	F_6	
1	1	1	0	1	S_5	0.030780	0	1	1	0	0	F_7	
1	1	1	1	0	S_6	0.146205	1	0	1	0	0	S_{15}	0.000855
0	0	1	1	1	F_1		0	0	1	0	1	F_8	
1	0	0	1	1	S_7	0.003420	0	0	1	1	0	F_9	
1	1	0	0	1	F_2		1	0	0	1	0	F_{10}	
1	1	1	0	0	S_8	0.007695	0	1	0	1	0	S_{16}	0.000855
0	1	0	1	1	S_9	0.003420	0	0	0	0	1	F_{11}	
0	1	1	0	1	S_{10}	0.003420	1	0	0	0	0	F_{12}	
0	1	1	1	0	S_{11}	0.016245	0	1	0	0	0	F_{13}	
1	0	1	0	1	S_{12}	0.003420	0	0	1	0	0	F_{14}	
1	0	1	1	0	S_{13}	0.016245	0	0	0	1	0	F_{15}	
1	1	0	1	0	S_{14}	0.007695	0	0	0	0	0	F_{16}	
合计							0.985800						

0：单元失效；1：单元正常；F_i：系统失效状态；S_i：系统正常状态

则系统可靠度为

$$R_s=\sum_{i=1}^{m}P(S_i)=0.9858$$

其中，$P(S_i)$为系统状态正常的概率；m 是系统正常工作状态数。

系统不可靠度为

$$F_s=\sum_{i=1}^{k}P(F_i)=0.0142$$

其中，$P(F_i)$为系统状态失效的概率；k 是系统正常工作状态数，且 $m+k=2^n$。

三、概率图法

概率图法又称卡诺图法。它是在状态穷举法的基础上，借助于数字电路理论的卡诺图计算系统的可靠度，其原理与布尔真值表法相同，但表现形式不同。卡诺图把 n 位二进制数分成两部分，分别作为横向表头和纵向表头的编码；进制数不是按大小顺序排列，而是用格雷码编排表示单元的状态。这种编码的特点是相邻位置和对称位置上的两个二进制数只在一位上有差别。例如两位二进制数的格雷码表示为 00 01 11 10；三位二进制数的格雷码表示为 000 001 011 010 110 111 101 100。

表体内的方格用 1 和 0 表示系统的正常和故障状态。2^n 个小方格代表 n 个单元所有可能的组合状态，系统正常的状态用“1”表示在方格中。方格间是两两互不相容，每个小方格都是不可再细分的基本情况，都有它发生的概率，2^n 个小方格的概率和等于 1。

利用卡诺图计算系统的可靠度时，将所有填 1 的方格按相邻的行列，分成若干互不交叠的组，并用虚线隔开，各组分别代表系统处于正常状态时的相应概率，从而可以求出系统的可靠度。采用概率图法计算系统可靠度的步骤为：

① 列出系统各单元的所有状态组合；

② 确定哪些状态组合能使系统正常工作；

③ 计算每种能使系统正常工作的状态组合所对应的概率；

④ 将这些概率累积起来，求出系统的可靠度。

【例 2-7】 如图 2-11 所示系统，当开关 E 打开时，电机 A 向设备 B 供电，电机 C 向设备 D 供电，如果电机 A 或 C 坏了，合上开关 E 由电机 C 或 A 向设备 B 和 D 供电。设 $R_A=R_C=0.9$，$R_B=R_D=0.8$，$R_E=0.95$。试利用概率图法求该系统可靠度。

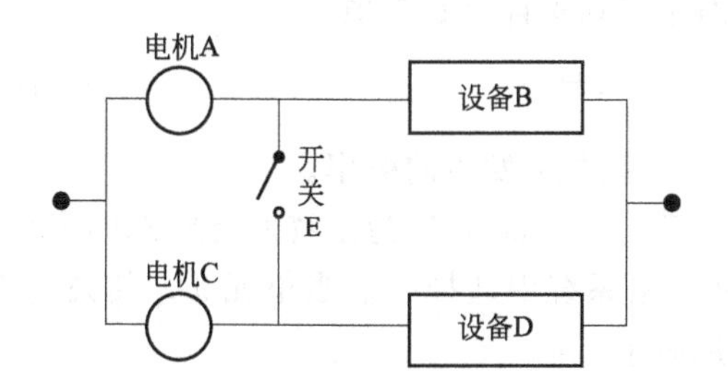

图 2-11 系统工作原理图

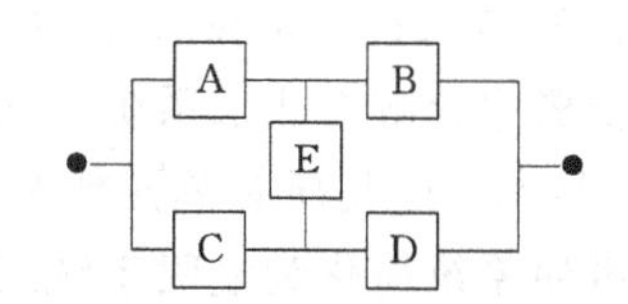

图 2-12 系统可靠性框图

解： 分别绘制系统可靠性框图和概率图，如图 2-12 和图 2-13 所示。在图 2-13 中，把方格中的“1”划分为 5 个小区；

AB \ CDE	000	001	011	010	110	111	101	100
00					1	1		
01					1	1	1	
11	1	1	1	1	1	1	1	1
10			1		1	1		

图 2-13 系统概率图

则系统正常工作的状态组合

$$S=AB+\overline{A}CD+A\overline{B}CD+A\overline{B}\,\overline{C}DE+\overline{A}BC\overline{D}E$$

得到系统可靠度为

$$P(S)=0.94896$$

概率图法中组的划分是否唯一？与布尔真值法（状态穷举法）相比，概率图法具有什么特点？概率图法是否适用于复杂网络？

四、全概率分解法

全概率分解法又称为贝叶斯分析法，是利用全概率公式来求系统可靠度的一种方法。全概率分解法主要用于可靠性不易确定的一般网络系统，针对系统有个别较难处理的单元，以该单元正常和失效两种状态为条件，应用全概率分解定理化简复杂网络系统，即采用概率论中的全概率公式将其简化为一般的串、并联系统进行计算其可靠度的方法。

1. 全概率公式

设 $H_i \in F(i=1,2,\cdots,F$ 为随机事件 σ－代数）为任意有穷或可数个事件，满足条件

$$H_i \cap H_j=\Phi,\ i \neq j,\ \bigcup_{i=1}^{n} H_i=\Omega$$

对于基本事件空间，有 $P(H_i)>0$，那么，对于任意事件 $A \in F$ 有

$$P(A)=\sum_i P(A \mid H_i)P(H_i) \tag{2-78}$$

其中，$P(A \mid H_i)$ 是在事件 H_i 发生的条件下，事件 A 发生的概率。

利用全概率分解方法求系统可靠度运用这一定理时，可认为 F 为系统所有状态的集合，H_i 为单元状态，Ω 是所有单元状态的集合。若从网络系统中选择一恰当单元 x，其失效或正常时均可使系统简化为混联系统或比原系统更加简单。

2. 全概率分解法

全概率分解法是一种将非串并联结构复杂系统转化为串并联系统的解析方法。全概率分解法的基本思路是：系统中任一单元正常这一事件与其逆事件（单元故障）一起，构成完备事件组。利用概率论中全概率公式，可以将非串并联的复杂网络分解简化，经多次分解简化后，可将复杂网络简化成简单的串并联系统，从而计算出系统的可靠度。这个分解过程称为全概率分解。用数学符号表示为

$$R_s=P(S)=P(x)P(S \mid x)+P(\bar{x})P(S \mid \bar{x}) \tag{2-79}$$

式中，$P(S)$ 为系统正常工作的概率；$P(x)$ 为所选定单元 x 的可靠度，即单元 x 正常工作的概率；$P(\bar{x})$ 为所选定单元 x 的不可靠度，即单元 x 故障的概率；$P(S \mid x)$为所选定单元 x 正常时，系统正常的条件概率；$P(S \mid \bar{x})$为所选定单元 x 故障时，系统正常的条件概率。

若令 $S(x)$ 表示把网络 S 中单元 x 的两端节点合成一个节点而产生的新网络；$S(\bar{x})$ 表示把网络 S 中单元 x 去掉（即两端点间不存在经由 x 的联系）而产生的新网络。由于

$$P(S \mid x)=P[S(x)] \tag{2-80}$$

$$P(S \mid \bar{x})=P[S(\bar{x})] \tag{2-81}$$

则由式(2-79)～式(2-81) 可得

$$R_s(t)=P(x)P[S(x)]+P(\bar{x})P[S(\bar{x})] \tag{2-82}$$

如此经过多次分解可以使产生的子网络成为一般的串并联系统，从而可以逐步地计算出网络 S 的可靠度。利用全概率分解法求解系统可靠度的步骤为：

① 选定分解单元；

② 画出等效全概率分解图；

③ 计算分解单元正常和非正常条件下系统可靠度；

④ 利用全概率分解公式求出系统的可靠度。

当存在多个分解单元问题时，可多次重复进行第二步，直至把分析的框图化简成简单框图。在系统分解过程中，分解单元的选定是全概率分解法的关键。单元的选择直接影响系统化简的难易程度，可通过多次尝试，选择有效单元。最佳分解单元的选择需要一定的经验，分解单元的选定规则有：①任一无向单元都可以作为分解单元；②任一有向单元，若其输入、输出弧较多，且分解后不产生新的通道时，可作为分解单元。值得注意的是，在全概率分解过程中产生的无用单元及其组合（如悬挂环、输出节点流向输入节点的逆向单元等）可以去掉。

全概率分解法的特点：

① 只要分解单元 x 选择合适，就可使系统简化，较方便地求出系统可靠度；

② 对于复杂网络系统，当选择了一个单元 x 后，经简化的系统仍然很复杂，那么就接着进行第二次分解化简，直至便于计算为止；

③ 既适合于单元数较少的网络系统，也适用于单元数较多的大型网络系统；

④ 不足之处在于难以实现计算机化。

【例 2-8】 试用全概率分解法求解图 2-12 系统的可靠度。

解： 分别创建两个子网络，假设单元 E 正常运行，如图 2-14(a) 所示；假设单元 E 故障，如图 2-14(b) 所示。

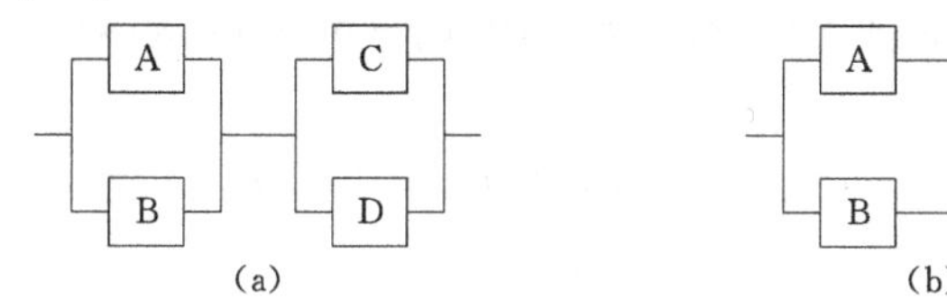

图 2-14　例 2-8 图

计算每个子网络的可靠度，则系统可靠度为

$$R_s=R_E R_{(b)}+(1-R_E)R_{(c)}$$

其中

$$R_{(b)}=[1-(1-R_A)(1-R_B)][1-(1-R_C)(1-R_D)]$$

$$R_{(c)}=1-(1-R_A R_C)(1-R_B R_D)$$

如果 $R_A=R_B=0.90$，$R_C=R_D=0.95$，$R_E=0.80$，则

$$R_{(b)}=[1-(1-0.9)(1-0.9)][1-(1-0.95)(1-0.95)]$$
$$=0.9875$$

$$R_{(c)}=1-[1-0.9\times0.95]^2$$
$$=0.978975$$

系统可靠度为

$$R_s = 0.8 \times 0.9875 + 0.2 \times 0.978975 = 0.9858$$

五、最小路集法

最小路集法是根据系统可靠性框图将所有的使系统正常的最小路集枚举出来，利用概率的加法定理和乘法定理计算系统可靠性的方法。为了便于讨论，先介绍结构函数的概念。

1. 结构函数

分析系统可靠性之前需明确各部件状态（性能）与系统状态（性能）之间的关系。系统结构函数分为状态结构函数和性能结构函数。其中，描述部件状态和系统状态之间关系的函数称为系统状态结构函数，描述部件性能和系统性能之间关系的函数称为系统性能结构函数。本书主要介绍状态结构函数。

设系统 X 由 n 个单元组成，则系统的状态向量可记为 $X=(x_1, x_2, \cdots, x_n)$，若用二值变量 x_i 来表示 i 单元的状态，且

$$x_i = \begin{cases} 1 & \text{当第 } i \text{ 个部件正常时} \\ 0 & \text{当第 } i \text{ 个部件失效时} \end{cases} \tag{2-83}$$

则系统有 2^n 个状态向量，这 2^n 个状态向量对应于系统两种状态：正常或失效。据此可构建系统状态结构函数

$$\Phi(X) = \Phi(x_1, x_2, \cdots, x_n) = \begin{cases} 1 & \text{当系统正常时} \\ 0 & \text{当系统故障时} \end{cases} \tag{2-84}$$

$\Phi(X)$ 为系统的结构函数。

根据上述定义，几种典型的可靠性模型可分别用结构函数表示。

串联模型的结构函数为

$$\Phi(X) = x_1 \cap x_2 \cap \cdots \cap x_n = x_1 x_2 \cdots x_n = \min\{x_1, x_2, \cdots, x_n\} \tag{2-85}$$

并联模型的结构函数为

$$\Phi(X) = x_1 \cup x_2 \cup \cdots \cup x_n = 1-(1-x_1)(1-x_2)\cdots(1-x_n) = \max\{x_1, x_2, \cdots, x_n\} \tag{2-86}$$

表决模型的结构函数为

$$\Phi(X) = \begin{cases} 1 & \text{当} \sum_{i=1}^{n} x_i \geqslant k \\ 0 & \text{其他} \end{cases} \tag{2-87}$$

利用结构函数可以表示系统。例如，对于图 2-15 所示可靠性框图，可构建其结构函数为

$$\Phi(X) = (x_1 \cup x_2) \cap x_3 \cap (x_4 \cup x_5) \tag{2-88}$$

我们想要找到 $R_s = \Pr\{\Phi(X)=1\} = E[\Phi(X)]$，第二个等式就是用二进制形式表示的结构函数，因为

$$E[\Phi(X)] = 0 \times \Pr\{\Phi(X)=1\} + 1 \times \Pr\{\Phi(X)=1\} \tag{2-89}$$

假设部件相互独立，对于串联系统，有

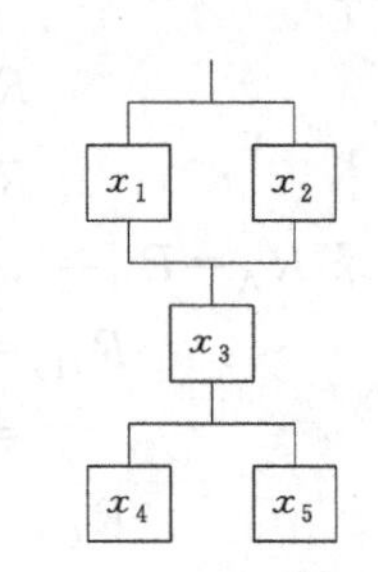

图 2-15 系统可靠性框图

$$\begin{aligned}\Pr\{\Phi(X)=1\}&=\Pr\{x_1=1,x_2=1,\cdots,x_n=1\}\\&=\Pr\{x_1=1\}\Pr\{x_2=1\}\cdots\Pr\{x_n=1\}\\&=R_1R_2\cdots R_n\end{aligned} \tag{2-90}$$

对于并联系统，有

$$\begin{aligned}\Pr\{\Phi(X)=1\}&=\Pr\{\max(x_1,x_2,\cdots,x_n)=1\}\\&=1-\Pr\{\text{全部 }x_i=0\}\\&=1-\Pr\{x_1=0,x_2=0,\cdots,x_n=0\}\\&=1-(1-R_1)(1-R_2)\cdots(1-R_n)\end{aligned} \tag{2-91}$$

为了计算表决系统的可靠度，可用下式

$$\Pr\{\Phi(X)=1\}=\Pr\left\{\sum_{i=1}^{n}x_i\geqslant k\right\} \tag{2-92}$$

当 $R_1=R_2=\cdots=R_n$ 时，系统可靠度可由二项概率分布得到。

2. 最小路集

路集是指系统中单元状态变量的一种子集，在该子集以外所有单元均失效的情况下，子集中所有单元工作时系统工作，该子集称为路集。对于一个网络，连接任意两节点间弧的集合，称为两节点间的一条路。在一个网络中，若由一些弧构成的集合，当这些弧正常时，能使系统正常，即能使输入节点和输出节点连通，则称这些弧的集合为路集。例如在图 2-12 中，{A,B}、{C,D}、{A,E,D}、{C,E,B}、{A,B,C}、{A,B,C,D}、{B,C,D,E}、{A,B,C,D,E} 均是路集。即在网络图中，从节点 i 出发，经过一系列的弧可以到达节点 j，则称这个弧序列是从节点 i 到节点 j 的一个路集或一条路。

其中任何一个单元失效时，都会引起系统失效的路集为最小路集。如果在一个路集内，任意去掉一条弧后，它就不是一个路集，那么该路集就是一个最小路集（最小通路）。最小路集的阶数是指最小路集中含单元状态变量的个数。最小路集中，所包含弧的数目为路的阶数或长度。

当系统不太复杂时，可采用直观方法得到全部最小路集，但当系统结构复杂时，可采用联络矩阵法、行列式法及网络遍历法求解系统全部最小路集。其中，网络遍历法需采用计算机辅助实现。本书主要介绍联络矩阵法和行列式法。

3. 最小路集的求解方法

(1) 联络矩阵法

给定一个任意网络 S，有 n 个节点，节点分别为 $1,2,\cdots,n$。建立相应的 n 阶矩阵 $\boldsymbol{C}=[C_{ij}]$。其中，C_{ij} 定义为

$$C_{ij}=\begin{cases}x\text{，节点 }i\text{ 到 }j\text{ 之间有弧 }x\text{ 连接}\\0\text{，节点 }i\text{ 到 }j\text{ 之间无弧直接相连}\end{cases} \tag{2-93}$$

那么，矩阵 $\boldsymbol{C}$ 为网络 S 的联络矩阵，或关联矩阵。

联络矩阵的特点：

① 对角线各元素均为 0，即 $C_{ii}=0$；

② 输入节点所在的列中所有元素均为 0；

③ 输出节点所在行中所有元素均为 0；

④ 节点 i，j 之间的弧若是无向弧，则可看成双向弧，即 $C_{ij}=C_{ji}$ 。

联络矩阵乘方规则：

令 $\boldsymbol{C}^r=[C_{ij}^{(r)}]\quad(i,j=\overline{1,n})$，则有

$$C_{ij}^{(r)}=\begin{cases}\sum\limits_{k=1}^{n}C_{ik}C_{kj}^{(r-1)} & (r=\overline{2,n})\\ C_{ij} & (r=1)\end{cases}\tag{2-94}$$

在网络图中，n 为网络中的节点数，$C_{ij}^{(r)}$ 表示从节点 i 到节点 j 之间长度为 r 的最小路集的全体。

联络矩阵 $\boldsymbol{C}$ 的平方

$$\begin{gathered}\boldsymbol{C}^2=[C_{ij}^{(2)}]\quad i,\ j=1,\ 2,\ \cdots,\ n\\ C_{ij}^{(2)}=\bigcup_{k=1}^{n}C_{ik}\cap C_{kj}\end{gathered}\tag{2-95}$$

$C_{ij}^{(2)}$ 的含义：从节点 i 到所有可能的节点 k，再从节点 k 到节点 j 的所有最小路集。即从节点 i 到节点 j 的路长为 2 的所有最小路集。

联络矩阵 $\boldsymbol{C}$ 的 r 次方

$$\begin{gathered}\boldsymbol{C}^r=\boldsymbol{C}\boldsymbol{C}^{r-1}=[C_{ij}^{(r)}]\quad r=2,3,\cdots,n-1\\ C_{ij}^{(r)}=\bigcup_{k=1}^{n}C_{ik}\cap C_{kj}^{(r-1)}\end{gathered}\tag{2-96}$$

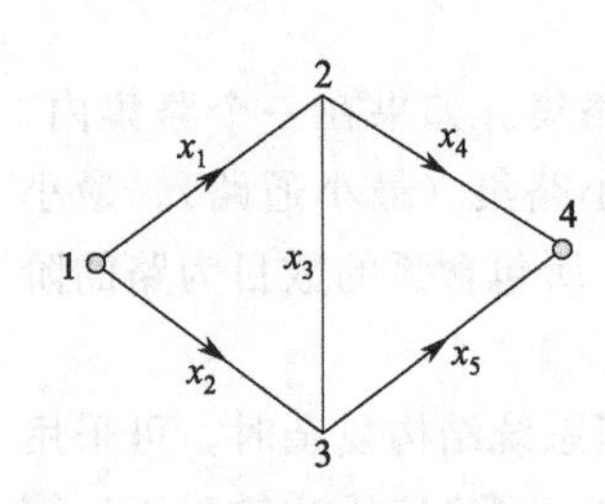

图 2-16　网络图

$C_{ij}^{(r)}$ 的含义：从节点 i 到节点 j 的路长为 r 的所有最小路集。由于具有 n 个节点的网络的最小路集的最大路长为 $n-1$，因此对于 $r\geqslant n$，必有 $\boldsymbol{C}^r=(0)$。

由于研究的是从输入节点 I 到输出节点 L 的可靠性，所以只需要求出"输入→输出"两个端点之间的所有最小路集。只需求出 $[C]_L^2$，$[C]_L^3$，$\cdots$，$[C]_L^{n-1}$ 中的第 L 列，即：$[C]_L^{n-1}$ 只需求出第 I 行元素即可。例如，图 2-16 网络的联络矩阵可写为

$$\boldsymbol{C}=\begin{bmatrix}0 & x_1 & x_2 & 0\\ 0 & 0 & x_3 & x_4\\ 0 & x_3 & 0 & x_5\\ 0 & 0 & 0 & 0\end{bmatrix}\tag{2-97}$$

联络矩阵 $\boldsymbol{C}$ 的 2 次方为

$$\boldsymbol{C}^2=\begin{bmatrix}0 & x_2x_3 & x_1x_3 & x_1x_4+x_2x_5\\ 0 & x_3^2 & 0 & x_3x_5\\ 0 & 0 & x_3^2 & x_3x_4\\ 0 & 0 & 0 & 0\end{bmatrix}\tag{2-98}$$

联络矩阵 $\boldsymbol{C}$ 的 3 次方为

$$C^3=\begin{bmatrix}0 & x_1x_3^2 & x_2x_3^2 & x_1x_3x_5+x_2x_3x_4\\0 & 0 & x_3^3 & x_3^2x_4\\0 & x_3^3 & 0 & x_3^2x_5\\0 & 0 & 0 & 0\end{bmatrix} \tag{2-99}$$

（2）行列式法

行列式法步骤较简明，假设已知条件给出系统的网络矩阵为 $\boldsymbol{C}$，求解最小路集的具体步骤如下：

① 构造一个与网络矩阵同维数的单位矩阵 $\boldsymbol{U}$，并与矩阵 $\boldsymbol{C}$ 相加，得到 $\boldsymbol{U}+\boldsymbol{C}$ 矩阵 $\boldsymbol{Z}$；

② 将矩阵 $\boldsymbol{Z}$ 中对应于输入点的列和输出点的行都删去，从而可得一个新的矩阵 $\boldsymbol{W}$；

③ 将矩阵 $\boldsymbol{W}$ 按照行列式计算原理展开为代数和形式，并令各项均取正值，即可得到网络最小路集 S。

【例 2-9】用行列式法求图 2-16 网络全体最小路集。

解：据图 2-16 可得联络矩阵为

$$\boldsymbol{C}=\begin{bmatrix}0 & x_1 & x_2 & 0\\0 & 0 & x_3 & x_4\\0 & x_3 & 0 & x_5\\0 & 0 & 0 & 0\end{bmatrix}$$

又得到

$$\boldsymbol{U}=\begin{bmatrix}1 & 0 & 0 & 0\\0 & 1 & 0 & 0\\0 & 0 & 1 & 0\\0 & 0 & 0 & 1\end{bmatrix}$$

故

$$\boldsymbol{Z}=\boldsymbol{U}+\boldsymbol{C}=\begin{bmatrix}1 & x_1 & x_2 & 0\\0 & 1 & x_3 & x_4\\0 & x_3 & 1 & x_5\\0 & 0 & 0 & 1\end{bmatrix}$$

删去第一列和第四行，可得行列式 W 为

$$W=\begin{vmatrix}x_1 & x_2 & 0\\1 & x_3 & x_4\\x_3 & 1 & x_5\end{vmatrix}=x_1x_3x_5+x_2x_3x_4-x_1x_4-x_2x_5$$

所以，系统最小路集为

$$S=x_1x_3x_5+x_2x_3x_4+x_1x_4+x_2x_5$$

或者表示为

$$S=\{x_1x_3x_5, x_2x_3x_4, x_1x_4, x_2x_5\}$$

4. 利用最小路集求解系统可靠度

(1) 精确值计算法

利用最小路集求解系统可靠度的原理：用 A_i 表示最小路集，系统正常的事件为

$$S=\bigcup_{i=1}^{k} A_i \tag{2-100}$$

则系统可靠度

$$\begin{aligned}R&=P(S)\\&=P(\bigcup_{i=1}^{k} A_i)\\&=\sum_{i=1}^{k}P(A_i)-\sum_{i<m=2}^{k}P(A_i\cap A_m)+\sum_{i<m<n=3}^{k}P(A_i\cap A_m\cap A_n)+\cdots+(-1)^{k-1}P(\bigcap_{i=1}^{k}A_i)\end{aligned} \tag{2-101}$$

一般求得的最小路集是相交的或者说是相容的。通过相交的最小路集求系统正常工作概率可以用概率的普遍公式，但较为复杂。合理的做法是，把相交的最小路先化成不相交的最小路，然后再求系统的可靠度，这一过程称为不交化过程。所谓不交化是指把相交的集合化为不相交的集合，也就是把各最小路集的并化为不相交的积之和表达式，运算中主要使用集合代数和布尔代数的运算法则。

① 不交化处理公式　设系统 S 有 n 条最小路，分别为 $K_1,K_2,K_3,\cdots,K_n$，它们可能相交，对于全体最小路集的不交化处理有

$$S=K_1+\overline{K_1}K_2+\overline{K_1}\,\overline{K_2}K_3+\cdots+\overline{K_1}\,\overline{K_2}\cdots\overline{K_{n-1}}K_n \tag{2-102}$$

以 n 个单元组成的并联网络 S 为例，其不相交型表达式为

$$S=x_1+\bar{x}_1x_2+\cdots+\prod_{i=1}^{n-1}\bar{x}_ix_2 \tag{2-103}$$

其中，x_i 代表第 i 个弧(单元) 正常工作的概率，即单元 i 的可靠度；$\bar{x}_i=1-x_i$ 是弧不正常的概率，即不可靠度。

② 摩根定理的不相交型表达式

$$\begin{aligned}&\overline{AB}=\overline{A}+A\overline{B}\\&A+B=A+\overline{A}B\\&\overline{x_1x_2\cdots x_n}=\overline{x_1}+x_1\overline{x_2}+\prod_{i=1}^{n-1}x_i\bar{x}_n\\&\left.\begin{aligned}&\overline{A+B}=\overline{A}\cdot\overline{B}\\&A+B=A+\overline{A}B\end{aligned}\right\}\Rightarrow\\&\overline{x_1+\overline{x_1}x_2\cdots\prod_{i=1}^{n-1}\bar{x}_ix_n}=\bar{x}_1\bar{x}_2\cdots\bar{x}_n\end{aligned} \tag{2-104}$$

③ 化简规则　当最小路集不多时可以手工化简，化简时要用到以下一些规则：

$$
\begin{aligned}
&\text{交换律}\begin{cases} A+B=B+A \\ AB=BA \end{cases} \\
&\text{吸收律}\begin{cases} A+AB=A \\ A(A+B)=A \end{cases} \\
&\text{结合律}\begin{cases} A+(B+C)=(A+B)+C \\ A(BC)=(AB)C \end{cases} \\
&\text{分配律}\begin{cases} A(B+C)=AB+AC \\ A+BC=(A+B)(A+C) \end{cases} \\
&\text{等幂律}\begin{cases} A+A=A \\ A\cdot A=A \end{cases}
\end{aligned}
\tag{2-105}
$$

上述不交化和化简规则，不仅适用于最小路集的处理，同时也适用于全概率分析法等方法中结构函数的化简处理。应用上述不交化处理规则处理后，再经过布尔展开、相补、吸收、归并等计算进行化简处理，即可得到网络可靠度不相交型最简表示形式；然后将单元可靠度代入，即可求得系统的可靠度。

【例 2-10】 试用最小路集法计算图 2-16 网络的可靠度。设所有元件的正常工作概率均为 $P(x_i)=p$。

解： 前面已求出全体最小路集为

$$S=x_1x_3x_5+x_2x_3x_4+x_1x_4+x_2x_5$$

首先进行不交化处理

$$
\begin{aligned}
S &=x_1x_3x_5+\overline{x_1x_3x_5}x_2x_3x_4+\overline{x_1x_3x_5}\ \overline{x_2x_3x_4}x_1x_4+\overline{x_1x_3x_5}\ \overline{x_2x_3x_4}\ \overline{x_1x_4}x_2x_5 \\
&=x_1x_3x_5+(\overline{x_1}+x_1\overline{x_3}+x_1x_3\overline{x_5})x_2x_3x_4+(\overline{x_1}+x_1\overline{x_3}+x_1x_3\overline{x_5})(\overline{x_2}+x_2\overline{x_3}+x_2x_3\overline{x_4})x_1x_4+ \\
&\quad(\overline{x_1}+x_1\overline{x_3}+x_1x_3\overline{x_5})(\overline{x_2}+x_2\overline{x_3}+x_2x_3\overline{x_4})(\overline{x_1}+x_1\overline{x_4})x_2x_5 \\
&=x_1x_3x_5+\overline{x_1}x_2x_3x_4+x_1x_2x_3x_4\overline{x_5}+x_1\overline{x_2}\ \overline{x_3}x_4+x_1x_2\overline{x_3}x_4+x_1\overline{x_2}x_3x_4\overline{x_5}+ \\
&\quad\overline{x_1}x_2\overline{x_3}x_5+\overline{x_1}x_2x_3\overline{x_4}x_5+x_1x_2\overline{x_3}\ \overline{x_4}x_5
\end{aligned}
$$

代入单元工作概率值得到：

$$
\begin{aligned}
R_s &=p^3+(1-p)p^3+p^4(1-p)+p^2(1-p)^2+p^3(1-p)+p^3(1-p)^2+ \\
&\quad p^2(1-p)^2+p^3(1-p)^2+p^3(1-p)^2 \\
&=2p^5-5p^4+2p^3+2p^2
\end{aligned}
$$

(2) 近似值计算法

当网络比较复杂时，求取可靠度的准确值是很困难的。此时，可以用近似方法求取系统失效概率的边界值。近似值算法使计算量大大减少，而且随着单元可靠度的提高，这一近似算法的精度也得以提高。

设系统 S 有 n 条最小路，分别为 $K_1,K_2,K_3,\cdots,K_n$，它们可能相交，对于全体最小路集 $S=K_1+K_2+\cdots+K_n$ 的不交化处理有

$$
\begin{aligned}
S &=K_1+K_2+K_3+\cdots+K_n \\
&=K_1+\overline{K_1}K_2+\overline{K_1}\ \overline{K_2}K_3+\cdots\overline{K_1}\ \overline{K_2}\overline{K_{n-1}}\ K_n
\end{aligned}
\tag{2-106}
$$

将上式进一步展开、合并可得

$$S=\sum_{i=1}^{n}K_1-\sum_{i<j=2}^{n}K_iK_j+\sum_{i<j,k=3}^{n}K_iK_jK_k+\cdots+(-1)^{n-1}K_1K_2\cdots K_n \tag{2-107}$$

近似计算法就是忽略掉上式的高阶小量。对于上式，当忽略掉第一项后所有的项时，可得系统可靠度近似为

$$R_s=\sum_{i=1}^{n}P(K_i)>\text{系统可靠度的实际值} \tag{2-108}$$

当忽略掉第二项后所有的项时，可得系统可靠度近似为

$$R_s=\sum_{i=1}^{n}P(K_i)-\sum_{i<j=2}^{n}P(K_iK_j)<\text{系统可靠度的实际值} \tag{2-109}$$

六、最小割集法

1. 最小割集

割集是系统中单元状态变量的另一种子集，在该子集以外所有单元均工作的情况下，当子集中所有单元失效时系统必然失效，该子集称为割集。

最小割集是指其中任何一个单元工作时系统工作的割集。最小割集是割集的一种，即最小割集中的每一个单元都会单独引起系统工作。最小割集的阶数是指最小割集中所含单元状态变量的个数。最小割集是从失效的角度对网络的状态进行描述。其中，最小割集描述的是一种状态：当最小割集的所有节点或者边的容量均为 0 时，网络不再连通。

2. 最小割集的求解方法

求出最小路集后，对最小路集求逆并化简成最简结果，即可求得最小割集。

3. 利用最小割集求解系统可靠度

由于最小割集间可能是相交的，因此用最小割集法求系统可靠度时，必须采用相容事件的概率公式。

若用 C_i 表示最小割集，则系统失效就是至少有一个最小割集事件发生，即

$$\overline{S}=\bigcup_{i=1}^{k}C_i \tag{2-110}$$

则系统不可靠度可由相容事件的概率公式求得

$$\begin{aligned}F_S&=P(\overline{S})\\&=P\left(\bigcup_{i=1}^{k}C_i\right)\\&=\sum_{i=1}^{k}P(C_i)-\sum_{i<m=2}^{k}P(C_i\cap C_m)+\sum_{i<m<n=3}^{k}P(C_i\cap C_m\cap C_n)+\cdots+(-1)^{k-1}P\left(\bigcap_{i=1}^{k}C_i\right)\end{aligned} \tag{2-111}$$

则系统可靠度为

$$R_S=1-F_S \tag{2-112}$$

【例 2-11】 求图 2-17 所示系统中的最小路集及最小割集。其中 1，2 分别为输入点和输出点。3，4，5 为中间结点。A,B,C,D,E,F,G 为元件。若元件的不可靠度为 q，求系统可靠度精确表达式和不可靠度的近似表达式。

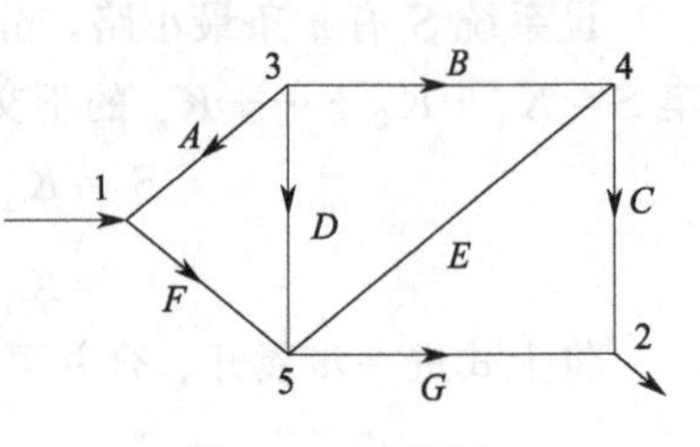

图 2-17　网络图

解：依据网络图，给出联络矩阵

$$C=\begin{bmatrix}0&0&0&0&F\\0&0&0&0&0\\A&0&0&B&D\\0&C&0&0&E\\0&G&0&E&0\end{bmatrix}$$

$$C^2=\begin{bmatrix}0&0&0&0&F\\0&0&0&0&0\\A&0&0&B&D\\0&C&0&0&E\\0&G&0&E&0\end{bmatrix}\begin{bmatrix}0&0&0&0&F\\0&0&0&0&0\\A&0&0&B&D\\0&C&0&0&E\\0&G&0&E&0\end{bmatrix}$$

$$=\begin{bmatrix}0&FG&0&FE&0\\0&0&0&0&0\\0&BC+DG&0&DE&AF+BE\\0&GE&0&0&0\\0&CE&0&0&0\end{bmatrix}$$

$$C^3=\begin{bmatrix}0&0&0&0&F\\0&0&0&0&0\\A&0&0&B&D\\0&C&0&0&E\\0&G&0&E&0\end{bmatrix}\begin{bmatrix}0&FG&0&FE&0\\0&0&0&0&0\\0&BC+DG&0&DE&AF+BE\\0&GE&0&0&0\\0&CE&0&0&0\end{bmatrix}$$

$$=\begin{bmatrix}0&CEF&0&0&0\\0&0&0&0&0\\0&AFG+BFG+CDE&0&AEF&0\\0&0&0&0&0\\0&0&0&0&0\end{bmatrix}$$

$$C^4=\begin{bmatrix}0&0&0&0&F\\0&0&0&0&0\\A&0&0&B&D\\0&C&0&0&E\\0&G&0&E&0\end{bmatrix}\begin{bmatrix}0&CEF&0&0&0\\0&0&0&0&0\\0&AFG+BFG+CDE&0&AEF&0\\0&0&0&0&0\\0&0&0&0&0\end{bmatrix}$$

$$=\begin{bmatrix}0&0&0&0&0\\0&0&0&0&0\\0&ACEF&0&0&0\\0&0&0&0&0\\0&0&0&0&0\end{bmatrix}$$

得到系统的最小路集为

$$S=FG+CEF$$

系统的最小割集为

$$\overline{S}=\overline{FG+CEF}=\overline{FG}\,\overline{CEF}=(\overline{F}+\overline{G})(\overline{C}+\overline{E}+\overline{F})=\overline{F}+\overline{C}\,\overline{G}+\overline{E}\,\overline{G}$$

令

$$A_1=\{FG\};A_2=\{CEF\}$$

得到系统可靠度精确表达式和不可靠度近似表达式分别为

$$\begin{aligned}R_s&=P(A_1)+P(A_2)-P(A_1A_2)\\&=P(F)P(G)+P(C)P(E)P(F)-P(C)P(E)P(F)P(G)\\&=-q^4+3q^3-2q^2-q+1\end{aligned}$$

$$F_s\leqslant P(\overline{F})+P(\overline{C}\,\overline{G})+P(\overline{E}\,\overline{G})=q+2q^2$$

第四节 可修系统的可靠性模型

一、可修系统

可修系统就是当组成系统的部件故障时能通过维修使其恢复功能的一类系统。由于修复作用的存在，使得对可修系统的可靠性分析研究要比不可修系统复杂得多。为方便说明，本书中可修系统适用于以下假设：①故障率 λ 和维修率 μ 为常数（产品的寿命和维修时间服从指数分布）；②部件和系统取正常和故障两种状态；③在相当小的 Δt 内，发生两个或两个以上部件同时进行状态转移的概率是 Δt 的高阶无穷小，此概率可以忽略不计；④每次故障或修复的事件是独立事件，与所有其他事件无关。

研究可修复系统的主要数学工具是随机过程理论。当构成系统的各单元或子系统的寿命分布以及它们发生故障后所需修复时间的分布呈指数分布时，系统的工作过程通常可以用马尔可夫过程来描述。本章首先将简要地介绍随机过程以及马尔可夫过程的基本概念，然后用马尔可夫过程来分析一些典型系统的可靠性问题。

二、随机过程

随机过程理论产生于 21 世纪的初期，是概率论中的基础理论之一。随着科学技术的进步，它在物理学、生物学、无线电通信、自动控制、航天航海技术以及管理科学等领域中已获得日益广泛的应用。随机过程是一连串随机事件动态关系的定量描述。现实生活中，几乎任何事情都具有一定的随机性。射击游戏、抛硬币游戏、布朗运动、每堂课到课人数、学生每门课程考试分数等。

设 S 是随机试验 E 的样本空间，$T\in(-\infty,+\infty)$ 称为参数集。若对每一个 $t\in T$，都有一个定义在 S 上的随机变量 $X(e,t)(e\in S)$，则 $\{X(e,t),\ t\in T\}$ 称为随机过程，并简记为 $\{X(t),\ t\in T\}$ 或 $\{X(t)\}$，将随机过程简称为过程。

在可靠性中，$X(t)$ 往往代表时间 t 的系统状态。状态可以相互转移，转移是随机的，此种转移过程称为随机过程，$X(t)$ 实际上是一个随时间 t 变化的随机量。随机量 $X(t)$ 所能取值的集合称为“状态空间”。

三、马尔可夫过程

马尔可夫方法用于分析系统处于各个可能状态的概率。马尔可夫过程的基本假设是系统从一个状态转换到另一个状态的概率只与系统的当前状态有关，而与系统之前所经历的其他状态无关。换句话说，系统转移概率与系统的历史（状态）无关。这种性质与指数分布的无记忆性类似，即指数分布的故障前时间满足马尔可夫性质，因此可以用系统从一个状态转换到另一个状态表示系统的瞬时故障率。如果假设过程也是稳态的（也就是说转移概率不随时间变化），那么转移概率是常数，这又与指数分布故障前时间的假设相同。

安德雷·安德耶维齐·马尔可夫（1856～1922）

光辉历程：1880 年马尔可夫开始在圣彼得堡大学任教，1886 年成为副教授，1893 年升为正教授，1905 年退休并荣获终身荣誉教授的称号。先后讲授过微积分、数论、函数论、矩论、计算方法、微分方程、概率论等课程，培养了许多出色的数学人才。退休后仍在圣彼得堡大学开设课程，讲义用的就是倾注了他半生心血的《概率演算》。为了开好这门课，他反复对书进行修改，直到临终前还在进行第四版校订工作。最后修订本于他逝世两年后出版。

主要成就：马尔可夫最重要的工作是在 1906～1912 年间，提出并研究了一种能用数学分析方法研究自然过程的一般图式——马尔可夫链。同时开创了对一种无后效性的随机过程——马尔可夫过程的研究。他的主要著作有《概率演算》等。

所获荣誉：随机过程理论的开拓者；把概率论推进到现代化的门槛；为科学与民主而斗争；以他的名字命名的马尔可夫链在现代工程、自然科学和社会科学各个领域都有很广泛的应用。

1. 马尔可夫过程

若已知系统在时刻 t_0 处于状态 i 的条件下，在时刻 t 系统所处的状态和时刻 t_0 以前所处的状态无关，则称此随机过程为马尔可夫过程，简称马氏过程。

设 $X(t)$ 的状态空间为 S，如果 $\forall n\geqslant 2, \forall t_1<t_2<\cdots<t_n\in T, X(t_n)$ 在条件 $X(t_i)=x_i(x_i\in S, i=1,2,\cdots,n-1)$ 下的条件分布函数恰好等于在条件 $X(t_{n-1})=x_{n-1}$ 下的条件分布函数，即

$$P[X(t_n)\leqslant x_n|X(t_1)=x_1,X(t_2)=x_2,\cdots,X(t_{n-1})=x_{n-1}]$$
$$=P[X(t_n)\leqslant x_n|X(t_{n-1})=x_{n-1}] \tag{2-113}$$

则称随机过程 $X(t)$ 为马尔可夫过程。

可见，马尔可夫过程是一类“无记忆性”的随机过程。简单地说，给定过程的“现在”状态，它的“将来”状态只与“现在”状态有关，而与“过去”状态无关。或者说，若已知系统在 t_0 时刻所处的状态，那么 $t>t_0$ 时的状态仅与时刻 t_0 的状态有关。

（1）马尔可夫链

马尔可夫过程可以分为三种类型：①时间连续，状态离散；②时间离散，状态离散；③时间连续，状态连续。时间和状态都离散的马氏过程是一种最简单的随机过程，称为马尔可夫链，简称马氏链。

设时间参数集 $T=\{0,1,2,\cdots\}$，$t\in T$，状态空间 $I=\{0,1,2,\cdots,r,\cdots\}$，$i,j\in I$，若

$$P(X(t)=j|X(t_1)=i_1,X(t_2)=i_2,\cdots,X(t_r)=i_r)=P(X(t)=j|X(t_r)=i_r) \tag{2-114}$$

则称这一随机过程为马尔可夫链。

（2）齐次马尔可夫链

设随机过程 $\{X(t),t\geqslant 0\}$ 的状态空间为 Z，若对所有的时间变量 $s\geqslant 0$，$t\geqslant 0$ 及状态变量 i，$j\in Z$，状态集 $x(u)\subset Z$，$0\leqslant u\leqslant s$，有

$$P\{X(t+s)=j\mid X(s)=i,X(u)=x(u),0\leqslant u\leqslant s\}$$
$$=P\{X(t+s)=j\mid X(s)=i\} \tag{2-115}$$

则称 $X(t)$ 为时间连续的马尔可夫链，并称式(2-115) 为转移概率关系式，一般记作

$$p_{ij}(s,t+s)=P\{X(t+s)=j\mid X(s)=i\} \tag{2-116}$$

若转移概率 $p_{ij}(s,t+s)$ 仅由 t 决定而与 s 无关，即 $p_{ij}(s,t+s)=p_{ij}(t)$，则称时间连续的马尔可夫链为齐次的。

在系统状态分析中，用 p_{ij} 表示已知在时刻 t_0 系统处于状态 i 的条件下，在时刻 t 系统处于状态 j 的概率，并称它为转移概率，即由状态 i 转移到状态 j 的概率。若转移概率仅与 i，j 和 t 有关，即在时间上是稳定的，则称此过程为时齐马尔可夫过程。

2. 转移概率矩阵

在解决实际问题时，不但要了解系统状态转换的随机过程和马氏链，还需考虑系统状态转移的概率。如果将系统从时刻 m 的状态 i 转移到时刻 $m+1$ 的状态 j，转移概率可表示为

$$p_{ij}(m)=P\{X(m+1)=j\mid X(m)=i\}(i,j\in I,m=0,1,2,\cdots) \tag{2-117}$$

式(2-117) 表明系统从已知时刻 m 处于状态 i 的条件下转移到时刻 $m+1$ 处于状态 j 的条件概率。由概率定义可知 $1\geqslant p_{ij}(m)\geqslant 0$。且转移概率之和为 1，即

$$\sum_{j\in I}p_{ij}(m)=\sum_{j\in I}P\{X(m+1)=j\mid X(m)=i\}=1 \tag{2-118}$$

$p_{ij}(m)$ 称为一步转移概率，记为 $p_{ij}^{(1)}(m)$，即 $p_{ij}(m)=p_{ij}^{(1)}(m)$，或简记为

$$p_{ij}=p_{ij}^{(1)} \tag{2-119}$$

各个一步转移概率 $p_{ij}^{(1)}$ 可以排成一个概率矩阵，即

$$\boldsymbol{P}=[p_{ij}]=\begin{bmatrix} p_{11} & p_{12} & \cdots \\ p_{21} & p_{22} & \cdots \\ \vdots & \vdots & \end{bmatrix} \tag{2-120}$$

矩阵中每一行之和是 1。$\boldsymbol{P}$ 称为一步转移概率矩阵，简称为转移概率矩阵或随机矩阵。

转移概率矩阵的积仍是转移概率矩阵。设 $\boldsymbol{A}=[a_{ij}]$，$\boldsymbol{B}=[b_{ij}]$ 是两个 $r\times r$ 的转移概率方阵，则矩阵 $\boldsymbol{C}=[c_{ij}]=\boldsymbol{AB}$ 具有以下性质：

$$0\leqslant c_{ij}\leqslant 1,\sum_{j\in I}c_{ij}=1 \tag{2-121}$$

3. 状态转移图

可修系统可靠性研究的关键是画出系统的状态转移图。假设一个可修系统有两种状态，即正常工作状态和故障状态，如果工作时间和修复时间都服从指数分布，则由于系统中故障的出现与修复都是随机的，且系统以后的状态只和现在的状态有关，而与以前的状态无关，所以系统两种状态交替出现的过程是马尔可夫过程，如图 2-18 所示（称为马尔可夫图）。

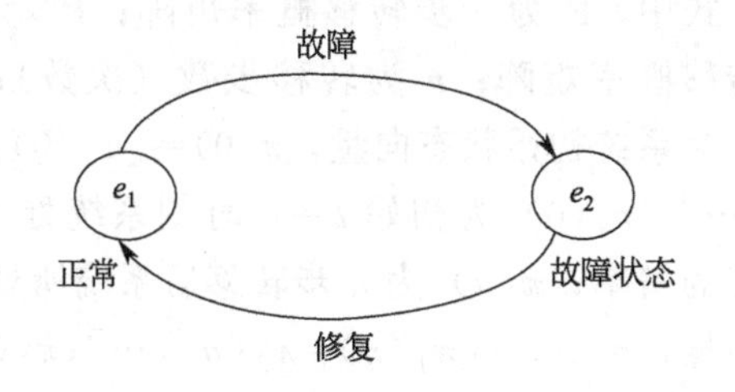

图 2-18　马尔可夫过程状态转移图

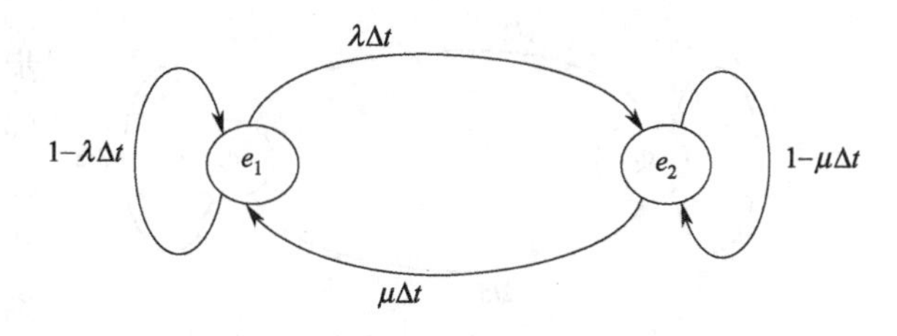

图 2-19　可修系统状态转移图

e_1—正常；e_2—故障

【例 2-12】 对于一可修系统，失效率 λ 和修复率 μ 为常数，试画出状态转移图（图 2-19），并写出转移概率矩阵。

解：

由此可写出

$$P(\Delta t)=\begin{matrix} & e_1 & e_2 \\ e_1 & 1-\lambda\Delta t & \lambda\Delta t \\ e_2 & \mu\Delta t & 1-\mu\Delta t \end{matrix} \tag{2-122}$$

此时，转移概率矩阵 P 也称为微系数矩阵。通常令 $\Delta t=1$，则有

$$\boldsymbol{P}=\begin{bmatrix} 1-\lambda & \lambda \\ \mu & 1-\mu \end{bmatrix} \tag{2-123}$$

由此可知，状态转移图是求解转移概率矩阵的基础。

4. n 步转移后系统各状态概率

设系统初始状态是 $i \xrightarrow{n\text{步转移}} j$ 的概率为 $P_{ij}^{(n)}$，由查普曼-科尔莫戈罗夫方程，$P_{ij}^{(n)}$ 可表示为

$$P_{ij}^{(n)}=P_{ij}^{(k+l)}=\sum_v P_{iv}^{(k)}P_{vj}^{(l)} \tag{2-124}$$

$$\boldsymbol{P}^{(n)}=\boldsymbol{P}^{(k)}\boldsymbol{P}^{(l)} \tag{2-125}$$

式中，$n=k+l$，$v\in E$（状态空间），此式为由状态 i 经 n 步转移到状态 j 的概率；由状态 i 先经 k 步转移到状态 v，然后由状态 v 经 l 步转移到状态 j 的概率（此处 v 也可理解为从 i 到 j 的通道）。

式(2-124) 中，令 $k=1$，$l=1$，由 $\boldsymbol{P}^{(1)}$ 可决定 $\boldsymbol{P}^{(2)}$，即由全部一步转移概率可确定全部两步转移概率。若重复上述方法，就可由全部一步转移概率决定所有的转移概率，具体可以表示为如下所示的矩阵运算：

$$\boldsymbol{P}^{(n)}=(\boldsymbol{P}^{(1)})^n \tag{2-126}$$

一般地，可利用转移概率和系统的初始状态求出任意转移后系统处于各状态的概率，公式为

$$\boldsymbol{\pi}(n)=\boldsymbol{\pi}(0)\cdot\boldsymbol{P}^n \tag{2-127}$$

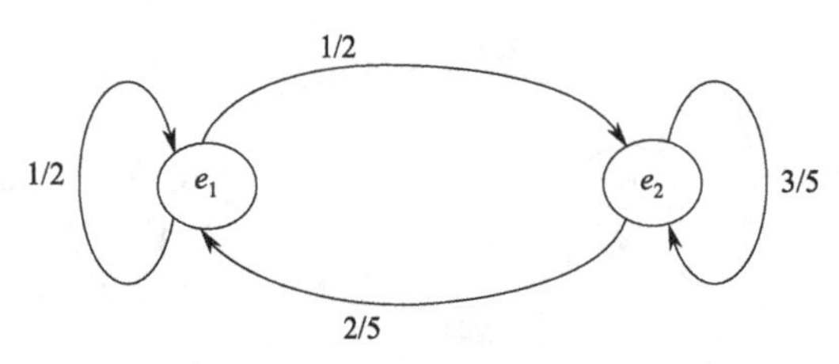

图 2-20 可修系统状态转移图

e_1—正常；e_2—故障

式中，$\boldsymbol{P}$ 为一步转移概率矩阵；$\boldsymbol{P}^n$ 为 n 步转移概率矩阵；n 为转移步数（次数）；$\boldsymbol{\pi}(0)$ 为系统初始状态向量，$\boldsymbol{\pi}(0)=[\pi_1(0),\pi_2(0)\cdots]$；$\pi_i(0)$ 为初始 $t=0$ 时刻系统处于 i 状态的概率；$\boldsymbol{\pi}(n)$ 为 n 步转移后系统所处状态向量，$\boldsymbol{\pi}(n)=[\pi_1(n),\ \pi_2(n),\cdots]$；$\pi_i(n)$ 为 n 步转移后该系统处于 i 状态的概率。

【例 2-13】 如图 2-20 所示可修系统，已知 $\boldsymbol{\pi}(0)=[\pi_1(0),\ \pi_2(0)]=[1,\ 0]$，求 $n=1,2,\cdots$ 等各步（次）转移后系统各状态的概率。

解： 依次求得 $n=1$，$n=2$，$n=3$，$n=5$ 时的状态矩阵

$$\boldsymbol{\pi}(1)=\boldsymbol{\pi}(0)\boldsymbol{P}=[1\quad 0]\begin{bmatrix}1/2 & 1/2\\ 2/5 & 3/5\end{bmatrix}=[0.5\quad 0.5]$$

$$\boldsymbol{\pi}(2)=\boldsymbol{\pi}(1)\boldsymbol{P}=\boldsymbol{\pi}(0)\boldsymbol{P}^2=[0.5\quad 0.5]\begin{bmatrix}1/2 & 1/2\\ 2/5 & 3/5\end{bmatrix}=[0.45\quad 0.55]$$

$$\boldsymbol{\pi}(3)=[0.445\quad 0.555]$$

$$\boldsymbol{\pi}(5)=[0.44445\quad 0.55555]$$

由此可知，随着 n 的递增，$\pi_1(n)$、$\pi_2(n)$ 逐渐趋于稳定。稳定状态概率称为极限概率。

本例 $n\to\infty$ 时的极限概率为 $\pi_1(\infty)=4/9$，$\pi_2(\infty)=5/9$，即 $n\to\infty$ 时，$\boldsymbol{P}^n$ 将收敛于一个定概率矩阵，即

$$\boldsymbol{P}^n=\begin{bmatrix}4/9 & 5/9\\ 4/9 & 5/9\end{bmatrix}$$

在实践中常会遇到这样的情况，不管系统的初始状态如何，在工作了一段时间后，便会处于相对稳定状态，稳定状态的概率分布与初始分布是无关的。如果转移概率矩阵 $\boldsymbol{P}$ 经过 n 次相乘后，所得转移概率矩阵的全部元素都大于 0（注：常以此判断马尔可夫链是否具有遍历性或是否存在极限概率），则这样的转移概率矩阵都是遍历矩阵。遍历矩阵一定存在极限概率（或稳定状态）。经过 n 步转移后的极限状态就是过程的平稳状态，既然如此，即使再多转移一步，状态概率也不会有变化，这样可以求出平稳状态。

设平稳状态概率为 $\boldsymbol{\pi}(n)=[\pi_1,\ \pi_2\cdots\pi_n]$，$\boldsymbol{P}$ 为一步转移概率矩阵，求平稳状态概率只需求解以下方程

$$\boldsymbol{\pi}(n)\boldsymbol{P}=\boldsymbol{\pi}(n) \tag{2-128}$$

或写成

$$[\pi_1\quad \pi_2\quad \cdots\quad \pi_n]\begin{bmatrix}P_{11} & P_{12} & \cdots & P_{1n}\\ P_{21} & P_{22} & \cdots & P_{2n}\\ \cdots & \cdots & \cdots & \cdots\\ P_{n1} & P_{n2} & \cdots & P_{nn}\end{bmatrix}=[\pi_1\quad \pi_2\quad \cdots\quad \pi_n] \tag{2-129}$$

展开后得

$$\pi_j=\sum_{i=1}^{n}\pi_i P_{ij}\quad j=1,2,\cdots,n \tag{2-130}$$

以上为线性齐次方程组，只有通解，所以要加上以下条件才能求出特解

$$\sum_{j=1}^{n}\pi_j=1 \tag{2-131}$$

由此即可求出系统处于 n 个平稳状态的概率。

四、经典可修系统可靠性模型

1. 单部件系统

假定系统只有一个部件，这是最简单的可修系统。当部件工作时系统工作；当部件发生故障时系统不工作。以“1”表示系统工作，以“2”表示系统故障，系统状态转移图如图 2-21 所示。

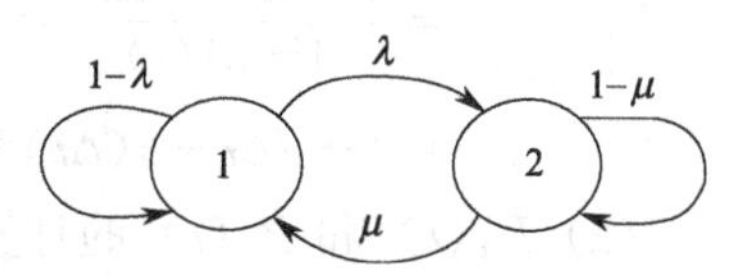

图 2-21 可修系统状态转移图

以 $X(t)$ 表示 t 时刻系统的状态，则

$$\underset{(\text{系统状态})}{X(t)}=\begin{cases}1 & t\text{ 时刻系统正常}\\ 2 & t\text{ 时刻系统故障}\end{cases} \tag{2-132}$$

(1) $P_{ij}(\Delta t)$ 的计算

$$\begin{aligned}P_{11}(\Delta t)&=P\{X(t+\Delta t)=1|X(t)=1\}\\&=P\{X>t+\Delta t|X>t\}\\&=\frac{P\{X>t+\Delta t,X>t\}}{P\{X>t\}}\\&=\frac{P\{X>t+\Delta t\}}{P\{X>t\}}=\frac{R(t+\Delta t)}{R(t)}\\&=\frac{e^{-\lambda(t+\Delta t)}}{e^{-\lambda t}}=e^{-\lambda\Delta t}\\&=1-\lambda\Delta t+\frac{1}{2!}(\lambda\Delta t)^2-\frac{1}{3!}(\lambda\Delta t)^3+\cdots=1-\lambda\Delta t+o(\Delta t)\approx1-\lambda\Delta t\end{aligned} \tag{2-133}$$

$$\begin{aligned}P_{12}(\Delta t)&=P\{X(t+\Delta t)=2|X(t)=1\}\\&=P\{X\leqslant t+\Delta t|X>t\}\\&=\frac{P\{X\leqslant t+\Delta t,X>t\}}{P\{X>t\}}\\&=\frac{F(t+\Delta t)-F(t)}{R(t)}\\&=\frac{1-e^{-\lambda(t+\Delta t)}-(1-e^{-\lambda t})}{e^{-\lambda t}}\\&=1-e^{-\lambda\Delta t}=1-[1-\lambda\Delta t+o(\Delta t)]=\lambda\Delta t-o(\Delta t)\approx\lambda\Delta t\end{aligned} \tag{2-134}$$

$$\begin{aligned}P_{21}(\Delta t)&=P\{X(t+\Delta t)=1|X(t)=2\}\\&=P\{Y\leqslant t+\Delta t|Y>t\}\\&=\frac{P\{Y\leqslant t+\Delta t,Y>t\}}{P\{Y>t\}}\\&=\frac{M(t+\Delta t)-M(t)}{1-M(t)}\\&=\frac{1-e^{-\mu(t+\Delta t)}-(1-e^{-\mu t})}{e^{-\mu t}}\end{aligned}$$

$$=1-e^{-\mu\Delta t}=1-[1-\mu\Delta t+o(\Delta t)]=\mu\Delta t-o(\Delta t)\approx\mu\Delta t \tag{2-135}$$

$$\begin{aligned}P_{22}(\Delta t)&=P\{X(t+\Delta t)=2|X(t)=2\}\\&=P\{Y>t+\Delta t|Y>t\}\\&=\frac{P\{Y>t+\Delta t\}}{P\{Y>t\}}\\&=\frac{1-M(t+\Delta t)}{1-M(t)}=\frac{e^{-\mu(t+\Delta t)}}{e^{-\mu t}}=e^{-\mu\Delta t}\\&=1-\mu\Delta t+o(\Delta t)\approx1-\mu\Delta t\end{aligned} \tag{2-136}$$

(2) $P_1(t)$ 和 $P_2(t)$ 的计算

令 $P_1(t)=P\{X(t)=1\},P_2(t)=P\{X(t)=2\}$，利用全概率公式可得

$$\begin{cases}P_1(t+\Delta t)=P_1(t)P_{11}(\Delta t)+P_2(t)P_{21}(\Delta t)\\\qquad=(1-\lambda\Delta t)P_1(t)+\mu\Delta tP_2(t)\\P_2(t+\Delta t)=P_1(t)P_{12}(\Delta t)+P_2(t)P_{22}(\Delta t)\\\qquad=\lambda\Delta tP_1(t)+(1-\mu\Delta t)P_2(t)\end{cases} \tag{2-137}$$

由于

$$\begin{cases}\lim\limits_{\Delta t\to0}\dfrac{P_1(t+\Delta t)-P_1(t)}{\Delta t}=P_1'(t)\\\lim\limits_{\Delta t\to0}\dfrac{P_2(t+\Delta t)-P_2(t)}{\Delta t}=P_2'(t)\end{cases} \tag{2-138}$$

将上式整理求极限后可写成微分方程组

$$\begin{cases}P_1'(t)=-\lambda P_1(t)+\mu P_2(t)\\P_2'(t)=\lambda P_1(t)-\mu P_2(t)\end{cases} \tag{2-139}$$

因为 $P_1(t)=1-P_2(t)$，代入式(2-139) 中，整理得

$$P_2'(t)=\lambda[1-P_2(t)]-\mu P_2(t) \tag{2-140}$$

即

$$P_2'(t)+(\lambda+\mu)P_2(t)-\lambda=0 \tag{2-141}$$

求解 $P_2(t)$ 的通解为

$$P_2(t)=\frac{\lambda}{\lambda+\mu}+Ce^{-(\lambda+\mu)t} \tag{2-142}$$

同理可得 $P_1(t)$ 的通解为

$$P_1(t)=\frac{\mu}{\lambda+\mu}-Ce^{-(\lambda+\mu)t} \tag{2-143}$$

情形 1：设在开始工作时，系统处于完好状态，即 $P_1(0)=1,P_2(0)=0$，可知 $C=-\dfrac{\lambda}{\lambda+\mu}$，$P_1(t)$ 和 $P_2(t)$ 的特解分别为

$$P_1(t)=\frac{\mu}{\lambda+\mu}+\frac{\lambda}{\lambda+\mu}e^{-(\lambda+\mu)t} \tag{2-144}$$

$$P_2(t)=\frac{\lambda}{\lambda+\mu}-\frac{\lambda}{\lambda+\mu}e^{-(\lambda+\mu)t} \tag{2-145}$$

由于 $P_1(t)$ 是系统处于工作状态的概率，即系统的有效度，则有

$$A(t)=P_1(t)=\frac{\mu}{\lambda+\mu}+\frac{\lambda}{\lambda+\mu}e^{-(\lambda+\mu)t} \tag{2-146}$$

情形 2：设在开始工作时，系统处于故障状态，即 $P_1(0)=0, P_2(0)=1$，可知 $C=\frac{\mu}{\lambda+\mu}$，则 $P_1(t)$ 和 $P_2(t)$ 的特解分别为

$$P_1(t)=\frac{\mu}{\lambda+\mu}-\frac{\mu}{\lambda+\mu}e^{-(\lambda+\mu)t} \tag{2-147}$$

$$P_2(t)=\frac{\lambda}{\lambda+\mu}+\frac{\mu}{\lambda+\mu}e^{-(\lambda+\mu)t} \tag{2-148}$$

系统的有效度为

$$A(t)=P_1(t)=\frac{\mu}{\lambda+\mu}-\frac{\mu}{\lambda+\mu}e^{-(\lambda+\mu)t} \tag{2-149}$$

令 $t\to\infty$，得到系统稳态有效度为

$$A(\infty)=\lim_{t\to\infty}A(t)=\frac{\mu}{\lambda+\mu} \tag{2-150}$$

这意味着，在系统运行了很长时间后，系统处于平稳状态，其稳态有效度与初始状态无关。

在工程上一般关心的是系统的稳态有效度，采用上述联立微分方程方法，求解过程很复杂，下面介绍一种求稳态有效度的简易方法。

设 π_1 代表 t 时刻系统正常的概率，π_2 代表 t 时刻系统故障的概率，则状态向量 $\pi=[\pi_1,\pi_2]$。

转移概率矩阵 $\boldsymbol{P}$ 由状态转移图得

$$\boldsymbol{P}=\begin{bmatrix}1-\lambda & \lambda \\ \mu & 1-\mu\end{bmatrix} \tag{2-151}$$

当足够时间后，系统处于各个状态的概率达到稳定，即 $t\to\infty$时，$\boldsymbol{\pi P}=\boldsymbol{\pi}$，即 $\boldsymbol{\pi}(\boldsymbol{P}-\boldsymbol{I})=0$。其中，$\boldsymbol{I}=\begin{bmatrix}1 & 0\\ 0 & 1\end{bmatrix}$为单位矩阵。将 $\boldsymbol{\pi}$ 和 $\boldsymbol{P}$ 的值代入得

$$[\pi_1,\pi_2]\begin{bmatrix}-\lambda & \lambda \\ \mu & -\mu\end{bmatrix}=[0,0]\Rightarrow\begin{cases}-\lambda\pi_1+\mu\pi_2=0\\ \lambda\pi_1-\mu\pi_2=0\end{cases} \tag{2-152}$$

上述两个方程线性相关，舍去 1 个，补充方程 $\pi_1+\pi_2=1$，得

$$\begin{cases}\pi_1+\pi_2=1\\ \lambda\pi_1-\mu\pi_2=0\end{cases} \tag{2-153}$$

解得

$$\begin{cases}\pi_1=\dfrac{\mu}{\mu+\lambda}\\ \pi_2=\dfrac{\lambda}{\mu+\lambda}\end{cases} \tag{2-154}$$

即系统稳态可用度为

$$A(\infty)=\pi_1=\frac{\mu}{\mu+\lambda} \tag{2-155}$$

2. 串联系统

系统由 n 台设备与一组维修人员组成。当 n 台设备都正常工作时，系统处于工作状态，当某台设备故障时，系统就发生故障，此时，一组维修人员立即对故障的设备进行修理，其余设备停止工作。故障的设备修复后，所有设备立即投入工作状态，此时系统进入工作状态，修复后的设备仍然服从指数分布。

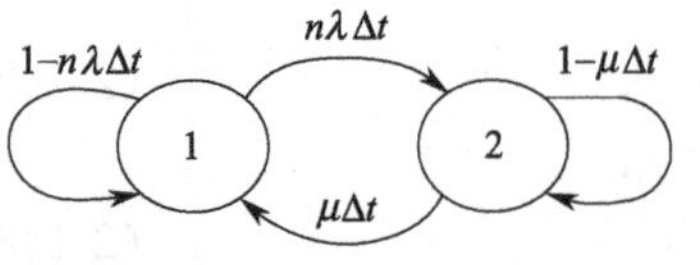

图 2-22　n 个组成单元相同的串联系统状态转移图

(1) 组成单元相同的串联系统

由于 n 个单元相同，可以把任一单元故障看成同一状态，即系统只有 1（正常）和 2（失效）两个状态。设在 t 和 $t+\Delta t$ 之间极小的 Δt 时间内，n 个单元的故障率均为 λ、修复率均为 μ，系统状态转移图如图 2-22 所示。

图 2-22 中，“1”表示系统处于正常状态；“2”表示系统处于故障状态。此时可定义

$$X(t)=\begin{cases}1 & \text{时刻 } t \text{ 时系统工作}\\ 2 & \text{时刻 } t \text{ 时系统故障}\end{cases} \tag{2-156}$$

系统的微系数矩阵为

$$\boldsymbol{P}(\Delta t)=\begin{bmatrix}1-n\lambda\Delta t & n\lambda\Delta t\\ \mu\Delta t & 1-\mu\Delta t\end{bmatrix} \tag{2-157}$$

此时，系统的状态在形式上与前述单一部件可修系统情况一样，只是 n 个单元以 $n\lambda\Delta t$ 的概率由状态 1 向状态 2 转移。因此，由单一部件可修系统有效度分析结果可知，只要把 λ 改成 $n\lambda\Delta t$ 即可得到系统瞬时有效度和稳态有效度

$$A(t)=\frac{\mu}{n\lambda+\mu}+\frac{n\lambda}{n\lambda+\mu}\mathrm{e}^{-(n\lambda+\mu)t} \tag{2-158}$$

$$A(\infty)=\frac{\mu}{n\lambda+\mu} \tag{2-159}$$

(2) 组成单元不同的串联系统

设第 i 个单元的故障率和修复率分别为 λ_i 和 $\mu_i(i=\overline{1,n})$，则系统有 $n+1$ 个可能的不同状态。

状态 0：n 个单元全部正常工作；

状态 1：第 1 个单元故障，其余正常；

状态 2：第 2 个单元故障，其余正常；

⋮

状态 n：第 n 个单元故障，其余正常。

若某单元发生故障，一组维修人员立即进行维修，修好后系统转入正常状态，即状态 $1,2,3,\cdots,n$ 都只能和状态 0 发生转移，相互间不能直接转移，这时系统状态转移图如图 2-23 所示。

此时可定义

$$X(t)=\begin{cases}0 & t \text{ 时刻 } n \text{ 台设备都正常}\\ i & t \text{ 时刻第 } i \text{ 台设备发生故障，}\\ & \text{其余设备正常}\end{cases} \tag{2-160}$$

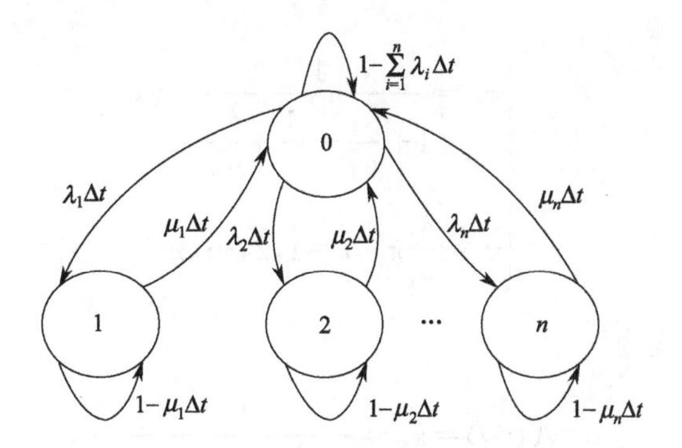

图 2-23　n 个组成单元不同的串联系统状态转移图

在 t 到 $t+\Delta t$ 之间极小的 Δt 时间内，系统的微系数矩阵为

$$\boldsymbol{P}(\Delta t)=\begin{bmatrix} 1-\sum_{i=1}^{n}\lambda_i\Delta t & \lambda_1\Delta t & \lambda_2\Delta t & \cdots & \lambda_n\Delta t \\ \mu_1\Delta t & 1-\mu_1\Delta t & 0 & \cdots & 0 \\ \vdots & \vdots & \vdots & & \vdots \\ \mu_n\Delta t & 0 & 0 & \cdots & 1-\mu_n\Delta t \end{bmatrix} \tag{2-161}$$

令 $\Delta t=1$，系统的转移概率矩阵 $\boldsymbol{P}$ 为

$$\boldsymbol{P}=\begin{bmatrix} 1-\sum_{i=1}^{n}\lambda_i & \lambda_1 & \lambda_2 & \cdots & \lambda_n \\ \mu_1 & 1-\mu_1 & 0 & \cdots & 0 \\ \vdots & \vdots & \vdots & & \vdots \\ \mu_n & 0 & 0 & \cdots & 1-\mu_n \end{bmatrix} \tag{2-162}$$

则有

$$\boldsymbol{A}=\begin{bmatrix} -\sum_{i=1}^{n}\lambda_i & \lambda_1 & \lambda_2 & \cdots & \lambda_n \\ \mu_1 & -\mu_1 & 0 & \cdots & 0 \\ \vdots & \vdots & \vdots & & \vdots \\ \mu_n & 0 & 0 & \cdots & -\mu_n \end{bmatrix} \tag{2-163}$$

其中，$\boldsymbol{A}$ 为转移密度矩阵，$\boldsymbol{A}=\boldsymbol{P}-\boldsymbol{I}$。

设 π_0 为 t 时刻系统正常的概率，π_i 为 t 时刻 i 单元故障，其余正常的概率，$\boldsymbol{\pi}=[\pi_0, \pi_1,\cdots,\pi_n]$，则可建立方程组

$$\begin{cases} \boldsymbol{\pi A}=0 \\ \sum_{i=0}^{n}\pi_i=1 \end{cases} \tag{2-164}$$

解得

$$\begin{cases} \pi_0 = \dfrac{1}{1+\dfrac{\lambda_1}{\mu_1}+\cdots+\dfrac{\lambda_n}{\mu_n}} \\ \pi_i = \dfrac{\lambda_i}{\mu_i}\pi_0, i=1,2,\cdots,n \end{cases} \tag{2-165}$$

则系统的稳态有效度为

$$A(\infty)=\pi_0=\frac{1}{1+\dfrac{\lambda_1}{\mu_1}+\cdots+\dfrac{\lambda_n}{\mu_n}} \tag{2-166}$$

即学即用

如果有两个维修工人，上述串联系统可能有多少种不同的状态？相比单一维修工人，转移概率矩阵会发生什么变化？系统的有效度是降低还是升高？

3. 并联系统

(1) 组成单元相同的并联系统

系统分析：系统由 n 台设备和一组维修人员组成，每台设备的故障率为 λ、修复率为 μ，系统故障后立即维修，系统正常但单元故障时可维修也可不维修，修复后设备的寿命分布依然为指数分布。在此假定条件下，系统有如下 $n+1$ 个可能状态，即

状态 0：全部设备都正常，系统正常；

状态 1：1 个单元设备故障，其余单元正常，系统正常；

状态 2：2 个单元设备故障，其余单元正常，系统正常；

⋮

状态 $n-1$：$n-1$ 个单元设备故障，其余单元正常，系统正常；

状态 n：n 个单元全部故障，系统故障；

若定义

$$X(t)=\begin{cases} i & t\text{ 时刻有 } i(i=\overline{0,n-1})\text{ 台设备故障,系统正常} \\ n & t\text{ 时刻有 } n\text{ 台设备故障,系统修理} \end{cases} \tag{2-167}$$

则可得系统状态转移图如图 2-24 所示。

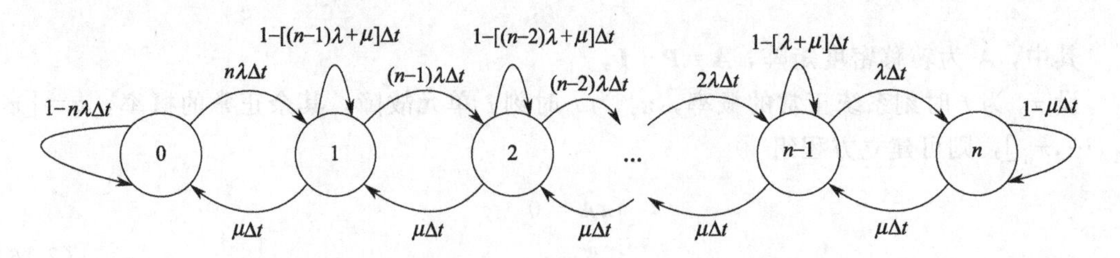

图 2-24　n 个组成单元相同的并联系统状态转移图

由状态转移图可得系统的微系数矩阵为

$$P(\Delta t)=\begin{bmatrix}1-n\lambda\Delta t & n\lambda\Delta t & 0 & \cdots & 0 & 0\\ \mu\Delta t & 1-[(n-1)\lambda+\mu]\Delta t & (n-1)\lambda\Delta t & \cdots & 0 & 0\\ 0 & \mu\Delta t & 1-[(n-2)\lambda+\mu]\Delta t & \cdots & 0 & 0\\ \vdots & \vdots & \vdots & & \vdots & \vdots\\ 0 & 0 & 0 & \cdots & 1-(\lambda+\mu)\Delta t & \lambda\Delta t\\ 0 & 0 & 0 & \cdots & \mu\Delta t & 1-\mu\Delta t\end{bmatrix} \tag{2-168}$$

令 $\Delta t=1$，系统的转移概率矩阵为

$$P=\begin{bmatrix}1-n\lambda & n\lambda & 0 & \cdots & 0 & 0\\ \mu & 1-[(n-1)\lambda+\mu] & (n-1)\lambda & \cdots & 0 & 0\\ 0 & \mu & 1-[(n-2)\lambda+\mu] & \cdots & 0 & 0\\ \vdots & \vdots & \vdots & & \vdots & \vdots\\ 0 & 0 & 0 & \cdots & 1-(\lambda+\mu) & \lambda\\ 0 & 0 & 0 & \cdots & \mu & 1-\mu\end{bmatrix} \tag{2-169}$$

令 $\boldsymbol{\pi}=[\pi_0,\pi_1,\pi_2,\cdots,\pi_n]$ 为状态向量，则由方程组

$$\begin{cases}\boldsymbol{\pi}(\boldsymbol{P}-\boldsymbol{I})=0\\ \sum_{i=0}^{n}\pi_i=1\end{cases} \tag{2-170}$$

可解得

$$\pi_0=1/\sum_{i=0}^{n}\left[\frac{n!}{(n-i)!}\left(\frac{\lambda}{\mu}\right)^i\right] \tag{2-171}$$

$$\pi_j=\pi_0\left[\frac{n!}{(n-j)!}\left(\frac{\lambda}{\mu}\right)^j\right]=1/\sum_{i=0}^{n}\left[\frac{(n-j)!}{(n-i)!}\left(\frac{\lambda}{\mu}\right)^{i-j}\right],\quad j=\overline{1,n} \tag{2-172}$$

从而可得系统稳态有效度为

$$\begin{aligned}A(\infty)&=\sum_{i=0}^{n-1}\pi_i=1-\pi_n\\ &=1-1/\sum_{i=0}^{n}\left[\frac{1}{(n-i)!}\left(\frac{\lambda}{\mu}\right)^{i-n}\right]\\ &=\frac{\sum_{i=0}^{n-1}\frac{1}{(n-i)!}\left(\frac{\lambda}{\mu}\right)^i}{\sum_{i=0}^{n}\frac{1}{(n-i)!}\left(\frac{\lambda}{\mu}\right)^i}\end{aligned} \tag{2-173}$$

当 $n=2$，即系统由两台相同设备和一组维修人员组成时，

$$A(\infty)=\frac{1/2+\lambda/\mu}{1/2+\lambda/\mu+(\lambda/\mu)^2}$$

$$=\frac{\mu^2+2\lambda\mu}{2\lambda^2+2\lambda\mu+\mu^2} \tag{2-174}$$

(2) 组成单元不同的并联系统

由于这种情况较复杂，在此只考虑两台设备、一组维修人员的情况。假设两台设备故障率及维修率分别为 λ_1、λ_2 及 μ_1、μ_2，其余条件同前面所述，在先坏先修的原则下，该系统共有以下 5 个状态。

状态 0：设备 1、2 都正常，系统正常；

状态 1：设备 1 正常，2 故障，系统正常；

状态 2：设备 2 正常，1 故障，系统正常；

状态 3：设备 1 修理，2 待修，系统故障；

状态 4：设备 2 修理，1 待修，系统故障。

由状态分析，可得系统状态转移图如图 2-25 所示。

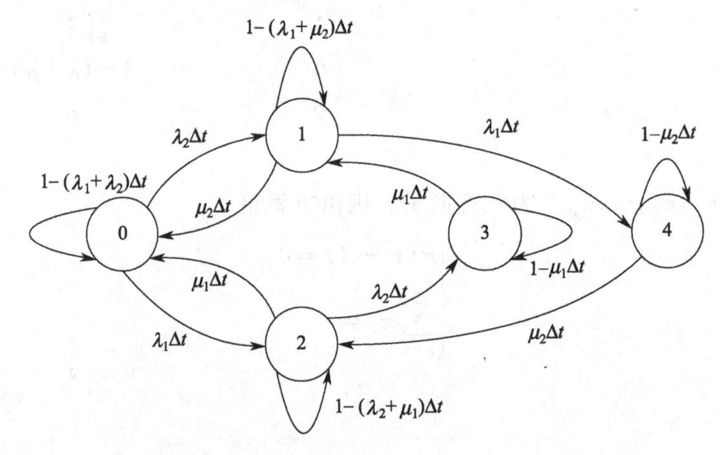

图 2-25　两个不同单元的并联系统状态转移图

由状态转移图可得，系统的微系数矩阵为

$$\boldsymbol{P}(\Delta t)=\begin{bmatrix}1-(\lambda_1+\lambda_2)\Delta t & \lambda_2\Delta t & \lambda_1\Delta t & 0 & 0\\ \mu_2\Delta t & 1-(\lambda_1+\mu_2)\Delta t & 0 & 0 & \lambda_1\Delta t\\ \mu_1\Delta t & 0 & 1-(\lambda_2+\mu_1)\Delta t & \lambda_2\Delta t & 0\\ 0 & \mu_1\Delta t & 0 & 1-\mu_1\Delta t & 0\\ 0 & 0 & \mu_2\Delta t & 0 & 1-\mu_2\Delta t\end{bmatrix} \tag{2-175}$$

令 $\Delta t=1$，系统的转移概率矩阵为

$$\boldsymbol{P}=\begin{bmatrix}1-(\lambda_1+\lambda_2) & \lambda_2 & \lambda_1 & 0 & 0\\ \mu_2 & 1-(\lambda_1+\mu_2) & 0 & 0 & \lambda_1\\ \mu_1 & 0 & 1-(\lambda_2+\mu_1) & \lambda_2 & 0\\ 0 & \mu_1 & 0 & 1-\mu_1 & 0\\ 0 & 0 & \mu_2 & 0 & 1-\mu_2\end{bmatrix} \tag{2-176}$$

令 $\boldsymbol{\pi}=[\pi_0,\pi_1,\pi_2,\cdots,\pi_n]$ 为状态向量，则由方程组

$$\begin{cases}\boldsymbol{\pi}(\boldsymbol{P}-\boldsymbol{I})=0\\ \sum_{i=0}^{n}\pi_i=1\end{cases} \tag{2-177}$$

可解得

$$\pi_0=\frac{\mu_1\mu_2(\lambda_1\mu_1+\lambda_2\mu_2+\mu_1\mu_2)}{\lambda_1\mu_2(\mu_1+\lambda_2)(\lambda_1+\lambda_2+\mu_2)+\lambda_2\mu_1(\mu_2+\lambda_1)(\lambda_1+\lambda_2+\mu_1)+\mu_1\mu_2(\lambda_1\mu_1+\lambda_2\mu_2+\mu_1\mu_2)} \tag{2-178}$$

$$\pi_1=\frac{\lambda_2(\lambda_1+\lambda_2+\mu_1)}{\lambda_1\mu_1+\lambda_2\mu_2+\mu_1\mu_2}\pi_0 \tag{2-179}$$

$$\pi_2=\frac{\lambda_1(\lambda_1+\lambda_2+\mu_2)}{\lambda_1\mu_1+\lambda_2\mu_2+\mu_1\mu_2}\pi_0 \tag{2-180}$$

$$\pi_3=\frac{\lambda_1\lambda_2(\lambda_1+\lambda_2+\mu_2)}{\mu_1(\lambda_1\mu_1+\lambda_2\mu_2+\mu_1\mu_2)}\pi_0 \tag{2-181}$$

$$\pi_4=\frac{\lambda_1\lambda_2(\lambda_1+\lambda_2+\mu_1)}{\mu_2(\lambda_1\mu_1+\lambda_2\mu_2+\mu_1\mu_2)}\pi_0 \tag{2-182}$$

从而可得系统稳态有效度为

$$A(\infty)=\pi_0+\pi_1+\pi_2 \tag{2-183}$$

4. 混联系统

设系统是由两台相同设备 B 并联（故障率和修复率分别为 λ_B、μ_B），再与设备 4（故障率和修复率分别为 λ_A、μ_A）串联，形成一般混联系统，如图 2-26 所示。假设只有一组维修人员，则系统可能的状态有 5 个：

状态 0：3 台设备都正常，系统正常；

状态 1：1 台 B 故障，其余正常，系统正常；

状态 2：A 和 1 台 B 故障，另一台 B 正常，系统故障；

状态 3：两台 B 故障，A 正常，系统故障；

状态 4：A 故障，两台 B 正常，系统故障。

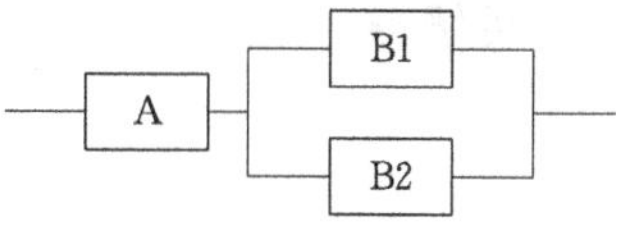

图 2-26　一般混联系统

对于状态 2 向状态 1 的转变，隐含了谁重要先修谁的原则。

因为只有一组维修人员，可得系统状态转移图如图 2-27 所示。

由状态转移图可得，系统的微系数矩阵为

$$\boldsymbol{P}(\Delta t)=\begin{bmatrix}1-(\lambda_A+2\lambda_B)\Delta t & 2\lambda_B\Delta t & 0 & 0 & \lambda_A\Delta t\\ \mu_B\Delta t & 1-(\lambda_A+\lambda_B+\mu_B)\Delta t & \lambda_A\Delta t & \lambda_B\Delta t & 0\\ 0 & \mu_A\Delta t & 1-\mu_A\Delta t & 0 & 0\\ 0 & \mu_B\Delta t & 0 & 1-\mu_B\Delta t & 0\\ \mu_A\Delta t & 0 & 0 & 0 & 1-\mu_A\Delta t\end{bmatrix} \tag{2-184}$$

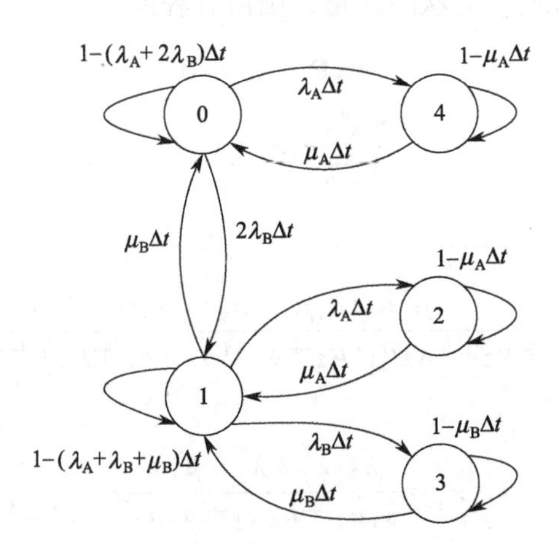

图 2-27　一般混联系统状态转移图

令 $\Delta t=1$，系统的转移概率矩阵为

$$P=\begin{bmatrix} 1-(\lambda_A+2\lambda_B) & 2\lambda_B & 0 & 0 & \lambda_A \\ \mu_B & 1-(\lambda_A+\lambda_B+\mu_B) & \lambda_A & \lambda_B & 0 \\ 0 & \mu_A & 1-\mu_A & 0 & 0 \\ 0 & \mu_B & 0 & 1-\mu_B & 0 \\ \mu_A & 0 & 0 & 0 & 1-\mu_A \end{bmatrix} \tag{2-185}$$

令 $\boldsymbol{\pi}=[\pi_0,\pi_1,\pi_2,\cdots,\pi_n]$ 为状态向量，则由方程组

$$\begin{cases} \boldsymbol{\pi}(\boldsymbol{P}-\boldsymbol{I})=0 \\ \sum_{i=0}^{n}\pi_i=1 \end{cases} \tag{2-186}$$

可解得

$$\pi_0=\frac{\mu_A\mu_B^2}{2\lambda_A\lambda_B\mu_B+2\lambda_B^2\mu_A+2\lambda_B\mu_A\mu_B+\lambda_A\mu_B^2+\mu_A\mu_B^2} \tag{2-187}$$

$$\pi_1=\frac{2\lambda_B\mu_A\mu_B}{2\lambda_A\lambda_B\mu_B+2\lambda_B^2\mu_A+2\lambda_B\mu_A\mu_B+\lambda_A\mu_B^2+\mu_A\mu_B^2} \tag{2-188}$$

从而可得系统稳态有效度为

$$\begin{aligned} A(\infty)&=\pi_0+\pi_1 \\ &=\frac{\mu_A\mu_B^2+2\lambda_B\mu_A\mu_B}{2\lambda_A\lambda_B\mu_B+2\lambda_B^2\mu_A+2\lambda_B\mu_A\mu_B+\lambda_A\mu_B^2+\mu_A\mu_B^2} \end{aligned} \tag{2-189}$$

5. 表决系统

若系统由 n 个相同单元和一组维修人员组成，单元寿命分布及故障后维修时间的分布均服从指数分布。由于只有一组维修人员，所以当一个单元处于维修状态时，其他故障单元

必然处于待修状态。同时可知：

① 当且仅当至少 r 个单元工作时，系统处于正常工作状态；

② 当有 $n-r+1$ 个单元故障时，系统处于故障状态。此时，未发生故障的 $r-1$ 个单元也停止工作，不再发生故障。直到有一个单元被修复后，即又有 r 个单元同时进入工作状态时，系统才可能重新进入工作状态；

③ 当故障单元数目 $x<n-r+1$ 时，系统依然处于正常工作状态，此时，对于故障单元，可选择维修，也可不维修。如果维修，修好后系统状态向更小 1 故障单元数目状态 $(x-1)$ 跃迁，修不好则维持原状态 x；如果不维修，系统继续运行直至新的单元发生故障，即向更大 1 故障单元数目状态 $(x+1)$ 跃迁。

一般来讲，对于构成单元相同的 r/n 表决系统，应有 $n-r+2$ 个不同状态。

状态 0：n 个单元都正常，系统正常；

状态 1：1 个单元失效，其余正常，系统正常；

状态 2：2 个单元失效，其余正常，系统正常；

状态 $n-r$：$n-r$ 个单元失效，其余正常，系统正常；

状态 $n-r+1$：$n-r+1$ 个单元失效，其余正常，系统故障。

根据上述分析，建立的状态转移图如图 2-28 所示。

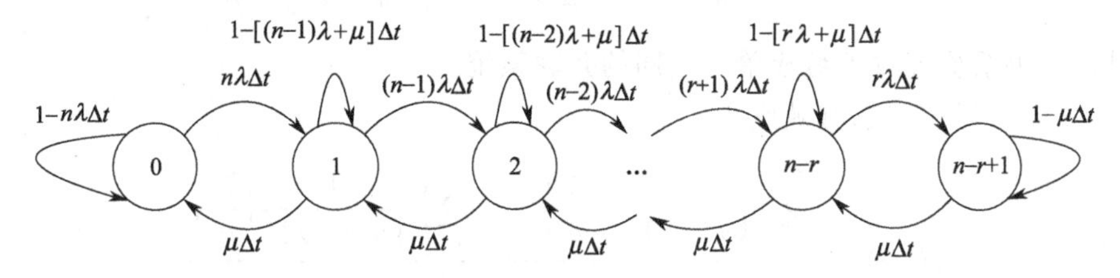

图 2-28 表决系统状态转移图

根据状态转移图可得，系统的微系数矩阵为

$$P(\Delta t)=\begin{bmatrix}1-n\lambda\Delta t & n\lambda\Delta t & 0 & \cdots & 0 & 0\\ \mu\Delta t & 1-[(n-1)\lambda+\mu]\Delta t & (n-1)\lambda\Delta t & \cdots & 0 & 0\\ 0 & \mu\Delta t & 1-[(n-2)\lambda+\mu]\Delta t & \cdots & 0 & 0\\ \vdots & \vdots & \vdots & & \vdots & \vdots\\ 0 & 0 & 0 & \cdots & 1-(r\lambda+\mu)\Delta t & r\lambda\Delta t\\ 0 & 0 & 0 & \cdots & \mu\Delta t & 1-\mu\Delta t\end{bmatrix} \tag{2-190}$$

令 $\Delta t=1$，系统的转移概率矩阵为

$$P=\begin{bmatrix}1-n\lambda & n\lambda & 0 & \cdots & 0 & 0\\ \mu & 1-[(n-1)\lambda+\mu] & (n-1)\lambda & \cdots & 0 & 0\\ 0 & \mu & 1-[(n-2)\lambda+\mu] & \cdots & 0 & 0\\ \vdots & \vdots & \vdots & & \vdots & \vdots\\ 0 & 0 & 0 & \cdots & 1-(r\lambda+\mu) & r\lambda\\ 0 & 0 & 0 & \cdots & \mu & 1-\mu\end{bmatrix} \tag{2-191}$$

令 $\boldsymbol{\pi}=[\pi_0,\pi_1,\pi_2,\cdots,\pi_n]$ 为状态向量，则由方程组

$$\begin{cases}\boldsymbol{\pi}(\boldsymbol{P}-\boldsymbol{I})=0\\ \sum_{i=0}^{n}\pi_i=1\end{cases} \tag{2-192}$$

可解得系统稳态有效度为

$$A(\infty)=1-\pi_{n-r+1}=\frac{\sum_{i=0}^{n-r}\frac{1}{(n-i)!}\left(\frac{\lambda}{\mu}\right)^i}{\sum_{i=0}^{n-r+1}\frac{1}{(n-i)!}\left(\frac{\lambda}{\mu}\right)^i} \tag{2-193}$$

当 $r=1$ 时，系统稳态有效度为

$$A(\infty)=\frac{\sum_{i=0}^{n-r}\frac{1}{(n-i)!}\left(\frac{\lambda}{\mu}\right)^i}{\sum_{i=0}^{n-r+1}\frac{1}{(n-i)!}\left(\frac{\lambda}{\mu}\right)^i}=\frac{\sum_{i=0}^{n-1}\frac{1}{(n-i)!}\left(\frac{\lambda}{\mu}\right)^i}{\sum_{i=0}^{n}\frac{1}{(n-i)!}\left(\frac{\lambda}{\mu}\right)^i} \tag{2-194}$$

此时，表决系统等效于组成单元相同的并联系统。

当 $r=n$ 时，系统稳态有效度为

$$A(\infty)=\frac{\sum_{i=0}^{n-r}\frac{1}{(n-i)!}\left(\frac{\lambda}{\mu}\right)^i}{\sum_{i=0}^{n-r+1}\frac{1}{(n-i)!}\left(\frac{\lambda}{\mu}\right)^i}=\frac{\sum_{i=0}^{0}\frac{1}{(n-i)!}\left(\frac{\lambda}{\mu}\right)^i}{\sum_{i=0}^{1}\frac{1}{(n-i)!}\left(\frac{\lambda}{\mu}\right)^i}=\frac{\mu}{n\lambda+\mu} \tag{2-195}$$

此时，表决系统等效于组成单元相同的串联系统。

6. 旁联系统

对于旁联系统（见图 2-29），下面按照组成单元相同和不相同两种情况分别进行讨论。

（1）两个组成单元相同的旁联系统

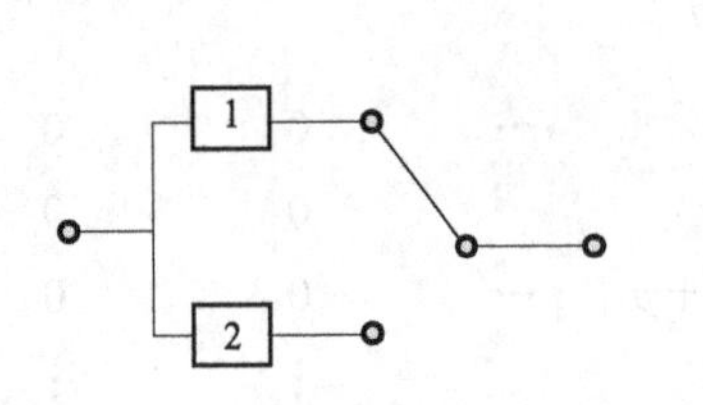

图 2-29 两个单元的旁联系统

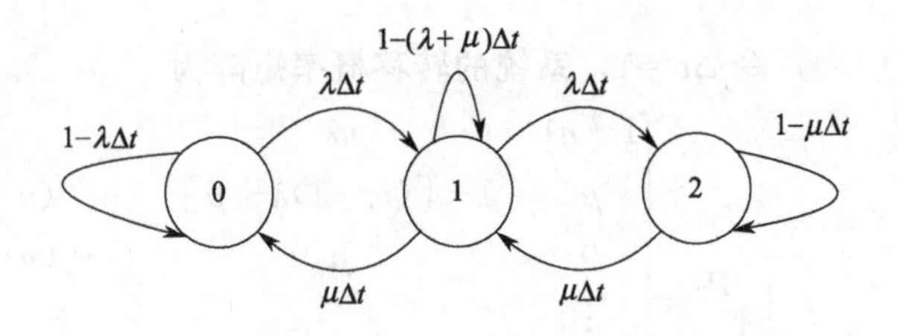

图 2-30 组成单元相同的旁联系统状态转移图

系统由两个相同单元（故障率为 λ，维修率为 μ）和一组维修人员组成，其中一个单元

工作，另一单元储备。当工作单元失效时，储备单元立刻替换进入工作状态，同时故障单元进行维修。经分析可知系统存在以下 3 种状态。

状态 0：一单元工作，另一单元储备，系统正常；

状态 1：一单元失效维修，另一单元工作正常，系统正常；

状态 2：一单元失效维修，另一单元工作失效待修，系统故障。

根据状态转移图（图 2-30）可得，系统的微系数矩阵为

$$\boldsymbol{P}(\Delta t)=\begin{bmatrix}1-\lambda\Delta t & \lambda\Delta t & 0\\ \mu\Delta t & 1-(\lambda+\mu)\Delta t & \lambda\Delta t\\ 0 & \mu\Delta t & 1-\mu\Delta t\end{bmatrix} \tag{2-196}$$

令 $\Delta t=1$，系统的转移概率矩阵为

$$\boldsymbol{P}=\begin{bmatrix}1-\lambda & \lambda & 0\\ \mu & 1-(\lambda+\mu) & \lambda\\ 0 & \mu & 1-\mu\end{bmatrix} \tag{2-197}$$

令 $\boldsymbol{\pi}=[\pi_0,\pi_1,\pi_2,\cdots,\pi_n]$ 为状态向量，则由方程组

$$\begin{cases}\boldsymbol{\pi}(\boldsymbol{P}-\boldsymbol{I})=0\\ \sum_{i=0}^{n}\pi_i=1\end{cases} \tag{2-198}$$

可解得

$$\begin{cases}\pi_0=\dfrac{\mu^2}{\mu^2+\lambda(\mu+\lambda)}\\ \pi_1=\dfrac{\lambda}{\mu}\pi_0\end{cases} \tag{2-199}$$

由此系统稳态有效度为

$$\begin{aligned}A(\infty)&=\pi_0+\pi_1\\ &=\frac{\mu(\mu+\lambda)}{\mu^2+\lambda\mu+\lambda^2}\end{aligned} \tag{2-200}$$

（2）两个组成单元不同的旁联系统

系统由两个不同单元（故障率分别为 λ_1、λ_2，维修率为 μ_1、μ_2）和一组维修人员组成，其中，一个单元工作，另一单元储备，若工作单元失效，储备单元立刻替换进入工作状态，同时故障单元进行维修。经分析可知系统存在以下 6 种状态。

状态 0：单元 1 工作，单元 2 储备，系统正常；

状态 1：单元 2 工作，单元 1 储备，系统正常；

状态 2：单元 1 工作，单元 2 维修，系统正常；

状态 3：单元 2 工作，单元 1 维修，系统正常；

状态 4：单元 1 维修，单元 2 待修，系统故障；

状态 5：单元 2 维修，单元 1 待修，系统故障。

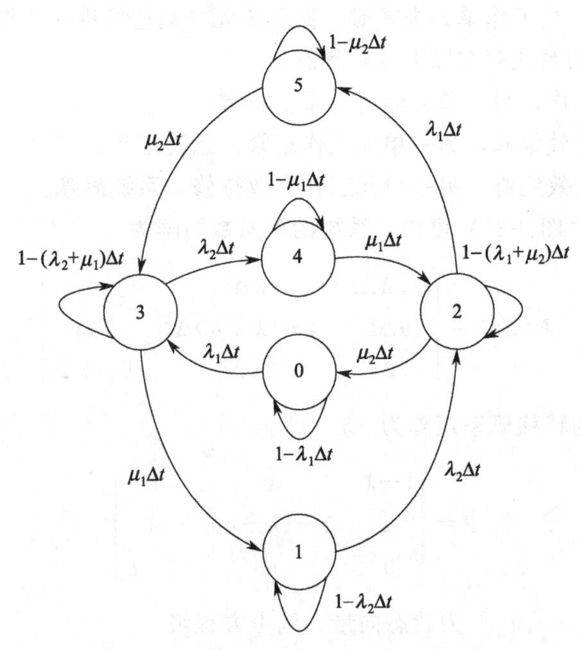

图 2-31　组成单元不同的旁联系统状态转移图

根据状态转移图（图 2-31）可得，系统的微系数矩阵为

$$
\boldsymbol{P}(\Delta t)=\begin{bmatrix}
1-\lambda_1\Delta t & 0 & 0 & \lambda_1\Delta t & 0 & 0\\
0 & 1-\lambda_2\Delta t & \lambda_2\Delta t & 0 & 0 & 0\\
\mu_2\Delta t & 0 & 1-(\lambda_1+\mu_2)\Delta t & 0 & 0 & \lambda_1\Delta t\\
0 & \mu_1\Delta t & 0 & 1-(\lambda_2+\mu_1)\Delta t & \lambda_2\Delta t & 0\\
0 & 0 & \mu_1\Delta t & 0 & 1-\mu_1\Delta t & 0\\
0 & 0 & 0 & \mu_2\Delta t & 0 & 1-\mu_2\Delta t
\end{bmatrix}
\tag{2-201}
$$

令 $\Delta t=1$，系统的转移矩阵为

$$
\boldsymbol{P}=\begin{bmatrix}
1-\lambda_1 & 0 & 0 & \lambda_1 & 0 & 0\\
0 & 1-\lambda_2 & \lambda_2 & 0 & 0 & 0\\
\mu_2 & 0 & 1-(\lambda_1+\mu_2) & 0 & 0 & \lambda_1\\
0 & \mu_1 & 0 & 1-(\lambda_2+\mu_1) & \lambda_2 & 0\\
0 & 0 & \mu_1 & 0 & 1-\mu_1 & 0\\
0 & 0 & \mu_2 & 0 & 0 & 1-\mu_2
\end{bmatrix}
\tag{2-202}
$$

令 $\boldsymbol{\pi}=[\pi_0,\pi_1,\pi_2,\cdots,\pi_n]$ 为状态向量，则由方程组

$$
\begin{cases}
\boldsymbol{\pi}(\boldsymbol{P}-\boldsymbol{I})=0\\
\sum_{i=0}^{n}\pi_i=1
\end{cases}
\tag{2-203}
$$

可解得

$$\begin{cases}\pi_0=\left[1+\dfrac{\lambda_1}{\mu_2}+\dfrac{\lambda_1^2}{\mu_2^2}+\dfrac{\lambda_1(\lambda_1+\mu_2)}{\mu_2(\lambda_2+\mu_1)}+\dfrac{\lambda_1\lambda_2(\lambda_1+\mu_2)}{\mu_1\mu_2(\lambda_2+\mu_1)}+\dfrac{\lambda_1\mu_1(\lambda_1+\mu_2)}{\lambda_2\mu_2(\lambda_2+\mu_1)}\right]^{-1}\\ \pi_1=\dfrac{\lambda_1\mu_1(\lambda_1+\mu_2)}{\lambda_2\mu_2(\lambda_2+\mu_1)}\pi_0\\ \pi_2=\dfrac{\lambda_1}{\mu_2}\pi_0\\ \pi_3=\dfrac{\lambda_1(\lambda_1+\mu_2)}{\mu_2(\lambda_2+\mu_1)}\pi_0\end{cases} \tag{2-204}$$

由此系统稳态有效度为

$$A(\infty)=\pi_0+\pi_1+\pi_2+\pi_3 \tag{2-205}$$

本 章 小 结

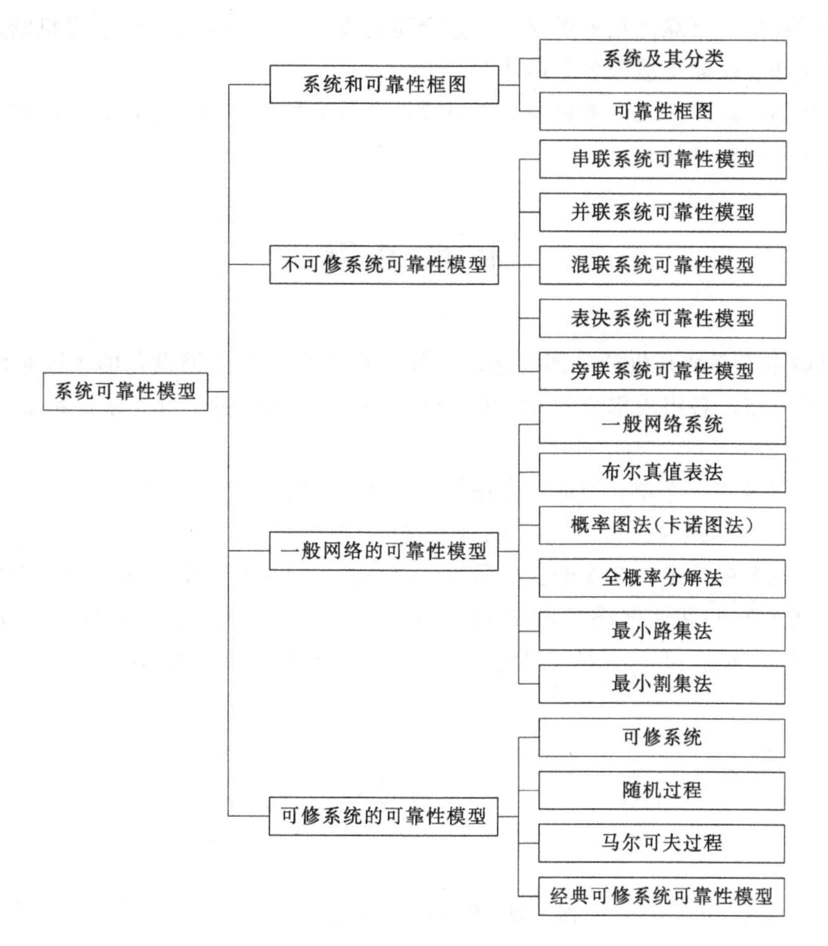

基本概念

可修系统	repairable system
结构函数	structure function
随机过程	random process
马尔可夫链	markov chain
最小路集	shortest path set
最小割集	minimum cut set

学而思之

长期以来，全球大飞机市场基本被空客和波音两家企业垄断。早在1970年我国就开始大飞机运10型号的研制，2017年5月中国国产大飞机C919首飞成功，标志着我国成为全球第四个（仅次于美国、欧洲、俄罗斯）拥有自主制造大型干线客机能力的国家或组织。随着C919、C929的研发和试验进一步取得突破，未来有望打破波音、空客的长期垄断地位。在飞机研制过程中，可靠性几乎贯穿了其整个飞机设计、飞机定型试验、飞机制造、合作方选择、分包生产、保障支援等各个环节。

思考：我国在国产大飞机项目中开展可靠性工程应用的形式和方法；在评估飞机可靠性时可能面临的问题和挑战。

本章习题

1. 某机载电子系统是包括一部雷达、一部计算机和一个辅助设备的串联系统。设其寿命均服从指数分布，各组成部分的MTBF分别为83h、167h和500h，求该系统的MTBF及工作5h的可靠度。

2. 某并联系统由n个单元组成，设各单元寿命均服从指数分布，失效率均为0.001h^{-1}。

（1）求$n=2,3$的系统在$t=100\text{h}$的可靠度；

（2）若用以上单元组成2/3的表决系统，求该系统在$t=100\text{h}$的可靠度及平均寿命。

3. 某混联系统可靠性框图如图2-32所示。已知$R_A=0.97$，$R_B=0.96$，$R_C=0.95$，$R_D=0.90$，$R_E=R_F=0.98$，$R_G=R_H=0.98$，试计算系统可靠度R_S。

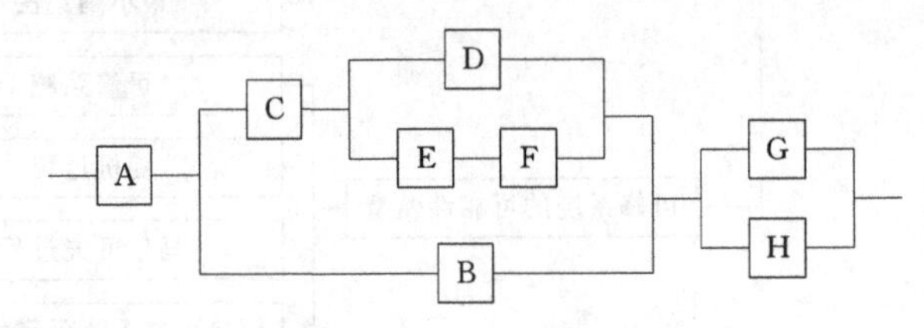

图2-32　某混联系统可靠性框图

4. 某直流电源系统由直流发电机、应急储备电池和故障监测及转换装置组成，发电机的故障率为$2\times10^{-4}h^{-1}$，储备电池的工作故障率为$1\times10^{-3}h^{-1}$，故障监测及转换装置的可靠度为0.99，试求该系统工作10h的可靠度。

5. 由n个相同单元组成的并联系统，单元的累积故障分布函数$F(t)=1-e^{-\lambda t}$，试求该系统的故障率函数。

6. 试用全概率法求解图2-33中系统可靠度。其中，各单元正常的概率分别为$P_1=P_3=0.1$，$P_2=0.3$，$P_4=P_5=0.2$。

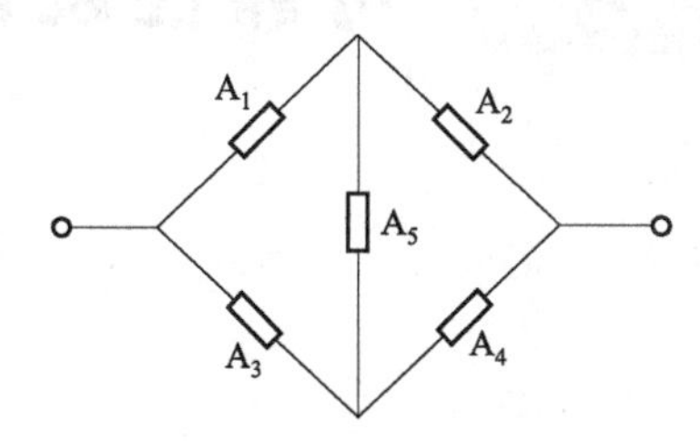

图2-33 复杂系统

7. 有一网络图如图2-34所示，假设各弧的工作概率均为0.9。试求：网络的可靠度。

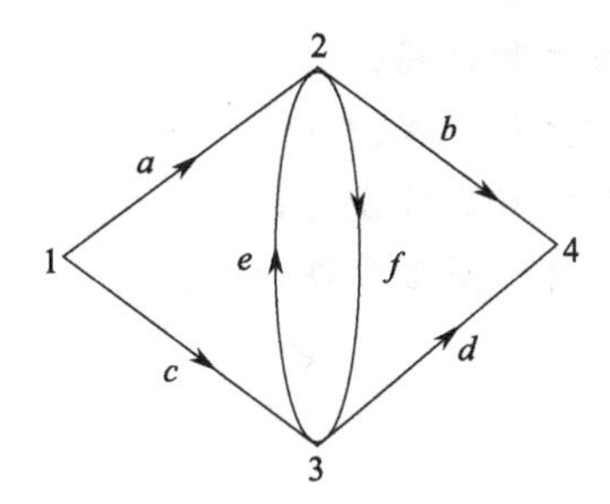

图2-34 网络图

第三章 可靠性设计

学习目标

① 了解可靠性设计的原则和过程；
② 掌握可靠性分配的一般方法和过程；
③ 掌握可靠性预计的一般方法和过程；
④ 了解机械产品和电子产品的可靠性设计；
⑤ 树立以可靠性为中心的设计和质量管理理念。

导入案例

可靠性设计的必要性

2018年10月29日，印尼狮航一架波音737 MAX客机在起飞后坠毁，机上189人罹难。5个月后的2019年3月10日，一架同机型埃塞俄比亚航空公司飞机坠毁，机上157人全部遇难。这两起事故发生后，人们对波音737 MAX机型的安全性和可靠性产生了质疑，随后，世界各地监管机构陆续下令停飞波音737 MAX，并开始调查这两起空难的原因。经过漫长的调查，结果表明导致这两起事故的直接原因是飞机上新安装的飞行控制系统中的迎角传感器故障。这两次事故不仅造成了346人死亡，还给波音公司造成了至少200亿美元的经济损失。由此可见，对飞机来说，其组成产品的可靠性对整机可靠性影响巨大，可靠性不足将导致无法估量的损失。对于其他产品也是如此，可靠性已成为产品的一项重要指标。

我国现正处在由制造大国向制造强国转变的关键时期，加强可靠性设计的应用、提升可靠性设计水平并使关键产品可靠性指标达到国际先进水平，是实现我国生产制造发展战略转变的关键。

第一节 可靠性设计概述

可靠性设计是指在遵循相关工程规范的基础上，在设计过程中，采用一些专门技术，将可靠性“设计”到产品中，以满足产品可靠性的要求。它是根据实际需要，在事先就考虑产品可靠性的一种设计方法。可靠性设计技术是指那些适用于产品设计阶段，以保证和提高产品可靠性为主要目标的设计技术和措施。由于不同产品对可靠性要求的高低不同、采用的可靠性设计技术和方法不同，因此各种可靠性设计技术的发展程度也不同。例如，人们对飞机系统、航空发动机、运载火箭等产品的可靠性要求较高，相应地对其可靠性设计技术研究也较多，因此这些产品的可靠性设计技术相对比较成熟。

本章首先简要介绍可靠性设计的基本知识，包括可靠性设计的重要性、可靠性设计的目的和要求、可靠性设计的基本原则及一般过程，其次详细介绍可靠性分配和可靠性预计技术，最后分别介绍机械产品和电子产品的常用可靠性设计方法。

一、可靠性设计重要性

可靠性设计是产品总体设计的重要组成部分，是为了保证产品的可靠性而进行的一系列分析与设计技术。

“产品的可靠性是设计出来的，生产出来的，管理出来的”。大量实践经验证明，产品的可靠性首先是设计出来的，即可靠性设计的好坏将对产品的固有可靠性产生重大的影响，而且可靠性设计也是可靠性工程的重要阶段。其主要原因如下：

① 设计决定了产品的固有可靠性。当完成产品的详细设计，并按照设计方案和设计要求制造出来后，其固有可靠性就确定了。产品的生产制造过程只能保证尽可能地实现其设计可靠性，按要求使用产品并定期开展维护工作以及产品维修过程都是为了使产品的固有可靠性得以保持，即使其具有持续可靠性。因此，如果在产品设计阶段没有认真考虑其可靠性问题，从而造成产品结构设计不合理、电路设计不科学、使用的材料和元器件选择不当、设计安全系数太低、检查维修不便等问题，那么即使在以后采用各种精密制造技术，并在使用时加强管理也难以得到具有高可靠性的产品。

② 科学技术的迅速发展加剧了同类产品之间的竞争。由于现代科学技术的迅猛发展，产品更新换代速度加快，尤其是电子产品，这就要求企业不断引进新技术以快速开发新产品。大量实践表明，如果在产品的设计过程中，仅仅依靠经验，而不注意产品的性能要求，或者没有对产品的设计方案进行严格、科学的论证，产品的可靠性将无法保证。大多数情况下只能等到试制或者试用后才能发现产品的可靠性问题，然后再作改进和更改。导致产品研制周期加长，投入市场的日期推迟，竞争力降低。因此在产品的全寿命周期中，只有在设计阶段采用相关技术，提高产品的可靠性，才能使企业在激烈的市场竞争中取胜，从而提高企业的经济效益。

③ 在设计阶段采取措施，提高产品的可靠性，耗资最少，效果最佳。美国的诺斯罗普公司估计，在产品的研制、设计阶段，为改善可靠性所花费的每 1 美元，将在以后的使用和维修方面节省 30 美元。

此外，我国开展可靠性工作的经验证明，在产品的整个寿命周期内，对可靠性起重要影响的是设计技术，如表 3-1 所示。

综上所述，可靠性设计在总体工程设计中占有十分重要的位置，必须把可靠性工程的重点放在设计阶段，并遵循“预防为主，早期投入，从头抓起”的方针。从一开始研制时，就要开展产品的可靠性设计，尽可能把不可靠的因素消除在产品设计过程的早期。

表 3-1 各种因素对产品可靠性的影响

可靠性	影响因素	影响程度
固有可靠性	零部件材料	30%
	设计技术	40%
	制造技术	10%
使用可靠性	使用(运输、安装、操作、维修)	20%

二、可靠性设计目的与要求

可靠性设计的目的是使产品在满足规定可靠性指标的前提下，产品的技术性能、重量指标、费用及使用寿命等取得协调并达到最优化，或在性能、重量、费用、使用寿命和其他要求的约束条件下，通过相应的技术，设计出符合可靠性要求的产品。

因此，其主要任务是采用可靠性技术设计，基本实现产品的固有可靠性；“基本实现”的意思是指产品在以后的生产制造过程中，很多因素还会影响产品的固有可靠性；该固有可靠性是产品可能达到的可靠性上限。所有其他因素，如安装、使用、维护等因素都会影响产品可靠性，因此，只能使实际可靠性尽可能地接近固有可靠性。可靠性设计的任务就是实现产品可靠性设计的目的，预测和预防产品所有可能发生的各种故障。通过各种手段辨识产品潜在的隐患和薄弱环节，通过预防性设计和更改设计，有效地消除产品中的隐患及薄弱环节，从而使产品可靠性符合规定的要求。可靠性设计一般有两种情况：一种是按照给定的目标要求进行设计，通常用于新产品的研制和开发；另一种是对现有定型产品的隐患和薄弱环节，应用可靠性的设计方法加以改进，以达到提高产品可靠性的目的。

可靠性要求是进行可靠性设计、分析、制造、试验、验收的依据。可靠性要求分为定量要求和定性要求两种。

(1) 可靠性的定量要求

可靠性的定量要求是指选择和确定产品的可靠性参数、指标以及验证时机和验证方法，以便在设计、生产、试验验证和使用过程中用量化的方法来评价或验证产品的可靠性水平。可靠性的定量要求是影响产品可靠性的关键因素。科学合理地提出可靠性定量要求是保证产品可靠性的必要条件，必须合理而明确地确定产品的故障判据，才能使可靠性定量要求得以正确实施。可靠性定量要求作为产品技术指标的重要组成部分，应在产品的研制任务书或技术经济合同中明确规定。

可靠性定量要求中的参数是描述系统可靠性的度量。一般可分为使用可靠性参数和合同可靠性参数。使用可靠性参数反映了使用方对可用性、可信性、维修费用及保障资源费用方面的要求，一般不宜直接写进合同。合同可靠性参数是可以由承包商控制的，用于产品设计的可靠性参数，由使用可靠性参数按一定规律转换而来，经使用方和承制方双方协商纳入合同的可靠性参数。

可靠性指标是可靠性参数的量值。对于每一个适用的可靠性参数均应规定使用目标和门限值（threshold value）（使用值）。在合同中使用的目标值应转换成规定值（固有值），门限值应转换成最低可接受值（minimum acceptable value）（固有值）。使用可靠性指标包括了设计、安装、质量、环境、使用、维修对产品的影响，而合同可靠性指标仅包括设计、制造的影响。所以，一般情况下同一产品的使用可靠性指标要低于合同可靠性指标。对于合同中规定的定量要求，必须同时明确相应的验证要求。验证可以是试验验证、使用验证或综合评估。

(2) 可靠性的定性要求

可靠性的定性要求是指用一种非量化的形式来设计、评价产品的可靠性。可靠性定性要求可分为定性设计要求和定性分析要求两种。

定性设计要求是为满足产品的可靠性要求而完成的一组可靠性设计。主要包括制定和贯彻可靠性设计准则、简化设计、冗余设计、环境防护设计以及针对电子产品的降额设计和针对软件的软件可靠性设计等。

定性分析要求是通过各种分析方法找出产品的薄弱环节并进行改进的一种可靠性设计要求，主要包括综合演绎的功能危险性分析（functional hazard analysis，FHA）方法、自下而上归纳分析的故障模式和影响分析（failure mode and effect analysis，FMEA）方法、自上而下进行演绎的故障树分析（fault tree analysis，FTA）方法以及按区域进行分析检查的区域安全性分析（zone safety analysis，ZSA）方法。

可靠性指标是定量设计的尺度依据，建模、预计、分配等是可靠性定量设计的工具和手段；可靠性设计准则是定性设计的重要依据，故障模式及影响分析是有效的分析手段。在工程设计工作中，应正确处理定量设计与定性设计的关系，将定量设计应与定性设计有机地结合起来。

三、可靠性设计原则

在可靠性设计过程中，一般应遵循以下原则：

① 可靠性设计应有明确的可靠性指标和可靠性评估方案。

② 可靠性设计必须贯穿于功能设计的各个环节，在满足基本功能的同时，要全面考虑影响可靠性的各种因素。

③ 应针对故障模式（即系统、部件、元器件故障或失效的表现形式）进行设计，最大限度地消除或控制产品在寿命周期内可能出现的故障（失效）模式。

④ 在设计时，应在继承以往成功经验的基础上，积极采用先进的设计原理和可靠性设计技术。但在采用新技术、新型元器件、新工艺、新材料之前，必须经过试验，并严格论证其对可靠性的影响。

⑤ 在进行产品可靠性设计时，应对产品的性能、可靠性、费用和时间等各方面因素进行权衡，以便做成最佳方案。

四、可靠性设计内容和一般过程

可靠性设计是为了在设计过程中挖掘和确定隐患及薄弱环节，并采取设计预防和设计改进措施，有效地消除隐患及薄弱环节。定量计算和定性分析主要是评价产品现有的可靠性水平和确定薄弱环节，而要提高产品的固有可靠性，只能通过各种具体的可靠性设计方法来实现。可靠性设计的主要内容包括以下几个方面：

① 建立可靠性模型，进行可靠性指标的分配和预计。要进行可靠性分配和预计，首先应建立产品的可靠性模型；然后逐步合理地将产品或整机的可靠性指标分配到产品的各个层次上去，如将飞机整机的可靠性指标首先分配到发动机、起落架等系统层面，再分配到组成各系统的零部件，一层层地向下分解，直到不能再分解；之后当设计方案初步确定后，开展

可靠性预计，以验证是否达到分配的可靠性目标。因此在产品的设计阶段，需要反复多次地进行可靠性指标的分配和预计。随着设计的不断深入和成熟，建模和可靠性指标分配、预计也将不断地修改和完善。

② 进行各种可靠性分析。诸如采用故障模式影响与危害性分析、故障树分析、热分析、容差分析等方法，以发现和确定薄弱环节，在发现了隐患后通过改进设计，从而消除隐患和薄弱环节。

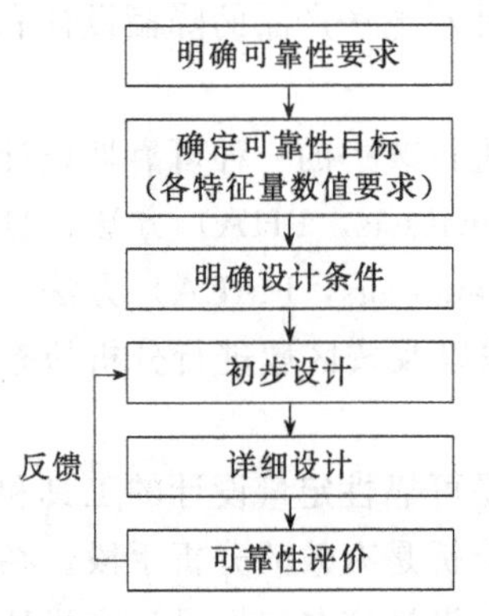

图 3-1 可靠性设计一般程序

③ 采取各种有效的可靠性设计方法。如制定和贯彻可靠性设计准则、降额设计、冗余设计、简化设计、热设计、环境防护设计等，并把这些可靠性设计方法和产品的性能设计工作结合起来，减少产品故障的发生，最终实现可靠性的要求。

可靠性设计应遵循一定的流程，不过不同产品的可靠性设计工作流程并不完全相同。通常，可靠性设计的一般程序如图 3-1 所示。

这个程序的执行需要产品设计人员、质量管理人员、产品可靠性分析人员和生产、维修、服务、销售等人员以及产品用户的共同努力。可靠性设计首先需要明确产品的可靠性要求，确定可靠性定量、定性目标。

新产品通常需要经过多次改进设计，逐步提高可靠性以达到其目标值。初步设计和技术设计后，还需进行可靠性预计，做必要的可靠性试验，对重要的部分用 FMEA（FMECA）、FTA 等方法进行可靠性、安全性分析，邀请有关各方面专家进行设计评审，将设计的缺陷、潜在的故障原因、弥补的对策反馈给设计人员，以改进和完善设计。

第二节 可靠性分配

产品由若干个单元组成，在进行可靠性设计时，当产品的可靠度目标确定后，需要把可靠度目标分配给各组成单元，这个过程称为可靠性分配。可靠性分配是应用数学方法按照一定的分配原则和分配方法，将定量的可靠性指标合理地分配给每个单元的过程，是从产品直至最基本单元的自上而下逐级分解的过程。随着研制工作的进展和设计方案的更改变动，可靠性分配需要反复、多次迭代进行，使设计方案逐步趋于完善。

一、可靠性分配目的

可靠性分配（reliability allocation）是指在产品的工程设计阶段，将规定的产品可靠度总体指标合理地分配给各个组成单元，明确各单元的指标要求，从而使产品总体可靠性指标得到保证。

可靠性分配的目的就是使各级设计人员明确产品可靠性设计的要求。将产品的可靠性指标定量分配到规定的层次中去，通过定量分配，使整体和部分的可靠性定量要求协调一致；并将设计指标落实到产品相应层次的设计人员身上，用这种定量分配的可靠性要求估计所需的人力、时间和资源，以保证可靠性指标的实现。它是指标由整体到局部、由上到下的分解过程。

例如一台航空发动机，在整机的可靠性指标确定以后，在设计过程中要逐步对组成单元（进气道、压气机、燃烧室、涡轮等）乃至组成各单元的组件和元件（包括接阀门和燃油喷嘴等）的可靠性指标加以明确，将各部分的设计指标分配到每一个元件和每一个节点。这样，在设计中从整机到部件以至元件都贯彻了可靠性要求，整个设计过程中的每一个环节都考虑了可靠性这一关键问题。

二、可靠性分配原则

可靠性分配是将工程设计规定的产品可靠度指标合理地分配给组成该产品的各个单元，确定系统各组成单元的可靠性定量要求。可靠性分配的本质是一个工程决策问题，应从技术、人力、时间、资源各个方面分析各部分指标实现的难易情况，进一步论证产品指标的合理性，暴露产品设计中的薄弱环节，为采取指标监控和改进措施提供依据。可靠性分配也是一个优化问题。在进行可靠性分配时，必须明确目标函数和约束条件。有的设备是以产品的可靠度指标为约束条件，在满足可靠度下限值的条件下，使体积、成本、质量等系统参数值尽可能小；而有的则给出体积、质量、成本等约束条件。因此，要将产品的可靠度尽可能合理地分配到每个单元，同时考虑各单元和组件在产品中的重要度等因素。在可靠性分配时应考虑以下原则：

① 复杂度高的分系统、设备等，通常组成单元多、设计制造难度大，应分配较低的可靠性指标，以降低满足可靠性要求的成本。

② 对于技术上不够成熟的产品，分配较低的可靠性指标，以缩短研制时间，降低研制费用。

③ 对于处于恶劣环境条件下工作的产品，由于实现高可靠度较难或代价太大，应分配较低的可靠性指标。

④ 当把可靠度作为分配参数时，对于需要长期工作的产品，分配较低的可靠性指标。因为产品的可靠性随着作业时间的增加而降低。

⑤ 对于重要度高的产品，应分配较高的可靠性指标，以实现较好的综合性能。

以上原则并不是绝对的，对具体的产品而言，在分配时要根据具体情况具体分析。例如，维修性、可达性差的产品，应分配较高的可靠性指标，以实现较好的综合效能。对于已有可靠性指标、货架产品或使用成熟的系统或产品，不再进行可靠性分配，同时，在进行可靠性分配时，应从总指标中剔除这些单元的可靠性指标值。

三、可靠性分配方法

进行可靠性指标分配时，应首先明确设计目标与限制条件、产品下属各级定义的清晰程度及有关信息（如类似产品可靠性数据等）的多少，因为分配的方法因要求和限制条件不同而不同。由于具体情况不同，可靠性指标的分配方法也不同。有的方法是在假设产品各组成单元为串联结构的基础上进行的；有的产品以可靠性指标为约束条件，以成本、重量、体积等指标尽可能低为目标；有的产品要求在限定研制周期内，实现成本低且可靠性尽可能高的目标；有的产品则以成本为约束条件，要求做出使产品可靠性尽可能高的分配。可靠性指标分配的方法很多，具体选用哪一种，应根据设计者所掌握的数据、资料和信息情况，综合权衡选择最佳的可靠性分配方法。

1. 等分配法

在设计初期，对各个单元可靠性资料掌握很少或者各组成单元具有相近的复杂程度、重要性以及制造成本时，在可靠性分配时假定各个单元条件相同。为了使产品达到规定的可靠度水平，不考虑各单元的重要度等因素而给所有的单元分配相等的可靠度，这种分配方法，称为“等同分配法”或“等分配法”（equal apportionment technique）。由于现阶段大多数产品采用系统工程的思想开展产品的设计，即将产品作为一个复杂系统开展性能设计、可靠性设计等，因此根据系统的组成结构差异，等分配法具体可分为串联系统的可靠度等分配、并联系统的可靠度等分配以及串并联系统的可靠度等分配。

(1) 串联系统可靠度等分配

假设某一系统由 n 个单元串联而成，则系统的预计可靠度为

$$R_s=\prod_{i=1}^{n}R_i \tag{3-1}$$

其中，R_i 为第 i 个单元的预计可靠度。

若已知系统的可靠度为 $R_s'=R_s$，则按等分配法分配给各单元的可靠度为

$$R_i=\sqrt[n]{R_s'} \tag{3-2}$$

其中，R_i 为第 i 个单元的可靠度分配值。

(2) 并联系统可靠度等分配

当系统的可靠度指标要求很高而选用已有的单元又不能满足要求时，可选用由 n 个相同单元组成的并联系统，这时单元的可靠度 R_i 可大大低于系统的可靠度 R_s。

$$R_s=1-(1-R_i)^n \tag{3-3}$$

故单元的可靠度应分配为

$$R_i=1-(1-R_s)^{1/n} \tag{3-4}$$

(3) 串并联系统可靠度等分配

利用等分配法对串并联系统进行可靠度分配时，可先将串并联系统简化为“等效串联系统”和“等效单元”，再给同级等效单元分配以相同的可靠度。

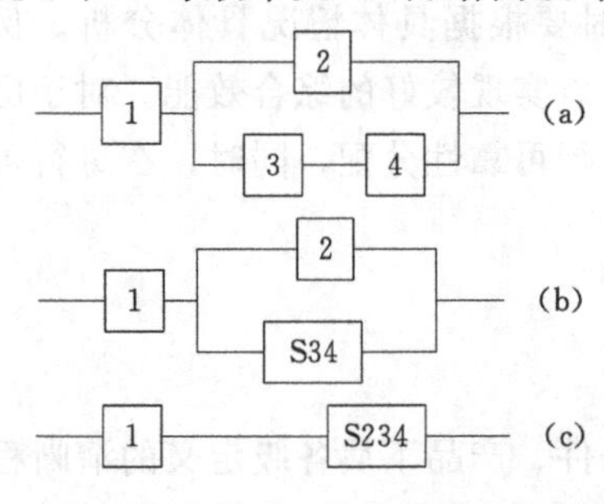

图 3-2 串并联系统的可靠度分配

图 3-2 为一串并联系统及其等效系统的示意图，其中，图 3-2(a) 为原始系统，图 3-2(b) 为中间等效系统，图 3-2(c) 为等效系统，对图 3-2(a) 中所示的串并联系统中的各个单元开展可靠性分配时，可先从最后的等效串联系统［图 3-2(c)］开始按等分配法向各单元分配可靠度，即

$$R_1=R_{S234}=R_S^{\frac{1}{2}} \tag{3-5}$$

再由图 3-2(b) 分配得

$$R_2=R_{S34}=1-(1-R_{S234})^{\frac{1}{2}} \tag{3-6}$$

然后再求图 3-2(a) 中的 R_3 及 R_4

$$R_3=R_4=R_{S34}^{\frac{1}{2}} \tag{3-7}$$

等分配法原理简单，易操作、易计算，但不太合理，因为它不仅没考虑各单元的重要

度，也没考虑各单元的复杂程度，更没考虑各单元现有工艺水平和可靠性水平。因此，只有当各单元可靠度大致相同、复杂程度也差不多时，才采用这种分配方法。

2. 利用预计值的分配法

当对某一系统进行可靠性预计后，有时发现该系统的可靠度预计值 R_{sy} 小于要求该系统应该达到可靠度值 R_{sq}，此时必须重新确定各组成单元（也包括子系统）的可靠度，即对各单元的可靠度进行重新分配。

由于组成单元的预计失效概率很小（$F_{iy}\leqslant 0.1$）时和较大时的可靠性分配公式不同，因此分别阐述。

（1）当各组成单元的预计失效概率很小（$F_{iy}\leqslant 0.1$）时的可靠性分配

假设串联系统由 n 个单元组成，那么

$$R_{sy}=\prod_{i=1}^{n}R_{iy} \tag{3-8}$$

式中，R_{sy} 为系统的可靠度预计值；R_{iy} 为单元的可靠度预计值。

系统的失效概率预计值可写为

$$\begin{aligned}(1-F_{sy})&=\prod_{i=1}^{n}(1-F_{iy})\\&=1-\sum_{i=1}^{n}F_{iy}+\sum_{i,k=1}^{n_2}F_{iy}F_{ky}-\cdots+(-1)^n F_{1y}F_{2y}\cdots F_{ny}\end{aligned} \tag{3-9}$$

式中，F_{sy} 为系统的失效概率预计值；F_{iy} 为单元的失效概率预计值；n_2 为系统的全部组成单元中每两个失效概率相乘的组合数，即 $n_2=C_n^2$。

由于 $F_{iy}\leqslant 0.1$，故可舍去式(3-9) 中两个或两个以上的乘积，故式(3-9) 可变为

$$1-F_{sy}=1-\sum_{i=1}^{n}F_{iy} \tag{3-10}$$

即可推导出

$$F_{sy}=\sum_{i=1}^{n}F_{iy}=F_{1y}+F_{2y}+\cdots+F_{ny} \tag{3-11}$$

由于预计的可靠度小于要求的值，即预计的失效概率 F_{iy} 大于要求分配给单元的失效概率值 F_{ip} 时才进行可靠性分配，即 $F_{ip}<F_{iy}(i=1,2,\cdots,n)$，所以有

$$F_{sq}=\sum_{i=1}^{n}F_{ip}=F_{1p}+F_{2p}+\cdots+F_{np} \tag{3-12}$$

式中，F_{sq} 为要求系统得到的失效概率值。

将式(3-11) 两边同时乘以$\frac{F_{sq}}{F_{sy}}$，可得

$$F_{sq}=F_{1y}\frac{F_{sq}}{F_{sy}}+F_{2y}\frac{F_{sq}}{F_{sy}}+\cdots+F_{ny}\frac{F_{sq}}{F_{sy}} \tag{3-13}$$

将式(3-13) 与式(3-12) 比较，可得系统中各组成单元的可靠度分配公式，即

$$F_{ip}=F_{iy}\frac{F_{sq}}{F_{sy}}\ (i=1,2,\cdots,n) \tag{3-14}$$

在求出 F_{ip} 的基础上，由 $R_{ip}=1-F_{ip}$ 求出各单元的可靠度分配值。

(2) 当各组成单元的预计失效概率 F_{iy} 较大时的可靠性分配。

由于系统组成单元的失效概率较大，两个或两个以上单元失效概率的乘积不可舍去，故不能按照前述方法进行可靠性分配。假设系统仍然是串联系统，各单元失效分布均服从指数分布，即

$$\lambda_{sy}=\sum_{i=1}^{n}\lambda_{iy}=\lambda_{1y}+\lambda_{2y}+\cdots+\lambda_{ny} \tag{3-15}$$

$$\lambda_{sq}=\sum_{i=1}^{n}\lambda_{ip}=\lambda_{1p}+\lambda_{2p}+\cdots+\lambda_{np} \tag{3-16}$$

式中，λ_{ip} 为系统中第 i 个单元的失效率分配值；λ_{iy} 为系统中第 i 个单元的失效概率预计值；λ_{sq} 为要求系统达到的失效率值；λ_{sy} 为系统的失效率预计值。

同理，可得出系统中各单元的可靠度分配公式，即

$$\lambda_{ip}=\lambda_{iy}\frac{\lambda_{sq}}{\lambda_{sy}}\ (i=1,2,\cdots,n) \tag{3-17}$$

由于指数分布的可靠度 $R(t)=e^{-\lambda t}$，$\lambda=-\frac{\ln R(t)}{t}$，因此可以依据各单元某时刻 t 的可靠度预计值，求出其失效率预计值为 $\lambda_{iy}=-\frac{\ln R_{iy}(t)}{t}$，从而可以求出系统的失效率预计值为 λ_{sy}，另外，可根据该时刻系统要求的可靠度求出其失效率 $\lambda_{sq}=-\frac{\ln R_{sq}(t)}{t}$。最后应用式(3-17) 求出各单元的失效率分配值 λ_{ip}，再求出各单元在该时刻的可靠度分配值 $R_{ip}=e^{-\lambda_{ip}t}$。

3. 阿林斯分配法

阿林斯分配法是考虑各组成单元重要度的一种分配方法。假设一个系统是由 n 个单元组成的串联系统，它们的失效率都服从指数分布，则阿林斯分配法的分配步骤如下：

① 根据过去积累的或观察和估计得到的数据，确定单元失效率 λ_i（固有或者基本失效率）。

② 根据所确定的 λ_i，计算各单元的重要度分配因子 w_i

$$w_i=\frac{\lambda_i}{\lambda_s}=\frac{\lambda_i}{\sum_{i=1}^{n}\lambda_i} \tag{3-18}$$

③ 计算分配的单元失效率 λ_i^*

$$\lambda_i^*=w_i\lambda_s^* \tag{3-19}$$

式中，λ_s^* 为系统要求的失效率（单位为 h^{-1}）。

④ 计算分配单元的可靠度 R_i^*

$$R_i^*={R_s^*}^{w_i} \tag{3-20}$$

式中，R_s^* 为系统要求的可靠度。

⑤ 检验分配结果。

阿林斯方法消除了等分配法平均分配的缺点，又比较简单，因此常被采用，但其加权因

子仅根据预计失效率而定，因而依然不够全面。

4. AGREE 分配法

AGREE 分配法是美国电子设备可靠性委员会（AGREE）于 1957 年 6 月提出来的，也称格林分配法、代数分配法。该方法是以子系统、单元对系统的重要性和子系统、单元的相对复杂程度为基础来进行可靠性指标分配的。优点是考虑了子系统和单元的复杂程度、重要程度和工作时间以及他们与系统之间的失效关系，适用于各单元失效率为常数的串联系统。

单元或子系统的复杂度定义为单元中所含的重要零件、组件（其失效会引起单元失效）的数目 $N_i(i=1,2,\cdots,n)$ 与系统中重要零件、组件的总数 N 之比，即第 i 个单元的复杂度为

$$\frac{N_i}{N}=\frac{N_i}{\sum N_i} \quad (i=1,2,\cdots,n) \tag{3-21}$$

单元或子系统的重要度定义为该单元的失效而引起系统失效的概率。按照 AGREE 分配法，系统中第 i 个单元分配的失效率 λ_i 和分配的可靠度 $R_i(t)$ 分别为

$$\lambda_i=\frac{N_i[-\ln R_s(t)]}{NE_it_i} \quad (i=1,2,\cdots,n) \tag{3-22}$$

$$R_i(t_i)=1-\frac{1-[R_s(t)]^{\frac{N_i}{N}}}{E_i} \quad (i=1,2,\cdots,n) \tag{3-23}$$

式中，N_i 为单元 i 的重要零件、组件数；$R_s(t)$ 为系统工作时间 t 时的可靠度；N 为系统的重要零件、组件总数，$N=\sum N_i$；E_i 为单元 i 的重要度；t_i 为单元 i 的工作时间，$0<t_i<t$。

5. 评分分配法

评分分配法用于串联系统的可靠性分配，一般假设产品寿命服从指数分布，该方法适用于产品的方案阶段和初步设计阶段。评分分配法是在可靠性数据非常缺乏的情况下，首先由有经验的设计人员或专家根据一定的评分原则对影响可靠性的各主要因素进行评分，然后经过综合分析获得单元的可靠性分配值。

通常考虑的主要因素包括复杂程度、技术水平、工作时间和环境条件等。不同的系统，考虑的影响因素可能有所差异，应根据实际情况对影响因素进行增减。应用这种方法时，时间应以产品工作时间为基准，同时，应尽可能多请几位设计人员及专家进行打分，以保证评分的客观性。

以产品故障率为分配参数说明评分原则，各因素评分范围为 1～10，评分越高，说明该因素对产品的可靠性产生越恶劣的影响。评分原则如下：

① 复杂程度。它是根据组成单元的数量以及组装的难易程度来评定的，最简单的为 1 分，最复杂的为 10 分。

② 技术水平。根据单元目前技术水平的成熟程度来评定，水平最高的评 1 分，水平最低的评为 10 分。

③ 工作时间。根据单元工作的时间来评定。单元工作时间最短的为 1 分，最长的为 10 分。如果产品中所有单元的故障率以产品工作时间为基准，即所有单元故障率统计以产

品工作时间为统计时间计算的，则各单元的工作时间不同，而统计时间均相等。如果产品中所有单元故障率是以单元自身工作时间为基准，则可以不考虑此因素。

④ 环境条件。根据单元所处的环境来评定，单元所处环境条件最好的为 1 分，极其恶劣和严酷的环境条件为 10 分。

评分分配法按以下步骤进行：

① 根据设计人员及专家打分求 w_i

$$w_i = \prod_{j=1}^{4} r_{ij} \tag{3-24}$$

式中，w_i 为第 i 个单元评分数；r_{ij} 为第 i 个单元第 j 个因素的评分数。此处，假设系统由 i 个单元组成，j 从 1 到 4，即考虑了 4 个影响可靠性的主要因素。

② 求评分系数 C_i

$$C_i = \frac{w_i}{w} \tag{3-25}$$

式中，w 为产品的评分数。

③ 求单元故障率 λ_i^*

$$\lambda_i^* = \lambda_s^* C_i \tag{3-26}$$

式中，λ_i^* 为分配给每个单元的故障率（h^{-1}）；λ_s^* 为产品的故障率（h^{-1}）。

四、注意事项

在进行可靠性分配时，要注意以下几点：

① 可靠性分配应在研制阶段早期进行。这样可使设计人员尽早明确其设计要求，研究实现这个要求的可能性和设计措施，并根据所分配的可靠性要求估算所需人力和资源等管理信息。

② 可靠性分配应反复多次进行。在方案论证和初步设计阶段，分配是较粗略的，经粗略分配后，应与经验数据进行比较，也可与不依赖于最初分配的可靠性预计结果比较，从而确定分配的合理性，并根据需要重新进行分配。

③ 为了尽量减少可靠性分配的重复次数，分配时可在规定的可靠性指标基础上，留出一定的余量。这样可为设计过程中增加新的功能单元留下余地，以避免为适应附加设计而必须进行的反复分配。

④ 必须按照成熟期的规定值（或目标值）进行分配。

第三节 可靠性预计

一、可靠性预计目的及用途

产品的可靠度一般是在产品的大量寿命试验结束后才能得到。然而在工业生产中，在产品制成后再测定其可靠度是一种很不经济的方法，特别是对于一些大型昂贵、小批量的复杂产品（如大型导弹、人造卫星、运载火箭或载人飞行器等），根本不能采用这种方法。因此，需要在产品制造之前就要控制其可靠性，即在产品的设计阶段开展可靠性预计。

可靠性预计是运用以往的工程经验、故障数据和当前的技术水平，预计产品实际可能达到的可靠度，即预计这些产品在特定的应用中完成规定功能的概率。可靠性预计是在设计阶段对系统可靠性进行的定量估计，是根据历史产品可靠性数据、系统的构成和结构特点，系统的工作环境等因素估计组成系统的部件及系统的可靠性。

可靠性预计的目的和用途主要包括：①评价产品是否能够达到要求的可靠性指标；②在方案论证阶段，通过可靠性预计比较不同方案的可靠性水平，为最优方案的选择及方案优化提供依据；③在设计过程，通过可靠性预计发现影响产品可靠性的主要因素，找出薄弱环节，采取设计措施提高产品可靠性；④为可靠性增长试验、可靠性验证试验及费用核算等提供依据；⑤为可靠性分配奠定基础。

二、可靠性预计分类和一般过程

可靠性预计分为基本可靠性预计和任务可靠性预计。基本可靠性预计用于估计由于产品不可靠而导致的对维修与后勤保障的要求；任务可靠性预计用于估算产品在执行任务的过程中完成其规定功能的概率，具体包括在任务期间不可修产品和可修产品的可靠性预计，其与产品的任务剖面、工作时间及产品功能特性等相关。从产品构成角度分析，可靠性预计又可分为元件、部件或设备等单元可靠性预计和系统可靠性预计。

可靠性预计的过程一般主要包括以下程序：明确产品的目的、用途、任务、性能参数及失效条件；确定产品的组成成分、各个基本单元；绘制可靠性框图；确定产品所处环境；确定产品的应力；确定产品失效分布；确定产品的失效率；建立产品的可靠性模型；预计产品可靠性；编写预计报告。

三、可靠性预计方法

可靠性预计是一种预报方法。它从所得的失效率数据预测一个元件（单元）、部件、子系统或系统实际可能达到的可靠度，即预测这些元件或系统在特定的应用中完成规定功能的概率。它是可靠性设计的重要内容，包括单元可靠性预计和系统可靠性预计。

1. 单元可靠性预计

预计产品的可靠度通常是以预计产品中的元件或组件的可靠度为基础。因此，为了预计产品的可靠度，必须对组成产品的元器件的失效率做出预计，即对其组成单元的可靠性开展预计。单元的可靠性预计方法主要包括收集数据预计法、经验公式及算法、元器件计数可靠性预计法、元器件应力分析可靠性预计法等。

（1）收集数据预计法

收集数据预计法主要是根据国内外现有的元器件统计数据来开展可靠性预计。国产元器件可以从我国技术标准 GJB/Z 299C—2006《电子设备可靠性预计手册》中查找，对于进口元器件可以利用美国军用标准手册 MIL-HDBK-217 进行估算。手册对电子元器件失效率的预计有一整套方法，已有许多国家利用这一手册中的数据和失效模型来预计元器件的失效率。在产品设计过程进行可靠性预计时，可以根据其失效模型，结合上述各种电子设备可靠性预计手册开展相关预计工作。

(2) 经验公式计算法

影响元器件失效的因素很多，其中主要是温度和电应力。各种不同的元器件，其基本失效率的数学模型也不同。如分立半导体元件、电阻、电容等都有各自不同的数学模型。应注意的是各类元器件的基本失效率都是在实验室条件下得出的，实际应用时将受环境等因素影响，必须加以修正，求出工作失效率。

(3) 元器件计数可靠性预计法

元器件计数可靠性预计法是一种早期预计法，这种方法在产品原理图基本形成、元器件清单初步确定的情况下应用。具体需要的数据有通用元器件种类及数量、元器件质量等级和使用环境，设备失效率计算公式为

$$\lambda_{设备}=\sum_{i=1}^{n}N_i\lambda_G\pi_Q \tag{3-27}$$

式中，$\lambda_{设备}$ 为设备总失效率；λ_G 为第 i 种元器件的通用失效率；π_Q 为第 i 种元器件的通用质量系数；N_i 为第 i 种元器件数量；n 为设备所用元器件的种类数。

以上的通用失效率 λ_G 是指在某一环境类别中，在通用工作环境温度和常用工作应力条件下的失效率。国产元器件的 λ_G 值可在《电子设备可靠性预计手册》中查找。应用上述方法对设备进行预计时，为了快速估算，可取 $\lambda_G=10^{-5}\sim10^{-6}\mathrm{h}^{-1}$，再乘以元件总数 N（假设失效分布为指数分布），即 $\lambda_{设备}=N\lambda_G$；$\mathrm{MTBF}=\dfrac{1}{\lambda_{设备}}$。

为了保证设备质量，使用通用失效率时，有时须再加一个补偿系数 α，则设备失效率的表达式变为

$$\lambda_{设备}=(1+\alpha)\sum_{i=1}^{n}N_i\lambda_G\pi_Q \tag{3-28}$$

其中，补偿系数 α 可取 0.01～0.05。

需要注意的是，非标准化元器件的通用失效率是难以通过手册查找的，如一些混合微型电路等。由于每种混合微型电路都是完全独立的器件，无法按照它们的名称或功能来确定它们的复杂度，而有些混合微型电路的名称虽然相似或相同，但它们的复杂度差异很大，这可能妨碍这种预计方法的分类。因此，如果在设计中使用了混合微型电路，应对其用途及结构进行彻底的研究。

(4) 元器件应力分析可靠性预计法

元器件应力分析可靠性预计法是详细的可靠性预计法，是在产品设计后期的预计。一般情况是在产品已研制完成，对它的结构、电路及各元器件的环境应力和工作电应力都明确的条件下才能应用。它是以元器件的基本失效率为基础的，根据使用环境、生产制造工艺、质量等级、工作方式和工作应力的不同，做出相应修正来预计产品元器件的工作失效率（使用失效率），进而求出部件的失效率，最后得到产品的失效率。

美、英、法和日本等国家都相继出版过电子设备可靠性预计手册。其中较为完善和有影响的是美国军用手册 MIL-HDBK-217，可参考该手册检索各种电子设备的失效分布模型。另外，也可使用我国出版的《电子设备可靠性预计手册》（GJB/Z 299C—2006）。GJB/Z 299C—2006 不仅提供了国产元器件可靠性预计方法，还给出了进口元器件的可靠性预计方法。

不同类别元器件的工作故障率计算模型不同，例如，《电子设备可靠性预计手册》

(GJB/Z 299C—2006) 中普通电子管的失效率预计模型为

$$\lambda_p = \lambda_b (\pi_E \pi_Q \pi_L) \tag{3-29}$$

式中，λ_p 为工作失效率 ($\times 10^{-6} h^{-1}$)；λ_b 为基本失效率 ($\times 10^{-6} h^{-1}$)；π_E 为环境系数；π_Q 为质量系数；π_L 为成熟系数。

各 π 系数是对基本失效率的修正，这些系数和基本失效率均可在《电子设备可靠性预计手册》(GJB/Z 299C—2006) 中查阅。应力分析法查表和运算量大，因此，国内外已开发了大量软件工具，利用计算机辅助预计可节省大量时间。

2. 系统的可靠性预计

在按照可靠性预计手册的元器件应力分析法和有关数据求得各种元器件失效率后，根据设备所用元器件数量和系统结构，可以算出设备或系统失效率和可靠度。计算方法通常有数学模型法、上下限法（即边值法）和蒙特卡罗法 (Monte-Carlo method) 3 种。其中，蒙特卡罗法仅适用于难以写出概率关系式的复杂系统，因此这里不作介绍。

(1) 数学模型法

数学模型法就是根据可靠性逻辑框图和系统的各种数学模型给出的系统可靠度计算公式，由单元可靠度（失效率）预测系统可靠度（失效率）的方法。例如某部件由 5 个零件组成，已知该部件的可靠性模型为串联系统模型，5 个部件的可靠度分别为 $R_1=0.99$、$R_2=0.98$、$R_3=0.97$、$R_4=0.96$、$R_5=0.95$。该系统的可靠度预测可运用串联系统可靠性模型，系统可靠度预计结果为 $R_S=0.99\times0.98\times0.97\times0.96\times0.95\approx0.8583$。

(2) 上下限法

上下限法也称边值法，其优点在于它对复杂系统特别适用，不要求单元之间是相互独立的，且各种冗余系统都可使用，只需要预先能判断系统中所有的串联单元和非串联单元中各种类型单元失效引起非串联部分失效或工作的情况。上下限方法适用于多种目的和工作阶段的系统可靠性预计，且便于用计算机求解。该法在复杂系统，如“阿波罗”号宇宙飞船中已经得到过成功的应用。

① 上下限法的基本思想　对于复杂系统，采用数学模型很难得到可靠性函数表达式，此时，不采用直接推导的办法，而是忽略某些次要因素，用近似的数值来逼近系统可靠度真值，这就是上下限法的基本思想。

假设要预计某一个系统的可靠性，首先设法预计两个近似值，其中，一个称为可靠度的上限 ($R_{上}$)，另一个称为可靠度的下限 ($R_{下}$)。然后取上下限的几何平均值作为系统可靠度的预计值 (R_S)。所以，问题转变为如何既方便又较精确地预计可靠度上下限值。运用此方法求系统的可靠度时，首先，假定系统中非串联部分的可靠度为 1，从而忽略了它的影响，这样算出的系统可靠度显然是最高的，这就是经过第一次简化的上限值。其次，假设非串联单元不起冗余作用，全部作为串联单元处理，所计算的可靠度是系统可靠度的最低值，即第一次简化的下限值。如果考虑一些非串联单元同时失效对可靠度上限的影响，并以此来修正上述的上限值，则上限值会更逼近真值。同理，若考虑某些非串联单元失效不引起系统失效的情况，则又会使系统可靠度的下限值提高而接近真值。上下限各自考虑的状态越多，将越逼近系统可靠度的真值。最后，需通过综合计算公式求得近似的系统可靠度。上下限法可用图 3-3 所示的图解表示。

若用 $R^m_{上限}$ 代表第 m 次简化的系统可靠度上限值，$R^n_{下限}$ 代表第 n 次简化的系统可靠度的下限值，则图 3-3 中 $R^1_{上限}$ 和 $R^2_{上限}$ 分别代表第 1 次和第 2 次简化的系统可靠度上限值，$R^1_{下限}$、$R^2_{下限}$、$R^3_{下限}$ 分别代表第 1 次、第 2 次和第 3 次简化的系统可靠度下限值。由于每次简化都是在前一次简化的基础上进行，因此，选定的 m 值和 n 值越大，得出的系统可靠度上限值和下限值就越逼近其可靠度真值。

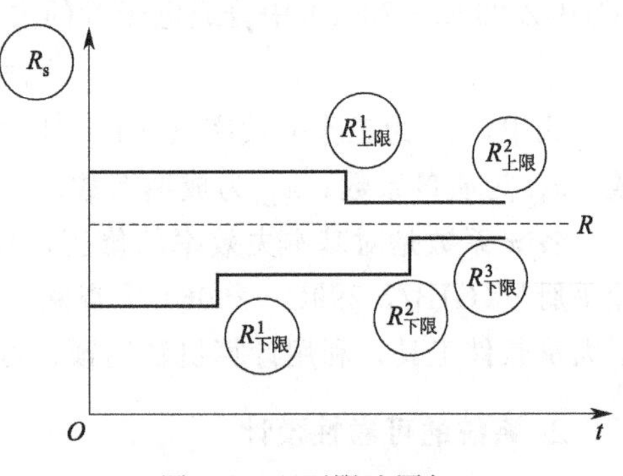

图 3-3　上下限法图解

② 上下限法的计算方法　综上所述，运用上下限法分 3 个步骤进行，即计算系统的可靠度上限值、下限值及上下限的综合值。

设有一个系统，它的可靠性框图由 k_1 个串联单元和 k_2 个非串联单元组成，各单元的可靠度为 R_i（$i=1, 2, \cdots, k_1+k_2$），则其不可靠度（失效概率）为 $q_i=1-R_i$。

a. 计算系统的可靠度上限。

第 m 次简化后系统的可靠度上限值可由下式求得

$$R^m_{上限}=R^1_{上限}-Q^2_{上限}-Q^3_{上限}-\cdots-Q^m_{上限} \tag{3-30}$$

其中，$R^1_{上限}$ 为第 1 次假设简化后计算的可靠性上限值，即假设系统非串联部分可靠度为 1 时系统的可靠度，其表达式为

$$R^1_{上限}=\prod_{i=1}^{k_1}R_i \tag{3-31}$$

$Q^2_{上限}$ 为系统串联单元可靠性确定的情况下，在实际系统非串联单元中任何 2 个单元同时失效引起系统失效的概率，设该种组合有 n_2 种，则

$$Q^2_{上限}=\prod_{i=1}^{k_1}R_i\prod_{j=1}^{k_2}R_j\left(\sum_{j,k=1}^{n_2}\frac{q_jq_k}{R_jR_k}\right) \tag{3-32}$$

$Q^3_{上限}$ 为系统串联单元可靠性确定的情况下，在实际系统非串联单元中任何 3 个单元同时失效引起系统失效的概率，设该种组合有 n_3 种，则

$$Q^3_{上限}=\prod_{i=1}^{k_1}R_i\prod_{j=1}^{k_2}R_j\left(\sum_{j,k,n=1}^{n_3}\frac{q_jq_kq_n}{R_jR_kR_n}\right) \tag{3-33}$$

$Q^m_{上限}$ 为系统串联单元可靠性确定的情况下，在实际系统非串联单元中任何 m 个单元同时失效引起系统失效的概率，设该种组合有 n_m 种，则

$$Q^m_{上限}=\prod_{i=1}^{k_1}R_i\prod_{j=1}^{k_2}R_j\left(\sum_{j,k,\cdots,m=1}^{n_m}\frac{q_jq_k\cdots q_m}{R_jR_k\cdots R_m}\right) \tag{3-34}$$

$Q^m_{上限}$ 中 m 可取的数值范围是 $2\sim k_2$，当非串联单元的失效概率很小（如小于或等于 0.1）时，为简化计算过程并保证一定的精度，可取 $m=2$，则

$$R^2_{上限}=R^1_{上限}-Q^2_{上限}=\prod_{i=1}^{k_1}R_i\left[1-\prod_{j=1}^{k_2}R_j\left(\sum_{j,k=1}^{n_2}\frac{q_jq_k}{R_jR_k}\right)\right] \tag{3-35}$$

b. 计算系统的可靠度下限。

第 n 次简化后系统的可靠度下限值为

$$R_{下限}^{n}=R_{下限}^{1}+\Delta R_{下限}^{1}+\Delta R_{下限}^{2}+\cdots+\Delta R_{下限}^{(n-1)} \tag{3-36}$$

$R_{下限}^{1}$ 为第一次假设简化后计算的可靠性下限值，即假设系统非串联部分全部串联后系统的可靠度，则

$$R_{下限}^{1}=\prod_{i=1}^{k_1+k_2} R_i \tag{3-37}$$

$\Delta R_{下限}^{1}$ 是在系统串联单元可靠性确定的情况下，在实际系统非串联单元中任意一个单元失效系统仍可靠工作的概率，设非串联单元中第 j 个单元失效，系统仍工作，则该系统此时的工作概率为

$$R_1 R_2 \cdots R_{k_1} \cdots q_j \cdots R_{k_1+k_2}=\prod_{i=1}^{k_1+k_2} R_i \frac{q_j}{R_j} \tag{3-38}$$

设第 j 个单元失效系统仍工作的情况共有 n_1 种，则

$$\Delta R_{下限}^{1}=\prod_{i=1}^{k_1+k_2} R_i\left(\sum_{j=1}^{n_1} \frac{q_j}{R_j}\right) \tag{3-39}$$

$\Delta R_{下限}^{2}$ 是在系统串联单元可靠性确定的情况下，在实际系统非串联单元中任意两个单元失效系统仍可靠工作的概率，设非串联单元中第 j 个和第 k 个单元失效，系统仍工作，此时有 n_2 种组合，则

$$\Delta R_{下限}^{2}=\prod_{i=1}^{k_1+k_2} R_i\left(\sum_{j,k=1}^{n_2} \frac{q_j q_k}{R_j R_k}\right) \tag{3-40}$$

$\Delta R_{下限}^{(n-1)}$ 是在系统串联单元可靠性确定的情况下，在实际系统非串联单元中任意 $n-1$ 个单元同时失效系统仍可靠工作的概率，此时有 n_{n-1} 种组合，则

$$\Delta R_{下限}^{(n-1)}=\prod_{i=1}^{k_1+k_2} R_i\left(\sum_{j,k,\cdots,n-1=1}^{n_{n-1}} \frac{q_j q_k \cdots q_{n-1}}{R_j R_k \cdots R_{n-1}}\right) \tag{3-41}$$

因此，

$$R_{下限}^{n}=\prod_{i=1}^{k_1+k_2} R_i\left(1+\sum_{j=1}^{n_1} \frac{q_j}{R_j}+\sum_{j,k=1}^{n_2} \frac{q_j q_k}{R_j R_k}+\cdots+\sum_{j,k,\cdots,n-1=1}^{n_{n-1}} \frac{q_j q_k \cdots q_{n-1}}{R_j R_k \cdots R_{n-1}}\right) \tag{3-42}$$

$n-1$ 的值只可能为 $1\sim(k_2-1)$，当非串联单元的失效概率很小（如小于或等于 0.1）时，为简化计算过程，同时保证一定的精度，可取 $n=3$，则

$$R_{下限}^{3}=R_{下限}^{1}+\Delta R_{下限}^{1}+\Delta R_{下限}^{2}=\prod_{i=1}^{k_1+k_2} R_i\left(1+\sum_{j=1}^{n_1} \frac{q_j}{R_j}+\sum_{j,k=1}^{n_2} \frac{q_j q_k}{R_j R_k}\right) \tag{3-43}$$

c. 上下限综合计算。

在求得 $R_{上限}^{m}$ 和 $R_{下限}^{n}$ 后，可用下式进行综合求得系统的可靠度预计值，即

$$R_s=1-\sqrt{\left(1-R_{上限}^{m}\right)\left(1-R_{下限}^{n}\right)} \tag{3-44}$$

式中，$m=2,3,\cdots,k_2$；$n=1,2,3,\cdots,k_2-1$。

用上下限法求系统的可靠度，随着 m 值和 n 值的不同精确程度也不同。应当注意，为了使预计值在真值附近并逐渐逼近它，在计算上下限时，为了提高可靠度精度可以适当增大 m 和 n 的数值，且要求 m 值和 n 值应尽可能接近，即 $m=n$ 或 $m=n-1$。

四、可靠性预计的局限性

可靠性预计的实质就是根据已有数据、资料，对产品可靠性的一种预测，因此，可靠性预计值与现场可靠性是完全不相等的。但是，这并非否定可靠性预计在可靠性工程中的价值，而是在进行可靠性预计时，应灵活地使用各种标准所提供的数据和资料，并注意其局限性。

1. 数据的收集

元器件的失效率模型是根据有限数据进行的点估计，因此失效率模型仅在获得数据所处的条件下适用。虽然对所覆盖的元器件进行了某些外推，但依然不能满足新器件、新工艺的发展需要，因为通常情况下，数据积累的速度比技术发展的速度还要慢，所以从这个角度说，数据永远也达不到有效的程度，这是可靠性预计的一个根本局限性。

2. 预计技术的复杂性

预计方法简单往往就会忽略细微环节所带来的差别；但预计方法太关注细节，又需要付出较多的时间和费用，甚至可能延误主要硬件的研制工作，此外，在早期设计阶段，许多细节往往难以获得。因此，在不同的设计阶段，需要采用不同的预计方法来解决这一矛盾。

第四节 机械产品的可靠性设计

一、机械产品可靠性设计原则

在机械产品可靠性设计中，一般须遵循以下基本原则。

1. 传统设计与现代设计相结合原则

虽然传统的安全系数法存在不足，但由于它有直观、简单、易懂、可减少设计人员工作量等优点，且基本能满足机械产品的可靠性要求，因此有丰富经验基础的传统安全系数法依然很有价值，尤其是对不重要或影响因素复杂且难精确分析的机械产品的设计，该方法的优势更为突出。目前，大多采用现代概率设计的理念来优化和完善传统的安全系数法，以使其也能应用于一些条件成熟或精度要求高的关键零部件的可靠性概率设计。

2. 定量设计与定性设计相结合原则

定量设计是指根据应力和强度分布建立极限状态函数关系，进而对可靠性进行定量的分析和计算，最终设计出满足规定可靠性要求产品的设计过程。定性设计是指在进行失效模式影响及危害性分析的基础上，有针对性地应用成功的设计经验，设计出达到规定可靠性要求产品的设计过程。由于定量设计具有精确性高、可比性强等优点，因此一般都倾向于采用定量设计方法，但工程实践中并非所有的性能指标都能定量表达、定量计算出来，仅实施定量设计难以解决全部的可靠性问题，加上定性设计在故障模式分析等方面存在的优势，因此工程实践中应在定量设计与定性设计相结合原则下根据实际情况进行设计方法的选择，以确保机械产品的设计质量和可靠性。

3. 可靠性设计与耐久性设计相结合原则

一般情况下，可靠性设计主要针对偶发性失效，决定产品多长时间失效一次；耐久性设计主要针对损耗性失效，决定产品的可靠寿命。由于机械产品的失效包括偶发性和损耗性两种，因此在设计中应坚持可靠性设计与耐久性设计相结合的原则，以确保机械产品的设计质量和可靠性。

二、机械产品可靠性设计技术

机械产品处于正常还是失效状态，与所承受载荷密切相关，产品结构一旦确定，结构所承受的极限载荷就确定了，这个极限载荷我们一般称为临界载荷。当外载荷远小于结构临界载荷时，产品可以正常工作；当外载荷大于结构临界载荷时，产品可能失效。对于机械产品而言，载荷不同必然导致产品设计的结构差异，且可靠性又有系统可靠性和零部件可靠性之分，因此需要针对机械产品的结构、损耗以及故障等情况综合运用各种设计方法进行系统设计，以提高整机的可靠性。

1. 余度设计

余度设计又称冗余设计，是对产品（整机或设备等）的关键部位设置重复机构，即增加一套或一套以上完成相同功能的部件，以确保当该部件发生故障而失效时，产品仍能正常工作，从而减少产品的故障概率，提高产品可靠性。

当机械产品对某一关键零部件的可靠性要求很高，而现有条件下该部件的可靠性不足，且提高该部件可靠性比较困难或者费用较高时，余度设计就成为一种较好的选择。余度设计通常会采取两套相互独立的系统并联，当其中一套系统出现故障时，另一套系统能立即启动，代替其完成相应的工作；而且采用余度设计也能在不改变内部设计的情况下，大幅度提高整个产品的可靠性。

余度设计在我们日常生活中能经常见到，例如运送货物的重型卡车，其后排承重轮轴上通常会有两个以上的轮胎，这就是通过采取增加轮胎个数的余度设计提高轮胎的可靠性。在对可靠性要求较高的航空航天以及核工业等领域更需要采取余度设计，例如飞机上通常都会设置两套飞行控制系统，以确保飞机能在驾驶员的控制下安全稳定飞行，以免因飞机失控而造成不可估量的损失。

余度设计具有很多优点，首先可以以现有的产品设计为依托，不需要任何时间或科研投入，就可以实现；其次，安装、使用也比较简单，无须对操作、维修人员进行额外的培训；最后，从理论上讲，采用余度设计可以使系统的故障率接近零。但余度设计也有很多缺点，使用余度设计后，会产生一些重复结构，即增加了产品的单元数量，导致产品较臃肿，产品重量和体积增加；重复结构也将导致整个产品的制造成本、后期维护成本增加；最重要的是，虽然余度设计中相互独立的配置并联，但他们之间也会互相影响（尤其是受人为因素影响较大的产品），可靠度相对理论计算会大幅度下降。因此，只有在高风险行业余度设计应用比较广泛，如航空航天领域、核能领域、煤矿领域等。

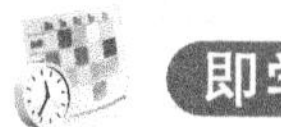

即学即用

采用余度设计的机械产品最适合采用哪种可靠性分配方法进行可靠性分配？

2. 安全系数设计

安全系数是人们在应力和强度两方面不做深入分析的情况下，为了得到可靠的产品或者结构而引入的一个设计系数。安全系数不是从理论分析得来，而是从长期的工程经验得来，因此是一个经验系数。一般情况，安全系数为“平均强度/平均载荷”或“最小强度/最大载荷”。根据要求和失效标准的不同，安全系数也可以进行如下规定：当以材料的塑性或脆性破坏为失效标准时，安全系数为“设计载荷/使用载荷”“极限载荷/工作载荷”或“强度极限/工作应力”等；当以丧失弹性为失效标准时，安全系数的定义为“屈服极限/工作应力”；当在承受交变应力的情况下，以疲劳为失效判据时，以相当于疲劳极限的振幅或振动时间与允许的振幅或振动时间之比为安全系数等。

传统的安全系数无论用上述哪种形式来表示，均存在以下三个特点。

① 设计时将各种参数都当作定值，没有考虑参数的随机特性。

② 没有与定量的可靠性相联系，安全系数不能代表可靠性。这是因为该方法把设计参数视为定值，没有分析参数的离散度对可靠性的影响，这也是结构的安全程度具有不确定性的原因。

③ 数值的确定有较大的主观随意性。许多情况下，安全系数只是根据实践经验确定，而没有进行必要的理论分析。例如，为了保险起见，人们可能取较大的安全系数，而这可能增加不必要的结构重量，相应地增加各种资源，造成浪费。

因此，安全系数法比较适用于产品结构强度以及工作环境比较稳定的情况，即产品结构强度及产品在工作过程中受到的工作应力变化较小的情况，如果产品在设计制造过程中由材料、工艺等原因导致其强度变化较大，且其工作环境复杂、受到的工作应力变化范围较大时，采用安全系数法设计的产品可靠性无法保证，可能存在偏大或者偏小的情况。表 3-2 是某一强度和工作应力均符合正态分布的产品采用不同余度设计时所得到的可靠性值。由表 3-2 可知，由于产品的强度和应力值不是一个恒定值，而是在一定的函数分布下变化，所以即使采用相同的安全系数、相同的产品强度均值和应力均值，产品的可靠度也可能不同，这也正是安全系数法的主要局限所在。

表 3-2 可靠性变化

序号	强度均值/Pa	应力均值/Pa	强度标准差/Pa	应力标准差/Pa	安全系数	可靠度
1	500	200	20	25	2.5	≈1
2	500	200	80	30	2.5	0.997
3	500	200	100	30	2.5	0.9979
4	500	200	80	75	2.5	0.9965
5	500	200	120	60	2.5	0.987
6	250	100	20	25	2.5	0.964
7	250	100	10	15	2.5	0.9166
8	250	100	250	255	2.5	0.6628
9	500	100	200	50	5.0	0.9738
10	500	400	20	25	1.25	0.9991
11	500	100	50	50	5.0	≈1

3. 基于应力-强度分布干涉理论的设计

基于应力-强度分布干涉理论的设计是在考虑载荷、环境条件变化和材料、工艺波动等因素对可靠性影响的基础上预计和设计可靠性的一种方法。由于应力-强度分布干涉理论可清楚揭示机械零件产生故障的原因和机械强度可靠性设计的本质，因此该技术相对传统的安全系数设计方法更为科学合理，并已成功应用于一些高可靠性要求的结构设计中。

在机械设计中，强度与应力具有相同的量纲，因此可以将它们的概率密度曲线表示在同一坐标系中。通常要求零件的强度高于其工作应力，但由于零件的强度值与应力值的离散性，应力和强度的概率密度函数曲线在一定的条件下可能相交，这个相交的区域如图 3-4 中右图所示（图中的阴影部分），就是产品或零件可能出现故障的区域，即干涉区。如果在机械设计中使零件的强度大大地高于其工作应力而使两者的概率密度分布曲线不相交，如图 3-4 的左图所示，则该零件在工作初期正常的工作条件下，强度总是大于应力，是不会发生故障的。不过，即使在这种应力与强度概率密度分布曲线无干涉的情况下，随着该零件在动载荷、腐蚀、磨损、疲劳载荷的长期作用下，强度也将会逐渐衰减，可能会由图 3-4 中的位置 a 沿着衰减退化曲线移到位置 b，而使应力、强度概率密度分布曲线发生干涉，即由于强度降低，应力超过强度而产生不可靠的问题。此外，由应力-强度干涉图可以看出：当零件的强度和工作应力的离散程度大时，干涉部分就会加大，零件的不可靠度也就增大；当材质性能好、工作应力稳定而使应力与强度分布的离散度小时，干涉部分会相应地减小，零件的可靠度就会增大。从图 3-4 还可以看出，即使在安全系数大于 1 的情况下，仍然会存在一定的不可靠度。所以，以往按传统的机械设计方法只进行安全系数的计算是不够的，还需要进行可靠度的计算，这正是可靠性设计与传统的常规设计最重要的区别。机械可靠性设计本质上就是要搞清楚零件的应力与强度的分布规律，进而严格控制发生故障的概率，以满足设计要求。

从应力-强度干涉模型可知，就统计数学的观点而言，由于干涉的存在，任意设计都存在故障或失效的概率。设计者能够做到的仅仅是将故障或失效概率限制在某一可以接受的范围内。由上述对应力-强度干涉模型的分析可知，机械零件的可靠度主要取决于应力-强度概率密度分布曲线干涉的程度。如果应力与强度的概率密度分布曲线已知，就可以根据其干涉模型计算该零件的可靠度。若应力与强度概率密度分布曲线不发生干涉，且最大可能的工作应力都要小于最小可能的极限应力（即强度的下限值）时（图 3-4 中的左图），工作应力大于零件强度是不可能事件，也就是说，工作应力大于零件强度的概率等于零，即 $P(S>\delta)=0$（其中 S 为工作应力，δ 为材料的强度），具有这样的应力-强度模型的机械零件是安全的，不会发生故障。

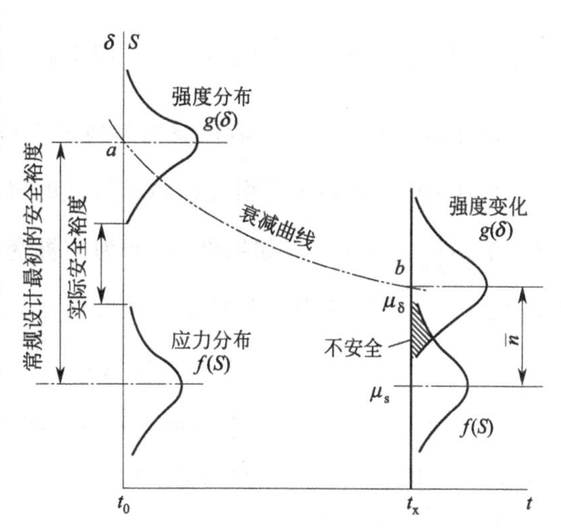

图 3-4 应力-强度分布关系

当应力与强度的概率密度分布曲线发生干涉时（图 3-4 中的右图），虽然工作应力的平均值仍远小于极限应力（强度）的平均值，但不能绝对保证工作应力在任何情况下都不大于极限应力，即工作应力大于零件强度的概率大于零，$P(S>\delta)>0$。当应力超过强度时，将产生故障或失效。应力大于强度的全部概率为失效概率，即不可靠度，由 $F=P(S>\delta)=P(\delta-S<0)$ 表示。当应力小于强度时，则不发生故障或不失效。应力小于强度的全部概率即为可靠度，

用$R=P(S<\delta)=P(\delta-S>0)$表示，令$f(S)$为应力分布的概率密度函数，$g(\delta)$为强度分布的概率密度函数，如图 3-5 所示，两者发生干涉。相应的分布函数分别为$F(S)$及$G(\delta)$。可按下述方法求得应力、强度分布发生干涉时可靠度的一般表达式。

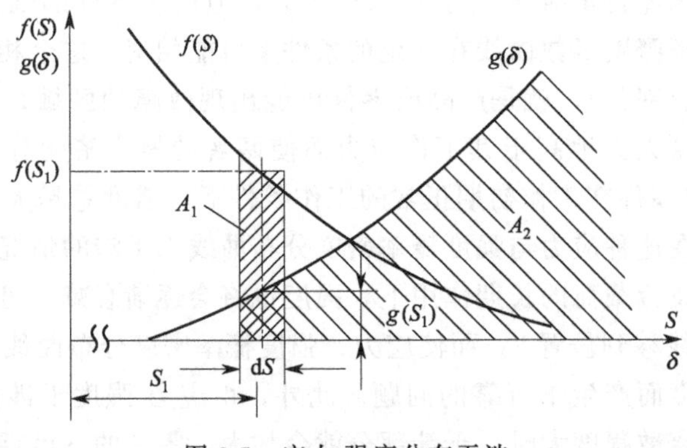

图 3-5 应力-强度分布干涉

由图 3-5 可知，应力值S_1落于宽度为 dS 的区间内的概率等于该区间所确定的单元面积A_1，即

$$P\left[\left(S_1-\frac{dS}{2}\right)\leqslant S\leqslant\left(S_1+\frac{dS}{2}\right)\right]=f(S_1)dS=A_1 \tag{3-45}$$

强度δ大于应力S_1的概率为$P(\delta>S_1)=\int_{S_1}^{\infty}g(\delta)d\delta=A_2$，考虑到$f(S_1)dS$与$\int_{S_1}^{\infty}g(\delta)d\delta$是两个独立的随机事件，根据两种独立事件概率的“乘法定理”可知，它们同时发生的概率等于两个事件单独发生的概率的乘积，即$f(S_1)dS\int_{S_1}^{\infty}g(\delta)d\delta$，这个概率就是应力$S$在 dS 区间内不会引起故障或失效的概率（因为$\delta>S$），即可靠度 d$R$，其值为$dR=f(S_1)dS\int_{S_1}^{\infty}g(\delta)d\delta$。如果将$S_1$变为随机变量$S$，则可得到对应于零件的所有可能应力值$S$，强度$\delta$均大于应力$S$的概率，即可靠度为

$$R=P(\delta>S)=\int_{-\infty}^{\infty}f(S)\left[\int_{S}^{\infty}g(\delta)d\delta\right]dS \tag{3-46}$$

由上述应力-强度分布干涉理论及应力-强度分布发生干涉时的可靠度计算可知，为了计算机械零件的可靠度，首先应确定应力分布与强度概率分布公式，然后代入公式即可计算出各种分布下的可靠度。

4. 失效安全和损伤容限设计

当设备或系统的一部分发生故障时，依靠产品自身结构可确保系统或设备安全的设计，称作失效安全设计。比如在阿波罗计划中，宇宙飞船在自由返回轨道上时，若引擎失效，无法进入绕月轨道，也可以安全地回到地球，即引擎失效并不会对设备和人员造成很大伤害。失效安全的系统不表示系统不会失效或不可能失效，失效安全的系统是指系统的设计在其失效时可避免或减轻其不安全的结果。因此失效安全系统在失效时，会和正常运作的系统一样安全，或者只是略微不安全。

在机械结构中，一部分结构发生裂纹或损伤时，能使这种损伤限制在一定范围内，直到下一个检测或维修周期前，整个结构不会发生致命破坏或不会影响整机功能正常发挥的设计，称作损伤容限设计。损伤容限设计在航空航天、船舶及压力容器等领域涉及安全性的重要结构中经常使用，尤其是在航空领域，《运输类飞机适航标准》第25.571条明确提出要开展损伤容限评定，并要求损伤后的结构必须能够承受飞行中可合理预期出现的静载荷。

损伤容限设计的技术目标在于保证含有裂纹的结构在规定的未修使用期内，其承载能力不小于在这个期间可能遇到的最大载荷，从而使机体不会由于裂纹存在而发生灾难性破坏，保证机体结构安全。基于此，损伤容限设计主要包含以下内容：

① 一个含有裂纹结构在规定寿命期或检修期内要承受的可能遇到的最大载荷；

② 在可能遇到的最大载荷作用下，允许结构存在的最大裂纹长度；

③ 从初始裂纹尺寸扩展到最大允许裂纹尺寸经历的寿命时间；

④ 如何进行合理的结构设计、应力设计、材料选择、疲劳增强措施选择，规定适当的检修周期以满足结构损伤容限要求。

损伤容限设计的一般程序为：①确定损伤容限关键件和关键件的危险部位；②结构的初步审查；③合理选择结构材料；④获取应力谱或应力/环境谱；⑤获取细节应力分析结果；⑥确定剩余强度要求的最大应力；⑦考虑开裂顺序；⑧计算应力强度因子；⑨计算结构的剩余强度；⑩裂纹扩展分析；⑪判断是否满足设计要求。

5. 其他可靠性设计方法

（1）系统故障的预防设计

在运行属性上，大多数机械产品都属于串联系统，其中任一单元故障，系统就丧失规定的功能而失效。因而为确保机械产品整机的可靠性，设计者就需要关注产品设计细节，从小零部件就得严格控制设计质量，优先选用符合要求的标准件和通用件，严格按设计标准进行设计选型；选用得到应用或试验验证的零部件，充分利用已有的故障分析成果，对成熟的设计经验或验证后的设计方案进行优化设计。

（2）功能结构的简化设计

机械产品大多是串联系统，越简单越可靠是机械产品的基本设计原则，也是机械产品提高可靠性降低失效率行之有效的设计方法。因此，在满足规定功能的前提下，应优先采用结构简单的机械设计。设计者若能简化结构设计，减少零部件数量，就能提高机械产品的可靠性。需要指出的是，简化设计不能因为零部件数量的减少，而使其他零部件执行超常功能或在超常荷载条件下工作，否则，将实现不了提高可靠性的简化目的。

（3）零部件的降额设计

降额设计就是让零部件的实际承受应力低于其额定应力的一种设计方法。实施路径有二：一是降低零部件所承受的载荷应力，二是提高零部件的结构强度。实践证明，在低于额定应力条件下，大多数机械产品失效率较低，可靠性较高。当机械零部件在某一范围内，其载荷应力、载荷状态下的结构强度呈不确定分布时，可通过加大安全系数来提高平均强度，以降低平均承受应力；通过限制使用条件来减少应力变化，以减少结构强度变化。对于关键零部件，可采用极限状态设计法，以确保零部件在最恶劣的极限状态下也不发生故障。

（4）耐环境设计

耐环境设计是在设计时就考虑产品在整个寿命周期内可能遇到的各种环境影响，例如装配、运输时的冲击、振动影响；储存时的温度、湿度、霉菌等影响；使用时的气候、沙尘、振动等影响。因此，必须慎重选择设计方案，采取必要的保护措施，减少或消除有害环境的影响，提高机械零部件本身的耐环境能力。

第五节 电子产品的可靠性设计

一、电子产品可靠性设计原则

电子产品在设计过程中应遵循以下六个原则。

1. 系统工程的设计方法

在电子产品的可靠性设计过程中，不能一味地追求高可靠性，而应根据电子产品的使用环境和要求，采用系统工程的思维，综合考虑产品的可靠度、寿命等可靠性指标，产品的性能指标、制造成本、研制周期等多种因素，以达到一个有机平衡。

2. 合理采用新技术

首先在电子产品可靠性设计中，尽量选用成熟的结构和典型的电路。选取单元电路时尽可能利用已定型的标准化单元电路，因其性能稳定、可靠；选取集成电路取代离散的分立元件电路，由于集成电路焊点少、密封性好，其元件失效率比相同功能的离散分立元件电路低得多；如果采用新电路，应注意标准化。其次，应尽量采用传统工艺和习惯的操作方法，以确保能制造出符合设计要求的产品。当采用新技术、新结构、新工艺和新原理时，需要进行相关的认证和试验验证，而且新技术的采用必须有良好的预研基础，并按规定进行过评审和鉴定，确保采用新技术所承担的风险最小。同时应实施合理的继承性设计，在原有成熟产品的基础上开发、研制新产品，并采用新技术，尤其是新型号产品的设计与制造，尽量不采用不成熟的新技术和过多的新技术。

3. 制定科学的设计方案

电子产品的结构和电路应尽量简洁，结构要尽量简单化、集成化、插件化。在确定设计方案时应综合考虑性能指标、可靠性指标，并进行全面分析，对整机各项技术性能、技术指标加以分类，合理选取并确定参数值，杜绝片面追求高性能与高指标，以简化设计方案。不过，简化设计方案并不是过分地降低技术性能指标，而是在确定设计方案时采用高新科学技术可有效地解决质量成本与高可靠性之间的矛盾。在选择高新技术时，应注意使其具有继承性和通过专题试验验证。此外，应尽量采用数字电路，因为数字电路的标准化程度和稳定性等都高于模拟电路，且其漂移小、通用性强、接口参数范围宽、易匹配、可靠性程度高，因此，在确定设计方案时，应尽可能选择数字电路取代模拟电路，从而提高整机可靠性。

4. 注意材料和器件的选择

首先，选择的材料和元器件应符合产品相关的可靠性标准及技术文件的要求，以确保产品的可靠性水平。其次，应根据使用领域、使用环境等条件合理选择材料和元器件类型，如在航空航天等可靠性要求较高的领域，尽量不采用电磁继电器、塑封器件等可靠性较低的元器件。最后，要根据电路中的电压、电流等条件选择合适的电子元器件，以确保电子元器件能在额定条件下有效工作。

5. 尽量简化产品设计

首先，在满足电子产品性能指标的前提下，设计电路力求简单，尽量减少元器件的品种、数量与生产厂家，从而降低失效率，提高产品可靠性。其次，在设计产品的结构、外形、电路时，应根据产品的可测试性、可维修性、可操作性等基本属性合理简化产品设计。

6. 采用相关的可靠性设计技术

为避免产品的单点失效，提高产品可靠性，对关键部件、重要部件采用各种适当的可靠性设计技术，如冗余设计、热设计等。

二、电子产品可靠性设计技术

1. 热设计

随着电子产品中元器件的密度不断增加，元器件的功耗逐渐增加，产生大量的热量，且各元器件之间通过传导、辐射和对流产生大量的热应力，导致元器件及电子产品的失效率逐渐提升，即热应力已成为影响元器件可靠性的重要因素。因此，需要在电子产品可靠性设计中加强其热设计，即采用相应的热传递技术，降低发热器件和部件本身的温度，使产品的内部温升降低到所要求的范围，从而确保电子产品能够处于良好的应用模式。

(1) 热设计目的

热设计的目的是控制电子设备内所有元器件的温度，使其在设备所处的工作环境条件下不超过规定的最高允许温度，从而达到防止元器件出现过热应力而失效，保证电子设备正常、可靠工作。

(2) 温度对元器件可靠性的影响

元器件所承受的热应力主要来源于高温和温度剧烈变化两个方面。高温可能来自周围环境温度升高，也可能来自元器件内部电流密度提高造成的电热效应。温度的升高不仅可以使元器件的电参数发生漂移，如双极型器件的反向漏电流和电流增益上升，甚至可以使元器件内部的物理化学变化加速，缩短元器件寿命或使元器件烧毁，如加速铝的电迁移、引起开路或短路失效等。表 3-3 示出了 GJB/Z 299C《电子设备可靠性预计手册》中给出的典型元器件的基本失效率 λ_b 与温度的关系。

表 3-3 不同工作温度时元器件的失效率

元器件类别	$\lambda_b/(10^{-6}h^{-1})$		温度差/℃	λ_b 升高倍数
	室温	高温		
锗二极管	0.029(25℃)	0.298(75℃)	50	10.3
硅二极管	0.018(25℃)	0.164(125℃)	100	9.1
金属膜电阻器	0.0008(30℃)	0.0027(130℃)	100	3.4

由表 3-3 可见，元器件在高温下工作将使其基本失效率升高，但对于不同元器件，其失效率升高的幅度大小不同。相关研究结果表明，元器件的失效率一般都随着温度的升高而升高，即元器件的使用寿命在一定条件下，随温度的升高而降低。因此，对于电子元器件而言，必须采用一定的热设计方法以确保其温度可靠性。

(3) 常用的热设计方法

① 自然冷却设计　自然冷却系统是指将电子产品所产生的热量通过传导、对流、辐射

三种方式自然地散发到周围的空气中（环境温度略微升高），再通过空调等其他设备降低环境温度，达到散热的目的。此类散热系统的设计原则是尽可能减少传递热阻，增加产品中的对流风道和换热面积，增大产品外表的辐射面积。自然冷却是最简单、最经济的冷却方法，但散热量不大，一般用于热流密度不大的产品中。

② 强迫风冷设计　强迫风冷散热系统是指利用风机等设备将冷空气吹到产品表面或内部，从而快速带走热量的散热方式。强迫风冷按照风机的工作方式分为抽风冷却和吹风冷却。当设备热源分布均匀时采用抽风冷却，非均匀热源采用吹风冷却。根据产品发热量的大小，对所选的风机及风机的安排方式都有特别的要求（如气流的流量、压力、噪声等）。

按照空气流经发热元器件的方向，强迫风冷还可分为横向通风冷却、纵向通风冷却和纵出通风冷却。横向通风冷却就是冷空气通过静压风道再流向需散热的元器件或散热器，换热后，热空气从设备的另一侧排出。纵向通风冷却用于平行安装的印制板组装件等，空气换热后，热空气从产品的另一侧排出。纵出通风冷却多用于垂直安装的印制板组装件等，冷空气从下部进入产品，热空气从上部排出。

在设计冷却系统时，须合理布置各个发热元器件，发热少、耐温差的元器件排在气流的上游，然后按耐热性由低到高排列。

自然冷却和强迫风冷都属于直接冷却方法，与间接冷却方法相比，该类冷却方法结构简单、设计简单、成本低。

③ 液体冷却设计　随着电子设备功率的提升以及电子设备中集成的电子元器件数量的增加，采用风冷设计很难将元器件工作温度降低到合适的温度，因此采用其他液体（如水或者其他冷却剂）代替空气作为冷却介质对电子设备进行冷却的方法就应运而生了。

液体冷却分为直接冷却设计和间接冷却，直接冷却即将发热元器件的散热表面置于冷却液中，通过热传导和热对流的方式将热量散发出去，应用较为普遍，而间接冷却则需要两种冷却剂，通过两种冷却剂之间的相互作用对电子产品进行冷却，结构较复杂，应用范围较小。

即学即用

相同条件下，自然冷却、强迫风冷和水冷哪种冷却效果好？冷却效果主要受到哪些因素的影响？

④ 热屏蔽与热隔离　电子设备中通常含有多个电子元器件，如大规模集成电路中就集成了 10 万个以上的电子元器件，这些电子元器件不仅包含普通电子元器件，还有很多热敏元器件（元器件的电参数和性能受温度影响较大）、光敏元器件等，因此为了减小发热元器件对热敏元器件的影响，在元器件布局时应采用热屏蔽与热隔离的措施，如减小高温与低温元器件之间的辐射耦合，加装屏蔽板形成热区和冷区，或者将高温元器件装在内表面具有高黑度、外表面低黑度的外壳中，并通过导线将外壳连接到散热器上等。

⑤ 合理安装与布局　除了采用各种冷却方式对元器件进行冷却以及隔离发热元器件外，在设计电子设备时，还需要注意合理安排元器件在电子电路中的位置。首先任何元器件的安装位置都应确保其工作在允许的工作温度范围内；其次，发热元器件应尽量靠

近机箱安装，使之具有良好的热传导效应，而且发热元器件应安装在对流效应较强的位置；最后，对于热敏元器件，应将其放置在低温处，若其邻近有发热量大的元件，则须对其进行热防护。

(4) 注意事项

在对电子产品开展热设计时，还须注意以下问题：

① 最大限度地利用导热、自然对流和辐射等简单可靠的冷却技术。

② 尽可能地缩短传热路径，增大换热或导热面积。

③ 减少安装时的接触热阻，元器件的排列应有利于流体的对流换热。

④ 电路板组件之间的距离控制在 19～21mm，且在振动环境下相邻板上的元器件之间不应相碰。

⑤ 用于冷却设备内部元器件的空气必须经过过滤。

⑥ 冷却空气首先应冷却对热敏感的元器件及工作温度低的元器件。应保证空气有足够的热容量，将元器件维持在允许工作温度范围内。

⑦ 应使发热元器件的最大表面浸于冷却液中。热敏元器件应置于机箱底部。

⑧ 发热元器件在冷却液中的放置方式应有利于自然对流，例如沿自然对流流动方向垂直安装。某些元器件确需水平方向放置时，应设计多孔槽道的大面积冷却通道。

2. 降额设计

电子产品降额设计是指降低电子产品元器件工作环境，使元器件处于低于额定标准的应力环境下保持工作状态的一种设计方法。在开展降额设计时，为了延长电子产品使用寿命，首先必须提升电子产品内元器件的使用可靠性，通过降低施加在电子产品元器件上的机械应力、热应力、电应力等工作应力，确保电子产品电路能够为设备正常工作提供支持；同时，要考虑到降额的量值及降额条件，以确保降额时设备可靠性增加，这是因为电子产品元器件存在最佳的降额范围，只要处于这个范围内，电子产品元器件工作应力的变化对电子产品失效率的影响就较为显著。

(1) 降额设计工作内容

降额设计的工作内容是依据降额准则确定元器件降额等级、降额参数和降额因子，并根据确定的降额等级、降额参数和降额因子对元器件进行降额分析与计算，编写降额设计报告。降额设计的工作过程如图 3-6 所示。

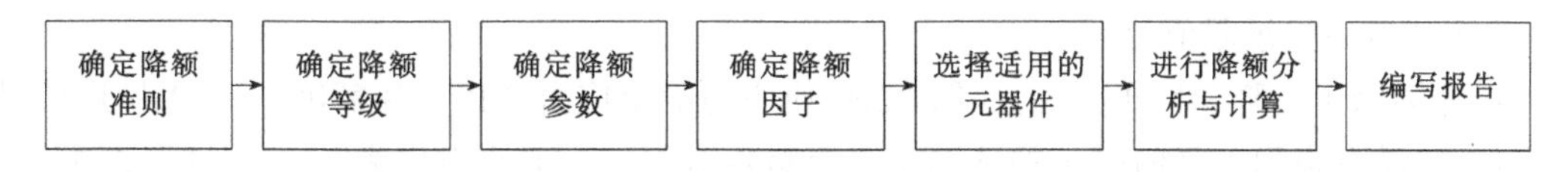

图 3-6 降额设计工作过程

① 降额准则 降额准则是降额设计的依据和标准。对于国产元器件，一般采用 GJB/Z 35《元器件降额准则》进行降额设计。

由于国内元器件质量与国外元器件有一定的差距，因此国外元器件的降额建议采用国外推荐的降额指南进行，如美国波音公司为罗姆实验室（原称为罗姆航空发展中心）编制的《元器件可靠性降额准则》和欧洲空间局的《电子元件降额要求和应用准则》。

② 降额等级的划分 GJB/Z 35《元器件降额准则》在最佳降额范围内推荐采用三个降额等级，即Ⅰ级降额（最大降额）、Ⅱ级降额（中等降额）和Ⅲ级降额（最小降额）。具体设

计时，应在不增加产品的重量、体积、成本的情况下，选择元器件的最佳降额等级。

GJB/Z 35《元器件降额准则》和美国罗姆实验室均推荐了元器件在不同应用情况下的降额等级。其中，GJB/Z 35对不同类型装备推荐应用的降额等级如表3-4所示，美国罗姆实验室对不同应用范围推荐的降额等级如表3-5所示。由表3-4和3-5可知，可靠性要求越高，其降额程度越大，如航天器、运载火箭都需要Ⅰ级降额。

表3-4　GJB/Z 35推荐的降额等级

应用范围	降额等级		应用范围	降额等级	
	最高	最低		最高	最低
航天器与运载火箭	Ⅰ	Ⅰ	通信电子系统	Ⅰ	Ⅲ
战略导弹	Ⅰ	Ⅱ	武器与车辆系统	Ⅰ	Ⅲ
战术导弹系统	Ⅰ	Ⅲ	地面保障设备	Ⅱ	Ⅲ
飞机与舰船系统	Ⅰ	Ⅲ			

表3-5　美国罗姆实验室推荐的降额等级

环境	降额等级	环境	降额等级
地面	Ⅲ	空间	Ⅰ
飞行	Ⅱ	导弹发射	Ⅲ

③ 降额参数　降额参数是指影响元器件失效率的有关性能参数和环境应力参数。元器件降额参数确定的依据是元器件的失效率模型。在GJB/Z 299C《电子设备可靠性预计手册》中给出了各类国产元器件的失效率模型。在设计时应根据各类元器件的工作特点，确定影响元器件失效率的主要降额参数和关键降额参数。

对于不同的元器件，其降额参数内容（如电阻值、电容值等）和数量往往并不一致，降额参数数量通常为3～7项。一般要求元器件的降额应满足某降额等级下各项降额参数的降额量值的要求，在不能同时满足时，应尽量保证对失效率下降起关键作用的元器件参数的降额量值，例如电阻器降额的主要参数是“热点温度”，电容器降额的主要参数是电压。

确定降额参数时，必须注意参数的细节，包括参数工作应力的性质和降额基准值的种类。其中，工作应力的性质是指工作应力是定值还是交变值；降额基准值的种类是指降额基准值是额定值还是极限值等。

④ 降额因子　降额因子是指元器件工作应力与额定应力之比。降额因子一般小于1，如等于1，则没有降额。降额因子的选取有一个最佳范围，一般应力比为0.5～0.9。这个范围内，基本失效率下降很多，如进一步减小应力比，元器件失效率下降不多。虽然我国军标推荐了相应的降额因子，但应用时不应将它绝对化，而应考虑重量、体积和成本等多方面因素的影响。对元器件失效率影响不大的参数进行降额，降额量值可作合理的变动，但不要轻易降低降额等级。

⑤ 降额分析与计算　在进行降额设计时，需要进行相应的分析与计算。首先，应根据设备的应用范围确定所选用元器件的降额等级；其次，按照型号规定的降额等级，明确元器件的降额参数和降额量值；然后，利用电/热应力分析计算或测试来获得温度值和电应力值，同时按有关军用规范或元器件手册的数据，获得元器件的额定值；再考虑降额系数，获得元

器件降额后的容许值；最后将分析计算值和通过手册得到的容许值进行比较，就可知每项元器件是否达到降额要求。对未达到降额要求的元器件，尤其是降额不够者应更改设计，采用容许值更大的元器件或设法降低元器件的使用应力值。

因受条件限制，降额后仍未达到降额要求的个别元器件（非关键和重要元器件），经分析研究和履行有关审批手续后，方可允许暂时保留使用。

（2）注意事项

降额设计是可靠性设计的一项重要内容，因此一般型号均要求对系统所用元器件正确合理地做好降额设计，以利于正确选择和可靠使用元器件。实际操作时应注意以下问题。

① 了解各种元器件参数的含义，明确降额参数的基准值。元器件的降额参数主要是电参数和温度参数，电参数中包含电压、电流、功率等，温度参数包含结温、环境温度和外壳温度，降额时须明确是哪种参数需降额，降额的基准值是额定值还是极限值。

② 应综合考虑整机系统的重要程度、寿命要求、失效后造成的危害程度及成本，制定出最佳的降额范围。各类元器件都有最佳的降额范围，在此范围内工作应力的变化对其失效率有明显的影响，在设计上也较容易实现，且不会在设备体积、重量方面付出过大的代价。

③ 元器件的降额量值允许适当调整，但对关键元器件应保证规定的降额量值。

④ 注意有些元器件参数不能降额。例如电子管的灯丝电流及继电器的线圈吸合电压，降额易使电子管寿命降低，继电器不能可靠吸合；电感元件绕组电压和工作频率是固定的，不能降额。

⑤ 必须根据产品可靠性要求选用适合质量等级的元器件，不应采用降额补偿的办法解决低质量等级元器件的使用问题。

3. 静电防护设计

静电对电子产品尤其是电子元器件会产生严重损伤，因此在电子产品可靠性设计中要格外注意静电防护设计。

链接小知识

静电：静电（static electricity）是指物体所带电荷处于静止或缓慢变化的相对稳定状态。静电一般存在于物体的表面，是正、负电荷在局部范围内失去平衡的结果。静电可由物质的接触和分离、静电感应、介质极化和带电微粒的附着等物理过程而产生，静电的特点是高电位及小电量。

静电放电（electrostatic discharge，ESD）：处于不同静电电位的两个物体间的静电电荷的转移就是静电放电。转移的方式有多种，如接触放电、空气放电，具有高电压（几千伏）、持续时间短（几百纳秒）、电流升高迅速等特点。

过电应力（electrical over stress，EOS）：元器件承受的电流应力或电压应力超过其允许的最大范围。

(1) 静电来源

在电子制造业中，静电的来源是多方面的，如人体、塑料制品、有关的仪器设备以及元器件本身。其中，由于人体静电容易被人们忽视，因此对元器件产生影响的静电源主要是人体静电。

人体为什么会带有静电？

其一，人体接触面广、活动范围大，很容易与带有静电荷的物体接触或摩擦而带电，因此也有许多机会将人体自身所带的电荷转移到器件上或者通过器件放电；其二，人体与大地之间的电容低，为 50～250pF，典型值为 150pF，故少量的人体静电荷即可导致很高的静电势；其三，人体的电阻较低，相当于良导体，如手到脚之间的电阻只有几百欧，手指产生的接触电阻为几千至几十千欧，故人体处于静电场中也容易感应起电，而且人体某一部分带电即可造成全身带电。

静电的产生及大小与环境湿度和空气中的离子浓度有密切的关系。在高湿度环境中，由于物体表面吸附有一定数量的水分子，形成弱导电的湿气薄层，提高了绝缘体的表面电导率，可将静电荷散逸到整个材料的表面，从而使静电势降低。所以，在相对湿度高的环境，如我国的东南沿海地区或潮湿的梅雨季节，静电势较低。在相对湿度低的环境，如我国的北方地区或干燥的冬季，静电势就高。与普通场所相比，在空气纯净的场所（如超净车间），由于空气中的离子浓度低，所以更加容易产生静电。

空气中的大多数尘埃被静电充电，尘埃是悬浮在空气中的，并且是移动的多电荷粒子，对任何静电场都会起反应。电子产品制造时暴露在空气中，会沾上尘埃，进而带电，而且很难完全消除。

仪器和设备也会由于摩擦或静电感应而带上静电。如传输带在传动过程中与转轴的接触和分离产生的静电，或是接地不良的仪器金属外壳在电场中感应产生静电等。仪器和设备带电后，与元器件接触也会产生静电放电，并造成静电损伤。

元器件的外壳（主要指陶瓷、玻璃和塑料封装管壳）与绝缘材料相互摩擦，也会产生静电。元器件外壳产生静电后，会通过某一接地的引脚或外接引线释放静电，也会对器件造成静电损伤。

除上述几种静电来源外，在元器件的全寿命过程中，会遇到各种各样的由绝缘材料制成的物品，这些物品相互摩擦或与人体摩擦都会产生很高的静电势。

(2) 静电放电损伤特点

① 损伤的隐蔽性　由静电放电造成的电子产品损伤中，活动的人体带电是一个重要原因。一般情况下，人体所带静电电位都在 1～2kV 范围内，而静电在此电压水平放电时，人体一般并无明显觉察，而元器件却在人们的不知不觉中受到损伤，损伤不易被发现，很容易被人们忽视。

② 损伤的潜在性　静电放电引起的半导体器件的损伤，相当一部分是潜在性的。有些元器件受静电放电损伤后，并未达到完全失效的程度，仅表现出产品某些性能参数的变化，如不进行全面检测往往无法发现。例如数字电路在静电放电损伤后造成的输入电流增加，在

电路功能测试时一般不会发现；或者静电放电使产品出现可自愈的击穿或其他非致命的损害，但这种效应可以积累，从而形成潜在隐患，在继续使用的情况下损伤器件可能发生致命失效，既难以预料又不可能事先筛选。

③ 损伤的随机性　只要元器件接触和靠近超过其静电放电敏感电压阈值的情况存在，就有可能发生静电放电损伤。由于静电可以在任何两种物体（包括人体）接触分离的条件下产生，故元器件的静电放电损伤有可能在产品从加工到使用维护的任意环节、任意步骤以及与任何有关带电物体（或人体）接触时发生，具有很大的随机性。

④ 复杂性　静电放电损伤的失效分析工作需要各种先进的分析技术和设备。有些静电放电损伤现象难以与其他原因所造成的损伤加以区别，使人误把静电损伤失效当作其他失效，或者将其他失效简单归结为静电放电损伤失效，从而不自觉地掩盖了失效的真正原因，所以对电子元器件静电损伤的分析往往比较复杂。

(3) 静电防护方法

静电防护应贯彻于电子产品的全过程，即在设计、生产、使用的各环节都要采取相应措施。这可以从两个方面着手：一方面是在器件的设计和制造阶段，通过在芯片上设计并制造各种静电保护电路或保护结构，来提高器件的抗静电能力；另一方面是在器件的装机使用阶段，制定并执行各种防静电的措施，以避免或减少器件可能受到的静电影响。因此必须在各个环节都采取措施，其中任何一个环节的疏忽，都可能造成静电损伤。

静电防护设计的总原则：一是避免产生静电，即设法消除一切可能出现的静电源；二是消除静电，即是设法加速静电荷的泄放，防止静电荷的积累。

基于上述原则，通常采用的静电防护方法主要有：第一，不使用产生静电的材料，即采用专门的防静电塑料及橡胶（在塑料或橡胶中添加炭黑或炭等导电剂）来制作各种容器、包装材料、工作台垫、设备垫和地板等，避免因材料引起静电的积累；第二，对静电放电敏感器件必须采用防静电材料包装，如静电导电泡沫塑料、防静电袋、防静电包装盒等，装上器件的印制电路板应放入防静电袋中，在器件验收和入库检查时应检查其是否采用防静电材料包装、包装是否完整等；第三，线路设计时应合理选择器件，在满足规定电性能的前提下，应尽量选择静电损伤阈值高的器件，并在电路设计中增加保护电路；第四，严格执行接地设计，即直接将静电通过一条导线泄放到大地，这是防静电措施中最直接、最有效的方法；第五，使用防静电涂料，即将防静电涂料喷涂在绝缘体上，使其符合防静电要求。

(4) 注意事项

元器件防静电工作是一项系统工程，不仅需要相关软硬件，而且必须重视管理和人员培训。没有切实可行的防静电管理制度，或虽有管理制度，但工作人员不知静电产生的根源，就难以制定行之有效的措施。因此，实际操作时应注意以下问题：

① 防静电工作是一个串联环，一环也不能放松。

防静电工作和可靠性工程一样，是系统工程，防静电工作只要有一环不注意，使静电损伤了元器件，其他各环的防静电工作就都白费了。例如，有一些单位只注重电装工序的防静电，而对库房（领、发料）或其他工序不重视，领料时如已使元器件受到静电损伤，以后再重视为时已晚。

② 防静电的主要工作。

防静电工作有关人员（包括生产人员、管理人员、采购人员、库房保管人员及一切与元器件有接触的人员）应结合其工作的需要进行防静电培训和考核。

③ 经常检查防静电材料、防静电设备的功能。

采购防静电材料时必须检查防静电的性能参数。由于各种防静电材料的质量有所差别，因此须定期检查防静电材料、防静电设备的性能。检测时，必须考虑受检场所的温度、湿度等因素。

4. 电磁兼容设计

电磁兼容性是指系统中所有的电气及电子系统，在执行预定的任务时遇到各种电磁环境（系统内部的、外部的、人为的及天然的），其性能不降低，参数不超出容许的上下限，仍能协调地、有效地工作的能力。

电磁兼容设计是指通过提高电路的抗扰度水平，来提高电子产品在复杂电磁环境中工作可靠性的设计方法。电磁兼容设计需要在设计阶段从电路结构和参数、器件选择、电路板设计以及软件等多个方面着手，并对样机的电磁兼容性进行测试和检验。

在电磁兼容设计中，要注意以下几点：①各级电路连接应尽量缩短，尽可能减少寄生耦合；②高频线路应尽量避免平行排列导线以减少寄生耦合，更不能像低频电路那样把连线扎成一束；③设计各级电路应尽量按原理图顺序排列布置，避免各级电路交叉排列；④每级电路的元器件应尽量靠近各级电路的晶体管和电子管，不应分布得太远，应尽量使各级电路自成回路；⑤各级均应采用一点接地或就近接地，以防止地电流回路造成干扰，应将大电流地线和小电流回路的地线分开设置，以防止大电流流进公共地线产生较强的耦合干扰；⑥对于会产生较强电磁场的元件和对电磁场感应较灵敏的元件，应垂直布置、远离或加以屏蔽以防止和减小互感耦合；⑦处于强磁场中的地线不应构成闭合回路，以避免出现地环路电流而产生干扰；⑧电源供电线应靠近（电源的）地线并平行排列以增加电源滤波效果。

5. 抗振动和抗冲击设计

随着技术的进步和人们对电子产品可靠性要求的提高，电子产品的抗振动和抗冲击性能逐渐受到人们的重视。电子产品容易受到振动、冲击环境的影响，尤其是机载电子设备，其在使用过程中经常会受到飞机发动机本身、飞机外部的气动扰流、飞机飞行姿态等产生的振动作用，在飞机着陆过程中会受到较大的冲击力作用。如果设备自身的抗振动、抗冲击能力差，在使用过程中就会因振动、冲击作用而产生故障，从而影响产品性能和可靠性。

电子产品因振动、冲击作用出现故障主要有以下两种情况：一是因为在某个频率点上产生共振，而使设备的振幅越来越大，最后超过设备的极限加速度而遭到破坏；二是振动、冲击加速度虽然未超过设备所承受的极限加速度值，但由于长期振动、冲击的结果而使设备因疲劳而破坏。为了保证电子产品的可靠性，使其适应各种振动、冲击环境，必须对电子产品进行抗振动、抗冲击设计。

目前电子产品的抗振动、抗冲击设计主要有两种方法：一是设计隔振、缓冲模块；二是采用电子产品加固技术增强电子产品的抗振动、抗冲击能力。设计隔振、缓冲模块主要是在电子产品或电子元器件上安装缓冲器，从而隔离振动与冲击，减少振动、冲击对电子产品的影响。在加固技术方面，纳米加固技术是目前电子信息设备抗振动防护技术的主要发展方向，其技术主要包括内加固技术和外加固技术两种，其中最常用的是外加固技术，即直接采用纳米材料制作的电子产品外壳，为电子产品提供保护作用，使电子产品能够在恶劣的环境中使用，提高电子产品的使用可靠性。

6. 三防设计

此外，电子产品工作在潮湿、盐雾和霉菌环境中时，容易使其组成材料退化，如导致材料的机械强度、产品的电气性能降低，严重时会导致失效，因此，也需要开展防潮湿设计、防盐雾设计和防霉菌设计，即三防设计。

（1）防潮湿设计

潮湿是元器件损坏变质的主要因素之一，它有三个方面的侵蚀作用：物理的（溶胀、变化和最终分解）、机械的（力学性能变化）、电气的（电气性能变化）。湿气往往溶解有氯化物、硫酸盐和硝酸盐等，能引起或加剧金属的腐蚀。潮湿会降低绝缘材料和层压电路板的介电强度和体积绝缘电阻，增大损耗角的正切值，潮湿还为霉菌的生长提供了有利条件。空气中的水汽不仅能吸收电磁能量，而且加剧了两个电极之间击穿的危险性，由于水的介电常数高，大多数电容器吸水率超过就失效。在高密度的微电路中，湿气能形成导电通路，引起漏电或短路，造成损坏。非常低的湿度又会使密封和绝缘用的许多橡胶和有机材料皱缩，并显著改变其电气性能。因此，需要开展电子产品防潮设计。

防潮设计的基本方法是对材料表面进行防潮处理，对元器件进行密封、灌封、镶嵌、气体填充或液体填充，暴露的接触面应避免不同金属的接触，尤其是避免活泼金属和稳定金属的接触。

（2）防盐雾设计

盐雾是元器件损坏变质的一个重要原因，水分中溶解的盐具有两个独立的侵蚀作用。它不仅能腐蚀金属和无机材料，而且还提供一种活性电解质，使不同金属接触时产生电偶腐蚀，并促进具有不同电动势或在不同电压下的金属的电解作用。

防盐雾设计的基本原则是采用密封结构的元器件，并采用相应的防护措施，如涂覆有机涂层（如涂三防漆）、不同金属间接触要防接触腐蚀等。

（3）防霉菌设计

霉菌是菌丝所组成的真菌，可在植物与各种普通材料上大量繁殖，在一定的温度、湿度环境下，繁殖生长迅速。霉菌分泌物可破坏许多有机物和它们的衍生物，还可破坏许多矿物质，从而影响元器件的密封、绝缘，并降低其性能，缩短使用寿命。

防止霉菌设计的主要措施有：选择不易长霉和抗菌性好的材料；将元器件严格密封；元器件表面涂覆防霉剂或防霉漆；用足够强度的紫外线照射元器件及材料，抑杀和防止霉菌。

本章小结

知识图谱

本章主要介绍了可靠性设计的基本知识，包括可靠性分配、可靠性预计的一般方法和机械产品以及电子产品在开展可靠性设计时通常采用的技术方法。

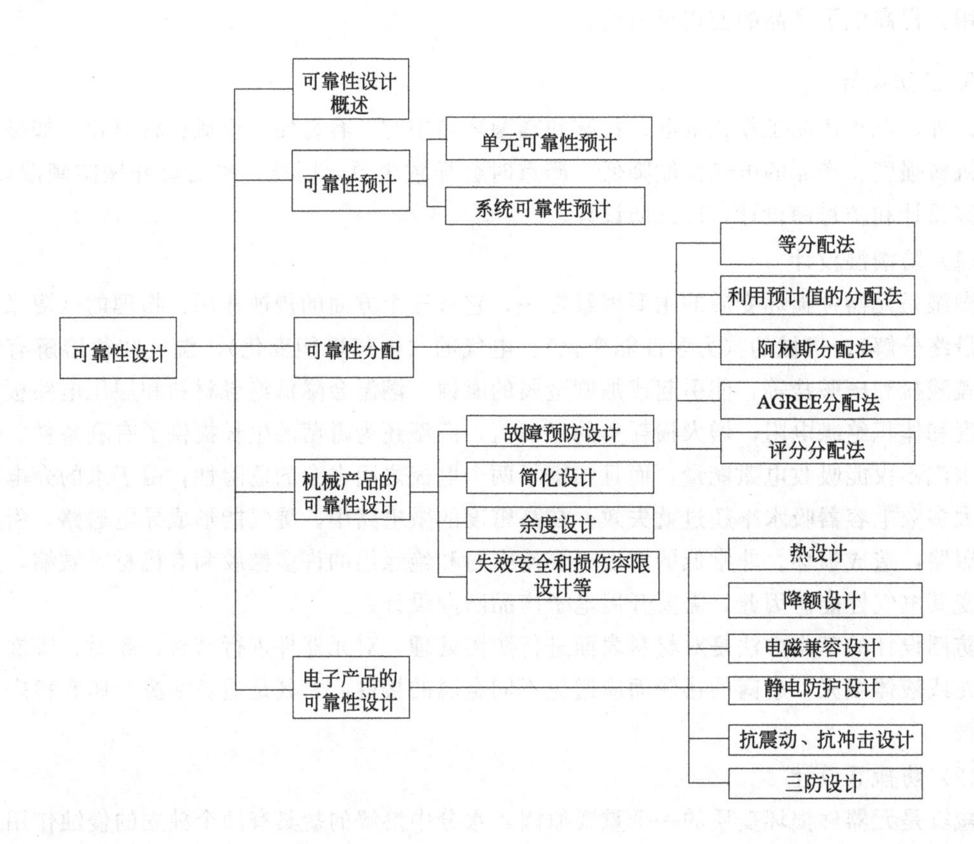

基本概念

余度设计	redundancy design
安全系数	safety factor
应力-强度干涉理论	stress-strength interference theory
失效安全和损伤容限	failure safety and damage tolerance
降额设计	derating design
静电放电	electrostatic discharge，ESD
过电应力	electrical over stress，EOS

学而思之

我国自主研发的大型客机 C919 已于 2017 年首飞成功。C919 设计之初便对 ARJ21 飞机在实际使用过程中遇到的可靠性问题进行了总结，同时提出了更高的可靠性要求，但是 C919 飞机结构复杂，且飞机上装载了大量机载电子设备，请举例说明 C919 飞机上的机载电子设备在设计时需要采取哪些可靠性设计方法，并说明原因。

本章习题

1. 思考可靠性设计和可靠性预计与分配之间的关系。

2. 设有一个系统由三个分系统组成，系统中每个分系统都必须工作，系统才能工作。系统可靠度要求满足0.9987，试用等分配法确定每个分系统分配的可靠度。

3. 某串联系统由5个单元组成，现已知各单元的失效率分别为$\lambda_1=7\times10^{-6}h^{-1}$，$\lambda_2=10^{-6}h^{-1}$，$\lambda_3=2\times10^{-6}h^{-1}$，$\lambda_4=2.5\times10^{-6}h^{-1}$，$\lambda_5=1.5\times10^{-6}h^{-1}$，现要求该系统失效率降低到$10^{-6}h^{-1}$，各单元的失效率应为多少？如果希望系统工作到1000h的可靠度达到0.99，各单元的可靠度又为多少？

4. 发动机有燃油、滑油、防喘、供气防水、点火5个主要系统。系统总可靠度要求为0.9，工作时间为400h，试用评分法分配可靠度指标。

5. 系统可靠性框图如图3-7所示，其中，系统的8个组成单元的可靠度分别为$R_A=0.9753$，$R_B=0.9656$，$R_C=0.9380$，$R_D=0.9512$，$R_E=0.9021$，$R_F=0.9560$，$R_G=0.9627$，$R_H=0.9315$，不可靠度分别用F_A，F_B，F_C，F_D，F_E，F_F，F_G，F_H表示，试用上下限方法求系统可靠度。

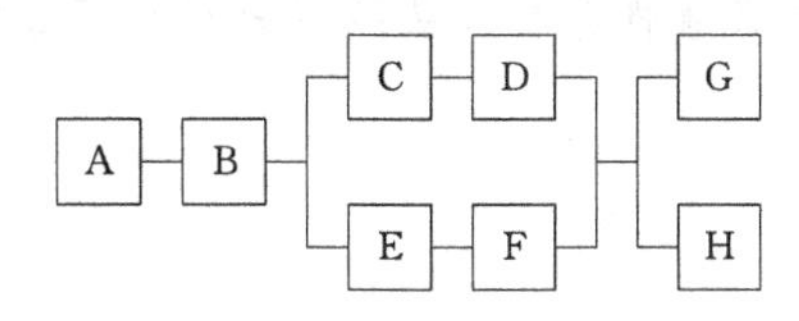

图3-7　系统可靠性框图

6. 设计飞机液压系统时需要开展冗余设计吗，为什么？

7. 机载电子设备可靠性设计需要重点考虑哪些方面？

第四章 系统故障分析技术

① 了解典型系统可靠性故障分析方法的发展历程及作用；

② 理解故障模式、影响与危害性分析及故障树分析的方法和原理；

③ 掌握故障模式、影响与危害性分析及故障树分析在可靠性设计中的应用。

导入案例

正面回应 ARJ 21-700 支线客机安全性的质疑

ARJ 21-700 是我国第一次完全自主设计并制造的双发动机新支线客机，由中国商用飞机有限责任公司历经 12 年研制。研制期间，对飞机安全性的争议一直没有停止，面对质疑，飞机设计人员和民航当局适航代表分别从飞机研制过程到适航审查过程进行回应。

上海飞机设计研究院飞机设计师郭强介绍说："在 ARJ21-700 飞机的设计制造过程中，我们对飞机所有潜在故障状态都用工程分析的方法进行了评估，小到飞机的每一根导线、每一条管路以及每一个接插件，大到飞机的每个系统，以及系统综合后的整架飞机，在确保可靠性的同时还建立完整的安全性评估体系。"

ARJ 21-700 飞机副总设计师说："事实上，我们用了 6 年的时间去验证 ARJ 21-700 飞机是否达到了 10^{-9}，验证我们是否破解了这个商用飞机安全性密码，在此期间，没有申请任何一项额外的豁免，所有的这一切都是为了保证 ARJ 21-700 飞机是安全的。"

上海飞机设计研究院适航部部长郝莲介绍说："ARJ 21-700 飞机是 2003 年申请型号合格证的，之后 FAA 与 CAAC 陆续出台了一系列新的适航条款和修正案，为了满足新增条款要求，我们进行了大量的机上地面试验和验证试飞，某种程度上，我们在某些条款的验证上为全世界的飞机制造商探索了经验，因为我们必须按照全世界最新的适航条款进行验证。"

由设计师郭强的介绍可以看出，飞机安全性是设计赋予、制造实现并被适航当局验证确认，即飞机安全性是设计制造出来的，研制过程的可靠性是保证飞机安全的基本前提。可靠性建模、可靠性分配和预计等方法为研制提供了具体可靠性目标，而围绕故障相关特性展开的系统可靠性分析对研制过程中系统设计、分析、评价工作起直接指导作用。

资料来源：刘济美著《一个国家的起飞：中国商用飞机的生死突围》。

第一节 故障模式、影响与危害性分析

一、FMECA 概述

1. 发展背景

伴随工业科技的快速发展，产品复杂度和技术含量不断提高，对产品可靠性要求提出新的挑战，自古以来的“未雨绸缪”“防患于未然”思想使人们逐渐意识到事前故障预防对提高产品可靠性和安全性的重要作用，并在实际产品设计中逐渐形成初步的故障预想方法，经过实践研究，为了克服故障预想方法单纯依赖设计人员经验的弊端，进一步加强分析过程的科学性、系统性和规范性，故障模式概念及分析方法被提出并完善。20 世纪 50 年代，美国 Grumman 公司首次将故障模式及影响分析（failure mode and effects analysis，FMEA）方法成功应用于一架新型战斗机操纵系统的设计，为 FMEA 在航空航天等领域的应用打开了一扇大门。随后，为了强化故障模式影响的定量化分析，人们在故障模式及影响分析的基础上扩展了危害性分析，FMEA 由此进一步发展成了 FMECA（failure mode，effects and criticality analysis）。自此，FMECA 技术在理论方法、应用领域等方面均得到快速发展，成为航空航天、国际汽车等行业强制使用的分析方法。在民用飞机研制中，FMECA 作为“失效-安全”设计思想中系统安全性评估的一种方法，已成为民用飞机适航合格审定活动中必须开展的一项工作。

（1）理论方法标准化

20 世纪 60 年代初，美国国防部、美国国家航空航天局陆续将 FMECA 技术正式应用于军用飞机、阿波罗等项目的可靠性分析并发布了用于阿波罗项目的 FMECA 程序；1988 年，美国联邦航空局要求所有航空系统的设计及分析必须开展 FMECA 工作。我国在 20 世纪 80 年代初期引入 FMECA 概念和方法，并首先应用于航空航天等高科技领域。1985 年 10 月，国防科工委颁布的《航空技术装备寿命和可靠性工作暂行规定（试行）》中肯定了 FMECA 的重要性，自 2002 年起，中国航天标准化研究所对 FMECA 进行深入研究，加快了该技术在我国不同领域和阶段的应用步伐。目前，FMECA 技术已成为系统研制中必须完成的一项可靠性分析工作，国家军用标准中也添加了该项技术内容，为保证或提高产品可靠性发挥重要作用。

为了规范 FMECA 过程，国内外许多国家将 FMECA 技术编入军用标准和国家标准中，使这项技术标准化和规范化，并方便与其他可靠性技术配合使用，增加了 FMECA 的使用价值。目前，国际上广泛采用的 FMECA 技术标准如表 4-1 所示，本章主要参考 GJB/Z 1391—2006。

表 4-1 FMECA 技术标准

标准名称	范围
MIL-STD-1629A	主要包含功能 FMECA 、硬件 FMECA
SAE ARP 5580	非汽车工业，包括 FMECA 、软件 FMECA、过程 FMECA

续表

标准名称	范围
SAE J 1739	设计 FMEA、工艺 FMEA 和设备 FMEA
AIAG FMEA-5	包括设计 FMEA 和工艺 FMEA
C4ISR 设备 FMECA	设计 FMEA
航天器 FMECA 指南	功能 FMECA、硬件 FMECA 和接口 FMECA
BS 5760-5	设计 FMECA 和过程 FMECA
IEC 60182	设计 FMECA 和过程 FMEA
GJB/Z 1391—2006	功能 FMECA、硬件 FMECA、过程 FMECA、软件 FMECA

(2) 应用范围全方位拓展

目前，FMECA 从广度和深度都得到了广泛应用，基于横向广度，FMECA 技术的应用已经由军用系统逐渐渗透到机械、汽车、医疗设备等民用工业领域。1967 年，机动车工程师学会（SAE）发布了第一个民用的 FMEA 标准 ARP 926 *Fault/Failure Analysis Procedure*；20 世纪 70 年代，FMECA 方法开始进入汽车和医疗设备领域，80 年代以后，众多汽车公司将 FMECA 方法应用于内部发展和工艺过程上。

立足深度，FMECA 的应用已由最初的产品设计阶段扩展至贯穿产品设计、制造、使用及服务等整个生命周期，根本目的是从不同角度发现产品的各种缺陷与薄弱环节，并采取有效改进和补偿措施以提高其可靠性水平，但在不同阶段采用 FMECA 方法和目的略有不同，具体如表 4-2 所示。

表 4-2　产品寿命周期各阶段 FMECA 方法[1]

阶段	方法	目的
方案阶段	功能 FMECA	分析研究产品功能设计缺陷与薄弱环节，为产品功能设计的改进和方案权衡提高依据
工程研制与定型阶段	● 功能 FMECA ● 硬件 FMECA ● 软件 FMECA ● 损坏模式及影响分析(DMEA) ● 过程 FMECA	分析研究产品硬件、软件、生产工艺和生存性与易损性设计的缺陷与薄弱环节，为产品的硬件、软件、生产工艺和生存性与易损性设计的改进提供依据
生产阶段	过程 FMECA	分析研究产品的生产工艺缺陷和薄弱环节，为工艺改进提供依据
使用阶段	● 功能 FMECA ● 硬件 FMECA ● 损坏模式及影响分析(DMEA) ● 过程 FMECA	分析研究使用过程中可能或实际发生的故障、原因及其影响，为提高产品使用可靠性，进行产品改进、改型或新产品研制以及使用维修决策等提供依据

2. 基本原理和方法

复杂产品系统内一个部件或单元的故障可能就会影响到整个产品的可靠性。例如，一架民用飞机由飞控、起落架、导航、灯光、电源等多个系统组成，其中起落架系统内部包含了

[1] 此表来源于 GJB/Z 1391。

收放作动筒、收放手柄、电磁阀等多个部件，一旦起落架的收放作动筒出现故障，可能会直接影响飞机起落架收放功能的实现，在降落过程中，起落架无法正常放下将会导致飞机无法安全着陆。为了提高产品可靠性，设计人员在产品研制过程中须展开系统的故障分析，利用基础数据和历史经验，归纳总结出潜在故障模式及其影响，发现产品的薄弱环节和关键项目，并为实施改进和控制措施提供依据。

FMECA是分析产品所有可能的故障模式及其可能产生的影响，并按每个故障模式产生影响的严重程度及发生概率予以分类的一种归纳分析方法，主要由故障模式及影响分析（FMEA）和危害性分析（CA）两部分组成，其中危害性分析是在进行故障模式及影响分析的基础上进行。通俗地讲，FMECA是一种用于评估潜在故障的事前分析工具，该方法的主要分析过程包括：识别产品所有可能故障模式，分析故障原因及可能产生影响，并按照故障发生可能性和后果严重程度进行分类，有针对性地制定故障控制措施等。实际应用中，FMECA是一个反复迭代、逐渐完善的过程，直到所有关键故障模式都已被消除或采取相应控制措施。以设计阶段FMECA为例，具体实施过程如图4-1所示。按照故障闭环消减控制思路，FMECA为可靠性、维修性、保障性、安全性等工作建立有机联系。

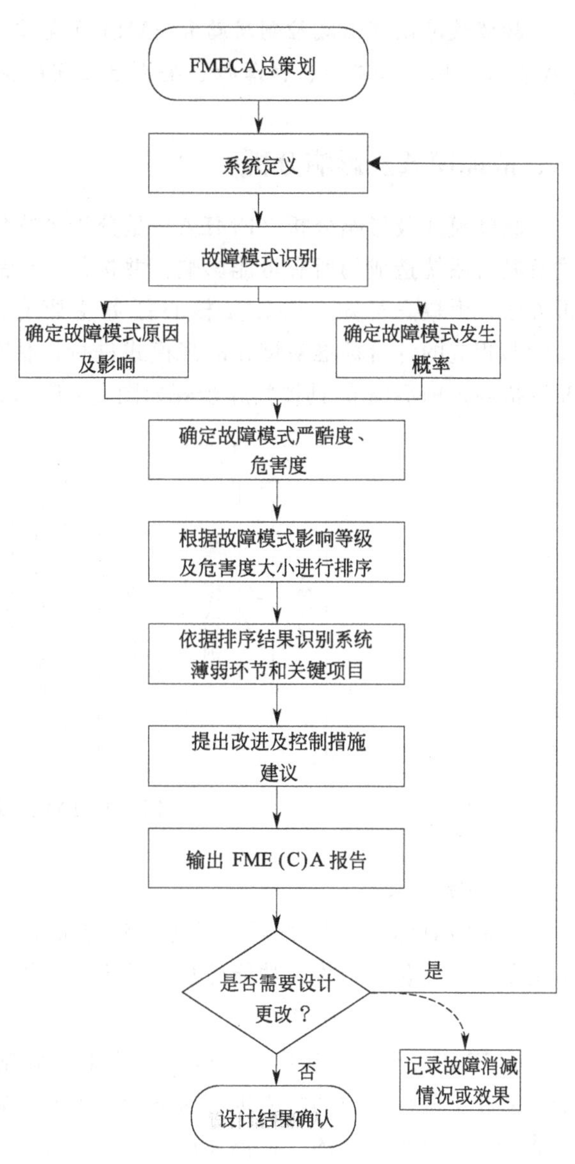

图4-1 FMECA方法流程

FMECA的宗旨是尽早开始、尽其所能、随变而变，当产品全寿命周期中任一环节或条件发生变化时，都需重新反复进行FMECA。FMECA工作最好以“谁设计，谁分析”的原则开展；在很多重要领域，FMECA被明确规定为设计人员必须掌握的技术，FMECA有关材料被规定为不可缺少的设计文件。

由表4-2可知，在产品全寿命周期不同阶段可采用不同的FMECA方法。目前在实践中FMECA方法主要应用于产品研制阶段，其中功能和硬件FMECA是两种基本方法。通常情况下，在方案设计阶段或设计初期，系统内具体零部件还不明确时，采用功能FMECA法，以产品功能为基础，分析每一个功能所有潜在故障模式及其影响；在详细设计阶段，设计或工程资料已确定，可采用硬件FMECA法，以独立产品单元为基础，自下而上分析所有产品单元的每一个潜在故障模式及其影响。可按功能分析，也可按硬件分析，也可把功能 FMECA 和硬件 FMECA 合并进行分析，具体方法的选择取决于系统复杂程度和可用信息的多少。本章主要以设计阶段功能及硬件 FMECA 介绍方法及应用。

即学即用

按照故障闭环消减控制思路和 FMECA 基本原理，思考在飞机型号研制过程中，FMECA 在可靠性、维修性、保障性、安全性之间的桥梁作用是如何体现的？

二、故障模式及影响分析

故障模式及影响分析（FMEA）是分析系统每个功能或组成部件所有可能产生的故障模式及其对系统造成的所有可能影响，并按每一个故障模式的严重程度予以分类的一种归纳分析方法。由概念可知，FMEA 核心任务主要有三个：①寻求功能或部件潜在故障模式；②参照相应的评价标准对潜在故障模式进行评估分级；③分析故障起因/机理，制定预防或改进措施。FMEA 的具体实施步骤如图 4-2 所示。

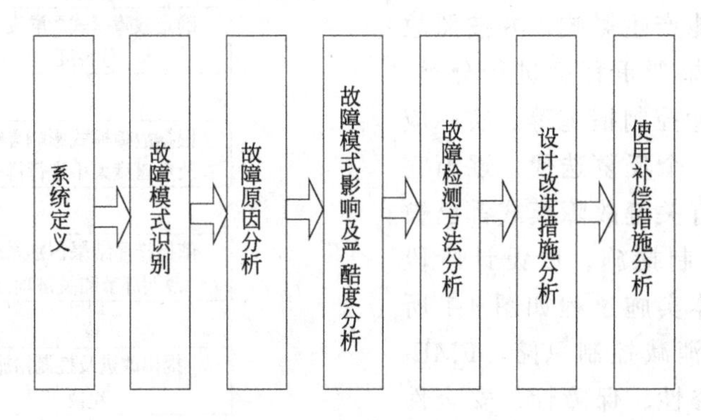

图 4-2　FMEA 基本步骤

1. 系统定义

在进行具体 FMEA 之前，首先要确定研究对象，了解系统组成和功能，确定分析范围。系统定义主要包括结构及功能分析、约定层次划分等工作内容。

（1）结构及功能分析

在 FMEA 分析工作中，明确产品功能或系统结构组成是保证分析准确性的前提，但复杂产品在不同任务中功能表现有所不同，因此，首先应描述产品任务剖面，离开任务剖面的功能分析是没有意义的。在描述产品任务基础上，对不同任务剖面下的功能、工作方式、工作模式等进行分析。

一般可通过绘制功能框图或任务可靠性框图来清晰表述产品各组成部分之间及其与产品整体功能和可靠性关系。功能框图表示产品各组成部分所承担任务或功能间的相互关系，以及产品每个结构的功能逻辑顺序、数据流、接口的功能模型，例如典型飞机起落架收放系统功能见图 4-3；有时也可绘制功能和结构层次图，但一个结构可能对应多种功能。

（2）约定层次划分

复杂产品具有多个系统，现代系统日趋繁杂，每个系统内部包含多个子系统，每个子系

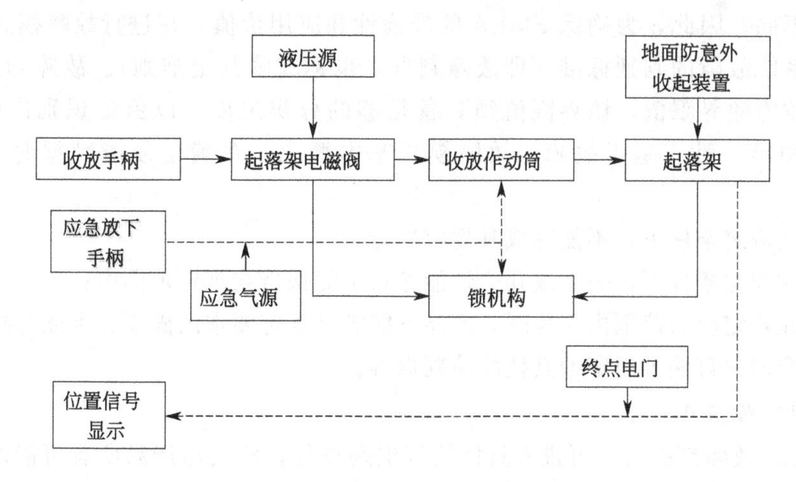

图 4-3 起落架收放系统功能框图

统包含诸多单元，每个单元里面又包含无数的零件等等，面对庞大复杂的系统，须明确分析范围，即划分约定层次。约定层次是指按产品的功能或组成关系进行分析的产品所在的功能或结构层次。一般约定层次可分为初始约定层次、其他约定层次和最低约定层次。初始约定层次是要进行 FMEA 总的、完整的产品所在的约定层次中的最高层次，是 FMEA 最终影响的对象；其他约定层次是相继的约定层次（第二、第三等），这些层次表明了直至较简单的组成部分的有顺序的排列；最低约定层次是约定层次中最底层的产品所在的层次，决定了 FMEA 工作的深入、细致程度。

FMEA 约定层次划分决定了分析细致程度和工作量，划分方法可根据所选择的 FMEA 分析方法（硬件或功能 FMEA），对应地选择按照硬件或功能层次进行划分。具体约定层次的划分可根据分析目的、侧重点及费用等方面要求进行灵活划分。一般来说，产品的初始约定层次为产品本身，而最低约定层次可划分到零部件或元器件；对于采用了成熟设计、继承性较好且经过了可靠性、维修性和安全性等良好验证的产品，其约定层次可划分得少而粗；对于最新研发产品，可划分得多而细。例如对某传统飞机起落架系统进行 FMEA 时，初始约定层次为飞机，约定层次为起落架系统，最低约定层次可为收放手柄、电磁阀、收放作动筒等部件；如果在对某新型起落架系统进行 FMEA 时，初始约定层次为飞机，第二约定层次为起落架系统，第三约定层次可以为收放手柄、电磁阀、收放作动筒等部件，最低约定层次可以为外筒组件、螺母、活塞、活塞杆等单元（见图 4-4）。

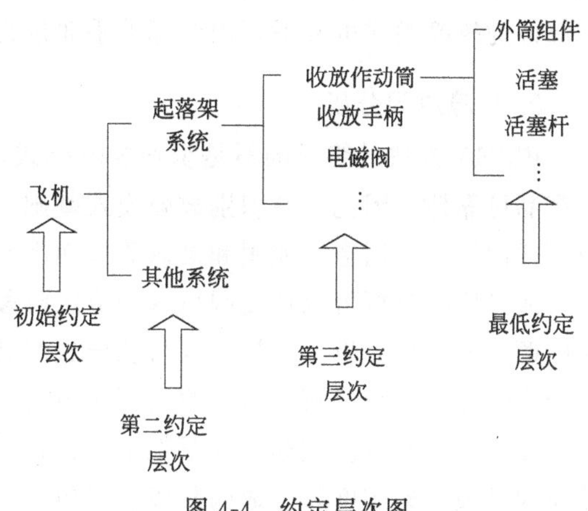

图 4-4 约定层次图

2. 故障模式识别

(1) 明确故障判据

同样的产品，产品工作特点、使用环境、任务要求、使用对象等不同可能会导致对故障的理解不同，因此，为确保FMEA的准确性和应用价值，在进行故障模式识别之前，须首先明确系统故障的判别标准（即故障判据，也称故障判定准则）。故障判据是判断产品是否构成故障的界限值，该界限值须具备足够的分辨尺度，以保证识别出的故障模式具备完备性和唯一性。基于故障、故障模式基本概念，在确定故障判据时可遵循以下原则：

① 产品在规定条件下，不能完成其规定功能；

② 产品在规定条件下，一个或几个性能参数不能保持在规定范围内；

③ 产品在规定应力范围内工作时，产品不能满足规定要求的破裂、卡死等损坏状态；

④ 技术合同中订购方规定的其他故障判据等。

（2）识别故障模式

定义故障及故障判据后，可进入具体故障识别过程，即找出产品所有可能的故障模式。不同FMEA方法在识别故障模式时有所区别：采用硬件FMEA时，根据产品硬件特征，识别所有可能的硬件故障模式；采用功能FMEA时，根据产品系统定义的功能描述，识别所有可能的功能故障模式，在此过程中须注意，一个系统可能具有多种功能，每一个功能可能具有多种故障模式，如起落架具有支撑、滑跑、收放等功能，收放功能可能存在收放不到位、收放功能丧失等故障模式。

一般可以通过统计、试验、分析、预测等方法来获取故障模式。对于现有产品，综合考虑使用中所发生的故障模式和现有使用环境条件的异同，通过分析修正获取该产品故障模式；对于新产品，根据功能原理和结构特点分析预测其故障模式，必要时可展开针对性试验，也可借鉴与该产品具有相似功能和结构的产品所发生故障模式进行分析；常用元器件、零部件的故障模式可参考国内外标准手册进行分析。

3. 故障原因分析

FMEA方法最终目的不是识别故障模式，而是避免或降低故障模式发生可能性以期提高产品可靠性。因此，在识别故障模式基础上，还须找出每个故障模式产生原因，即引起故障模式的设计、制造、使用和维修等方面因素，进而采取针对性的有效改进措施。

故障原因分析可以从成因机理和成因阶段两个维度考虑。成因机理可从直接原因和间接原因两方面进行分析。直接原因可从导致产品发生故障模式或潜在故障模式的物理、化学或生物变化过程进行分析；间接原因可从由其他产品故障、环境因素和人为因素等引起故障的外部原因进行分析。例如，起落架上位锁打不开直接原因是锁体间隙不当、弹簧老化等，间接原因是锁支架刚度差。成因阶段主要包括设计阶段、制造阶段和使用阶段等，成因阶段分析主要依托每个工艺阶段特点分析故障模式发生的原因，这有助于制定针对性故障消减措施。故障原因的分析方法主要包括因果图、故障树等方法。

4. 故障模式影响及严酷度分析

故障模式影响是指产品每个故障模式对产品自身或其他产品的使用、功能和状态的影响。故障模式影响一般可从局部影响、高一层次影响和最终影响等三方面来综合评判影响级别，具体定义如表4-3所示。例如，分析某起落架系统中收放作动筒故障模式的影响，需要从该故障模式对收放作动筒的局部影响、对起落架系统的高一层次影响和对飞机的最终影响来综合评判该故障模式的影响级别。

表 4-3 故障模式影响分级表

名称	定义
局部影响	产品故障模式对该产品自身及所在约定层次产品的使用、功能或状态的影响
高一层次影响	产品故障模式对该产品所在约定层次的紧邻上一层次产品的使用、功能或状态的影响
最终影响	产品故障模式对初始约定层次产品的使用、功能或状态的影响

为了更细致地评价故障模式影响，可通过故障模式的严酷度类别进行评判。严酷度是产品故障模式造成的最坏后果的严重程度。故障模式严酷度类别主要根据初始约定层次可能导致的人员伤亡、任务失败、产品损坏、经济损失和环境损害等方面的影响（即最终影响）来确定。应注意，在进行最终影响分析时，若产品在设计中采用冗余设计，暂不考虑这些设计措施，分析该产品某一故障模式可能造成的最坏故障影响。GJB 1391—2006《故障模式、影响与危害性分析程序》将武器系统故障严酷度分为四类，并对每类严酷度进行了定义（见表 4-4）。在 FMEA 方法实际应用中，可在表 4-4 内容基础上，依据所分析产品特征和具体情况对严酷度类别定义内容进行调整，避免直接套用标准中的表述说明。

表 4-4 武器装备严酷度类别及定义

严酷度类别	严重程度定义
Ⅰ类（灾难的）	引起人员死亡或产品（如飞机、坦克、船舶等）毁坏、重大环境损害
Ⅱ类（致命的）	引起人员严重伤害或重大经济损失或导致任务失败、产品严重损坏及严重环境损害
Ⅲ类（临界的）	引起人员中等程度伤害或中等程度经济损失或导致任务延误、降级，产品中等程度损坏及中等环境损害
Ⅳ类（轻度的）	不足以导致人员伤害或轻度经济损失或产品轻度损坏及轻度环境损害，但会导致非计划性维护或修理

5. 故障检测方法分析

故障检测方法分析主要是针对所有故障模式，分析其故障检测方法，以便为系统维修性、测试性设计以及系统的维修工作提供依据。故障检测方法主要包括目视检查、原位检测、离位检测等，如 BIT（机内测试），或采用自动传感装置、显示报警装置等。故障检测分为事前检测和事后检测两类，对于具有退化特征的故障模式，应尽可能设计事前检测方法。

当确无故障模式检测手段时，在 FMEA 表中应填写“无”，并在设计中予以关注；及时对系统中冗余设计的每个组成部分进行故障检测，并及时维修，以保持或恢复冗余系统的固有可靠性。

6. 设计改进和使用补偿措施分析

依据故障模式的影响等级或严酷度等级，确定必须消减的故障模式，并提出相应的故障消减措施。按照应用措施时机，可分为设计改进措施和使用补偿措施。

设计改进措施一般在产品研制过程中采用，对产品进行再设计，采用设计改进措施后，须进行新一轮的 FMEA。常见的设计改进措施有：产品发生故障时，应考虑是否具备能够继续工作的冗余设备；安全或保险装置；替换的工作方式；可以消除或减轻故障影响的设计改进（如降额设计）。

使用补偿措施是当故障模式影响无法通过设计改进措施完全消除时，为了尽量避免或预防故障发生，在产品使用中开展的预防性维护措施。常见的使用补偿措施有：对人员使用和操作产品提出的规定要求；使用和维护中须采用的预防性维护措施；故障出现时，工作人员应采取的补救措施等。

7. FMEA 实施

功能及硬件 FMEA 的实施一般通过填写 FMEA 表格进行，常用的表格形式如表 4-5 所示。实际应用中，可根据不同分析要求，设计不同形式的 FMEA 表格。

表 4-5 故障模式及影响分析表

初始约定层次产品________ 任务________ 审核________ 第________页 共________页
约定层次产品________ 分析人员________ 批准________ 填表日期________

代码	产品或功能标志	功能	故障模式	故障原因	任务阶段与工作方式	故障模式影响			严酷度类别	故障检测方法	使用补偿措施	备注
						局部影响	高一层次影响	最终影响				
产品的代码或其他标识	记录分析产品或功能的名称与标志	简要描述产品所具有的主要功能	根据故障模式分析的结果简要描述每一产品所有故障模式	根据故障原因分析结果简要描述每一故障模式所有故障原因	简要说明发生故障的任务阶段与产品的工作方式	根据故障模式影响分析的结果简要描述每一个故障模式的局部、高一层次和最终影响并分别填入。			根据最终影响分析的结果给每个故障模式分配严酷度类别	简要描述使用故障检测方法	简要描述使用补偿措施	本栏主要记录对其他栏的注释和补充说明

三、危害性分析

危害性分析（critically analysis，CA）是按每一个故障模式的严酷度类别及故障模式发生概率及所产生的综合影响对其分级，以全面评价所有可能的故障模式的影响。危害性分析是故障模式及影响分析的补充和扩展，只有在 FMEA 基础上才能进行危害性分析。危害性分析有定性和定量两种方法。

1. 定性分析方法

在产品技术状态数据或故障率数据缺乏的情况下，可利用故障模式发生概率等级和故障模式严酷度来综合评价 FMEA 中确定的故障模式影响。参照 GJB 1391—2006《故障模式、影响与危害性分析程序》，故障模式发生概率等级通常按照产品工作时间内某一故障模式的发生概率与产品在该时间内总的故障概率的比值（K）大小进行划分，具体如表 4-6 所示。结合工程实际，产品故障总概率数据不易获取，所以对等级的判定依据进行修正，例如直接采用故障模式发生概率数量级进行分类，如表 4-6 第四列所示。

表 4-6 故障模式发生概率等级表

等级	定义	K 值	故障模式发生概率(产品使用期间)
A	经常发生	$K>20\%$	$P>1\times10^{-3}$
B	有时发生	$10\%<K\leqslant20\%$	$1\times10^{-4}<P\leqslant1\times10^{-3}$
C	偶然发生	$1\%<K\leqslant10\%$	$1\times10^{-5}<P\leqslant1\times10^{-4}$
D	很少发生	$0.1\%<K\leqslant1\%$	$1\times10^{-6}<P\leqslant1\times10^{-5}$
E	极少发生	$K\leqslant0.1\%$	$P\leqslant1\times10^{-6}$

危害性矩阵——横坐标为严酷度类别，纵坐标为故障模式发生概率等级或危害度，如图 4-5 所示，通过绘制危害性矩阵来确定和比较每一种故障模式的危害程度，进一步为确定改

进措施的先后顺序提供依据。利用危害性矩阵进行具体分析时，若某一故障模式在矩阵中的位置沿对角线距离原点越远，危险性越大且越迫切需要采取补救措施。

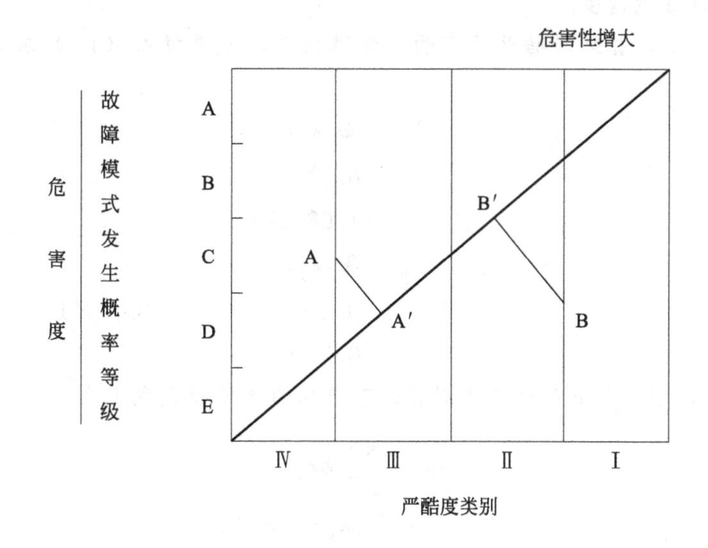

图 4-5 危害性矩阵

2. 定量分析方法

在产品技术状态数据或故障率数据具备的情况下，可采用定量分析方法，通过计算故障模式危害度（C_m）和产品危害度（C_r）来对故障模式的影响等级进行排序。

（1）故障模式危害度

故障模式危害度指产品在工作时间 t 内，以第 j 个故障模式发生的某严酷度等级下的危害度，用 C_{mj} 表示，见公式（4-1）。

$$C_{mj}=\alpha_j\beta_j\lambda_p t \tag{4-1}$$

式中 α_j——故障模式频数比，产品第 j 种故障模式发生次数与产品所有可能故障模式总数的比率。

β_j——故障模式影响概率，产品第 j 种故障模式发生的条件下，其最终影响导致初始约定层次出现某严酷度类别的条件概率，$0\leqslant\beta_j\leqslant1$。

λ_p——被分析产品在任务阶段内的故障率，h^{-1}。

t——产品有效工作时间，h。

（2）产品危害度

产品危害度是指该产品在给定的严酷度类别和任务阶段下的各种故障模式危害度 C_{mj} 之和，见公式（4-2）。

$$C_r=\sum_{j=1}^{N}C_{mj}=\sum_{j=1}^{N}\alpha_j\beta_j\lambda_p t \tag{4-2}$$

式中 $j=1, 2, \cdots, N$；N 为产品的故障模式总数。

式(4-1) 和式(4-2) 均假设故障率是恒定的，这就与实际情况有偏离，当环境、负载和维护条件不同于得到的故障率数据时，可采用修正因子加以解决。

【例 4-1】 若某一产品故障率 $\lambda_p=7.2\times10^{-6}\ h^{-1}$，在某一任务阶段，出现两个Ⅱ级和一

个Ⅳ级严酷度故障模式，这三个故障模式的故障模式频数比分别是 $\alpha_1=0.3$，$\alpha_2=0.2$，$\alpha_3=0.5$，故障模式影响概率 β 均为 0.5，工作时间为 1h，求该产品在此任务阶段，严酷度类别Ⅱ级下的故障模式危害度。

解：依题意可知，Ⅱ级严酷度下有两个故障模式，先根据式（4-1）求这两个故障模式危害度

$$
\begin{aligned}
C_{m1} &= \beta\alpha_1\lambda_p t \\
&= 0.5\times0.3\times7.2\times10^{-6}\times1 \\
&= 1.08\times10^{-6} \\
C_{m2} &= \beta\alpha_2\lambda_p t \\
&= 0.5\times0.2\times7.2\times10^{-6}\times1 \\
&= 0.72\times10^{-6}
\end{aligned}
$$

然后根据式（4-2）求出严酷度类别Ⅱ级下产品的故障模式危害度

$$
\begin{aligned}
C_r &= \sum_{n=1}^{2}\beta\alpha\lambda_p t \\
&= \beta\alpha_1\lambda_p t+\beta\alpha_2\lambda_p t \\
&= 0.5\times7.2\times10^{-6}\times1\times(0.3+0.2) \\
&= 1.80\times10^{-6}
\end{aligned}
$$

四、应用实例

本节主要针对飞机前起落架系统进行 FMECA（根据邵维贵的《FMECA 和 FTA 在某型飞机起落架系统故障分析中的应用研究》改编）。

1. 前起落架系统组成及工作原理

该型飞机起落架的布置形式为前三点式，起落架系统由前起落架子系统和主起落架子系统组成。起落架系统是飞机的重要系统之一，担负着安全起飞降落、地面移动、地面支撑飞机整体的任务。当飞机停放在机坪或机库时，起落架承载飞机整体重量，完成支撑和固定飞机的功能；起飞前滑行时，起落架系统借助于发动机推力作用，使飞机平稳向前滑行，前起落架转弯机构通过前轮操纵作动器为飞机提供转向作用；起飞时，起落架系统为飞机提供助跑，使飞机达到起飞速度，为了减小飞机在空中所受到的空气阻力，增强飞机飞行的气动特性，起落架收放机构将起落架收入到腹部机舱中；着陆时，起落架收放机构打开起落架，起落架系统的缓冲支柱和轮胎吸收来自飞机重量和速度的撞击力，减缓飞机其他结构的受力，保护飞机主要结构、仪器以及乘客不会受到强大冲击力的伤害，当飞机通过刹车减到一定速度时，前轮转弯操纵机构接通，在滑行过程中安装于前起落架支柱上的前轮操纵作动器操纵前轮转弯，使飞机在地面能够灵活运动。该机型前起落架系统主要由缓冲支撑机构、收放机构、转弯机构、机轮和轮胎机构、护板和护板收放机构等组成，具体功能和结构层次对应如图 4-6 所示。

2. 前起落架系统 FMECA

（1）系统定义

前起落架系统的功用：保证飞机着陆起飞，着陆时保持飞机平稳触地，地面滑行进

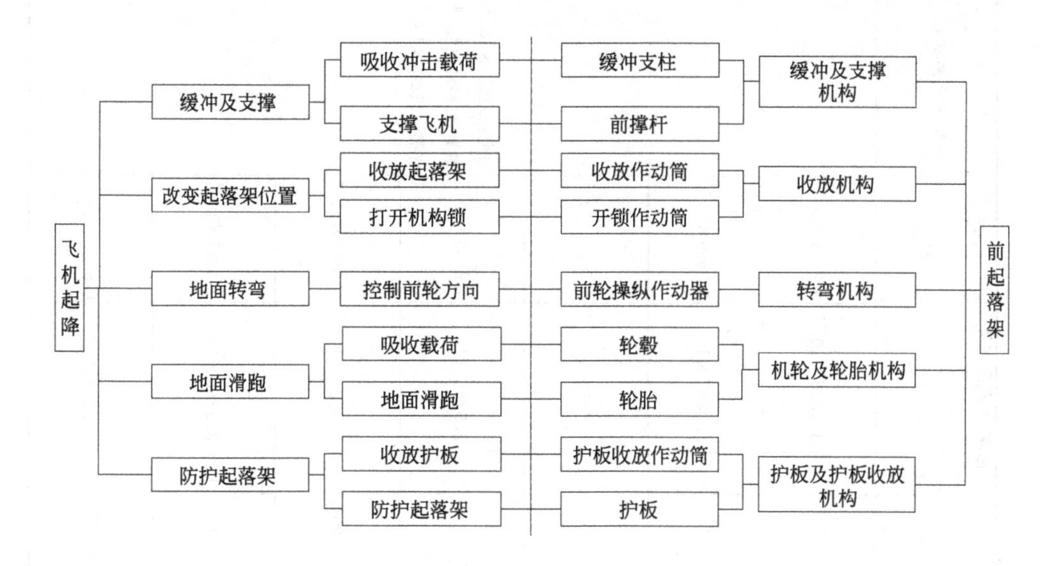

图 4-6　前起落架系统功能层次和结构层次对应图

行前轮转弯，飞机停放时进行有效支撑。系统组成：收放子系统、缓冲及支撑子系统、前轮转弯子系统、护板收放子系统、机轮及轮胎子系统等，具体结构与功能图如图 4-6 所示。

约定层次划分：初始约定层次为某型飞机；约定层次为前起落架系统；最低约定层次为前起落架系统外场可更换件（LRU）。

（2）故障模式识别及原因分析

故障判据为：某型飞机维护规程；规定的性能参数下降；零部件裂纹、破损等引起非计划性维修。根据统计的历史故障数据来识别故障模式及分析引起故障的原因。

（3）故障模式及影响分析

故障模式严酷度类别定义见表 4-7，从三个层级分析故障影响，并根据严酷度定义判定每个故障模式的严酷度类别；针对每一种故障模式分析检测方法、改进和使用补偿措施。

表 4-7　严酷度定义

严酷度类别	严重程度定义
Ⅰ类（灾难的）	危及人员或飞机安全（如一等、二等飞行事故及重大环境损害）
Ⅱ类（致命的）	人员损伤或飞机部分损坏（如三等飞行事故及严重环境损害）
Ⅲ类（中等的）	影响任务完成，任务降级（如事故征候）
Ⅳ类（轻度的）	对人员或任务无影响或影响很小，增加非计划性维护或修理

（4）危害性分析

在外场历史故障数据统计中总的累计工作时间约 10786h，假定任务时间 1h，结合统计故障数据利用式(4-1) 和式(4-2) 分别计算出每一种故障模式及子系统的危害度。

综合 FMEA 和 CA 分析，以“前起落架收放子系统的潜在故障模式分析”为例绘制的 FMECA 表见表 4-8。

表 4-8 前起落架系统 FMECA 表

名称	故障模式		故障原因	任务阶段	故障影响			检测方法	场外补偿措施	严酷度	故障模式危害度 C_m				子系统危害度 C_r
	编号	故障模式			局部影响	高一层次影响	最终影响				α_j	β_j	λ_j	C_{mj}	
前起落架收放子系统	01	收放作动筒渗油	密封装置磨损	地面、起飞、着陆	功能下降	收放系统功能下降	飞机起落架收放性能降低	功能检查;目视检查	更换收放作动筒	Ⅳ	0.0233	1	3.9866×10^{-3}	9.2889×10^{-5}	Ⅱ类:1.8538×10^{-5} Ⅲ类:8.6227×10^{-4} Ⅳ类:2.1325×10^{-3}
	02	起落架电磁阀回油慢	回油活门卡滞	地面、起飞、着陆	功能下降	收放系统功能下降	影响任务完成	通电检查;收放检查	更换起落架电磁阀	Ⅲ	0.0465	0.5	3.9866×10^{-3}	9.2690×10^{-5}	
	03	液压元件损坏	应急活门故障;单向活门、协调活门故障	地面、起飞、着陆	功能丧失	收放系统故障	影响任务完成	功能检查	更换故障件	Ⅲ	0.3488	0.5	3.9866×10^{-3}	6.9527×10^{-4}	
	04	前起落架收放异常	收放作动筒故障;液压元件故障	地面、起飞、着陆	起落架收放功能下降	收放系统功能下降	影响飞机起落架收放,损失飞机	功能检查;目视检查;BIT 检测	更换故障件	Ⅱ	0.0465	0.1	3.9866×10^{-3}	1.8538×10^{-5}	
	05	液压管接头渗油	液压管受应力破裂,管接头螺纹不配合	地面、起飞、着陆	液压油流出	影响液压收放	对飞机影响为轻度	目视检查	更换液压管	Ⅳ	0.4651	1	3.9866×10^{-3}	1.8542×10^{-3}	
	06	节流器堵塞	油液污染;内部磨损,管路有金属屑	地面、起飞、着陆	功能下降	收放系统功能下降	影响飞机起落架收放	功能检查	调整导管间隙;更换磨损件	Ⅲ	0.0233	0.8	3.9866×10^{-3}	7.4311×10^{-5}	
	07	液压管磨损	导管之间间隙不足	地面、起飞、着陆	可能导致导管磨损	收放系统功能受影响	对飞机影响为轻度	目视检查	调整导管间隙;更换磨损件	Ⅳ	0.0465	1	3.9866×10^{-3}	1.8538×10^{-4}	

第二节 故障树分析

一、 FTA 概述

上一节所讲的故障模式、影响及危害性分析是由下而上分析系统所有故障模式及其对系统影响的归纳分析法；本节将要介绍的故障树分析属于演绎法，是由上而下分析引起系统故障的原因。故障模式、影响及危害性分析和故障树分析在系统可靠性分析过程中经常联合应用，起到相辅相成的作用。例如，在航空器系统设计过程中，可利用故障树方法分析可能造成系统故障的因素，从而将上层系统设计可靠性要求逐层分解到引起系统故障的基本事件；在验证设计需求时，应结合故障模式、影响及危害性分析的结果，从故障树底部事件向上根据逻辑分析计算，验证设计完成后的安全性指标是否满足最初建立的系统安全性需求。

1. 发展背景

故障树分析又称事故树分析（fault tree analysis，FTA），源于 20 世纪 60 年代的美国。1961 年，美国贝尔实验室在研究民兵式导弹发射控制系统时，首次成功应用故障树分析方法预测导弹随机故障问题；随后，波音公司应用故障树分析法计算机程序成功改进飞机设计，进一步推动故障树分析的发展并将其正式应用到宇航领域；1974 年，美国原子能委员会发表了核电站危险性评价报告——“拉姆森报告”（即 WASH-1400 报告），报告中应用的核心分析技术包括了故障树分析法，引起工业界巨大震动，得到全世界广泛关注，这是故障树分析走向成熟的里程碑。经过多年发展，故障树分析的理论、方法和程序等都得到了深入发展，并广泛应用于核工业、航空航天、机械、电子、交通、化工等各个领域。

我国从 20 世纪 80 年代初引入 FTA 技术和方法，清华大学在借鉴美国 ALLCUTS 程序的基础上，运用 FORTRAN 语言开发出了 MFFTAP 多功能故障树分析程序，自此打开了 FTA 在我国多领域应用的大门。我国于 1989 年颁布了国家军用标准（GJB 768），在 1994 年编写了相应的实施指南。自此，科研工作者和工程技术人员陆续开发 FTA 程序或软件，应用 FTA 法来预测系统可靠性和安全性，分析系统组成单元的重要性，寻求系统薄弱环节，分析、预测和诊断系统故障，指导系统使用和维修、辅助维修决策以及改进系统设计和实现系统优化等。

WASH－1400 报告

1972 年，麻省理工学院 Norman Rasmussen 教授牵头启动反应堆安全研究，本次研究借鉴航天领域的经验，以事件树和故障树等分析方法作为反应堆风险计算的基础，整个研究通过 70 人/年的工作量，耗资 300 万美元完成，并与 1975 年发表《反应堆安全研究：美国核动力厂事故风险评价》，即 WASH－1400 报告。报告结论中提出美国原子能委员会审查时没有考虑到的一些可能性是存在的，反应堆风险程度比原先认为的要高得多，原先忽略的管道小破口和瞬态产生的风险被严重低估。 2 个月后，三哩岛事故的发生证实了该报告。

2. 基本原理与方法

故障树分析法是指从系统故障开始，按照事件因果关系，逆时序地进行分析，最后找出故障原因的一种图形演绎方法。基本原理：以系统最不希望发生的故障为出发点，在系统中寻找直接导致该故障发生的全部因素作为第一层原因事件，再以第一层原因事件为出发点，分别寻找导致各个原因事件发生的第二层原因事件，依次类推，直至寻找至最原始的原因事件，利用逻辑门符号将这些原因事件按照彼此直接的逻辑关系连接起来就构成了一棵倒置的树状结构，即故障树。通过故障树进一步分析可以识别引起系统故障的所有原因或原因组合以及预估系统故障发生可能性，实现对故障发生的系统预测和控制，达到提高系统可靠性和安全性的目的。例如，在设计阶段，可帮助判明潜在故障，发现设计薄弱环节，以便改进设计；在使用维修阶段，指导故障诊断，以便改进使用和维修方案，或提供优化设计方案。

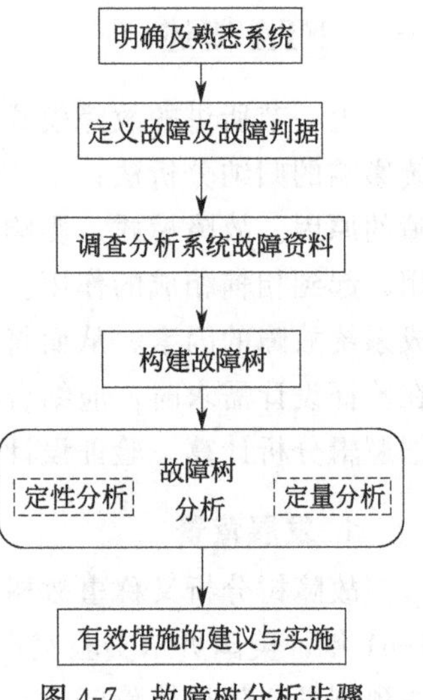

图 4-7 故障树分析步骤

故障树分析步骤如图 4-7 所示，在 FTA 实际应用过程中可根据分析需求和实际条件选取其中若干步骤。

（1）明确及熟悉系统

首先明确要进行故障树分析的系统，即确定系统的边界条件及研究范围；全面熟悉所分析系统情况，包括系统的功能、结构、工作情况及程序、各种重要参数及环境状况等，必要时绘制流程图及布置图。

（2）定义故障及故障判据

故障树围绕系统故障进行分析，但系统设计人员、使用或维修人员等立场不同的相关方对故障理解可能不一致，这样就会阻碍彼此之间的信息沟通，使得故障树分析丧失原本指导实际应用的意义。因此，综合相关方需求，准确的故障定义和故障判据对故障树分析是很重要的。

（3）调查分析系统故障资料

调查、收集系统故障资料，包括系统已发生过的、系统将来有可能发生的、本单位与外单位及国内外同类系统曾发生的所有故障资料；根据所掌握的故障资料，从设计、制造、装配、运行、环境、人为因素等多方面仔细分析故障形成原因、故障后果及各个因素之间的逻辑关系，必要时也可利用 FMEA 方法分析和确定系统故障特性及规律等。

（4）构建故障树

建树是 FTA 的核心部分，根据前期所收集资料，寻求系统相对严重的特定故障作为故障树的顶事件，构建故障树的实质就是从顶事件出发，运用逻辑推理逐层级地分析引起顶事件的所有可能直接原因及其之间的逻辑关系，并按照演绎法利用逻辑门符号将这些直接原因连接起来，形成故障树。

（5）故障树分析

为了满足应用故障树的最终目的（提高系统可靠性和安全性），要对所构建的故障树进行分析，一般分为定性和定量分析。定性分析是识别导致顶事件发生的最原始的原因事件（又称基本事件）原因或基本事件组合（最小割集），确定各基本事件的结构重要度大小，从而发现系统薄弱环节，按照轻重缓急原则优化系统设计、指导系统故障诊断、改进使用和维修方案等。定量分析是在定性分析的基础上，在已知各基本事件发生概率的条件下计算顶事件发生概率，同时对各基本事件进行概率重要度或关键重要度分析，从而实现系统可靠性或安全性的定量化评估。

（6）措施建议与实施

基于故障树分析结果（定性和定量分析），找出系统潜在风险因素，识别薄弱环节，综合考虑成本、技术等因素，制定经济合理的风险控制方案并实施，以实现降低系统风险、提高系统可靠性和安全性的目的。

二、故障树构建

故障树的构建过程其实就是探究系统故障和导致系统故障的各因素逻辑关系，并将这种关系用逻辑门符号和事件符号绘制成树形图的过程，是 FTA 中最关键的环节，直接影响 FTA 的准确性。故障树构建一般由系统设计人员、操作人员和可靠性分析人员来完成，建树的过程往往是反复迭代，逐步深入完善的。

1. 基本术语和符号

故障树构建的元素主要包括事件和逻辑门，其中，事件用来描述系统和元器件、零部件的状态，逻辑门通过事件的逻辑关系将各个事件联系起来。参考 GB/T 4888—2009《故障树名词术语和符号》，常用的事件符号和逻辑门符号如下。

（1）常用事件符号

顶事件：系统最不希望发生的，显著影响系统技术性能、经济性、可靠性和安全性的故障事件，位于故障树的顶端，作为逻辑门的输出事件，在故障树中的符号如图 4-8（a）所示。

基本事件：亦称底事件，导致其他故障事件发生的最原始的原因事件（故障分布已知），位于故障树底端，作为逻辑门的输入事件，用圆形符号表示，如图 4-8（b）所示。

未探明事件：由于缺少对故障产生原因的认知或在分析中不重要，而没有展开的事件，与基本事件同样，位于故障树底端，用菱形符号表示，亦称菱形事件，如图 4-8（c）所示。

中间事件：故障树中位于基本事件和顶事件之间的结果事件，它是某个逻辑门的输出事件，同时又是另一个逻辑门的输入事件，在故障树中的符号如图 4-8（d）所示。

开关事件：已经发生或必将发生的特殊事件，即正常出现的事件，也称“房型事件”，在故障树中的符号如图 4-8（e）所示。

条件事件：描述逻辑门起作用的具体限制的特殊事件，在故障树中的符号如图 4-8（f）所示。

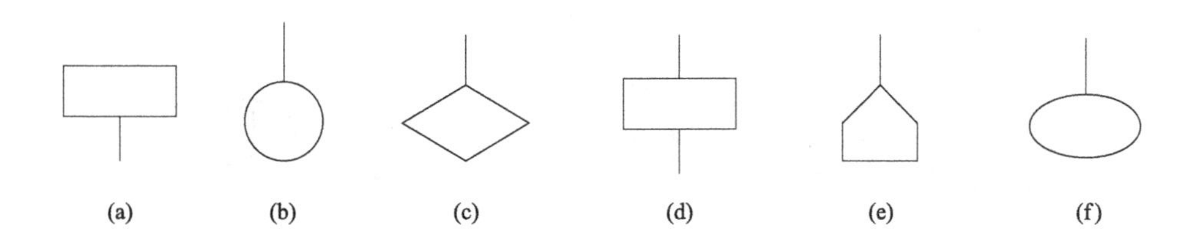

图 4-8　故障树常用事件符号图

（2）常用逻辑门符号

在故障树中，逻辑门符号用来表述原因事件与上一层故障事件之间的逻辑因果关系，每个逻辑门可以有多个原因事件作为输入事件，位于逻辑门符号的下面，但只能有一个上层故障事件作为输出事件，位于逻辑门符号的上面。为方便理解，假设 B_i（$i=1, 2, \cdots, n$）为逻辑门的输入事件，A 为逻辑门的输出事件。

① 与门　与门表示仅当所有输入事件发生时，输出事件才发生，故障树中用图 4-9（a）符号表示。当且仅当 B_i 同时发生时，A 必然发生，这种逻辑关系称为事件交，逻辑表达式为

$$A=B_1 \cap B_2 \cap B_3 \cap \cdots \cap B_n \tag{4-3}$$

② 或门　或门表示至少一个输入事件发生时，输出事件就发生，故障树中用图 4-9（b）符号表示。当输入事件 B_i 至少有一个输入事件发生时，输出事件 A 就发生，只有当输入事件全部不发生时，输出事件才不发生，逻辑表达式为

$$A=B_1 \cup B_2 \cup B_3 \cup \cdots \cup B_n \tag{4-4}$$

③ 异或门　异或门表示仅当单个输入事件发生时，输出事件才发生，故障树中用图 4-9（c）符号表示。输入事件 B_1、B_2 中任何一个发生都可引起输出事件发生，但 B_1、B_2 不能同时发生，逻辑表达式为

$$A=(B_1 \cap \overline{B_2}) \cup (\overline{B_1} \cap B_2) \tag{4-5}$$

④ 非门　非门表示输出事件 A 是输入事件 B 的逆事件，故障树中用图 4-9（d）符号表示。

⑤ 顺序与门　顺序与门表示仅当输入事件 B 按规定的“顺序条件”发生时，输出事件 A 才发生，故障树中用图 4-9（e）符号表示。

⑥ 表决门　表决门表示 n 个输入事件中至少有 r 个发生才会导致输出事件发生，否则输出事件不发生，故障树中用图 4-9（f）符号表示。

⑦ 禁门　禁门表示仅当条件事件发生时，输入事件的发生才会导致输出事件的发生，故障树中用图 4-9（g）符号表示。

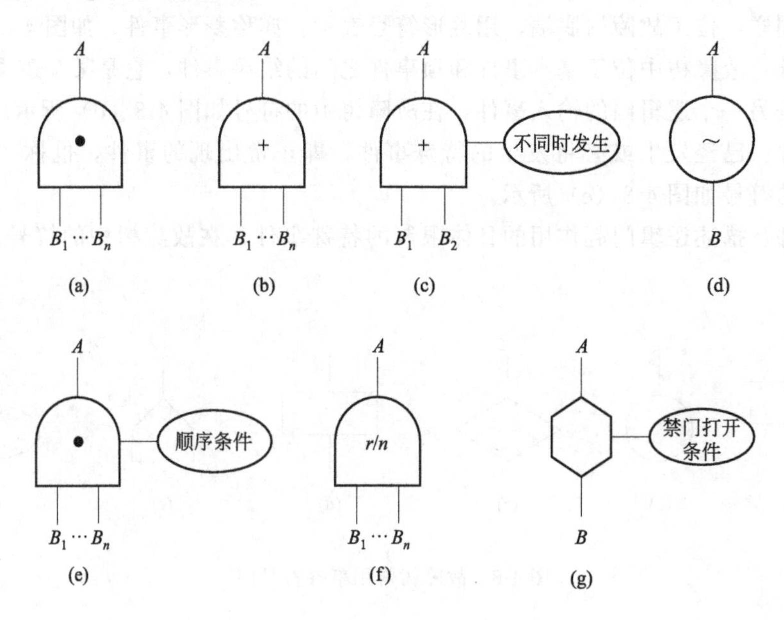

图 4-9　故障树常用逻辑门符号

（3）转移符号

当构建的故障树过大，通过设置子树转移符号用于连接出现在不同页面的故障树分支，从而达到使图形简明的目的，转移符号主要包括转入符号（入三角形）和转出符号（出三角形），具体转移符号如图 4-10 所示。

转入符号：转入符号位于故障树底部［如图 4-10（a）所示］，表示“下面转到以字母 A 为代号所指的地方”。

转出符号：转出符号位于故障树顶部［如图 4-10（b）所示］，表示“由具有相同字母符号 A 转移到这里来”。

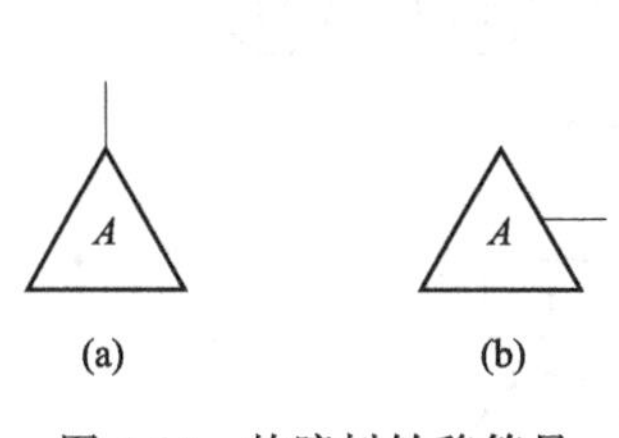

图 4-10 故障树转移符号

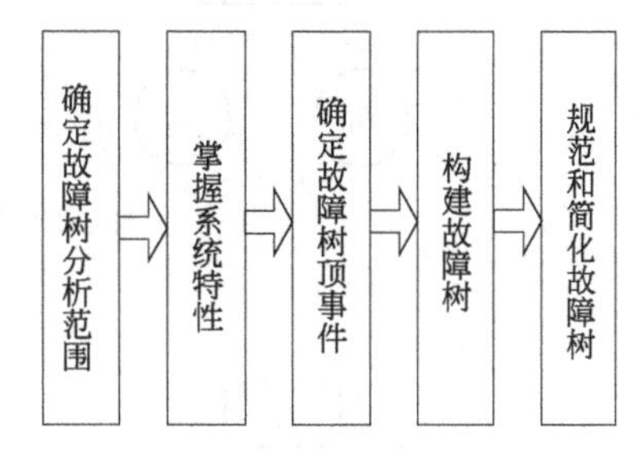

图 4-11 故障树构建流程图

2. 构建流程

故障树的构建流程如图 4-11 所示。

（1）确定故障树分析范围及掌握系统特性

此部分具体内容及注意事项可参考上一节“故障树分析基本原理与方法”，此处不再赘述。

（2）确定故障树顶事件

顶事件是故障树分析的起点，为了保证后续故障原因分析的逻辑严谨性，所选择的顶事件定义和边界条件要清晰。一般情况下，人们将最不希望系统发生的事件作为顶事件，在实际应用中，可以结合故障模式及影响分析结果来选择顶事件，往往将 FMEA 结果中严酷度类别为Ⅰ级和Ⅱ级的故障模式作为顶事件来具体分析故障原因。

（3）构建故障树

采用演绎法构建故障树时，可以从硬件、软件、环境、人因等方面来分析引起顶事件发生的原因，对每一级原因事件的分解必须严格遵守寻找“直接必要和充分的原因”，以避免某些故障模式的遗漏。

（4）故障树的规范化

为了真实反映系统故障发生规律，初步构建的故障树往往包含有多种事件符号和逻辑门符号，不便于后续的故障树分析，因此，须将原始故障树规范化，使其成为仅含有底事件、结果事件以及“与门”“或门”“非门”三种逻辑门的标准故障树。故障树的规范化可从特殊事件和特殊逻辑门两方面来进行，基本的规范化原则如下：

未探明事件：根据事件的重要性和数据完备性处理为基本事件或删去，如果该未探明事件重要且数据完备，则当做基本事件，否则删去。

开关事件：当作基本事件。

顺序与门：输出事件不变，顺序与门转换为与门，原来的输入事件仍为输入事件，但需增加一个顺序条件作为新的输入事件，如图 4-12 所示。

表决门：将表决门转换为或门和与门的组合，如图 4-13 所示。

异或门：将异或门转换为或门、与门、非门的组合，如图 4-14 所示。

禁门：将禁门转换为与门，同时把条件事件转换为与门的一个输入，如图 4-15 所示。

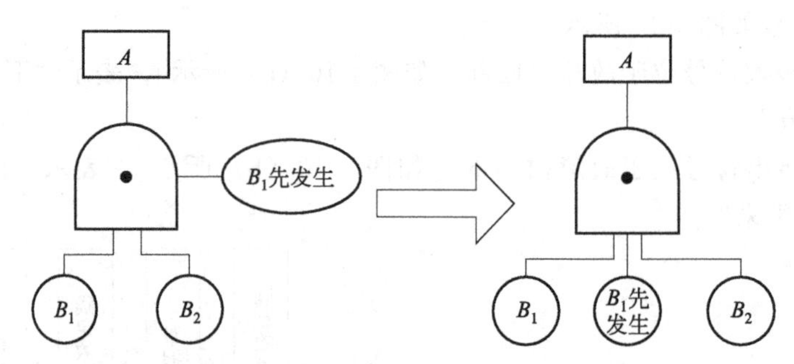

图 4-12　顺序与门的规范化示例

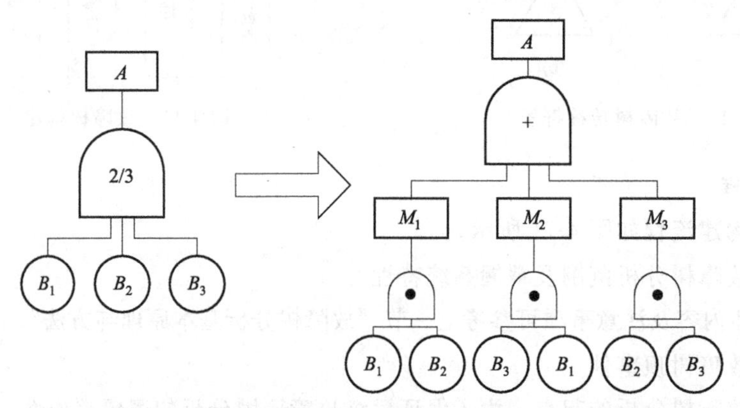

图 4-13　表决门的规范化示例

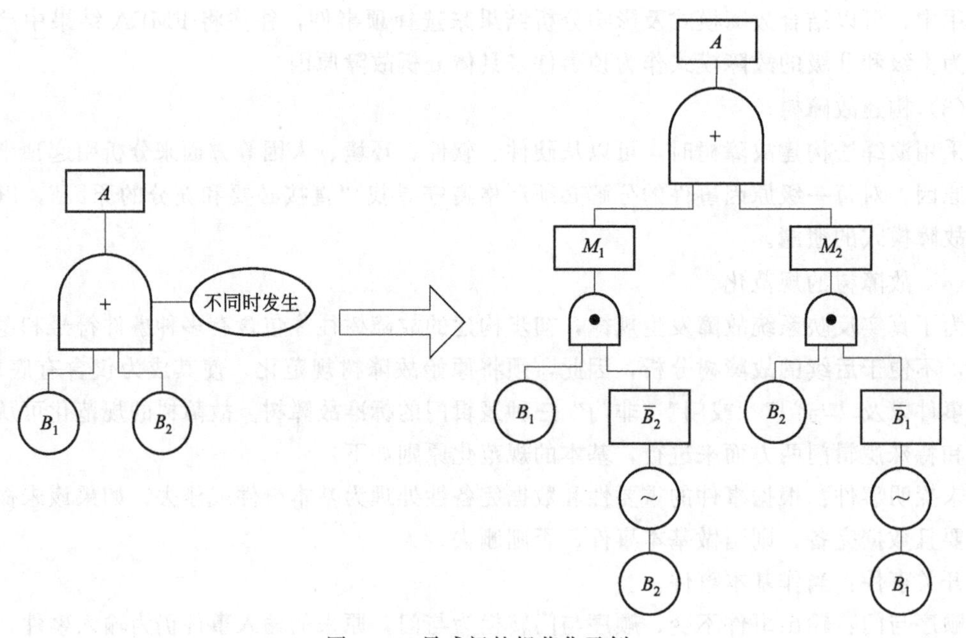

图 4-14　异或门的规范化示例

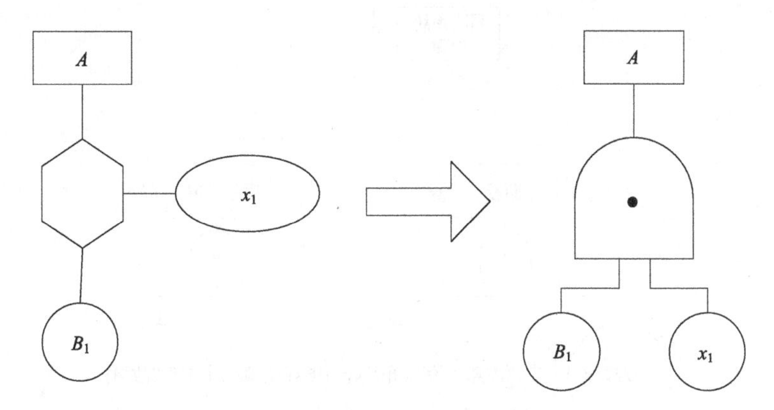

图 4-15　禁门的规范化示例

3. 故障树构建方法

故障树的构建方法一般分为人工建树和计算机辅助建树。

(1) 人工建树

人工建树常用演绎法，通过人们的逻辑推理来分析引起顶事件的直接原因（即中间事件），然后再对引起中间事件发生的原因进行类似分析，逐级向下演绎，直至不能分析为止（即分析至基本事件）。将各级事件用适合它们之间关系的逻辑门符号与顶事件相连接，最终构建出一棵顶事件为根、中间事件为枝、基本事件为叶的倒置故障树。通过演绎法建树的过程可以使分析人员对系统有更深入透彻的了解，但建树过程烦琐、费时且易受主观因素影响，尤其面对庞大复杂系统，演绎法建树容易发生错误和遗漏。

【例 4-2】 一间无窗户地下室的光源仅由室内照明系统提供（如图 4-16 所示），请构建照明系统失效故障树。

解：(1) 选取顶事件

依据题意，选取“照明系统故障”为顶事件，故障定义为室内黑暗。

(2) 从顶事件开始逐层分析原因

由地下室照明系统图可看出，断路、电灯故障或两个都故障均能引起照明系统故障，因此用或门连接；进一步分析引起断路原因，电线故障、电源故障或保险箱故障均会引发断路，也用或门连接；只有当 2 个电灯均故障的时候才会引发室内黑暗，因此，电灯故障与电灯 1 故障和电灯 2 故障之间用与门连接。

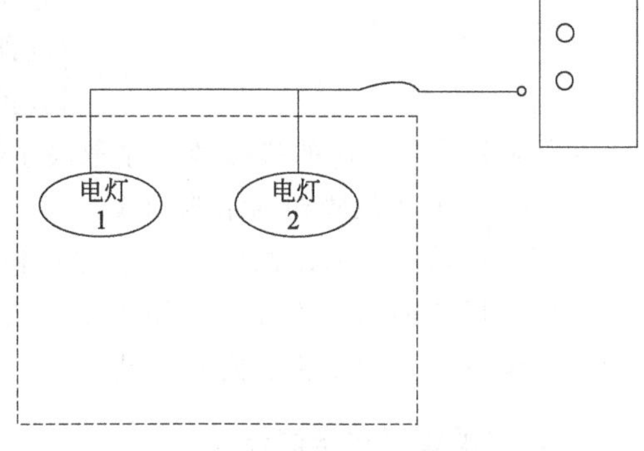

图 4-16　地下室照明系统

(3) 绘制故障树

根据原因分析及各故障事件之间的逻辑关系，绘制故障树如图 4-17 所示。

(2) 计算机辅助建树

面对日趋复杂的系统，中间事件或底事件的数量激增致使人工建树费时费力的问题日益突出，为了解决这一问题，计算机辅助建树应运而生。计算机辅助建树是借助计算机程序在已有系统部件模式分析基础上，对系统事故过程进行编辑，从而达到在一定范围内迅速准备自动构建故障树的目的，计算机辅助建树主要包括合成法和判定表法。

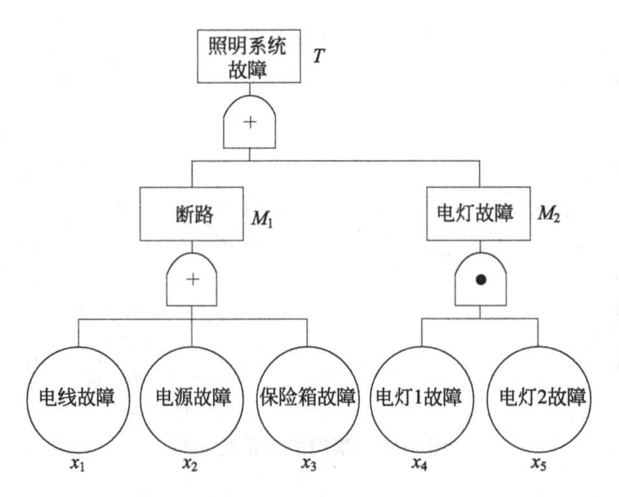

图 4-17 “照明系统故障”故障树

三、故障树数学描述

故障树的数学表达可用结构函数来表示，进一步了解故障树的结构特性，有利于后续故障树的定性、定量分析。利用结构函数描述故障树时，前提假设为基本事件之间相互独立，系统和元、部件只有正常和故障两种状态。

结构函数是用来描述系统状态的函数，假定一个故障树是由 n 个基本事件组成，定义事件的状态函数为 $X=(x_1,x_2,\cdots,x_n)$，其中 x_i 为第 i 个基本事件的状态变量，Φ 表示顶事件状态变量，根据假设条件，基本事件 x_i 和顶事件状态变量 Φ 仅取 0 和 1 两种状态，分别有如下定义

$$x_i=\begin{cases}1(\text{基本事件 } x_i \text{ 发生})\\0(\text{基本事件 } x_i \text{ 不发生})\end{cases}$$

$$\Phi=\begin{cases}1(\text{顶事件发生})\\0(\text{顶事件不发生})\end{cases}$$

在故障树中顶事件的状态 Φ 完全取决于各个基本事件 x_i 的状态，称该函数 $\Phi=\Phi(X)=\Phi(x_1,x_2,\cdots,x_n)$ 为故障树的结构函数。

故障树可认为是系统故障（顶事件）和导致故障发生的诸多元素（基本事件）之间的布尔关系的图形化表示。因此，可用布尔代数给出故障树的数学表达，这样有利于故障树的简化以及后续进一步的定性、定量分析。

1. 基本逻辑门数学表述

(1) 与门

故障树中的与门结构如图 4-9(a) 所示，只有当所有基本事件（输入事件）均发生才会引起顶事件（输出事件）发生，根据布尔代数运算法则，与门结构是逻辑“与”的关系，结构函数表示为

$$A=\bigcap_{i=1}^{n}x_i=x_1\cap x_2\cap x_3\cap\cdots\cap x_n \tag{4-6}$$

用代数算式表示为

$$\Phi(X)=\prod_{i=1}^{n}x_i=x_1x_2\cdots x_n=\min(x_1,x_2,\cdots,x_n) \tag{4-7}$$

其中 $\min(x_1,x_2,\cdots,x_n)$ 表示只要基本事件中有一个状态取值为0（即有一个基本事件不发生），顶事件状态即为0，即顶事件不发生。

（2）或门

故障树中的或门结构如图4-9(b)所示，只要有一个或一个以上基本事件发生时，顶事件就发生。根据布尔代数运算法则，或门结构是逻辑“或”的关系，结构函数表示为

$$A=\bigcup_{i=1}^{n}x_i=x_1\cup x_2\cup x_3\cup\cdots\cup x_n \tag{4-8}$$

用代数算式表示为

$$\Phi(X)=\sum_{i=1}^{n}x_i=x_1+x_2+x_3+\cdots+x_n \tag{4-9}$$

当 x_i 仅取0、1二值时，结构函数可写为

$$\begin{aligned}\Phi(X)&=1-\prod_{i=1}^{n}(1-x_i)\\&=1-(1-x_1)(1-x_2)\cdots(1-x_n)\\&=\max(x_1,x_2,\cdots,x_n)\end{aligned} \tag{4-10}$$

其中，$\max(x_1,x_2,\cdots,x_n)$表示只要基本事件中有一个状态取值为1（即有一个底事件发生），顶事件状态即为1，即顶事件也发生。

【例4-3】 某系统构建的故障树如图4-18所示，请写出该故障树的结构函数。

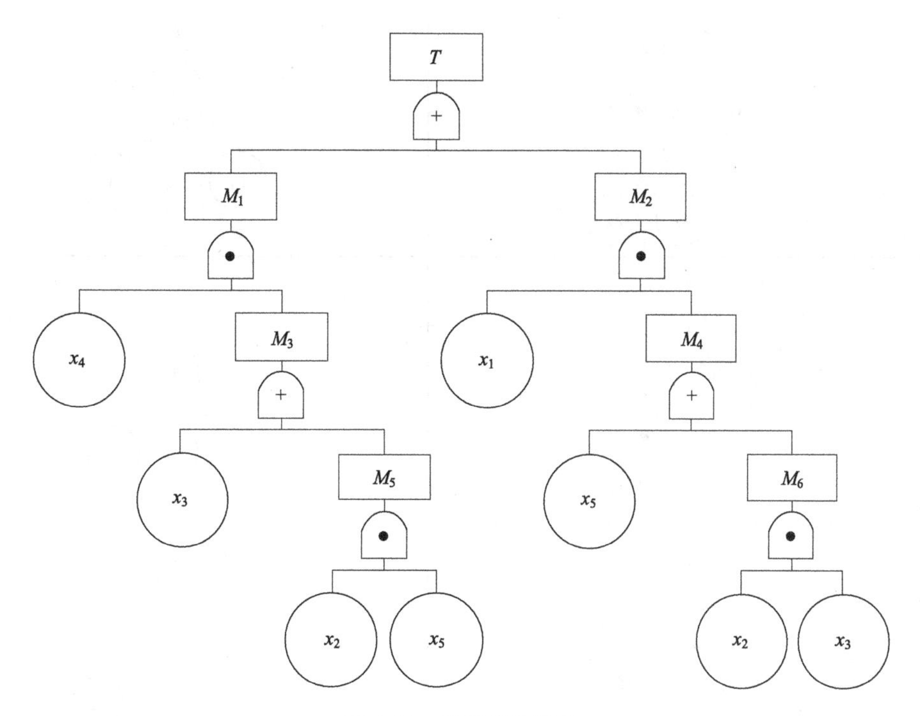

图4-18　某系统故障树

解：图4-18中故障树由简单的“与门”和“或门”组成，根据与门和或门结构函数表达式，自上而下写出该故障树结构函数：

$$\Phi(X)=\{x_4\cap[x_3\cup(x_2\cap x_5)]\}\cup\{x_1\cap[x_5\cup(x_3\cap x_2)]\}$$

针对复杂系统构建的故障树，直接写出的结构函数冗长繁杂，不便于定性、定量分析。因此，根据故障树直接写出的结构函数可以进一步利用逻辑运算规则或布尔代数运算法则进行简化。

利用分配律可将上述结构函数化简：

$$x_4 \cap [x_3 \cup (x_2 \cap x_5)] = (x_3 \cap x_4) \cup (x_2 \cap x_5 \cap x_4)$$

$$x_1 \cap [x_5 \cup (x_3 \cap x_2)] = (x_1 \cap x_5) \cup (x_1 \cap x_3 \cap x_2)$$

故：$\Phi(X) = (x_3 \cap x_4) \cup (x_2 \cap x_5 \cap x_4) \cup (x_1 \cap x_5) \cup (x_1 \cap x_3 \cap x_2)$

2. 结构简化

对于已经规范化的故障树，为了有效减小故障树的规模和复杂度，节省分析工作量，有必要在进行分析之前，对故障树进行进一步简化，一般故障树简化主要从逻辑简化和模块化分解两方面进行。

(1) 逻辑简化

逻辑简化主要是利用布尔代数运算法则（交换律、吸收律、结合律、分配律、覆盖律等）对故障树进行简化。对于一般的故障树，先将原故障树转化为结构函数表达式，再利用布尔运算法则进行简化，得到相应简化的故障树。典型故障树逻辑简化范例如表 4-9 所示。

表 4-9 故障树逻辑简化范例

序号	原故障树	逻辑简化后故障树
1	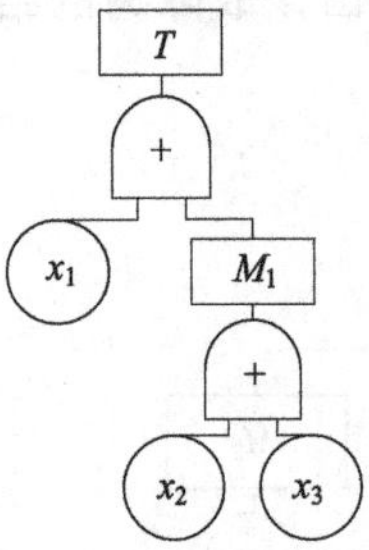 T + x_1 M_1 + x_2 x_3	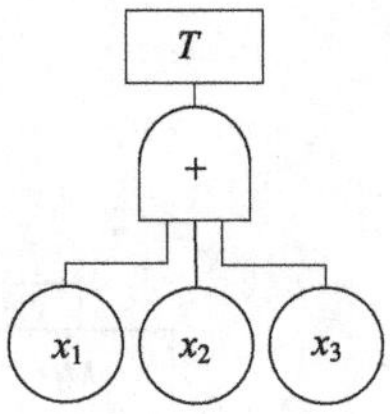 T + x_1 x_2 x_3
2	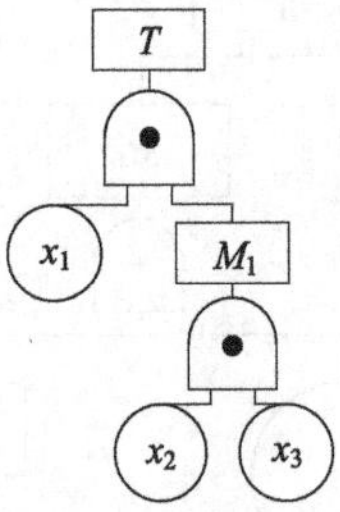 T • x_1 M_1 • x_2 x_3	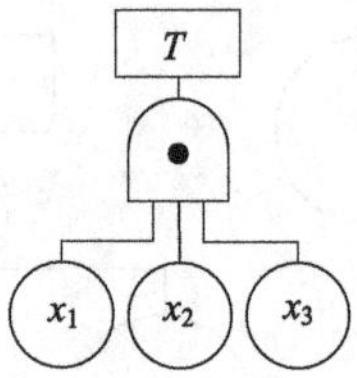 T • x_1 x_2 x_3
3	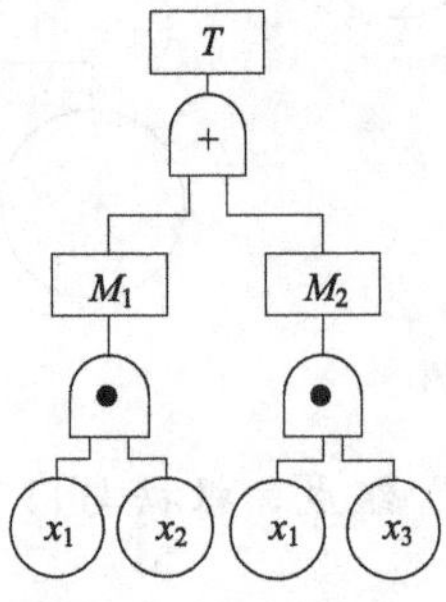 T + M_1 M_2 • • x_1 x_2 x_1 x_3	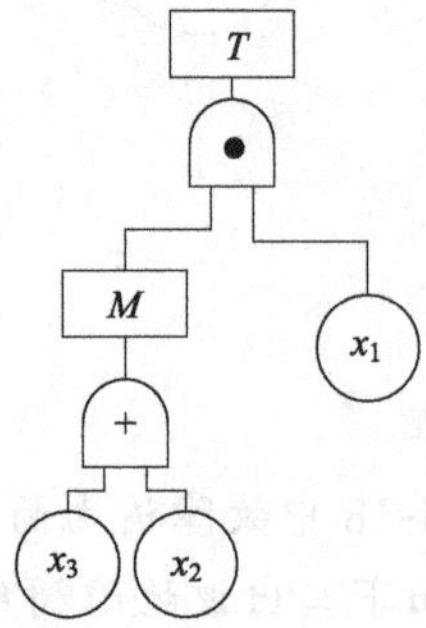 T • M x_1 + x_3 x_2

续表

序号	原故障树	逻辑简化后故障树
4	T M_1 M_2 x_1 x_2 x_1 x_3	T M x_1 x_3 x_2

即学即用

布尔代数运算法则有哪些？表 4-9 中的四组故障树简化范例分别利用的是哪种法则？

(2) 模块化

对于已经规范化和逻辑简化的故障树，还可以利用模块概念进一步简化。故障树模块是指故障树中至少两个但不是所有基本事件的集合，这些基本事件向上可到达同一个逻辑门，并且必须通过此门才能到达顶事件，而所有其他基本事件向上均不能到达该逻辑门。最大模块是故障树中不再是其他任意模块一部分的模块。在一个故障树中，可能有多个最大模块。一个模块内的基本事件向上到达的同一个逻辑门输出事件即为一个子树的顶事件，这个子树称为模块子树。

按模块和最大模块的定义，模块化化简的核心思想是：首先找出故障树中所有尽可能大的模块，然后利用转移符号，将每个模块从原有故障树中抽出，单独构成一个模块子树；最后在原故障树中，对每个模块子树用一个等效的相同转移符号来代替，使原故障树的规模减小。以图 4-19 故障树为例，模块化分解过程为：基本事件 x_1、x_2、x_3 向上到达同一个逻辑门 G_2，且必须通过 G_2 才能到达顶事件，而所有其他基本事件向上均不能到达 G_2 逻辑门，因此 $\{x_1,x_2,x_3\}$ 即为故障树的一个模块，同理，$\{x_4,x_5,x_6,x_7\}$ 也是一个模块；G_2 逻辑门的输出事件 M_1 可作为模块子树的顶事件，即 M_1、M_3 和 $\{x_1,x_2,x_3\}$ 共同组成了一个模块子树，利用转移符号将该模块子树从原故障树中抽出，单独分析，同理，M_1、M_4 和 $\{x_4,x_5,x_6,x_7\}$ 也可作为一个模块子树抽出（如图 4-19 模块化后的故障树），自此，原故障树就被分解为三个相对简单的故障树，简化了分析过程。

四、故障树定性分析

假设故障树中所有基本事件之间互相独立且事件只有发生和不发生两种状态，故障树的定性分析就是仅依据基本事件状态来发现和找出导致顶事件（系统故障）发生的所有基本事件或基本事件组合（即所有可能的故障模式）。故障树定性分析仅依靠事件状态即可进行，因此，当故障概率规律和原始数据不全、不准，人为因素难以定量时，利用定性分析也能判定系统可靠性最薄弱环节，此时，定性分析比定量分析更具有实际参考价值。

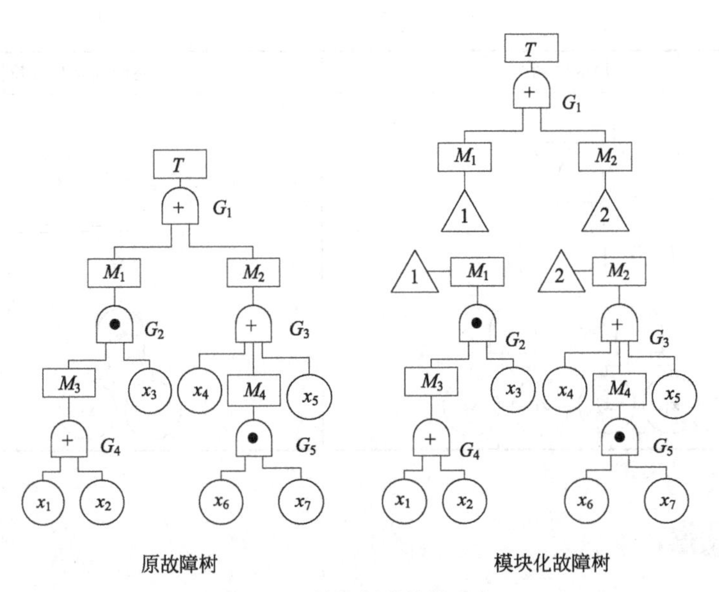

图 4-19　故障树模块化分解

故障树定性分析的作用是查明顶事件发生所有途径中最低限度基本事件组合，发现已有安全措施中的薄弱环节，对未加保护的事件应采取的措施，同时为故障树定量分析提供基础。

为了帮助大家更好地理解定性分析中涉及的基本概念，以一个简单故障树示范（如图 4-20 所示）来阐述割集和路集相关概念。假设故障树中基本事件状态 $X=(x_1,x_2,x_3)$，顶事件状态为 $\Phi(X)$，均为二值函数。

1. 基本概念

(1) 割集

割集是指能导致顶事件发生的基本事件集合，当集合中的基本事件同时发生时，顶事件必然发生。如果某一组 X 取值能使 $\Phi(X)=1$，则 X 中取值为 1 的基本事件集合即为割集。以图 4-20 故障树为例，(0,1,1)是能使 $\Phi(X)=1$ 的一个组合，此时，X 中取值为 1 的基本事件集合 $\{x_2,x_3\}$ 就是此故障树的一个割集；同理，(1,1,1)是能使 $\Phi(X)=1$ 的一个组合，$\{x_1, x_2, x_3\}$ 也是一个割集。相反，(1,1,0)不能使 $\Phi(X)=1$，故 $\{x_1,x_2\}$ 就不是割集。

(2) 最小割集

最小割集是指引起顶事件发生必需的最低限度的割集。在最小割集里，如果任意去掉其中一个基本事件，就不再是割集。以图 4-20 为例，$\{x_2,x_3\}$ 是一个割集，删掉任何一个底事件，得到的 $\{x_2\}$ 或 $\{x_3\}$ 都不是割集，因此 $\{x_2,x_3\}$ 就是一个最小割集；$\{x_1,x_2,x_3\}$ 也是一个割集，但如果删掉 x_1，$\{x_2,x_3\}$ 仍是一个割集，因此 $\{x_1,x_2,x_3\}$ 就不是一个最小割集。

(3) 路集

如果故障树中某些基本事件不发生，顶事件就不发生，则这些基本事件的集合称为路集。以图 4-20 为例，$\{\overline{x_3}\}$、$\{\overline{x_1},\overline{x_2}\}$、$\{\overline{x_1},\overline{x_2},\overline{x_3}\}$ 都是路集。

(4) 最小路集

如果路集中所含的基本事件任意去掉一个就不再是路集，则这样的路集称为最小路集。

最小路集代表系统成功的可能性，以图 4-20 为例，$\{\overline{x_1},\overline{x_2}\}$是最小路集，但是$\{\overline{x_1},\overline{x_2},\overline{x_3}\}$不是最小路集，因为去掉$\overline{x_3}$，$\{\overline{x_1},\overline{x_2}\}$仍然是路集。

由上述概念可看出，最小割集和最小路集是分别从系统故障和系统成功两个角度定性分析故障树的重要参数。最小割集代表引起系统故障状态的必需基本故障事件集合，明确了系统薄弱环节；最小路集代表系统正常工作的所有可能途径，可以科学、合理的选择控制风险的最佳方案。

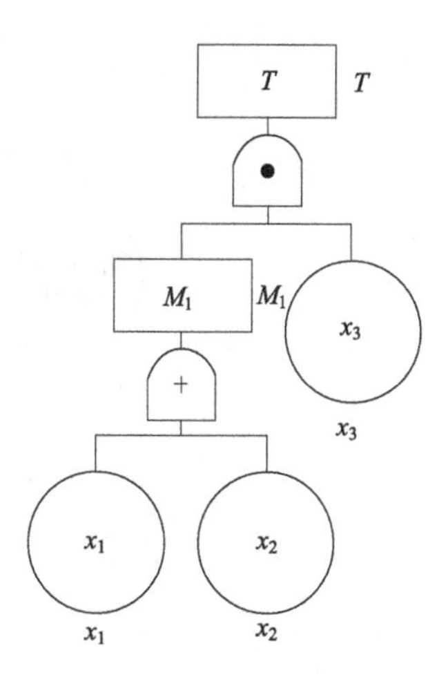

图 4-20 割集与路集示范故障树

2. 最小割集求法

故障树定性分析的实质就是找出导致顶事件必然发生的所有最小基本事件的集合，即顶事件发生的所有最小割集，常用的分析方法有下行法和上行法。

(1) 下行法

下行法，从顶事件开始，由上而下逐级进行分析引起顶事件的最小割集。下行法一般包括：行列法、矩阵列表法、布尔代数法。

① 行列法　行列法也称为 Fussell 法，其方法简单易行，可编程实现，因此得到广泛应用。基本方法：首先，从紧接顶事件的逻辑门开始，如果是或门就将该门的各个输入事件纵向排列；如果是与门，就将该门的各个输入事件横向排列，依次将门的输出事件用输入事件替换，直至全部中间事件均被基本事件替换为止；然后，再根据布尔代数运算法则进行化简。

用行列法求图 4-20 最小割集：紧接顶事件 T 的逻辑门是与门，将输入事件 M_1 和 x_3 横向排列，即 $M_1 \cdot x_3$；由于 M_1 与 x_1、x_2 连接为或门，应该纵向排列来替换，$\begin{cases} x_1 \cdot x_3 \\ x_2 \cdot x_3 \end{cases}$，至此，全部中间事件均被基本事件替换。所以，图 4-20 故障树的最小割集为：$\{x_1,x_3\}$、$\{x_2,x_3\}$。

【例 4-4】 某一双通道的泵送系统主要由阀门（V_1、V_2、V_3）、2 台 $40m^3/h$ 容量的泵（P_1、P_2）和 1 台 $80m^3/h$ 容量的泵（P_3）组成，功能框图如图 4-21 所示，假设当该泵送系统输出流量低于 $80m^3/h$ 时，系统即为故障，试以“输出流量$<80m^3/h$”为顶事件构建故障树并利用行列法求该故障树的最小割集。

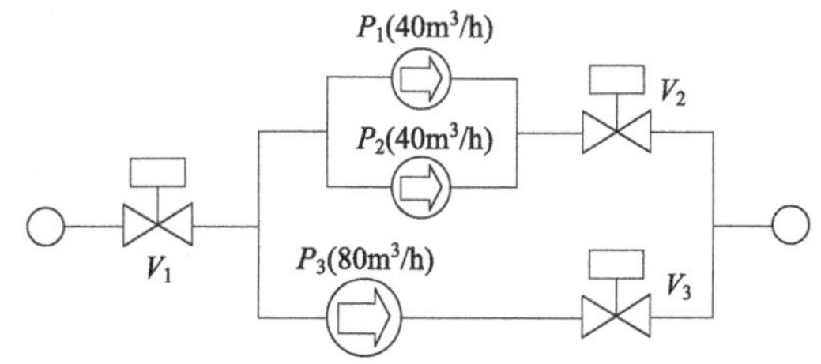

图 4-21 泵送系统功能图

解： 依题意可知，系统、故障及顶事件选择已明确，根据故障树构建流程，从顶事件（“输出流量$<80m^3/h$”）逐层向下分析最直接原因，由泵送系统功能图可看出，能引起“输出流量$<80m^3/h$”的有两个直接原因：阀门 V_1 打开失败或者双通道流量$<80m^3/h$；“双通道流量$<80m^3/h$”就需要上通道和下通道的流量均小于 $80m^3/h$，依次向下逐层分析直至无法向下即可寻找出引起顶事件发生的所有原因事件，构建故障树如图 4-22 所示。利用行列法求该故障树的最小割集。

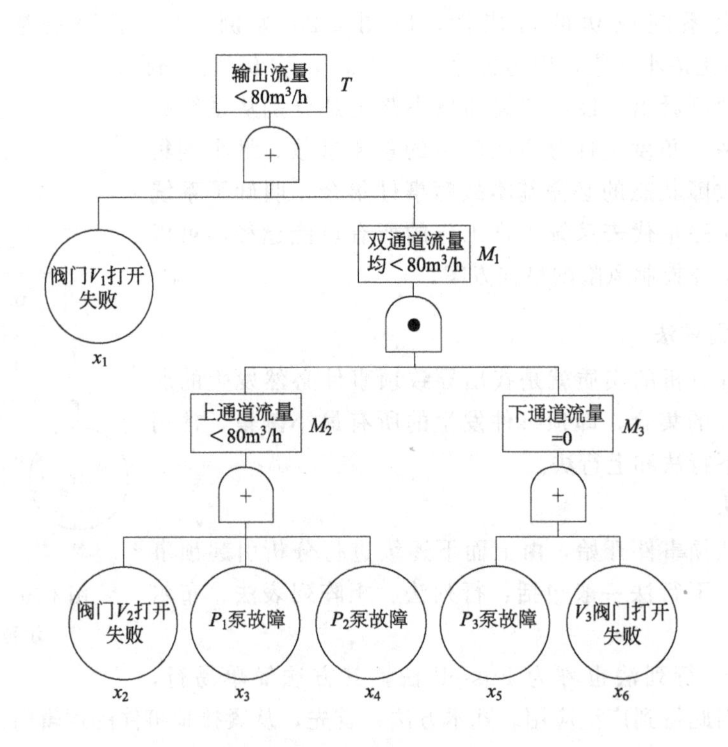

图 4-22 “泵送系统输出流量<80m³/h”故障树

顶事件 T 与中间事件 M_1 和基本事件 x_1 是用“或门”连接，所以应成列排开，即 $\begin{cases}M_1\\x_1\end{cases}$，$M_1$ 与下一层事件 M_2、M_3 的连接为“与门”，所以应成行排列进行替换，即 $\begin{cases}M_2\cdot M_3\\x_1\end{cases}$，依此类推有：

$$\begin{cases}x_2\cdot M_3\\x_3\cdot M_3\\x_4\cdot M_3\\x_1\end{cases}\rightarrow\begin{cases}x_2\cdot x_5\\x_2\cdot x_6\\x_3\cdot x_5\\x_3\cdot x_6\\x_4\cdot x_5\\x_4\cdot x_6\\x_1\end{cases}$$

即最小割集为 $\{x_2,x_5\}$，$\{x_2,x_6\}$，$\{x_3,x_5\}$，$\{x_3,x_6\}$，$\{x_4,x_5\}$，$\{x_4,x_6\}$，$\{x_1\}$。

② 矩阵列表（矩阵）法　从顶事件开始，首先将顶事件写入矩阵第一行第一列；然后根据其与输入事件的逻辑关系进行替换，如果是或门就将该门的各个输入事件纵向排列，如果是与门，就将该门的各个输入事件横向排列，依次将门的输出事件用输入事件替换，直至全部门事件均被基本事件替换为止；最后，根据布尔代数运算法则进行化简。

用矩阵法求图 4-20 最小割集：

步骤 1	步骤 2
$M_1\ x_3$	$x_1\ x_3$ $x_2\ x_3$

【例 4-5】 利用矩阵法求例 4-4 故障树最小割集。

解：

步骤 1	步骤 2	步骤 3	步骤 4
M_1 x_1	M_2M_3 x_1	x_2M_3 x_2M_3 x_2M_3 x_1	x_2x_5 x_2x_6 x_3x_5 x_3x_6 x_4x_5 x_4x_6 x_1

最小割集为 $\{x_2,x_5\}$，$\{x_2,x_6\}$，$\{x_3,x_5\}$，$\{x_3,x_6\}$，$\{x_4,x_5\}$，$\{x_4,x_6\}$，$\{x_1\}$。

③ 布尔代数法　根据故障树实际结构，从顶事件开始，依次根据逻辑关系（“与门”为“·”，“或门”为“+”），用输入事件替换输出事件，直到全部中间事件均被基本事件替换为止，即将顶事件化简到全部用基本事件表达形式，然后再利用布尔代数运算规则化简。

用布尔代数法求图 4-20 最小割集：$T=M_1\cdot x_3=(x_1+x_2)\cdot x_3=x_1\cdot x_3+x_2\cdot x_3$。

【例 4-6】 利用布尔代数法求例 4-4 故障树最小割集。

解： 依题意得

$$\begin{aligned}T&=M_1+x_1\\&=M_2\cdot M_3+x_1\\&=(x_2+x_3+x_4)\cdot(x_5+x_6)+x_1\\&=x_2\cdot x_5+x_2\cdot x_6+x_3\cdot x_5+x_3\cdot x_6+x_4\cdot x_5+x_4\cdot x_6+x_1\end{aligned}$$

最小割集为 $\{x_2,x_5\}$，$\{x_2,x_6\}$，$\{x_3,x_5\}$，$\{x_3,x_6\}$，$\{x_4,x_5\}$，$\{x_4,x_6\}$，$\{x_1\}$。

(2) 上行法

从底事件开始，由下而上逐级进行处理（对每一个输出事件而言，如果是或门的输出，则将该或门的输出事件用输入事件的布尔和形式表示，如果是与门的输出，则将该与门的输出事件用输入事件的布尔积形式表示），最后得到顶事件的基本事件布尔表达式并化简。

用上行法求解图 4-20 最小割集，最底层推算：$M_1=x_1+x_2$；

顶层推算得到：$T=M_1\cdot x_3=(x_1+x_2)\cdot x_3=x_1\cdot x_3+x_2\cdot x_3$

【例 4-7】 利用上行法求例 4-4 故障树最小割集。

解： 最底层一级推算，得到

$$M_3=x_5+x_6$$
$$M_2=x_2+x_3+x_4$$

向上一层推算，得到

$$M_1=M_2\cdot M_3=(x_2+x_3+x_4)\cdot(x_5+x_6)$$

向顶层推算，得到

$$T=M_1+x_1=(x_2+x_3+x_4)\cdot(x_5+x_6)+x_1$$

化简得

$$T=x_2\cdot x_5+x_2\cdot x_6+x_3\cdot x_5+x_3\cdot x_6+x_4\cdot x_5+x_4\cdot x_6+x_1$$

最小割集为 $\{x_2,x_5\}$，$\{x_2,x_6\}$，$\{x_3,x_5\}$，$\{x_3,x_6\}$，$\{x_4,x_5\}$，$\{x_4,x_6\}$，$\{x_1\}$。

3. 最小路集求法

根据最小割集和最小路集内涵可看出最小路集和最小割集呈现对偶性，因此，最小路集的求解方法可以借助故障树的对偶成功树，所谓对偶成功树就是将原来故障树的“与门”换成“或门”、“或门”换成“与门”，各类事件发生换成不发生（即各类事件转换为其逆事件）。最小路集的求解思路为：首先将故障树转化为对偶成功树，然后利用前述最小割集求解方法求解该对偶成功树的最小路集。

在实际应用过程中，根据研究需求、系统复杂程度、分析简化等方面综合选择进行最小路集或者最小割集的分析。例如，针对某系统故障构建的故障树中“或门”较多时，可将故障树先转换为对偶成功树，通过求对偶成功树的最小路集再求最小割集；针对故障树中“与门”较多的情况，可直接求故障树的最小割集，若要求分析系统可靠性，可通过最小割集再求最小路集。

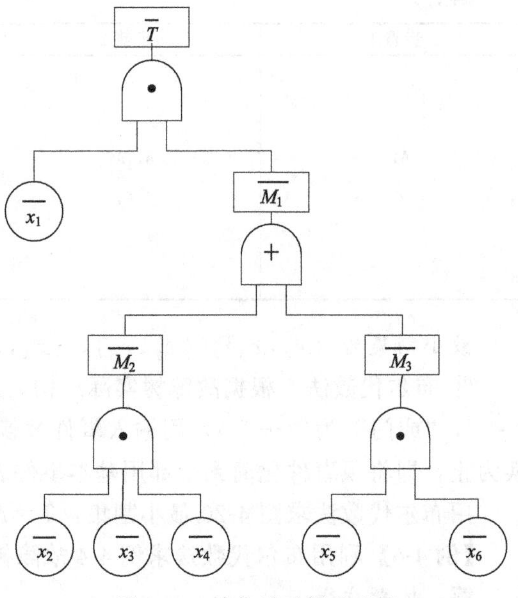

图 4-23　转化后对偶成功树

【例 4-8】 试求例 4-4 中故障树的最小路集。

解： 依题意可知，将图 4-22 的故障树转化为对偶成功树，如图 4-23 所示，再利用布尔代数法求解该成功树的最小路集。

$$\begin{aligned}\overline{T}&=\overline{x_1}\cdot\overline{M_1}\\&=\overline{x_1}\cdot(\overline{M_2}+\overline{M_3})\\&=\overline{x_1}\cdot(\overline{x_2}\cdot\overline{x_3}\cdot\overline{x_4}+\overline{x_5}\cdot\overline{x_6})\\&=\overline{x_1}\cdot\overline{x_2}\cdot\overline{x_3}\cdot\overline{x_4}+\overline{x_1}\cdot\overline{x_5}\cdot\overline{x_6}\end{aligned}$$

即系统的最小路集为 $\{\overline{x_1},\overline{x_2},\overline{x_3},\overline{x_4}\}$，$\{\overline{x_1},\overline{x_5},\overline{x_6}\}$。

五、故障树定量分析

故障树的定量分析是在故障树定性分析基础上，根据基本事件的故障规律及原始数据，运用数学方法和计算技术，对故障树的顶事件发生概率和基本事件重要度等各系统可靠性参数进行分析计算，从而为可靠性评估、安全评价和决策提供科学依据。

在进行故障树定量计算时，一般做以下假设：基本事件之间相互独立、基本事件和顶事件都只考虑正常和故障两种状态。

1. 顶事件发生概率

常用的顶事件发生概率可利用故障树的结构函数和基本事件发生概率计算，主要的计算方法有两种：直接分布算法和最小割集算法。

（1）直接分布算法

直接分布算法是按照故障树的逻辑结构从下往上逐级运算，求得顶事件发生概率。这种方法适合故障树规模不大，且故障树中无重复事件不需要进行逻辑化简时应用。

“与门”结构输出事件发生概率为

$$P(X)=\bigcap_{i=1}^{n} P(x_i)=\prod_{i=1}^{n} P(x_i) \tag{4-11}$$

式中 $P(X)$——输出事件发生概率，X 为输出事件；

$P(x_i)$——输入事件（基本事件）发生概率，x_i 为输入事件，$i=1,2,\cdots,n$。

“或门”结构输出事件发生概率为

$$P(X)=\bigcup_{i=1}^{n} P(x_i)=1-\prod_{i=1}^{n}[1-P(x_i)] \tag{4-12}$$

【例 4-9】 利用直接分布法计算图 4-22 故障树顶事件发生概率，由统计得到各底事件的发生概率分别为：$P(x_1)=0.001$，$P(x_2)=0.10$，$P(x_3)=0.01$，$P(x_4)=0.03$，$P(x_5)=0.02$，$P(x_6)=0.001$。

解： 先计算中间事件 M_1、M_2、M_3 发生概率，M_2 与 x_2、x_3、x_4 通过或门连接，M_3 与 x_5、x_6 也是通过或门连接，按照或门结构输出事件发生概率公式求得

$$\begin{aligned}P(M_2)&=1-[1-P(x_2)][1-P(x_3)][1-P(x_4)]\\&=1-(1-0.10)\times(1-0.01)\times(1-0.03)\\&=0.1357\end{aligned}$$

$$P(M_3)=1-[1-P(x_5)][1-P(x_6)]=1-(1-0.02)\times(1-0.001)=0.0210$$

M_1 与 M_2、M_3 通过与门连接，按照与门结构输出事件发生概率公式求得

$$P(M_1)=P(M_2)P(M_3)=0.0028$$

与顶事件相连接的为或门，按照或门结构输出事件发生概率公式计算出顶事件发生概率为

$$\begin{aligned}P(T)&=1-[1-P(M_1)][1-P(x_1)]\\&=1-(1-0.0028)\times(1-0.001)=0.0038\end{aligned}$$

因此，顶事件的发生概率为 0.038。

（2）最小割集算法

假设故障树全部最小割集为 K_1，K_2，…，K_n，最小割集的计算方法主要依托顶事件 T 和最小割集的关系：顶事件与最小割集之间是“或门”关系，即至少一个最小割集的发生会引发顶事件；每个最小割集与它所包含的基本事件之间是“与门”关系，即最小割集中所有基本事件均发生才会引发顶事件。

$$T=\bigcup_{j=1}^{n} K_j(t) \tag{4-13}$$

$$P[K_j(t)]=\prod_{i\in K_j} F_i(t) \tag{4-14}$$

式中 $P[K_j(t)]$——在 t 时刻第 j 个最小割集的发生概率；

$F_i(t)$——在 t 时刻第 j 个最小割集中第 i 个部件的故障概率。

假设最小割集之间不相交，即在短时间间隔内同时发生两个或两个以上最小割集的概率为零，且最小割集彼此没有重复的基本事件。此时，顶事件发生概率 $P(T)$ 等于各个最小割集的概率和。

$$P(T)=\sum_{j=1}^{n}(\prod_{i\in K_j}F_i(t)) \tag{4-15}$$

在大多数情况下，最小割集之间是相交的，此时可利用最小割集不交化将最小割集的相交和转化为不交和，再利用布尔代数运算法则简化后将基本事件不可靠度相关数据带入，计算出顶事件发生概率。

$$\begin{aligned}P(T)&=P(K_1\cup K_2\cup\cdots\cup K_n)\\&=P(K_1+K_1'K_2+K_1'K_2'K_3+\cdots+K_1'K_2'\cdots K_{n-1}'K_n)\\&=\sum_{i=1}^{n}P(K_i)-\sum_{i<j=2}^{n}P(K_iK_j)+\sum_{i<j<k=3}^{n}P(K_iK_jK_k)+\cdots+\\&\quad(-1)^{n-1}P(K_1,K_2,\cdots,K_n)\end{aligned} \tag{4-16}$$

按照上述公式能精确计算出顶事件发生概率，但当最小割集数目较多时，会发生“组合爆炸”问题，结合实际应用意义，一方面，本身统计的基本事件故障数据往往不是很准确，在此基础上没必要要求精确地计算出顶事件发生概率；另一方面，现代大多产品设计的可靠度较高，相应的，其故障率很小，按照上述公式计算收敛得非常快，后面数值极小。所以在实际计算中往往可以进行近似计算，上述公式中(2^n-1)项的代数和起主要作用的是首项或前几项，具体工作中可根据精度要求，将顶事件发生概率取首项或前两项来近似计算。

取首项时

$$P(T)=\sum_{i=1}^{n}P(K_i) \tag{4-17}$$

取前两项时

$$P(T)=\sum_{i=1}^{n}P(K_i)-\sum_{i<j=2}^{n}P(K_iK_j) \tag{4-18}$$

(3) 最小路集算法

最小路集算法与最小割集计算步骤基本一致：首先将最小路集进行不交化处理并简化，然后将基本事件的可靠度相关数据代入简化式中并计算，再用1减去计算结果可计算出顶事件发生概率。

【例 4-10】已知某系统故障树如图 4-24 所示，由统计得到该故障树中各基本事件发生概率为：$P(x_1)=0.002$，$P(x_2)=0.20$，$P(x_3)=0.01$，$P(x_4)=0.03$，$P(x_5)=0.02$，$P(x_6)=0.005$，求顶事件发生概率。

解：由上一节最小割集求法可求出该故障树最小割集为$\{x_1,x_2\}$，$\{x_4,x_5\}$，$\{x_4,x_6\}$，分析可知，最小割集之间是相交的，不适合用直接分布法求顶事件发生概率，因此，选择最小割集法求顶事件发生概率。

最小割集不交化

$$\begin{aligned}T&=x_1\cdot x_2+x_4\cdot x_5+x_4\cdot x_6\\&=x_1\cdot x_2+\overline{x_1\cdot x_2}\cdot x_4\cdot x_5+\overline{x_1\cdot x_2}\cdot\overline{x_4\cdot x_5}\cdot x_4\cdot x_6\\&=x_1\cdot x_2+(\overline{x_1}+x_1\cdot\overline{x_2})\cdot x_4\cdot x_5+(\overline{x_1}+x_1\cdot\overline{x_2})\cdot\\&\quad(\overline{x_4}+x_4\cdot\overline{x_5})\cdot x_4\cdot x_6\\&=x_1\cdot x_2+\overline{x_1}\cdot x_4\cdot x_5+x_1\cdot\overline{x_2}\cdot x_4\cdot x_5+\overline{x_1}\cdot x_4\cdot\overline{x_5}\cdot x_6+\\&\quad x_1\cdot\overline{x_2}\cdot x_4\cdot\overline{x_5}\cdot x_6\end{aligned}$$

将故障数据代入上述公式，计算得到

$P(T)=0.002\times0.20+0.998\times0.03\times0.02+0.001\times0.80\times0.03\times0.02+0.998\times0.03\times0.98\times0.005+0.002\times0.80\times0.03\times0.98\times0.005=0.004746$

即顶事件的发生概率为 0.004746。

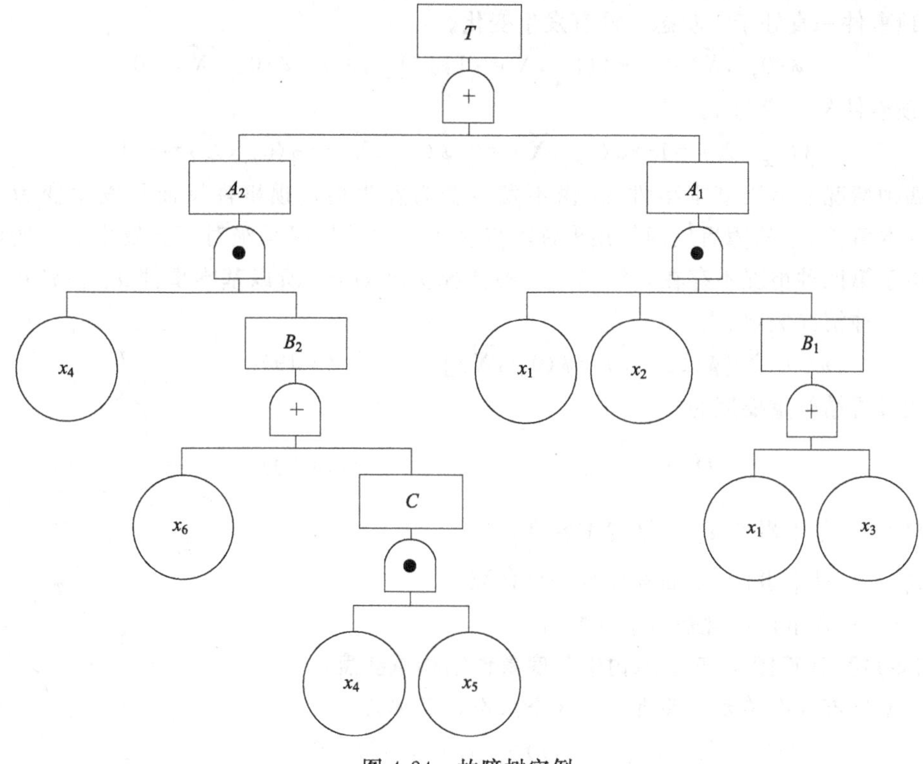

图 4-24 故障树实例

2. 基本事件重要度

重要度是指基本事件或最小割集对顶事件发生的贡献。系统中各元、部件并不同样重要，例如有的元件一发生故障就会引起系统故障，而有些则不然。因此，分析重要度是为了进一步确定薄弱环节和改进设计、维护优化方案。故障树基本事件重要度可分为结构重要度、概率重要度和关键重要度。

(1) 结构重要度

结构重要度是指各基本事件在故障树结构中的重要程度，其由基本事件在故障树中所处位置决定，与基本事件本身故障概率无关。介绍结构重要度具体计算方法之前，先引入临界状态和关键事件两个概念。

当故障树中存在某一（些）基本事件状态变化就能导致顶事件宏观状态变化时，就称系统处于临界状态；导致处于临界状态顶事件发生宏观状态变化的基本事件则称为该临界状态的关键事件。基本事件临界状态数越大，说明该事件状态变化对顶事件状态变化影响越大，即结构重要度越大。某一基本事件的结构重要度可通过该事件临界状态数目和其余所有基本事件状态组合数目的比值来量化。

假设在其他基本事件状态不发生变化的情况下，分析基本事件 i 状态由 0（不发生）变到 1（发生），顶事件的状态变化可能有四种。

① 顶事件从 0 变为 1。

$$\phi(0_{x_i},\vec{X})=0\rightarrow\phi(1_{x_i},\vec{X})=1,\phi(1_{x_i},\vec{X})-\phi(0_{x_i},\vec{X})=1$$

② 顶事件一直处于 0 状态，没有发生变化。

$$\phi(0_{x_i},\vec{X})=0\rightarrow\phi(1_{x_i},\vec{X})=0,\phi(1_{x_i},\vec{X})-\phi(0_{x_i},\vec{X})=0$$

③ 顶事件一直处于 1 状态，没有发生变化。

$$\phi(0_{x_i},\vec{X})=1\rightarrow\phi(1_{x_i},\vec{X})=1,\phi(1_{x_i},\vec{X})-\phi(0_{x_i},\vec{X})=0$$

④ 顶事件从 0 变为 1。

$$\phi(0_{x_i},\vec{X})=1\rightarrow\phi(1_{x_i},\vec{X})=0,\phi(1_{x_i},\vec{X})-\phi(0_{x_i},\vec{X})=-1$$

第四种情况表示当基本事件 x_i 由不发生变为发生后，顶事件反而从发生变为了不发生，即基本事件 x_i 故障后反而使顶事件不发生了，这种情况是绝对不会发生的，所以不予考虑。由于第四种情况不存在，第二、三种情况贡献为 0，所以基本事件 x_i 临界状态数目主要由第一种情况决定：

$$n_{x_i}^{\phi}=\sum[\phi(1_{x_i},\vec{X})-\phi(0_{x_i},\vec{X})] \tag{4-19}$$

由此可得结构重要度为

$$I_{x_i}^{\phi}=\frac{1}{2^{n-1}}n_{x_i}^{\phi} \tag{4-20}$$

式中 $I_{x_i}^{\phi}$——基本事件 x_i 的结构重要度；

$n_{x_i}^{\phi}$——基本事件 x_i 的临界状态组合数；

n——顶事件所含基本事件数目。

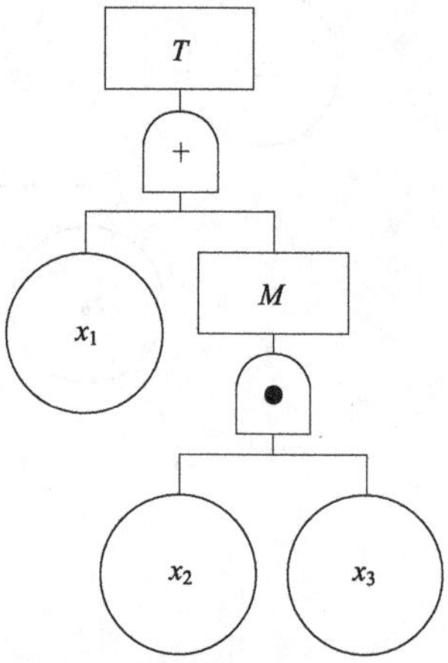

图 4-25 故障树示例

【例 4-11】 计算图 4-25 故障树中各底事件结构重要度。

解： 系统有 3 个单元，共有 $2^3=8$ 个状态，具体为

$\phi(0,0,0)=0,\phi(0,0,1)=0,\phi(0,1,1)=1,\phi(0,1,0)=0,$

$\phi(1,0,0)=1,\phi(1,0,1)=1,\phi(1,1,0)=1,\phi(1,1,1)=0,$

则由 $n_{x_i}^{\phi}=\sum[\phi(1_{x_i},\ \vec{X})-\phi(0_{x_i},\ \vec{X})]$ 得

$$n_{x_1}^{\phi}=[\phi(1,0,0)-\phi(0,0,0)]+[\phi(1,0,1)-\phi(0,0,1)]+[\phi(1,1,0)-\phi(0,1,0)]+[\phi(1,1,1)-\phi(0,1,1)]=3$$

$$n_{x_2}^{\phi}=[\phi(0,1,1)-\phi(0,0,1)]=1\quad n_{x_3}^{\phi}=[\phi(0,1,1)-\phi(0,1,0)]=1$$

所以，$I_{x_1}^{\phi}=\frac{3}{4}$，$I_{x_2}^{\phi}=\frac{1}{4}$，$I_{x_3}^{\phi}=\frac{1}{4}$

利用临界状态数目求结构重要度计算精确，但烦琐，尤其是基本事件数目的增加会使得临界状态数目计算量过大；当不需要求结构重要度精确值时，可利用最小割集进行结构重要度分析，即根据最小割集中所包含基本事件数目进行排序。设某一故障树有 k 个最小割集，最小割集 E_r 中含有 m_r 个基本事件，则基本事件 x_i 的结构重要系数可用下式计算：

$$I_k(x_i)=\frac{1}{k}\sum_{r=1}^{k}\frac{1}{m_r(x_i\in E_r)}\quad(i=1,2,3,\cdots,n) \tag{4-21}$$

【例 4-12】 某故障树有 3 个最小割集：$E_1=\{x_1,x_4\}$，$E_2=\{x_1,x_3\}$，$E_3=\{x_1,x_2,x_5\}$，试利用最小割集法求基本事件的结构重要度。

$$I_3(x_1)=\frac{1}{3}\times\left(\frac{1}{2}+\frac{1}{2}+\frac{1}{3}\right)=\frac{4}{9}$$

$$I_3(x_2)=\frac{1}{3}\times\frac{1}{3}=\frac{1}{9},\ I_3(x_4)=\frac{1}{3}\times\frac{1}{2}=\frac{1}{6}$$

$$I_3(x_3)=\frac{1}{3}\times\frac{1}{2}=\frac{1}{6},\ I_3(x_5)=\frac{1}{3}\times\frac{1}{3}=\frac{1}{9}$$

(2) 概率重要度

概率重要度是指第 x_i 事件发生的概率（对应单元的不可靠度）的变化引起顶事件发生概率（系统不可靠度）变化的程度。其数学公式表达为

$$\Delta g_{x_i}(t)=\lim_{\Delta t\to 0}\frac{F_s(t+\Delta t)-F_s(t)}{F_{x_i}(t+\Delta t)-F_{x_i}(t)}=\frac{\partial F_s(t)}{\partial F_{x_i}(t)} \tag{4-22}$$

$\Delta g_{x_i}(t)$——基本 x_i 事件的概率重要度；

$F_{x_i}(t)$——基本 x_i 事件的发生概率；

$F_s(t)$——顶事件的发生概率，$F_s(t)=[F_{x_1}(t),F_{x_2}(t),\cdots,F_{x_n}(t)]$。

【例 4-13】 以图 4-25 故障树为例，故障树的最小割集为 $\{x_1\}$，$\{x_2, x_3\}$，已知各单元服从指数分布，且 $\lambda_1=0.001\text{h}^{-1}$，$\lambda_2=0.002\text{h}^{-1}$，$\lambda_3=0.003\text{h}^{-1}$，计算当 $t=100\text{h}$ 时各基本事件的概率重要度。

解：

$$F_s(t)=1-[1-F_{x_1}(t)][1-F_{x_2}(t)F_{x_3}(t)]$$

故

$$\Delta g_{x_i}(t)=\frac{\partial F_s(t)}{\partial F_{x_i}(t)}=1-F_{x_2}(t)F_{x_3}(t)$$

$$\Delta g_{x_1}(100)=1-(1-e^{-0.002\times 100})(1-e^{-0.003\times 100})=0.953$$

同理得

$$\Delta g_{x_2}(100)=[1-F_{x_1}(100)]F_{x_3}(100)=0.2345$$

$$\Delta g_{x_3}(100)=[1-F_{x_1}(100)]F_{x_2}(100)=0.164$$

(3) 关键重要度

关键重要度是指基本事件 x_i 发生概率变化率所引起顶事件发生概率变化率变化的程度。其数学公式表达为

$$I_{x_i}^{CR}(t)=\lim_{\Delta t\to 0}\left[\frac{F_s(t+\Delta t)-F_s(t)}{F_s(t)}\Big/\frac{F_{x_i}(t+\Delta t)-F_{x_i}(t)}{F_{x_i}(t)}\right]$$

$$=\lim_{\Delta t\to 0}\left[\frac{F_s(t+\Delta t)-F_s(t)}{F_{x_i}(t+\Delta t)-F_{x_i}(t)}\right]\times\frac{F_{x_i}(t)}{F_s(t)}=\frac{\partial F_s(t)}{\partial F_{x_i}(t)}\times\frac{F_{x_i}(t)}{F_s(t)}=\frac{F_{x_i}(t)}{F_s(t)}\Delta g_{x_i}(t) \tag{4-23}$$

式中 $I_{x_i}^{CR}(t)$—— 第 i 个基本事件的关键重要度；

$\Delta g_{x_i}(t)$——第 i 个基本事件的概率重要度；

$F_{x_i}(t)$——第 i 个基本事件发生概率；

$F_s(t)$——顶事件发生概率，$F_s(t)=[F_{x_1}(t),F_{x_2}(t),\cdots,F_{x_n}(t)]$。

【例 4-14】 以图 4-25 故障树为例，故障树的最小割集为 $\{x_1\}$，$\{x_2,x_3\}$，已知各单元服从指数分布，且 $\lambda_1=0.001\text{h}^{-1}$，$\lambda_2=0.002\text{h}^{-1}$，$\lambda_3=0.003\text{h}^{-1}$，计算当 $t=100\text{h}$ 时各单元的关键重要度。

解：

$$I_{x_1}^{CR}(100)=\frac{F_{x_1}(100)}{F_s(100)}\Delta g_{x_1}(100)=\frac{0.0952}{0.1377}\times 0.953=0.6588$$

$$I_{x_2}^{CR}(100)=\frac{F_{x_2}(100)}{F_s(100)}\Delta g_{x_2}(100)=\frac{0.1813}{0.1377}\times 0.2345=0.3087498$$

$$I_{x_3}^{CR}(100)=\frac{F_{x_3}(100)}{F_s(100)}\Delta g_{x_3}(100)=\frac{0.2592}{0.1377}\times 0.1640=0.3087058$$

六、 FTA应用实例

由上一节起落架系统 FMECA 结果可知，“起落架收放异常”可引起Ⅱ级严酷度，为了进一步分析引起“起落架收放异常”这一故障模式的原因，本节主要利用故障树进一步对起落架收放系统进行可靠性分析。

1. 前起落架收放系统结构

起落架收放系统主要用于控制起落架的收放，降低飞行阻力。由正常收放系统和应急放系统组成，起落架正常收放系统为机械—电气—液压式控制系统，由起落架手柄组件、位置传感器、位置作动控制组件 PACU、起落架选择阀和前起落架（前起）收放作动筒、主起落架（主起）收放作动筒、主起上位锁、主起开锁作动筒、前起开锁作动筒等组成。起落架收放系统原理图如图 4-3 所示。

进行起落架正常收放操纵时，操纵起落架手柄，手柄位置开关发出收/放指令，并将该指令传给位置作动控制组件 PACU，PACU 将该指令信号与其他有关信号进行逻辑运算并根据运算结果控制起落架选择阀，使起落架保持原来位置或进行收/放作动。起落架的位置状态由 EICAS 显示。

起落架应急放下系统为机械式操纵系统。由应急放手柄、扇形轮组件、钢索系统、旁通阀及辅助应急放液压系统组成。进行应急放时，拉动应急放手柄，通过扇形轮和钢索的传动，操纵旁通阀使起落架收放液压管路互通并与回油路接通，通过钢索使主、前起落架上位锁开锁，主、前起落架靠重力和辅助气动力放下并锁住。

2. 故障树构建

基于 FMECA 分析结果，选取“起落架收放异常”为顶事件，从顶事件出发，根据收放系统工作原理，从上往下逐层分析引起收放系统异常的原因，构建故障树如图 4-26 所示。

3. 故障树分析

（1）定性分析

利用布尔代数法计算故障树的最小割集

$$
\begin{aligned}
T &= M_1+M_2=x_1+M_3+M_4+M_5+M_6+M_7\\
&= x_1+x_2+x_3+x_4+x_5+x_6+x_7+x_8+x_9+x_{10}+x_{11}+M_8+M_9\\
&= x_1+x_2+x_3+x_4+x_5+x_6+x_7+x_8+x_9+x_{10}+x_{11}+x_{12}+x_{13}+x_{14}+x_{15}
\end{aligned}
$$

该故障树的最小割集为$\{x_1\}$，$\{x_2\}$，$\{x_3\}$，$\{x_4\}$，$\{x_5\}$，$\{x_6\}$，$\{x_7\}$，$\{x_8\}$，$\{x_9\}$，$\{x_{10}\}$，$\{x_{11}\}$，$\{x_{12}\}$，$\{x_{13}\}$，$\{x_{14}\}$，$\{x_{15}\}$。说明任何一个基本时间均会引起顶事件的发生，由最小割集计算结构重要度概念可知，基本事件的结构重要度一样，因此，单纯依靠定量分析无法给设计制造人员提供更详细的参考，须根据基本事件发生概率，进一步通过计算基本事件概率重要度来分析出关键基本事件。

（2）定量分析

从故障树定性分析结果看出，最小割集均是由独立的单事件所组成，顶事件发生概率通过所有基本事件发生概率之和计算得出。为了进一步分析故障树的关键因素，可通过故障数据进一步分析基本事件的概率重要度。根据使用维护过程数据统计得出各基本事件发生概率，如表 4-10 所示。

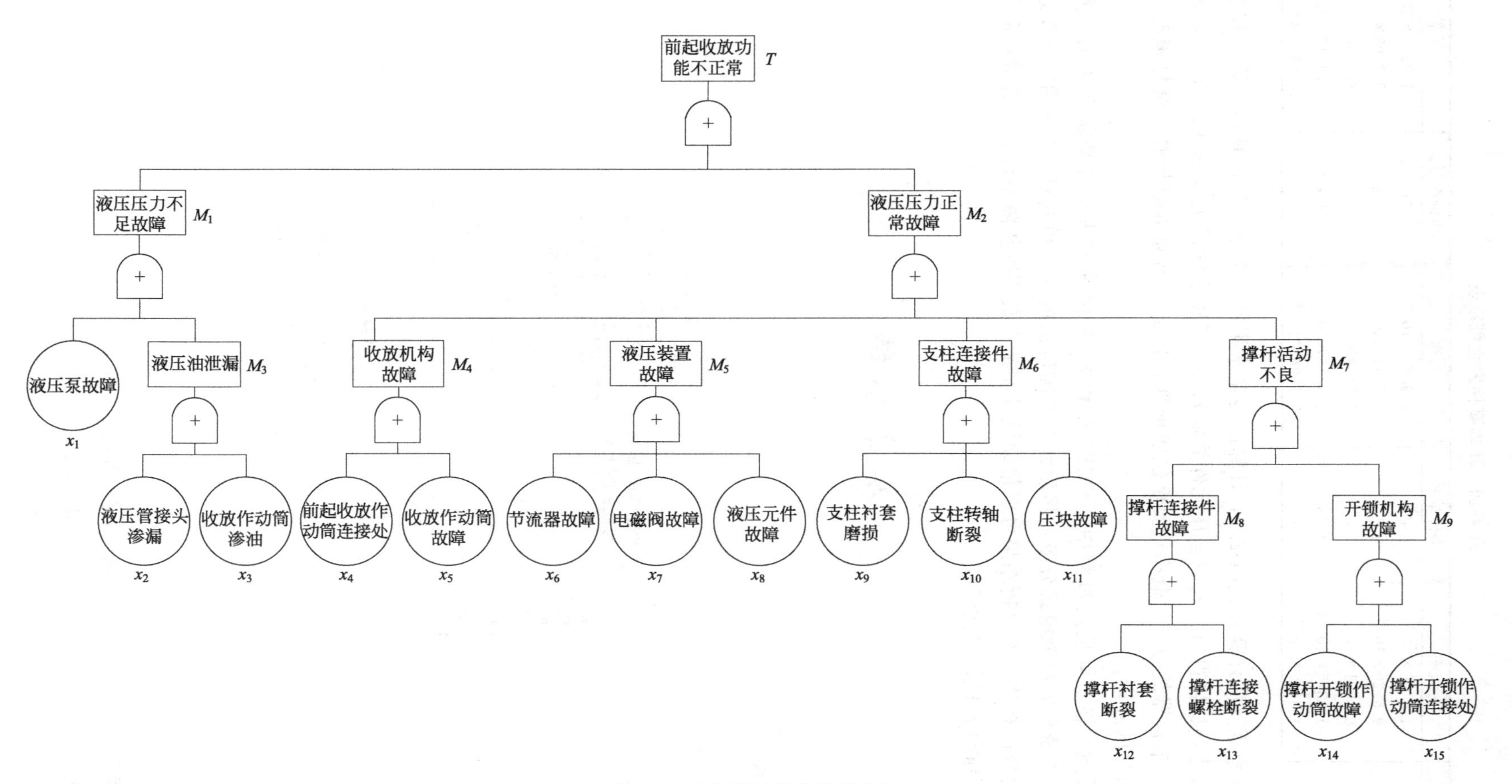

图 4-26 起落架收放异常故障树

表 4-10　基本事件发生概率表

事件编号	概率	事件编号	概率	事件编号	概率
x_1	1.0296×10^{-4}	x_6	1.9030×10^{-4}	x_{11}	1.0577×10^{-5}
x_2	9.5220×10^{-4}	x_7	4.7044×10^{-4}	x_{12}	2.7393×10^{-5}
x_3	6.4931×10^{-5}	x_8	1.0138×10^{-3}	x_{13}	6.3404×10^{-5}
x_4	1.8375×10^{-5}	x_9	2.0713×10^{-5}	x_{14}	8.4812×10^{-5}
x_5	1.4407×10^{-4}	x_{10}	5.6696×10^{-6}	x_{15}	2.0323×10^{-5}

根据概率重要度计算公式(4-22)，计算出各基本事件概率重要度，具体计算过程在此处不作具体阐述，比较得出：x_8（液压元件故障）、x_2（液压管接头渗漏油）、x_7（电磁阀故障）和 x_6（节流器故障）的概率重要度位居前四，因此，当起落架收放系统故障时，首先考虑液压部分的故障。

综上所述，在实际应用过程中，FMECA 和 FTA 两种方法经常是联合使用，先利用 FMECA 对系统所有故障模式分级，然后针对严酷度高的故障模式进一步利用 FTA 进行分析。合理的故障树构建及分析结果可以帮助设计制造人员明晰故障机理，改进薄弱环节，也为后续使用维修提供指导性建议。

本章小结

知识图谱

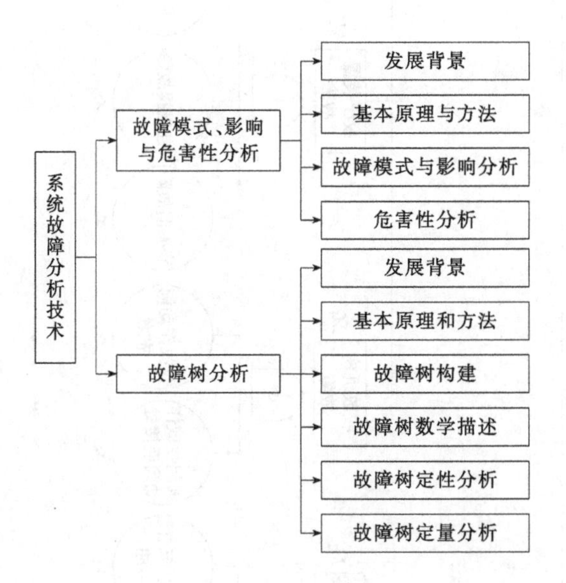

基本概念

约定层次	indenture level
临界状态	critical state
割集	cut set

最小割集	minimum cut set
结构重要度	structure significance
概率重要度	probability significance
关键重要度	criticality significance

学而思之

2020年5月8日，在北京航天飞行控制中心科技人员精准操控下，由长征五号B运载火箭搭载的飞船试验船返回舱在东风着陆场预定区域成功着陆，此次试验任务的圆满成功得益于北京航天飞行控制中心创新的多项技术。在首飞任务中，飞控团队针对发射及入轨段、试验船、测控网和中心内部等部分详细制定了600多个故障预案，同时他们还将FMEA和FTA方法相结合，科学全面地将故障分析落实为一系列预案和具体的可实施操作。

思考：FMEA和FTA两种方法在故障预案制定过程中的作用是什么？应用时两者可如何结合？

本章习题

1. 任意选取一个简单产品或部件，综合应用FMECA和FTA两种方法分析其可靠性，写出两种方法的综合应用思路和步骤，绘制FMECA表和故障树，并通过分析提出相关建议措施。

2. 已知系统可靠性框图如图4-27所示，预计可靠度分别为：$R_1=0.7$，$R_2=0.8$，$R_3=0.9$，$R_4=0.9$，试求：(1) 系统可靠度；(2) 绘制相应故障树；(3) 求故障树的最小割集及每个基本事件概率重要度。

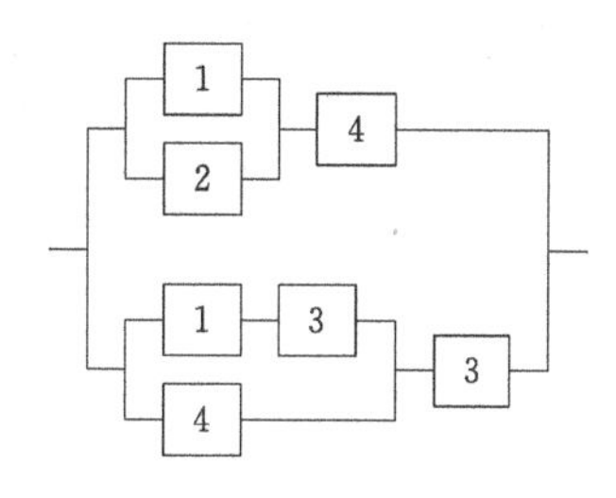

图4-27 可靠性框图

3. 一个防止气罐内超压的安全仪表系统主要由3个传感器、1个逻辑解算器和2个安全阀组成（如图4-28所示），通过关闭任意一个安全阀都可以使该仪表系统实现安全功能来保护储罐免受超压，3个传感器至少2个工作才可以使仪表系统安全功能实现，逻辑解算器对来自传感器的信号进行逻辑处理，若逻辑解算器故障则直接影响仪表系统安全功能实现。请以“仪表系统安全功能无法实现”为顶事件构建故障树，并计算出最小割集以及每个基本事件的结构重要度。

4. 以个人手机为对象，完成手机的FMEA，要求：

(1) 定义手机功能及约定层次；

(2) 定义手机的故障判据；

(3) 定义手机的严酷度；

(4) 选择手机某个系统完成FMEA。

5. 为了保证适航性和安全性，系统可靠性分析方法被广泛应用于民机型号研制中，依据《民用飞机和系统开发指南》(SAEARP 4754A) 的安全性评估过程（“双V”），为了指导民机系统以及单元设计，研制过程中需将顶端的飞机级的安全性需求逐级分配至系统级和单元级，试简述如何利用FMECA和FTA方法将系统级需求分配到单元级？

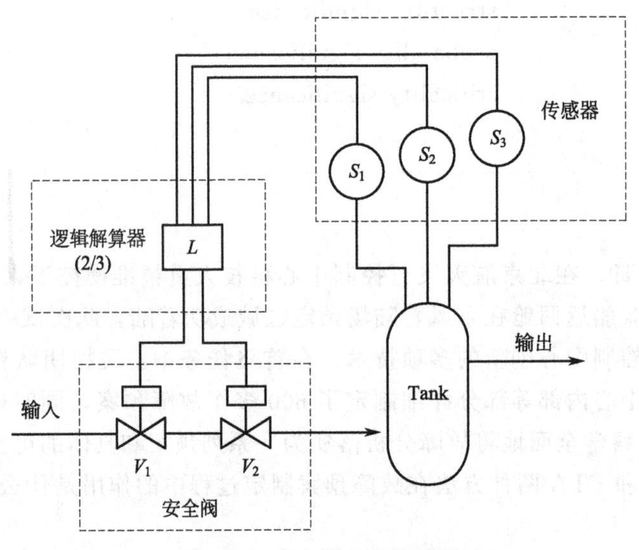

图 4-28　安全仪表系统简图

第五章 可靠性试验

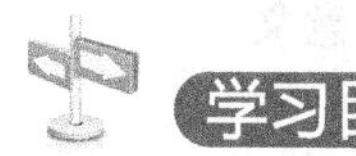

学习目标

① 了解可靠性试验的应用背景、发展动态和相关标准；

② 掌握常用的可靠性试验方法及相关数据分析与评估理论；

③ 熟悉试验方案制定、试验剖面设计、试验数据统计等基础工作。

导入案例

航空器、航天器的安全运行需要整机和零部件的高可靠性作为保障，可靠性试验是公认的最为行之有效的可靠性实践手段。气候实验室是开展飞机可靠性试验的有力工具，能综合运用制冷、加热、空调、控制、计量等技术模拟环境条件，为飞机可靠性试验提供主要场所。麦金利气候实验室始建于 1947 年，后经过多次改造，是世界上现有规模最大的气候实验室，能对全机进行高温、低温、湿热、淋雨、降雪、冻雨、地面降雾、吹雨、吹雪、吹风、日照、结冰、雷电等综合试验。目前已进行了 400 余架各类飞机，70 多个导弹系统，2600 多种军事装备的可靠性试验，其中，包括 F/A-22“猛禽”战斗机和波音 787“梦想飞机”。当前，航空航天大国均在积极建造本国的可靠性试验室，目的就是通过可靠性试验手段，不断保障和提升装备的可靠性，实现装备效能的整体跃升。因此，本章将围绕可靠性试验，重点讲述可靠性试验的目的、分类及典型可靠性试验的方法和应用。

资料来源：根据网络资料整理。

第一节 可靠性试验概述

可靠性试验是为了了解、评价、分析和提高产品可靠性而进行的各种试验的总称，旨在暴露产品的缺陷，为提高产品的可靠性提供必要信息并最终验证产品的可靠性。换句话说，任何与产品故障或故障效应有关的试验都可以认为是可靠性试验。产品的可靠性是设计、制造出来的，是管理出来的，也是试验出来的，可靠性试验在产品的研制过程中，特别是保障产品达到设计的可靠性要求起到至关重要的作用。

一、可靠性试验的目的

可靠性试验是评价产品可靠性水平的重要手段。目前，把测定、验证、评价、分析等为提高产品可靠性而进行的试验，统称为可靠性试验。可靠性试验是开展产品可靠性工作的重要环节。

可靠性试验一般是在产品的研究开发阶段和大规模生产阶段进行。研发阶段，可靠性试验主要用于评价设计质量、材料和工艺质量。在大规模生产阶段，可靠性试验则以保证质量或定期考核管理为目的。阶段不同，其目的也不尽相同。归纳起来包括以下几点：

① 在研制阶段，可靠性试验用以暴露试制产品各方面的缺陷，评价产品可靠性达到预定指标的情况，通过可靠性试验确定产品的可靠性特征值。可靠性试验暴露出的是在设计、材料、工艺阶段存在的问题和相关数据，对设计者、生产者和使用者都有重要意义。

② 通过可靠性鉴定试验，可以全面考核产品是否达到预定的可靠性指标。

③ 通过可靠性试验，暴露和分析产品在不同环境和应力条件下的失效规律及有关的失效模式和失效机理，以便采取措施，提高产品可靠性。

④ 在生产阶段为监控生产过程提供信息。

⑤ 为改进产品可靠性、制定和改进可靠性试验方案，为用户选用产品提供依据。

二、可靠性试验的分类

可靠性试验从不同的角度看，分类方法也不同。根据国内外学者的总结概括，主要包括以下几种分类方式。

1. 按照可靠性试验结果分类

可靠性试验按试验结果可分为定性试验与定量试验 2 类。

（1）定性试验

当可靠性试验数据少、以往经验不易适用时，或者必须在短时间发现产品的弱点或潜在缺陷、确认其质量保证程度所实施的可靠性试验称为定性可靠性试验。定性可靠性试验的结果无法具体、客观地以统计分析方法获得试件数字化的定量可靠度值，但能配合其他数据主观预测可靠度范围。此类试验包括应力筛选试验、环境试验、阶梯或步进应力试验等。

（2）定量试验

定量试验就是根据试验结果所获得的可靠性数据及产品的可靠度模式直接推测试件可靠度值的试验，此类试验包括寿命试验、耐久度试验、MTBF 试验、失效率试验等。

2. 按可靠性试验技术分类

可靠性试验按执行试验所使用的技术特性，可以分为以下 5 类。

（1）性能或功能试验

（2）应力筛选试验

（3）环境试验

（4）寿命或可靠性试验

(5) 加速或加严试验

3. 按试验目的分类

可靠性试验按其目的可分为下列 3 类。

(1) 改善型可靠性试验

包括环境发展试验、可靠性发展/成长试验、设计验证试验、零件/材料鉴定试验、加速或加严寿命试验、阶梯或步进应力试验、失效应力或设计强度试验等。

(2) 选别型可靠性试验

包括零件可靠性筛选、环境应力筛选、成品可靠性保证试验、出厂验收试验等。

(3) 确认型可靠性试验

包括可靠性鉴定试验、失效率试验、MTBF 试验、寿命试验、耐久试验等。

4. 按试件的组合层次分类

(1) 零件试验

包括进料试验、零件鉴定试验、零件可靠性筛选等。

(2) 组件试验

包括制程环境应力筛选、制程功能试验等。

(3) 系统/产品试验

包括出厂验收试验、可靠性鉴定试验、环境鉴定试验、生产可靠性试验、环境查证试验等。

5. 按物品研发程序分类

(1) 发展试验

包括工程发展试验、功能发展试验、环境发展试验、可靠性发展/成长试验等。

(2) 鉴定试验

包括功能鉴定试验、环境鉴定试验、可靠性鉴定试验等。

(3) 接收试验

包括功能接收试验、环境查证试验、生产可靠度试验等。

产品的可靠性试验贯穿于产品的设计、研制、生产及使用维护等产品整个生命周期的各个阶段，不同阶段需要开展不同类型的可靠性试验。不失一般性，本章按照产品生命各阶段，分别对环境应力筛选试验、可靠性研制试验、可靠性验证试验、可靠性寿命试验和可靠性增长试验 5 类常见试验方法进行介绍。

三、可靠性试验的要素

根据可靠性的定义，可靠性实施最重要的是“三个规定”，即“规定条件”“规定时间”及“规定功能”。但在具体规划可靠性试验时，还应考虑试验条件、失效判据和试验方案这三个因素。所以，一般认为可靠性试验最重要的四个要素为试验条件、试验剖面、故障判据和性能检测方法。

1. 试验条件

试验条件的正确选择是保证产品可靠性试验结果真实反映产品可靠性水平的重要因素。

试验条件的确定取决于产品的种类及其工作的自然环境、安装位置及产品对各环境因素的敏感情况。工作条件由产品的特性、功能和性能决定，在试验中应尽可能体现产品的所有工作条件。

选择试验条件应考虑的因素包括以下几个方面。

① 试验目的：试验条件是根据不同的试验目的来选择的。一般要求产品的可靠性要高于某一临界水平，因此试验条件应考虑最恶劣的使用条件。如果是鉴定试验，则应考虑正常使用条件下的典型环境条件。如果是强化试验，则应选取超出规定容许范围但不改变产品失效机理的应用条件。

② 现场实际使用条件：包括环境条件、工作条件和使用维护条件。

③ 使用条件下不同应力因素引起故障的可能性。

④ 试验设备条件及试验时间。

2. 试验剖面

在可靠性试验中，剖面包括寿命剖面、任务剖面、环境剖面、试验剖面四个方面。

（1）寿命剖面

产品从设计制造到寿命终结或退出使用这段时间内所经历的全部事件和环境的时序描述。它涉及产品寿命周期内的每一个重要时间，如试验、检验、运行、运输及其他可能事件。寿命剖面是确定产品环境条件的基础。

（2）任务剖面

任务剖面是对产品完成规定任务所经历的全部重要事件和状态的时序描述。它是寿命剖面的一部分，一种产品可用于执行单一任务，也可用于执行多项任务。因此，任务剖面可以是一个，也可以是多个。

（3）环境剖面

环境剖面是产品在运输、储存、使用中遇到的各种主要环境参数的时序描述，它主要依据任务剖面确定，同时兼顾运输和储存。每个任务剖面对应一个环境剖面，因此环境剖面可以是一个，也可以是多个。任务剖面与环境剖面一一对应。

（4）试验剖面

试验剖面是直接供试验用的环境参数与时间的关系图，是按照一定的规则对环境剖面进行处理后得到的。试验剖面还应考虑任务剖面以外的环境条件。对设计用于执行一种任务的产品，试验剖面与环境剖面、任务剖面是一一对应的关系；对设计用于执行多项任务的产品，则应按照一定的规则将多个试验剖面合并成为一个综合试验剖面。

3. 故障判据

产品故障是可靠性研究的主要问题，可靠性试验同样围绕故障展开，因此在可靠性试验中，产品故障的判定及故障的分析和处理是最关键、最重要的工作之一，它直接关系到试验结果的准确性以及试验的效果。

4. 性能检测

可靠性试验过程中，需要对试件产品进行性能检测，且最好采用自动监测，这样可以得到试件产品发生故障的准确时间。若采用人工测试，则应在每个试验循环设置若干测试时间点，这些测试时间点在试验大纲中要事先规定。

工业和信息化部电子第五研究所（中国赛宝实验室）

基本概况：工业和信息化部电子第五研究所（中国赛宝实验室），又名中国电子产品可靠性与环境试验研究所，始建于1955年，是中国最早从事可靠性研究的权威机构，设有国家重点实验室1个和联合培养硕士点、博士点和博士后工作站。

提供服务：电子五所提供的技术服务包括：体系认证、产品检验、元器件失效分析与DPA、工艺与材料、元器件检测、可靠性与环境试验、软件评测、信息安全、质量与可靠性、仪器设备与工具软件、计量校准、标准 & 政策研究、技术培训。试验对象从元器件到整机设备，从硬件到软件直至复杂大系统，每年服务企业过万家。

第二节 环境应力筛选试验

可靠性是设计到产品中的，但通过设计使产品的可靠性达到了目标值并不意味着投产后产品的可靠性就能达到这一目标。产品在生产过程中，由于原材料的不一致性、生产工艺的波动性、设备状况的变化、操作者的技术水平、生产责任心的差异以及质量检验和管理等方面的因素，造成产品或多或少存在缺陷和隐患，明显的缺陷可以通过常规的检验和测试手段加以排除，而潜在的缺陷如不加以剔除，那么产品在使用过程中往往会出现早期故障，使产品的可靠性低于常规的产品，不能达到设计的要求。

筛选就是设法剔除由于原材料、不良元器件、工艺缺陷和其他原因所造成的早期故障，从而达到提高产品质量和可靠性的目的。

一、环境应力筛选的概念

于产品存在的潜在缺陷，常规的质量控制或检测方法很难将它们剔除出来，只有采取特殊的检测方法或施加相应的外部应力，使这些潜在缺陷激活并发展成故障，才能将它们剔除。筛选的方法很多，如检查筛选，密封性筛选，储存、老炼筛选，应力筛选及特殊筛选等。检查筛选分为目视检查和仪器设备检查，常用仪器有显微镜、红外线、X射线等；密封性筛选有液浸检漏、氦质谱检漏、放射性检漏等；储存、老炼筛选有高温储存、低温储存（不常用）及功率老炼等；特殊筛选有抗辐射和高真空等。

环境应力筛选（environment stress screen，ESS）是一种应力筛选方法，它通过对产品施加合理的环境应力（如振动、温度等）和电应力，将其潜在的缺陷激活成故障，并通过检验发现，通过采取有效措施加以排除。它是迅速暴露产品隐患和激发缺陷最有效的一种筛选方法，也是一种工艺手段。

环境应力筛选的效果主要决定于所施加的环境应力、电应力水平和检测仪器的能力。应力的大小决定了能否将潜在的缺陷激发出来并演化为故障，而激发出的故障能否被找出、准确定位，最终排除则取决于仪器的水平、技术能力和管理等，因此环境应力筛选是一个问题的析出、识别、分析和纠正的过程，是质量控制和测试过程的延伸。

环境应力筛选因其在剔除早期缺陷方面的特殊作用而受到普遍重视，并广泛应用于产品的研制和生产中。在美国军用标准 MIL-STD-785 和 GJB 450A—2004 中被列为可靠性工作项目之一。

二、环境应力筛选的特征

区别于其他类可靠性试验，环境应力筛选试验具有以下典型特征：

① 环境应力筛选的目的是剔除早期故障。

② 不必精确模拟真实的环境条件。环境应力筛选是通过施加加速环境应力，在最短时间内析出最多的可筛缺陷，其目的是找出产品中的薄弱部分，但不能损坏好的部分或引入新的缺陷，且此应力不能超出设计极限。

③ 一般元器件、部件（组件）、产品（设备）三级均需进行环境应力筛选。

④ 应对百分之百的产品进行试验。

⑤ 对于不存在缺陷而且性能良好的产品应进行非破坏性的试验，对于有潜在缺陷的产品应能诱发其故障。

每一种结构类型的产品，应当有其特有的筛选方式，这就要求必须选择适当的应力和合理的时间。严格来说，不存在一个通用的、对所有产品都具有最佳效果的筛选方法，这是因为不同结构的产品对环境（如振动，温度）作用的响应是不同的。某一给定的应力筛选可能会对多种受筛选产品都产生效果，尤其是对于线路组件或电路板的研制工作，此情况出现的可能性更大。然而，某一给定筛选应力析出缺陷而又不产生过应力的有效性取决于产品本身及其内部元器件对施加应力的响应。

⑥ 不应改变产品的故障机理。

⑦ 不能替代可靠性验证试验，但通过筛选的产品有利于验证的顺利通过。

三、典型环境应力的特性

筛选可以使用各种环境应力，但应力的选择原则是能激发故障，而不是模拟使用环境。根据以往的工程实践经验，不是所有的应力在激发产品内部缺陷方面都特别有效，因此通常仅选用其中的几种典型应力进行筛选。

常用的典型环境应力有：恒定高温（恒定低温很少使用）、温度循环、温度冲击、扫频正弦振动、随机振动、温度循环加随机振动等。这些应力的强度和费用比较见表 5-1，从表 5-1 中可以看出，应力强度最高的是随机振动、高温变率的温度循环以及二者的组合或综合，不过它们的费用也比较高。

表 5-1 典型筛选应力强度和费用比较

<table>
<tr><th>参数</th><th colspan="2">应力类型</th><th>应力强度</th><th>费用</th></tr>
<tr><td rowspan="4">温度</td><td colspan="2">恒定高温</td><td>低</td><td>低</td></tr>
<tr><td rowspan="2">温度循环</td><td>慢速温变</td><td>较高</td><td>较高</td></tr>
<tr><td>快速温变</td><td>高</td><td>高</td></tr>
<tr><td colspan="2">温度冲击</td><td>较高</td><td>一般</td></tr>
<tr><td rowspan="2">振动</td><td colspan="2">扫频正弦</td><td>较低</td><td>一般</td></tr>
<tr><td colspan="2">随机振动</td><td>高</td><td>高</td></tr>
<tr><td>组(综)合</td><td colspan="2">温度循环与随机振动</td><td>高</td><td>很高</td></tr>
</table>

对于特定的产品，在确定筛选应力时应先分析各种应力的特性及产品特性，下面分别对每种筛选应力的特性进行论述。

1. 恒定高温

恒定高温筛选也称为高温老炼。

基本参数：包括上限温度 T_u 和恒温时间 T；另外，还应考虑室内环境温度 T_e，因为温度变化是诱发故障的主要因素。

特性分析：高温老炼是一种静态工艺，其筛选机理是通过提供额外的热应力，迫使缺陷发生。

如果受筛产品是发热产品，则在高温下其内部温度分布将极不均匀，这取决于元件发热功率、表面积、表面辐射系数以及附近空气流速等，因此应测量受筛产品重要元器件的温度，防止其在筛选温度下过热。

2. 温度循环

基本参数：包括上限温度 T_u、下限温度 T_l、温变率 V、上限温度保持时间 t_u、下限温度保持时间 t_l 和循环次数 N。

特性分析：对筛选效果影响最大的是温变率、温变范围和循环次数。上、下限温度保持时间应能保证产品温度达到稳定，过长的保持时间对筛选效果影响不大。

温度变化会使产品产生热胀冷缩效应，而加大温变率会加大热胀冷缩程度，增强热应力循环则是为了累积这种激发效应。温度循环中试验箱内气流速度是一个关键因素，它直接影响产品的温度变化速率。产品温度变化速率远低于试验箱内空气温度变化速率，因此提高试验箱空气流速可以使产品温度变化速率加大。

（1）温度和温度变化范围

一般来说，温度达到 50℃以上才能发现缺陷。温度越高，变化范围越大，筛选效率也越高，因此只要产品或产品中的元器件工作温度范围允许，可增大变化幅度提高效率。

（2）温度变化速率

温度循环之所以高效，一个主要原因是采用了高的温度变化速率。温度变化速率越高，筛选效果就越好。为了保证温度快速变化，应选用加热和制冷能力强的试验箱。试验时若可能，应打开设备外壳，使元器件暴露于空气流中。筛选标准规定温度变化速率为 5℃/min，也可以根据需要提高温度变化速率，甚至高达 30℃/min。

（3）循环次数

① 所需筛选时间受温度循环次数的控制。循环次数也是应力应变方向的变化次数。

② 有缺陷的产品出现故障与完好产品出现故障相比，其所需循环次数要少许多。因此，需要合理确定热应力大小及循环次数，从而析出故障而不消耗使用寿命。

③ 对于生产中的工艺筛选来说，循环次数对筛选度至关重要。筛选度随循环次数的增加而迅速提高，产品越复杂，所需的循环次数就越多。

3. 温度冲击

基本参数：包括上限温度 T_u、下限温度 T_l、温度转换时间、上限温度停留时间 t_u、下限温度停留时间 t_l 和循环次数 N。

特性分析：温度冲击方法能够提供较高的温度变化速率，产生的热应力较大，是筛选元器件，特别是集成电路器件的有效方法。温度冲击可能会造成附加损坏，而且不能实现全面检测，不易发现故障。但在缺乏具有足够温度变化速率的高低温箱的情况下，温度冲击方法是种可行的替代方法。

4. 正弦扫频振动

基本参数：包括最低频率、最高频率、加速度峰值或位移、扫频速度、扫描时间和振动轴向。

特性分析：正弦扫频振动中，能依次用一定的时间对产品内要重点加以筛选的元部件的共振频率进行激励，产生共振；但是，由于不是同时激励，作用时间较短，所以其筛选效果较随机振动低，而且不易避开敏感元件的共振频率。

5. 随机振动

基本参数：包括频率范围、加速度功率谱密度、振动时间和振动轴向。

特性分析：随机振动是在很宽的频率范围内对产品施加振动，产品在不同的频率上同时受到应力，使产品的许多共振点同时受到激励。这就意味着具有不同共振频率的元部件同时在共振，从而使安装不当的元器件受扭曲、疲劳、碰撞等，损坏的概率增加。由于随机振动的同时激励特性，其筛选效果大大增强，筛选所需持续时间大大缩短，其持续时间可以减少到正弦扫频时间的1/3～1/5。

四、环境应力筛选方案设计

制定环境应力筛选方案必须要对需要筛选的产品进行足够的研究，利用经验信息对产品中可能的缺陷确定全面的性能测试内容；选用能有效析出故障的应力筛选类型；制定一个能改善产品可靠性和质量又不会对受筛产品性能和寿命产生有害影响的环境应力筛选大纲。

制定环境应力筛选大纲应满足以下要求：

① 应能激发由于潜在缺陷而引起的早期故障。

② 施加的环境应力不必是产品规定的试验剖面，但须模拟规定条件的各种工作模式。即环境应力筛选的条件可以不必模拟实际使用的环境条件，但受筛件的各种工作功能必须能够实现，即需要模拟其全部工作状态。

③ 应能迅速暴露各种隐患和缺陷。

④ 不应使合格的产品发生故障。鉴于GJB 1032—1990无法保障筛选试验满足这一要求，通常在开展高加速应力筛选（highly accelerated stress，HASS）试验前先以高加速寿命试验（highly accelerated life test，HALT）作为预实验来确定合适的筛选应力。

⑤ 不应留下残余应力或影响产品使用寿命。

⑥ 重要产品的筛选应贯穿于制造过程的各阶段，着重强调元器件筛选。

⑦ 环境应力应以效费比最高为确定条件，对不太重要的产品，可以适当放宽要求。

第三节 可靠性研制试验

任何产品（包括部件、设备以及整机）在研制过程中，其可靠性不可能一次达到规定要求，而是一个不断试验、不断改进的过程，在这一过程中通过各种试验暴露产品的设计缺陷，经分析改进后产品的可靠性得以不断提高。因此，从某种程度上讲，产品研制过程本身是一个可靠性逐步增长的过程，研制过程中的许多试验也是一种形式的可靠性增长试验，而且经验表明，越早开展可靠性试验，可以少走弯路，对产品的可靠性设计越有帮助。

然而，在研制阶段初期不可能开展严格意义上的可靠性增长试验，除了时间和费用不允许外，产品本身也不具备条件。因此，对研制阶段的可靠性试验进行规划很有意义。

一、可靠性研制试验的概念

GJB 451A—2005 给出了可靠性研制试验（reliability development test，RDT）的定义：对样机施加一定的环境应力和（或）工作应力，以暴露样机设计和工艺缺陷的试验、分析和改进过程。GJB 450A—2004 指出：可靠性研制试验通过向受试产品施加应力将产品中存在的材料、元器件、设计和工艺缺陷激发成为故障，进行故障分析定位后，采取纠正措施加以排除。这实际上也是一个试验、分析、改进的过程。

广义上，工程研制阶段各种与产品的可靠性有关的或旨在发现产品设计、工艺等缺陷，提高产品可靠性的试验都可看作可靠性研制试验，甚至可以包括性能试验和环境试验。GJB 450A—2004 中指出：GJB 1407 规定的可靠性增长试验（reliability growth test，RGT）、目前国外开展的可靠性强化试验（reliability enhancement test，RET）、高加速寿命试验（HALT），以及目前国内一些研制单位为了了解产品的可靠性与规定要求的差距所进行的可靠性增长摸底试验（或可靠性摸底试验）等都属于可靠性研制试验的范畴。为防止混淆，本节仅仅介绍目前较为普及的可靠性增长摸底试验和可靠性强化试验，研制阶段后期作为一项特殊的可靠性研制试验的可靠性增长试验将单独在 5.6 节进行讨论。

二、可靠性研制试验的特征

尽管可靠性研制试验的意义已为人们所公认，而且近年来已在多个型号广泛开展并取得了很好的成效，但至今仍没有一个标准或法规对其试验方案设计及实施方法等加以规范。因此，在型号研制过程中，大多根据型号特点、相关产品的信息及工程经验来规划型号的可靠性研制试验总体方案并参照执行。结合多年研制试验工作经验，可总结出以下特点：

1. 根本目的是暴露缺陷

可靠性研制试验主要是为了暴露缺陷并采取纠正措施，更改设计，其核心理念是使产品更加“健壮”，因此越早开展效果越好。一般在研制阶段初期或中期前开展，而且可以没有定量的可靠性目标要求。而可靠性增长试验则有增长目标的要求，还要根据试验结果定量计算试验结束时产品的可靠性水平、评价是否达到增长目标。

2. 试验方法无强制性要求

由于研制试验的目的就是发现缺陷、改进设计，使产品可靠性得到提高，因此，只要能够达到这一目的，试验方法是不限的，既可以是模拟试验也可以是激发试验，甚至还可以是两种方法相结合。国外在研制阶段多采用加速试验来充分暴露缺陷（目前我国也在许多新型号中进行了应用)，而我国型号上最常采用的可靠性增长摸底试验事实证明也起到了很好的作用，特别是为首飞安全起到了保驾护航的作用。因为许多产品试验后还要装备部队使用，所以多采用模拟应力。

3. 试验对象无明确限制

基于可靠性研制试验的上述目的，任何希望提高可靠性的产品都可以开展此项试验，合同中大多也不会规定哪些产品必须完成此项试验，受试产品的级别也不限制。

4. 可以和研制阶段的其他试验结合进行

可靠性研制试验是用来激发产品的设计缺陷，是工程研制试验的一部分，因此在规划时应尽可能结合其他研制试验一起进行。比如，它和环境适应性研制试验相互关系密切，试验结果对提高环境适应性和可靠性有相同的影响，因此一般适宜结合进行。

5. 试验时机无明确规定

可靠性研制试验可以在研制阶段的任何时间进行，没有明确规定，但通常在产品首次装备试用前（比如飞机首飞前）完成才更有意义。

三、可靠性增长摸底试验

作为可靠性研制试验的一种，GJB 450A—2004 中指出：目前在国内一些研制单位，为了了解产品的可靠性与规定要求的差距所进行的可靠性增长摸底试验（或可靠性摸底试验）也属于可靠性研制试验的范畴。

1. 试验对象及其应具备的状态

（1）受试产品的选取

① 可靠性增长摸底试验的对象主要是电子产品。对于部分电气、机电、光电等产品，如果试验条件允许，也可安排可靠性增长摸底试验。

② 重要度较高的 A、B 类关键产品。例如，航空机载Ⅱ类产品。

③ 大量采用新技术、新材料、新工艺，技术跨度大，技术含量高，缺乏继承性等技术特点的新研产品。

④ 含电子元器件数量和种类较多的关键复杂产品。

可靠性增长摸底试验应以较为复杂的、重要度较高的、无继承性的新研或改型电子产品为主要对象。

（2）受试产品技术状态

可靠性增长摸底试验的受试产品一般为研制初期的试样或称为“S”型件的产品，应具备产品规范要求的功能和性能。受试产品在设计、材料、结构与布局及工艺等方面应能基本反映将来生产的产品的技术状态。

试验前受试产品应通过有关非破坏性环境试验项目和环境应力筛选，完成 FMEA 和可靠性预计，且必须经过全面的功能、性能试验，以确认产品已经达到技术规范规定的要求。

2. 试验时机

可靠性增长摸底试验的时机无明确要求，但作为一项研制试验，原则上在产品条件允许的前提下，越早开展越好，且应尽可能与产品研制阶段的其他试验结合进行。很多重点型号，为了保证首飞和调整试飞的安全性和顺利完成，常常安排在首飞装机前或调整试飞初期进行可靠性增长摸底试验，特别是对影响首飞安全的关键产品，很多型号要求必须在首飞前完成可靠性增长摸底试验。

3. 试验时间的选取原则及依据

试验时间可以统一规定，也可以根据产品复杂程度、重要度、技术特点、可靠性要求等因素对各种产品分别确定试验时间。若分别确定试验时间，通常可取该产品 MTBF 设计定型最低可接受值的 10％～20％。

早期，根据我国产品可靠性水平及工程经验，可靠性增长摸底试验的试验时间一般取 100～200h。随着产品整体可靠性的提高，100h 的试验时间似乎不太充分。统计结果表明，可靠性增长摸底试验的时间定为 200h 通常是合理的，但随着产品可靠性水平的提高，产品首发故障时间逐年后移，因此，对于一些长寿命、高可靠特性的装备，也可将可靠性增长摸底试验时间定为 300 h。

4. 试验剖面

一般可靠性试验应模拟产品实际的使用条件制定试验剖面，包括环境条件、工作条件和使用维护条件，尽可能采用实测数据。但由于可靠性增长摸底试验是在产品研制阶段的初期实施，一般不会有实测数据，因此一般按 GJB 899A—2009《可靠性鉴定和验收试验》确定试验剖面。在不破坏产品且不改变产品失效机理前提下，也可适当使用加速应力。

5. 试验方案

在有效的试验时间中，产品出现故障，必须进行分析，采取纠正措施改进修复后，可继续试验，但必须经过一定的试验时间来验证纠正措施的有效性（可根据具体情况来定，一般选 30～50h）。如果产品的故障为元器件故障，则必须对元器件进行失效分析，找出元器件失效机理，并落实纠正措施。

6. 实施要点

可靠性增长摸底试验应注意以下几点：

① 可靠性增长摸底试验是根据我国国情开展的一种可靠性研制试验。它是一种以可靠性增长为目的，无增长模型，也不确定增长目标值的短时间可靠性增长试验。其试验的目的是在模拟实际使用的综合应力条件下，用较短的时间、较少的费用，暴露产品的潜在缺陷，并及时采取纠正措施，使产品的可靠性水平得到增长，保证产品具有一定的可靠性和安全性水平，同时为产品以后的可靠性工作提供信息。

② 在研制阶段应尽早开展可靠性增长摸底试验，通过试验、分析、改进过程来提高产品的固有可靠性。

③ 对于关键或重要的新研产品，尤其是新技术含量较高的产品应安排可靠性增长摸底试验。总师单位应在型号试验规划中明确需要进行可靠性增长摸底试验的产品。

四、可靠性强化试验

可靠性强化试验（RET）是指在产品的研制阶段，采用比技术规范极限更加严酷的试验应力，加速激发产品的潜在缺陷，并进行不断的改进和验证，提高产品的固有可靠性。它是一种研制试验，又称加速应力试验（accelerated stress test，AST）。

GJB 451A—2005 中对可靠性强化试验的定义是：通过系统地施加逐步增大的环境应力和工作应力，激发和暴露产品设计中的薄弱环节，以便改进设计和工艺，提高产品可靠性的试验。

1. 应力极限

目前有许多不同的术语用来描述产品的各种应力极限，如图 5-1 所示。

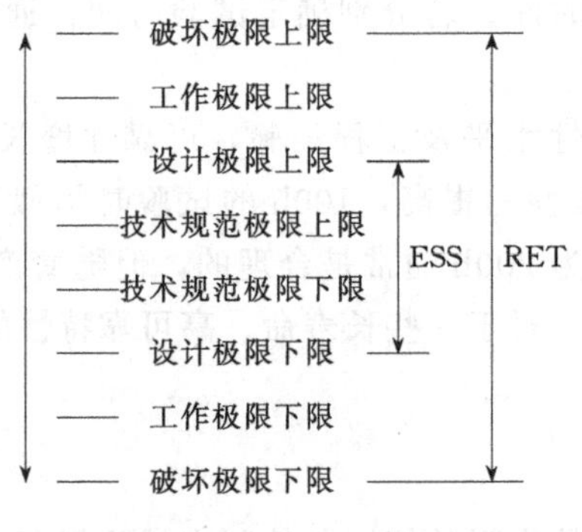

图 5-1　产品的各种应力极限

① 技术规范极限（technical specification limit）：由使用方或承制方规定的应力极限，产品预期在该极限内工作。

② 设计极限（design limit）：承制方在设计产品时，考虑设计余量而设计的极限。技术规范极限和设计极限之差称为设计余量。

③ 工作极限（operational limit）：产品正常工作的极限，在用以确定相关应力对可靠性影响的加速试验过程中，施加于产品的应力极限。加速寿命试验通常在该极限内进行。

④ 破坏极限（destruct limit）：产品出现不可逆失效的应力极限。破坏极限可以通过可靠性强化试验测定。

⑤ ESS 极限（ESS limit）：ESS 试验是在最终交付产品前的一个筛选过程。ESS 极限可通过可靠性强化试验确定，而且通常处于设计极限之内。

2. 试验应力的选择

(1) 试验应力

可靠性强化试验施加的主要环境应力有：低温、高温、快速温变循环、振动、湿度，以及综合环境应力。一般电子产品在可靠性强化试验中不施加湿度应力，由湿度应力引起的故障主要靠其他试验来剔除，例如温度-湿度环境试验。

试验所选取的试验应力应结合产品实际使用环境，由产品设计工程师与试验工程师共同商定。试验应力可以是环境应力（如温度、振动等），也可以是电应力（如电压、电功率等），还可以是工作应力（如使用频率）。具体选择原则如下：

① 应力选择以产品实际使用环境为基础；

② 在尽可能短试验时间内暴露尽可能多的产品缺陷；

③ 选择综合应力时，要综合考虑各应力的相互影响关系，如快速温变和湿度不宜同时施加；

④ 选择的试验应力应该能在实验室实现；

⑤ 满足一定的效费比要求。

（2）步进应力

可靠性强化试验采用步进应力试验方法。图 5-2 是典型步进应力试验示意图，图中的应力可以是振动、温度等应力之一或其综合。试验从某一初始应力（一般低于技术规范极限应力）开始，以一定的步长进行，每步停留时间从几分钟到 20 分钟，一般不超过 30 分钟。试验过程中实时连续监控产品。

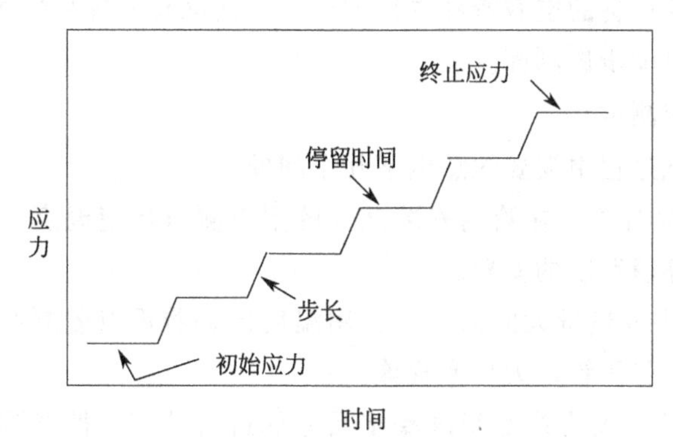

图 5-2　典型步进应力试验示意图

3. 应力施加方式及试验实施过程

可靠性强化试验一般按以下顺序施加环境应力：低温步进、高温步进、快速温变循环、振动步进、综合应力。总试验时间包括低温步进应力试验、高温步进应力试验、快速温变循环试验、振动步进应力试验和综合应力试验的时间。具体试验时间取决于试验的实际情况。

可靠性强化试验具体实施过程分为试验设备温控能力测试、产品温度分布测试、低温步进应力试验、高温步进应力试验、快速温度循环试验、振动步进应力试验和综合环境应力试验等几个步骤。其中，快速温度循环试验的温度应力极限通过低温步进应力试验和高温步进应力试验确定，而低温步进应力试验、高温步进应力试验和振动步进应力试验三个试验确定的应力极限也是作为确定综合环境应力试验应力条件的依据，见图 5-3。

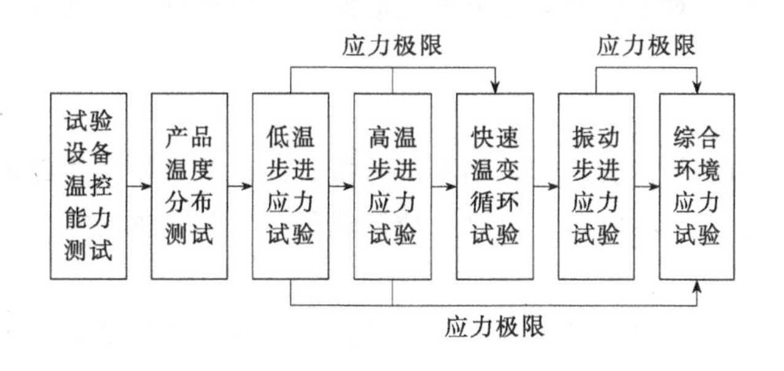

图 5-3　可靠性强化试验方案

（1）试验设备温控能力测试

可靠性强化试验前，应该先测试试验设备对温度应力的控制能力，如：温度超调、稳定时间、控制误差以及温度场的空间分布情况等，以明确产品在试验设备中的安装位置。

① 温度场测试方法　为了得到试验设备内部空间温度场的真实数据，将整个试验设备沿横、纵方向各截取几个面，通过分析这些平面的温度分布来分析整个试验设备的温度场。从节约成本的角度考虑，可以不必测量整个试验箱的温度场，只需要对可安装产品的部分按以上方法进行测量，就可以确定受试产品周围的温度场空间分布情况。

② 试验设备温控能力测试剖面　为了解试验设备的技术指标能否达到试验的截止温度和温变率的要求，并确定控温过程中的温度超调、稳定时间、控制误差以及温度场的空间分布等情况，需要对试验设备的空载特性进行测试。根据试验设备和受试产品的具体情况可以制定一个空载测试的温度步进剖面。

(2) 产品温度分布测试

产品温度分布测试过程中需要注意以下几个问题：

① 测试前拆下产品外壳。在箱内安装试件的附近测量环境温度，并测量产品的表面温度，比较表面温度和环境温度的差异。

② 重点考察试件中发热量大的部分。利用温度传感器重点监测产品重要的元器件，如运算放大器、三极管、稳压管、大功率管等。

③ 由于试验过程中需要在产品温度稳定后才能进行功能、性能测试，而且不同的设备产品温度稳定的时间也各不相同，所以需要在试验前测量受试产品在达到设定温度后的温度稳定时间。

(3) 预试验

受试产品在试验设备上安装完毕后，首先应进行全面的功能、性能检测，以确保施加试验应力前产品是完好的。在正式试验前，还需进行短时间的小量级振动预试验，以确认受试产品被牢固地安装在台面上，并能有效地传递能量。

(4) 正式试验

按照预先设定的试验剖面进行低温步进应力试验、高温步进应力试验、快速温变循环试验、振动步进应力试验和综合环境试验，并严格按照测试方案进行检测，记录试验应力数据和受试产品所有信息。

试验过程中如出现故障，则停止试验，记录故障模式及应力水平，并进行故障定位，然后再进行故障原因分析。对于暂时无法分析的故障，可留待进一步的分析，继续其他试验步骤以发现其他故障。

(5) 试验报告

试验结束后应立即进行试验总结，编写试验报告。试验报告要详细记录试验中发现的所有故障的描述、应力水平、故障定位信息、故障原因分析和改进措施。

(6) 改进措施验证

改进措施落实后，还应对改进后的产品继续进行可靠性强化试验，以确认改进措施的有效性，以及采取的改进措施是否引入新的问题。继续进行可靠性强化试验时不一定按照试验剖面全部执行，对于故障前的步骤可省略。若出现新的问题，应按照正式试验程序进行故障分析，采取改进措施，然后根据需要，也可以重新设计试验剖面，进行试验验证。如此重复“试验—分析—改进—再试验”的过程，直到产品固有可靠性水平得到显著提高，达到“健壮”的目的。

第四节 可靠性验证试验

一、可靠性验证试验的概念

可靠性验证试验的目的是度量和验证产品的可靠性是否达到规定要求，并给出可靠性验证值。因试验的最终目的和安排的阶段不同，可靠性验证试验通常包括可靠性鉴定试验（reliability qualification test，RQT）和可靠性验收试验（reliability acceptance test，RET）。这两种试验方法都是应用数理统计的方法验证产品可靠性是否符合规定要求，因此又称为可靠性统计试验。

可靠性鉴定试验的目的是验证产品的设计是否达到了规定的可靠性要求。可靠性鉴定试验是向使用方提供的一种合格证明。一般用于定型鉴定，是生产前的试验，为生产决策提供管理信息。此时产品仍属于研制阶段，但技术状态已经确定，设计及工艺图纸已经完备。鉴定试验必须按计划及时完成，使用方应在合同中规定鉴定试验的要求。可靠性鉴定试验主要用于设计定型（或生产定型）或主要设计和工艺变更后的鉴定。需要做可靠性鉴定试验的产品有：①新研产品；②重大改型产品；③重要度高而没有证据证明在使用环境条件下能满足系统分配的可靠性要求的产品。

可靠性验收试验的目的是验证产品的可靠性不随生产期间工艺工装及工作流程等的变化而降低，即为了确定某一批次生产的产品是否符合规定的可靠性要求。可靠性验收试验与可靠性鉴定试验的综合环境条件相同，一般按照批量的大小和规定的抽样原则从生产批次中抽取一定数量的样本进行试验。

可靠性验证试验，就方法而言，是一种抽样试验，它注重的是那些与时间有关的产品特性，如 MTBF。因此，为了说明可靠性验证试验方法，需要对抽样试验进行介绍。

二、抽样试验的原理及分类

抽样试验又称为抽样验证试验，基本原理是从产品的总体中抽出一部分样品，通过这一部分样品的可靠性试验，来估计产品总体的可靠性。为了实施抽样试验，在一定条件下汇集起来的一定数量的产品称为产品批，或简称批。批中的基本单位称为单位产品。

抽样试验可分为计数抽样试验和计量抽样试验两大类。

计数抽样试验是按试验结果，用不合格产品数、外观缺陷数来判断整批产品是否合格。为了由抽样试验结果来判断产品批是否合格，首先要确定抽验量 n 及合格判定数 c。设 d 表示 n 个样品中不合格品数，当 $d \leqslant c$ 时，认为产品合格，接收；反之，认为产品不合格，拒收。

计量型抽样试验是在假定产品的某项主要质量特性已知为正态分布，抽取 n 个样本，根据其测定值计算样本平均数及样本标准差，分别作为群体平均数及标准差的估计值。再利用规格的上（下）限可算出所分配的正态曲线在规格界限外的面积，此即该批产品的估计不良率，若不良率小于最大允许不良率，允收该批，否则拒收。

需要注意的是，在进行抽样试验时，样本应具有代表性。即样本应该是从一批同类产品中随机抽出的若干个体。抽样试验的前提是产品的生产是稳定的，产品的可靠性（或质量）有较好的一致性。在此前提下，才有可能通过对样本的可靠性（或质量）特征指标来估计整批产品的可靠性（或质量）特征，样本的可靠性才能在一定程度上代表这批产品的可靠性（或质量）。否则，抽样试验就没有意义。

三、抽样试验的参数及试验方法

1. 抽样试验的参数

抽样检验是按照规定的抽样方案，从提交检验的一批产品中随机抽取一部分样品进行试验，将结果与判别标准比较，决定整批产品是否合格。它是以数理统计作为数学基础的，统计问题是用个体的某些特性值的观测值代表总体的特性（服从某种分布的随机变量）。抽样试验就是通过抽样的方式，抽取总体中一定数量的样本进行试验，通过试验获得样本的某特征参数（如 MTBF）的观测值，并据此统计和推断总体的可靠性特征值。因此，除数理统计的一般概念外，还定义了如下概念和参数。

（1）参数 θ_0、θ_1 和 d

θ_0 为 MTBF 检验上限，它是可接收的 MTBF 值。当受试产品的 MTBF 真值大于或等于 θ_0 时，以高概率接收，也称为可接受的质量（acceptable quality）。

θ_1 为 MTBF 检验下限，当受试产品的 MTBF 真值小于或等于 θ_1 时，以高概率拒收（低概率接收），也称为极限质量（limiting quality）。

d 为鉴别比，对指数分布，$d=\theta_0/\theta_1$。

（2）参数 α 和 β

α 为生产方风险，批产品质量为可接收的质量时的拒收概率；

β 为使用方风险，批产品质量为极限质量时的接收概率。

（3）抽样特性曲线（OC 曲线）。接收概率 $L(\theta)$ 随可靠度指标 θ 变化的曲线称为抽样特性曲线。抽样特性曲线是表示抽样方式的曲线，从曲线上可以直观看出抽样方式对检验产品质量的保证程度。

（4）MTBF 观测值（点估计）。MTBF 观测值等于受试产品总工作时间除以关联故障数，一般用 θ 表示。

（5）MTBF 验证区间（θ_l，θ_u）。试验条件下真实的 MTBF 的可能范围，即在所规定的置信度下对 MTBF 的区间估计。

2. 抽样试验的方法

抽样检验的方法有以下三种：简单随机抽样、系统抽样和分层抽样。

（1）简单随机抽样

简单随机抽样是指一批产品共有 N 件，如其中任意 n 件产品都有同样的可能性被抽到进行抽样检验，如抽奖时摇奖的方法就是一种简单的随机抽样。进行简单随机抽样时必须注意，不能有意识地抽好的或差的，也不能为了方便只抽表面摆放的或容易抽到的。

（2）系统抽样

系统抽样是指每隔一定时间或一定编号进行，而每一次又是从一定时间间隔内生产出的产品或一段编号产品中任意抽取一个或几个样本的方法。这种方法主要用于无法知道总体确切数量的场合，如每个班的确切产量，多见于流水生产线的产品抽样。

（3）分层抽样

分层抽样是指针对不同类产品，有不同的加工设备、不同的操作者、不同的操作方法时，对其质量进行评估的一种抽样方法。在质量管理过程中，逐批验收抽样检验方案是最常见的抽样方案。无论是在企业内或在企业外，供求双方在进行交易时，对交付的产品验收时，多数情况下验收全数检验是不现实或者没有必要的，经常要进行抽样检验，以保证和确认产品的质量。验收抽样检验的具体做法通常是：从交验的每批产品中随机抽取预定样本容量的产品数目，对照标准逐个检验样本的性能，如果样本中所含不合格品数不大于抽样方案中规定的数目，则判定该批产品合格，即为合格批，予以接收；反之，则判定为不合格，拒绝接收。

四、可靠性验证试验的一般流程

和其他类型可靠性试验类似，可靠性验证试验（包括可靠性鉴定试验和验收试验）的实施过程同样分为三个阶段，即试验前准备阶段、试验运行阶段和试验后分析评估阶段。

1. 试验前准备阶段

试验前准备阶段主要工作包括对受试产品进行技术状态分析，编制试验大纲、试验程序等有关文件，受试产品的安装和测试，必要时进行试验前准备工作评审。

对于可靠性验证试验，特别是可靠性鉴定试验，该阶段最为重要，与其他可靠性试验不同的工作内容主要是确定受试产品及其技术状态和确定统计试验方案。另外，大纲中对于故障判据、故障统计及故障处理的要求也尤为重要，因为故障统计结果是可靠性验证试验结果评估的唯一依据。其余工作与其他可靠性试验类同。

（1）确定受试产品

原则上，型号研制总要求中有可靠性指标要求的设备，在设计定型前均应进行可靠性鉴定试验，在批生产验收时应完成可靠性验收试验。一般情况下，能按系统组合进行可靠性鉴定与验收试验的设备应按系统组合进行试验。当仅对系统的一部分进行可靠性鉴定与验收试验时，应重新计算出受试部分的可靠性指标分配值。

（2）确定受试产品技术状态

可靠性鉴定试验的受试产品应为设计定型状态，可靠性验收试验的受试产品应为批生产状态。受试产品应完成环境应力筛选。其同批产品应完成规定的环境鉴定试验，根据产品的特点及使用环境的不同，各型号规定不尽相同，但通常高温储存、低温储存、高温工作、低温工作和振动功能试验是最低的要求。

（3）确定统计方案

在确定统计方案时，一般按照受试产品的具体特点，选择 GJB 899A 中的可靠性验证试验的统计方案。原则上，定型级别为二级的重要产品，为避免在定型阶段使用方承担过高的风险，可靠性鉴定试验不推荐使用短时高风险方案；新研制的复杂产品，可靠性鉴定试验在时间允许的情况下，尽可能选择风险比较低的方案；对于改进改型设备，为节省试验时间和经费，建议采用短时高风险的统计方案。

（4）故障判据、故障分类及故障统计原则

对于可靠性验证试验，由于试验必须给出是否通过的判决，而故障统计对结果的评估起到至关重要的影响，因此必须明确什么情况下产品判为故障，以及故障的种类、分类原则和故障的统计原则。

故障判据取决于研制总要求或协议书中的设备性能指标及功能。根据 GJB 899A，在试验过程中，出现下列任何一种状态时，应判定受试产品出现故障：①在规定的条件下，受试产品不能工作；②在规定的条件下，受试产品参数检测结果超出规范允许范围；③在试验过程中，设备（包括安装架）的机械、结构部件或元器件发生松动、破裂、断裂或损坏等。需要说明的是，对于试验过程中出现的故障，只有责任故障才用于可靠性鉴定与验收试验统计评估。

2. 试验运行阶段

试验运行阶段主要工作包括：按照试验程序要求施加环境应力，对受试产品进行性能检测和功能检查，出现故障后的故障处理、故障分类，过程中的信息记录等内容。对于可靠性验证试验的运行阶段，除了常规工作外，需要特别关注故障的处理和试验结束两个工作。

（1）试验中故障的处理

试验期间，若根据可靠性鉴定与验收试验大纲中相关规定，设备的异常现象被判定为故障时，应按下面的程序进行故障处置：

① 暂停试验，将试验箱温度恢复到标准大气压条件后，取出故障产品。

② 对故障产品进行故障分析，并按“故障报告、分析及纠正措施系统”（FRACAS）要求，填写“可靠性鉴定与验收试验故障报告表”。

③ 当故障原因确定后，应对故障产品进行修复，修复时可以更换由于其他元器件故障引起应力超出允许额定值的元器件，但不能更换性能虽已恶化但未超出允许容限的元器件；当更换元器件确有困难时，可更换模块。

④ 在故障部件检测和修理期间，经使用方同意，可临时更换出故障的部件。

⑤ 经修理恢复到可工作状态的产品，在证实其修理有效后，重新投入试验，但其累积试验时间应从发生故障的温度段的零时开始记录。

⑥ 按 FRACAS 的要求，将纠正措施填写在“可靠性鉴定与验收试验故障纠正措施报告表”中。

⑦ 根据试验大纲中的有关规定对故障进行定位。

（2）试验结束

当试验过程中出现的责任故障数超出统计方案规定的接收故障数时，即可作出拒收判决，此次可靠性验证试验结束。当累积试验时间达到统计方案中规定的试验时间，且受试产品发生的责任故障数小于统计方案规定的拒收故障数时，即可作出接收判决。对于多台产品受试的可靠性验证试验，只要有一台产品的累计试验时间未达到平均试验时间的一半则不能作出合格判决。

3. 试验后分析评估阶段

在完成可靠性验证试验后，除了对试验中出现的故障处理结果进行分析、编写相应的试验报告、完成试验工作总结报告外，近年来，许多重大装备研制均将故障归零工作列为试验后的一项重要工作内容，并要求完成“故障归零”报告。

“故障归零”报告的主要内容包括：①故障发生时机和环境条件；②故障现象；③故障原因，必要时需进行故障树分析（FTA）；④故障复现情况（为保证故障定位的准确性，故障应能复现）；⑤采取的纠正措施，包括设计、工艺和管理上的纠正措施；⑥纠正措施的有效性验证及举一反三工作情况；⑦管理归零情况；⑧归零过程中形成的报告、纪要等材料汇总；⑨其他相关内容。

第五节 可靠性寿命试验

一、寿命试验的概念及分类

为了评价产品寿命特征的试验，叫寿命试验。对于大部分电子产品，寿命是最主要的一个可靠性特征量。因此，可靠性试验往往指的就是寿命试验。寿命试验是在生产过程比较稳定的条件下，剔除了早期失效产品后进行的试验，通过寿命试验可以了解产品寿命分布的统计规律。寿命试验可以分为储存寿命试验、工作寿命试验和加速寿命试验。

1. 储存寿命试验

产品可靠性测试是在规定的环境条件下进行非工作状态存放的试验，叫储存寿命试验。储存试验条件通常为室内、棚下、露天等，因此储存的环境试验方法又称天然暴露试验。储存试验的样品处于非工作状态。储存试验需要较多的试验样品和长期的观察测量，这样才能对产品作出较好的预计和评价。为缩短试验时间可以进行加速储存试验，加速储存试验常通过高温储存来实现。

2. 工作寿命试验

产品在规定的条件下开展的带负荷试验称为工作寿命试验。工作寿命试验分为连续工作寿命和间断工作寿命试验。连续工作寿命试验又分为静态连续工作和动态连续工作寿命试验两种。间断工作寿命试验的特点是周期性地工作和停止工作，动态连续工作的特点是不间断地连续工作。

3. 加速寿命试验

为缩短试验时间，节省样品与试验费用，快速地评价产品的可靠性，就需要开展加速寿命试验；另外由于当前工艺水平的提高，常规试验方法已很难判定产品的可靠性水平，因此也需要采用加速寿命试验方法；产品的更新速度太快，常规试验时间赶不上产品淘汰速度，只能采用加速寿命试验方法或其他的方法判定产品的可靠性水平。加速寿命试验是在不改变产品的失效机理和增添新的失效因子的前提下，提高试验应力（相对于工作状态的实际应力或产品的额定承受应力），以加速产品的失效过程。

由于寿命试验费时较多，通常不待受试样品全部失效就要结束，即大部分寿命试验都是截尾试验。根据试验截尾方式(固定试验时间或固定试验中失效样品数）和受试样品失效后有无替换，寿命试验可分为无替换定时截尾试验、有替换定时截尾试验、无替换定数截尾试验和有替换定数截尾试验四种。

二、寿命试验的设计原则

进行寿命试验设计时要考虑如下原则：

① 试验条件及失效判据标准要确定。

② 试验样品及抽样数选取要合理。

③ 试验的测试项目及测试设备要确定。

④ 试验的测试周期及截止时间要合理。

⑤ 试验结果的数据处理方法要得当。

除了以上寿命试验要考虑的问题外，加速试验方法还要注意以下要求：

① 提高试验的应力条件，应力条件主要为环境应力。

② 可靠性测试符合寿命试验的失效机理，但不能增加新的失效机理。

三、寿命试验的主要步骤

1. 试验目的

① 可靠性测定：即确定产品的寿命分布和失效率、平均寿命等参数。

② 可靠性试验：即通过寿命试验来判断某批产品是否符合规定的可靠性要求。

③ 可靠性鉴定：就是鉴定产品的设计和生产工艺是否能生产出符合可靠性要求的产品。

2. 试验对象

寿命试验的样品必须在筛选试验和例行试验的合格批中抽取，所选择的样品必须具有代表性。样品数量要能保证统计分析的正确性，又要考虑试验代价不能太大，并为实验设备条件所允许。

3. 试验条件

要了解产品储存寿命，需施加一定的环境应力；要了解产品工作寿命，需施加一定的环境应力和电应力，并且试验条件要严格控制在小误差范围内，保证试验的一致性。

4. 试验截止时间

寿命试验做到全数试样失效是不现实的，从统计分析的角度来看，也是不必要的，只要有一定部分的试样失效就可以停止试验，这叫截尾寿命试验，分为定数截尾和定时截尾两种。它们又各分为有替换和无替换两种。

5. 测试周期

选定原则是要使每周期内测得的失效数大致相同，测试工作量不致太大，但又要尽可能详细地了解发生事件。

6. 失效判据

通常以产品技术指标超出最大允许偏差范围作为失效判据，也可用是否出现致命失效作为判据，应根据使用要求在试验前作出明确规定。

7. 数据记录和处理

按产品失效的数量、时间列出累积失效概率表，以便对失效分布类型及可靠性指标作出估计；按失效产品的失效形式分别统计并作出主次图，找出影响可靠性的主要因素；有条件时还应对失效样品进行失效物理分析，找出材料、设计、工艺方面的原因，采取对策来提高可靠性。

四、加速寿命试验

加速寿命试验（accelerated life test，ALT）是指采用加大应力的方法促使样品在短期内失效，以预测在正常工作条件或储存条件下的可靠性，但不改变受试样品的失效分布。

根据试验中应力施加方式的不同，又可分为：①在试验过程中应力保持不变的恒定应力加速寿命试验；②试验过程中应力逐级步进式增加的步进应力加速寿命试验；③试验过程中应力连续增加的序进应力加速寿命试验。图 5-4 分别表示了三种基本加速寿命试验的应力加载历程。

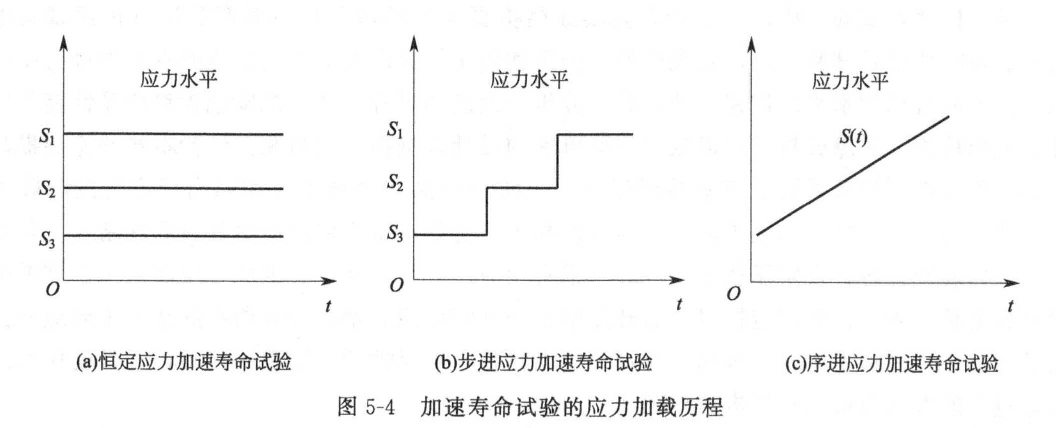

图 5-4 加速寿命试验的应力加载历程

1. 恒定应力试验（constant-stress testing，CST）

恒定应力试验的应力加载时间历程如图 5-4(a) 所示，其特点是对产品施加的“负荷”水平保持不变，其水平高于产品在正常条件下所接受的“负荷”的水平。试验是将产品分成若干个组后同时进行，每一组可相应地有不同的“负荷”水平，直到各组产品都有一定数量的产品失效时为止。

2. 步进应力试验（step-up-stress testing，SUST）

步进应力试验的应力加载时间历程如图 5-4(b) 所示，此试验对产品所施加的“负荷”是在不同的时间段施加不同水平的“负荷”，且水平是阶梯上升的。在每一时间段上的“负荷”水平，都高于正常条件下的“负荷”水平。因此，在每一时间段上都会有某些产品失效，未失效的产品则继续承受下一个时间段上更高一级水平下的试验，如此继续下去，直到在最高应力水平下也检测到足够失效数（或者达到一定的试验时间）为止。

3. 序进应力试验（progressive stress testing，PST）

序进应力试验方法与步进应力试验的思路基本相似，序进应力试验可近似看作是步进应力试验的每级应力差很小的极限情况，即序进应力试验加载的应力水平随时间连续上升。图 5-4(c) 表示了序进应力加载最简单的线性情形，即试验应力随时间呈直线上升的加载历程。

加速寿命试验的前提是什么？试验中的应力数值（或加速因子）怎么确定才合理？

第六节 可靠性增长试验

一、可靠性增长试验的概念

可靠性增长试验（RGT）是指在真实或模拟真实的环境条件下对产品进行正规试验的过程。可靠性增长试验是通过发现故障、分析和纠正故障以及对纠正措施的有效性进行验证以提高产品可靠性水平的过程，即试验—分析—改进的过程。增长试验包含对产品性能的监测、故障检测、故障分析及对以减少故障再现的设计改进措施的检验。试验本身并不能提高产品的可靠性，只有采取了有效的纠正措施来防止产品在现场工作期间出现重复的故障之后，产品的可靠性才能真正提高。产品开发和生产过程中都应促进自身的可靠性增长。预期的增长应表现在各开发阶段和生产过程中都有相应的增长目标值。因此，应制定一个完整的可靠性增长计划，计划应包括对产品开发增长的计划曲线。增长计划曲线的制定主要应根据同类产品预计过程中所得的数据，通过分析以便确定可靠性增长试验的时间，并且使用监测试验过程的方法对增长计划进行管理。

二、可靠性增长试验的方式

可靠性增长试验一般包括以下三种方式，增长曲线如图 5-5 所示。

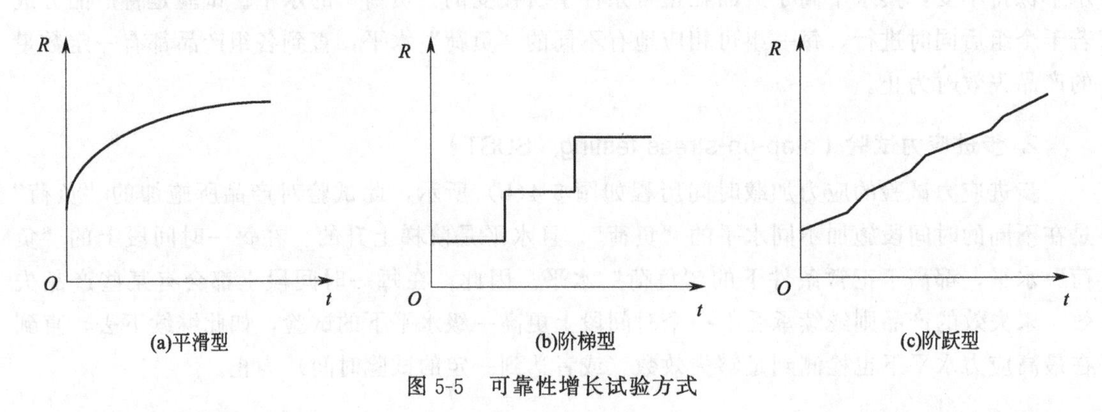

图 5-5　可靠性增长试验方式

1. 试验—改进—再试验

这种方式是通过试验暴露问题，分析原因，立即着手改进，然后再通过试验验证，如此反复，即边试边改。增长曲线近似为平滑型上升曲线，如图 5-5(a) 所示。

2. 试验—发现问题—再试验

这种方式是通过试验发现问题，并不立即着手改进，等再试验，再发现问题到一个阶段结束以后，一起进行改进。增长曲线为阶梯型曲线，如图 5-5(b) 所示。

3. 待延缓改进的试验—改进—再试验

这种方式是通过试验暴露问题，有些问题立即着手改进，有些问题延缓到阶段结束后再改进。增长曲线为阶跃型上升曲线，如图 5-5(c) 所示，它是前两种曲线的叠加。

三、可靠性增长试验模型

为了实现对可靠性增长的管理，需要基于数学模型对增长速度进行评估，常用的数学模式包括以下三种。

1. Gompertz 增长模型

Gompertz 增长模型是时间序列分析中用来反映增长趋势的一种工具。模型具有以下特点：

① 模型开始增长较快，以后逐步减慢，最后趋于一个极限。

② Gompertz 增长模型可以表示为

$$R(N)=ab^{c^N}\ (N=0,1,2,\cdots) \tag{5-1}$$

式中，N 为时期序号；$R(N)$ 为时期 N 的可靠度；a、b、c 为模型参数，$0<a\leqslant 1$，$0<b<1$，$0<c<1$。

当 $N\to\infty$ 时，$R(N)\to a$，可见，a 为 $R(N)$ 的增长上限。

当 $N\to 0$ 时，$R(N)\to ab$，可见，ab 为 $R(N)$ 增长的初始水平。

b 值反映初始水平与 $R(N)$ 增长上限的比值；c 值反映 $R(N)$ 的增长速度，c 值减小时，增长速度加快。在实际工程中，用 Gompertz 增长模型曲线调整管理计划、改进研究策略，使产品可靠性增长符合预期要求。

2. Duane 增长模型

Duane 增长模型是 1962 年美国通用电气公司 J. D. Duane 提出的。

(1) Duane 增长模型的表达式

$$\lambda_{\Sigma}(T)=kT^{-c} \tag{5-2}$$

式中，T 为累积工作时间；$\lambda_{\Sigma}(T)$ 为到 T 为止的累积失效率；k，c 为模型参数，k 为常数，c 为增长速率。

对式(5-2) 两边取对数，可得线性表达式

$$\ln\lambda_{\Sigma}(T)=\ln k-c\ln T \tag{5-3}$$

式(5-2) 和式(5-3) 反映了失效率随研制阶段的进展而下降的情况。

(2) 失效率的估计值 $\hat{\lambda}_{\Sigma}(T)$

$$\hat{\lambda}_{\Sigma}(T)=\frac{F}{T} \tag{5-4}$$

式中，F 为到 T 时刻为止观察到的失效数。

将式(5-4) 代入式(5-2) 得出

$$F=\hat{\lambda}_{\Sigma}(T)T=kT^{-c}T=kT^{1-c} \tag{5-5}$$

由式(5-5) 得瞬时失效率为

$$\lambda(T)=\frac{\mathrm{d}F}{\mathrm{d}T}=(1-c)kT^{-c} \tag{5-6}$$

进一步可以变换为

$$\lambda(T)=(1-c)\lambda_{\Sigma}(T) \tag{5-7}$$

(3) 对于指数分布，瞬时平均寿命为

$$\theta(T)=\frac{1}{\lambda(T)}=\frac{T^{c}}{(1-c)k} \tag{5-8}$$

根据式(5-2)，累积平均寿命 $\theta_{\Sigma}(T)=\frac{1}{\lambda_{\Sigma}(T)}=\frac{T^{c}}{k}$，因此式(5-8) 可以变换为

$$\theta(T)=(1-c)^{-1}\theta_{\Sigma}(T) \tag{5-9}$$

3. AMSAA 增长模型

AMSAA 增长模型是由美国物资系统分析中心 L. Crow 提出的，它是根据 Duane 增长模型改进而来。

(1) AMSAA 增长模型的表达式

在式(5-5) 中，令 $a=k$，$b=1-c$，则

$$F=aT^{b} \tag{5-10}$$

式中，F 为时间 T 内累计失效数的期望值；a 为初始可靠度函数；b 为反映改进效果的函数。

瞬时失效率

$$\lambda(T)=\frac{\mathrm{d}F}{\mathrm{d}T}=abT^{b-1} \tag{5-11}$$

对于指数分布，瞬时平均寿命

$$\theta(T)=\frac{1}{\lambda(T)}=\frac{1}{ab}T^{1-b} \tag{5-12}$$

(2) 模型参数 a、b 的估计值

模型参数 a、b 的极大似然估计值为

$$\begin{cases}\hat{a}=\dfrac{F}{T^{\hat{b}}}\\ \hat{b}=\dfrac{F}{\sum\limits_{i=1}^{F}\ln\dfrac{T}{T_i}}\end{cases} \tag{5-13}$$

(3) AMSAA 增长模型优度检验

增长试验数据是否符合 AMSAA 模型，需要进行拟合优度检验。检验统计量为

$$C_N^2=\frac{1}{12N}+\sum_{i=1}^{N}\left[\left(\frac{T_i}{T}\right)^{\bar{b}}-\frac{2i-1}{2N}\right]^2 \tag{5-14}$$

式中，$N=\begin{cases}F & \text{定时截尾}\\ F-1 & \text{定数截尾}\end{cases}$；$\bar{b}=\dfrac{F-1}{F}\hat{b}$；给定显著性水平 α，查表可得 $C_N^2(\alpha)$。若 $C_N^2<C_N^2(\alpha)$，则认为拟合良好，数据符合 AMSAA 模型。

AMSAA 模型与 Duane 模型具有内在联系，但 AMSAA 模型可以直接采用试验原始数据（试验时间与失效数），计算较为简单。因此，目前工程上广泛采用 AMSAA 模型。

本章小结

知识图谱

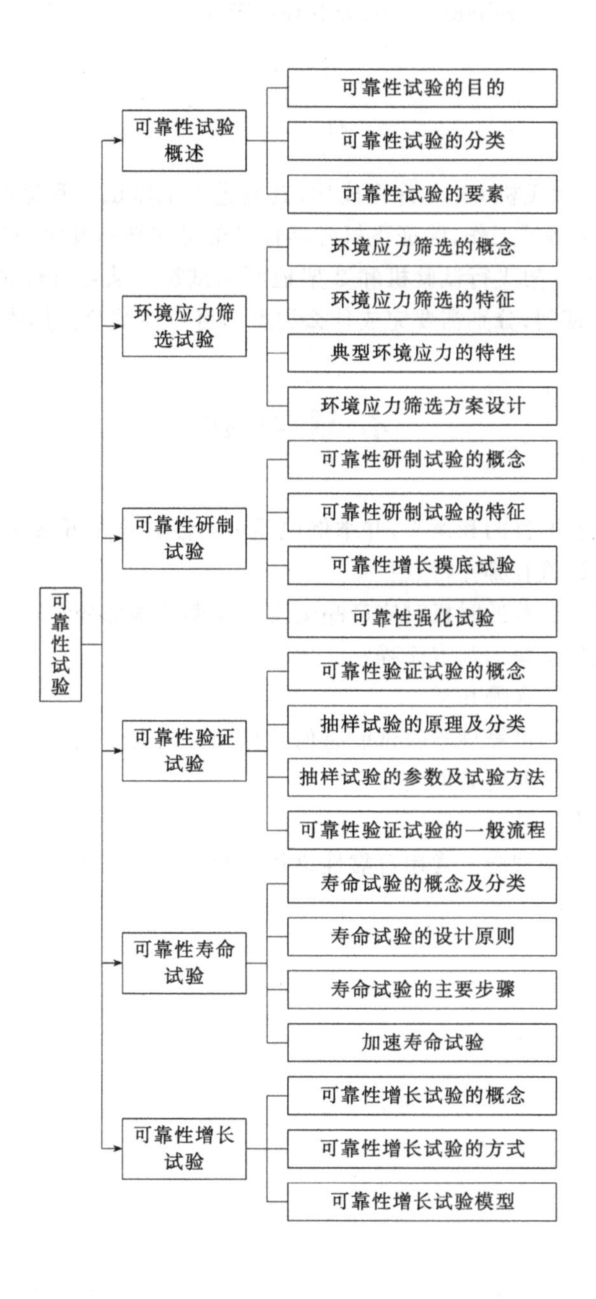

基本概念

可靠性试验	reliability test(RT)
环境应力筛选	environmental stress screening(ESS)
可靠性研制试验	reliability development test(RDT)
可靠性强化试验	reliability enhancement test(RET)
可靠性鉴定试验	reliability qualification test(RQT)
可靠性验收试验	reliability acceptance test(RAT)
加速寿命试验	accelerated life test(ALT)
可靠性增长试验	reliability growth test(RGT)

学而思之

2017 年 5 月，国产大飞机 C919 首飞成功，其后进入试航试飞和适航取证阶段，这期间需要开展一系列的试验和测试工作，验证飞机各项性能的可靠性是其中一项重要的试验任务。

思考：C919 一共有 6 架飞行试验机和 2 架地面测试机。从可靠性试验的角度，你认为从 C919 研制到交付客户期间，分别需要完成什么类型的可靠性试验？具体怎么开展更为高效？

本章习题

1. 简述可靠性试验的目的和意义，并举例说明可靠性试验在可靠性工程中的重要地位。
2. 环境应力筛选试验有哪些特点？
3. 简述可靠性研制试验的时机对应产品全寿命周期的哪部分？
4. 简述可靠性强化试验的基本流程？
5. 可靠性验证试验包含哪几类？
6. 可靠性鉴定试验和可靠性验收试验有何差异和共同点？
7. 可靠性寿命试验的原则有哪些？
8. 什么是加速寿命试验？
9. 什么是可靠性增长试验？常用可靠性增长试验模型有哪些？

第六章 可靠性数据分析

学习目标

① 了解可靠性数据分析的目的和任务，熟悉可靠性数据分析的内容和基本方法；
② 了解可靠性数据的来源和特点，掌握可靠性数据的收集要求和程序；
③ 掌握可靠性数据的初步整理分析和拟合优度检验。

导入案例

可靠性源于设计，成于制造，显于使用。产品的可靠性是设计出来的，生产出来的，也是管理出来的，可靠性贯穿于整个产品全寿命周期内，包括设计开发阶段、生产制造阶段、储存阶段、使用保障阶段、报废阶段。在整个全寿命周期内，会产生大量可靠性数据，如平均故障间隔时间、平均修复时间、平均失效时间等。这些数据贯穿于整个寿命周期，为产品可靠性评估和增长提供数据支撑。

20 世纪 50 年代美国对与军方有关的武器装备的数据管理，由国防部归口，已有一套完善的组织系统。如有全国范围的政府与工业部门数据交换网 GIDEP（government industry data exchange program）和直属国防部的空军罗姆实验室的可靠性分析中心 RAC（reliability analysis center）；有各航空、航天制造公司建立的生产部门的可靠性数据系统，如 FRACAS；有使用单位建立的军种级和基地级的各种可靠性、维修性及后勤保障数据系统。这些组织与国防部的各种数据管理机构，保证了数据的来源、需求，数据的收集和分析、处理以及数据的有效利用。以 X-8 飞机为例，其可靠性设计充分利用了类似型号的现场数据 1 万余条，成功地运用于新机的可靠性预计和分配中，并将其作为开展 FMEA 工作的依据，节约了大量的人力和物力，取得了显著的经济效益。据美国政府和工业部门数据交换网（GIDEP）曾作过的统计，1974 年该网成员利用它提供的数据节省费用 1200 万美元，1980 年节省 2900 万美元，1983 年节省 5300 万美元，可见利用这些数据产生的巨大价值。

大量可靠性数据的来源分为设计数据、生产数据、使用数据等。部分数据分类明确，但有的数据属于其中多类或贯穿始终，不仅数据量大，且数据类型多种多样，给产品的可靠性分析工作带来较大难度。另外，大量数据间具有隐性关系，难以直观分析。同时，数据间的交互耦合也会给数据分析带来难度。因此，如何对现有的可靠性数据进行深度全面分析是可靠性工程的研究重点之一。

第一节 可靠性数据分析概述

可靠性数据分析是通过收集系统或单元产品在研制、试验、生产和维修中所产生的可靠性数据，并依据系统的功能或可靠性结构，利用概率统计方法，给出系统的各种可靠性数量指标的定量估计。它是一种既包含数学和可靠性理论，又包含工程分析和处理的方法。

一、可靠性数据分析的目的和任务

可靠性数据分析贯穿于产品研制、试验、生产、使用和维修的全过程，进行可靠性数据分析的目的和任务是根据产品在全寿命周期不同阶段开展的可靠性工程活动需求而决定的。随着可靠性、维修性工作的深入开展，可靠性数据分析工作越来越显示出其重要的价值。

在工程研制阶段，收集和分析同类产品的可靠性数据，可对新设计的产品和零部件的可靠性进行预测，这有利于方案的对比和选择，有利于可靠性设计。

在产品设计阶段，往往要进行各种可靠性试验，对这些试验数据的搜集和分析可为产品的改进和定型提供科学依据。

在生产制造阶段，定期抽取样本进行试验，可以动态反映产品的设计和制造水平。

在产品使用阶段，收集和分析产品的实际使用和维修数据，能够真实地反映出产品的可靠性水平，以对产品做出最权威的评价，并对老产品的改进和新产品的研发提供较为权威的信息。

二、可靠性数据分析的内容

在工程实践中，可靠性数据分析主要包括以下内容。

1. 单元可靠性数据分析和可靠性评估

单元是系统的基础，同时，系统也可看作一个单元。因此，要进行系统的数据分析和可靠性评估，首先要进行单元的可靠性数据分析和可靠性评估。其基本出发点是，根据单元的试验数据，运用各种统计推断的方法，给出单元可靠性水平的定量估计；若单元的可靠性符合某种分布规律〈如二项、指数、正态、对数正态、威布尔分布等〉，应给出分布参数的估计。这里有一点须注意，单元的寿命试验数据往往是截尾样本，不是完全样本，其统计推断比较困难。

2. 系统可靠性综合评估

对系统可靠性的评估，如果像单元一样，根据系统的试验数据来进行统计推断，在工程上会存在很大困难，甚至是不可能的。在工程中，系统试验一般呈金字塔式程序，如图 6-1所示。

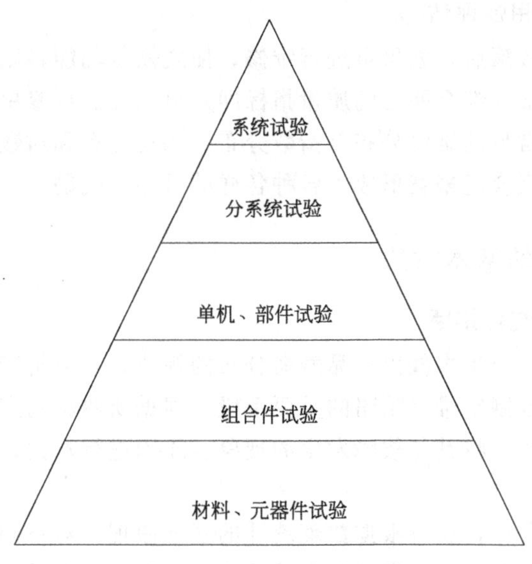

图 6-1 金字塔式试验程序

由此可见，一般“级”越高，试验的工程难度越大，所需费用越高，因此“级”越高，试验数量越少，全系统的试验数量就更少。要评定系统可靠性，必然面临信息量不足的问题。这就需要在评定系统可靠性时，充分利用系统以下各级的可靠性数据，以扩大信息量；另一方面，若能利用系统以下各级信息，就有可能使全系统一级的试验数量减少，从而节省产品的研制经费，缩短研制周期。

为解决上述问题，就应进行系统可靠性综合评估。它实质上是根据已知的系统可靠性结构（如串联、并联、混联、表决、树形及网络系统），利用系统以下各级的试验信息，自下而上直到全系统逐级确定其可靠性的估计值。

3. 机械可靠性数据分析和评估

机械可靠性主要是研究在应力强度模型下，产品的可靠性分析及评估。因此，机械可靠性数据分析与评估的主要问题是根据应力强度模型和试验信息，确定机械结构可靠性估计值或估计区间。

4. 可修系统的可靠性数据分析和可靠性评估

在工程中，产品发生故障后一般有可修与不可修之分。对于不可修产品，或是可修产品故障后进行完全修复的情况，其数据分析和评估可使用单元或系统可靠性数据分析和评估的方法。但对于可修产品故障后进行基本修复的情况，产品在修复后恢复了正常功能，但其状态不一定与新产品完全一样。有些产品检修时消除了薄弱环节，随着检修次数增加，工作寿命在逐渐延长；有些产品随着检修次数的增加，工作寿命在逐渐缩短。这时，其故障数据就不能认为是来自同一母体的随机样本，也就是说它们是变母体的数据，当然也就不能使用传统（同母体）的方法进行分析处理。因此，应针对可修系统变母体故障数据的特点进行分析，确定可修系统的故障过程模型，然后寻求可修系统的故障数据处理和系统可靠性评估的有效方法，分析可修系统的可靠性特征，估算其可靠性指标，评估其寿命情况。

5. 单元及系统的可用性评估

当单元或系统发生故障后，如果可进行维修，使之恢复功能，则产品的质量特征既涉及失效特征又涉及维修特征，综合两者的质量指标即是可用性。可修单元或系统的优劣常用稳态可用性来衡量。一般常见的维修分布有指数分布、伽马分布和对数正态分布等。这样，维修分布和各种失效分布组合起来就形成了各种各样的可用性问题。

三、可靠性数据分析的基本方法

1. 寿命分布分析与统计推断

从可靠性数据的统计分析中找出产品寿命分布的规律，是分析产品寿命和故障、预测故障发展、研究失效机理及制定维修策略的重要手段。根据所收集的产品数据，使用数理统计方法得到产品的寿命分布，将其与故障发生的现象、原因进行对比，即可判断寿命分布的合理性。

确定了产品的寿命分布，就可根据数理统计的基本原理，对不同产品的可靠性数据进行参数估计，然后再由寿命分布和可靠性参数的关系，估计可靠性设计和分析中所需的各项参数。可靠性参数分析流程图如图 6-2 所示。

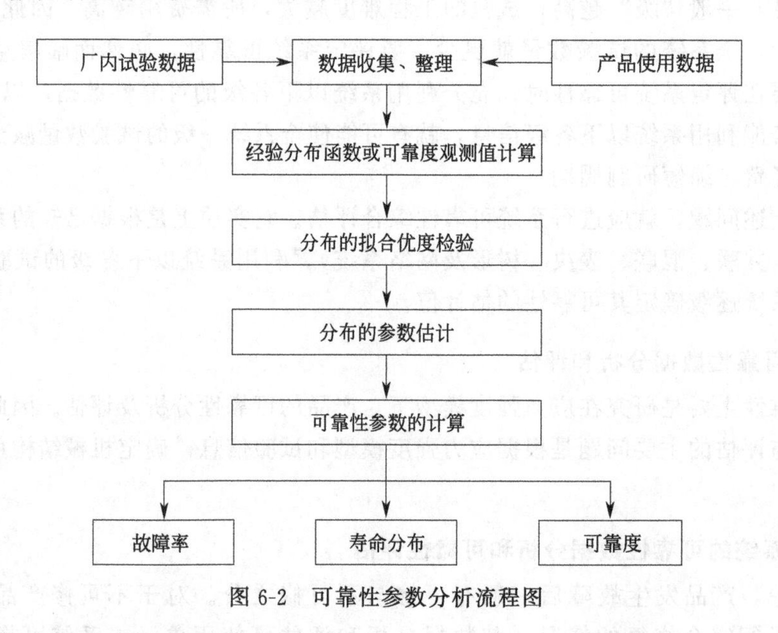

图 6-2 可靠性参数分析流程图

2. 贝叶斯（Bayes）分析方法

贝叶斯分析方法也是可靠性数据分析的一种常用方法。利用贝叶斯方法进行可靠性数据分析时，首先需要确定产品参数的先验分布，然后计算产品参数的后验分布和后验矩，并根据后验分布和后验矩，计算产品参数的先验矩，最后获得产品可靠度的后验分布和贝叶斯下限。由于贝叶斯方法利用了产品的先验信息，使得该方法在某些特定情形下具有无法替代的优点，从而使该方法在可靠性数据分析中获得了持久的生命力。贝叶斯方法的关键是选取合理的先验分布。

3. 随机过程分析

随机过程分析是可修复系统可靠性数据分析的重要手段。通常，可使用马尔可夫过程或泊松过程作为描述可修复系统的数学模型，在此基础上发展起来的变母体可靠性统计方法也常用于可靠性数据的分析过程。

可靠性数据分析的一般流程如图 6-3 所示。

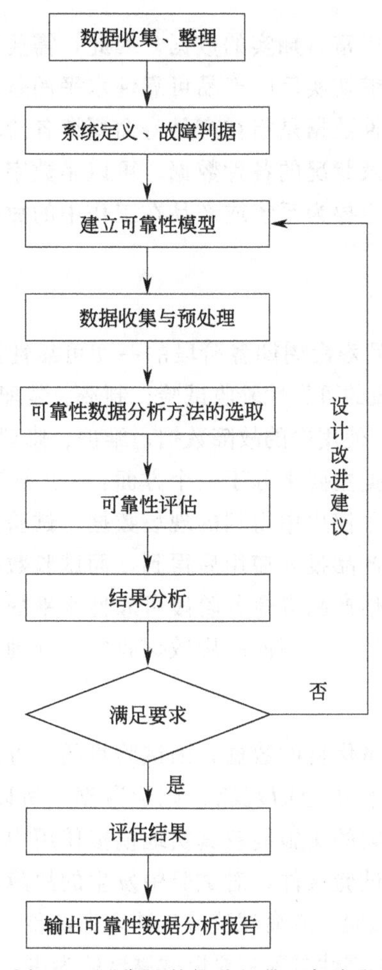

图 6-3 可靠性数据分析的一般流程

① 明确产品可靠性要求，包括可靠性参数和指标。
② 确定产品的定义、组成、功能、任务剖面。
③ 建立产品各种任务剖面下的可靠性框图和模型。
④ 明确产品的故障判据和故障统计原则。
⑤ 按可靠性试验大纲要求和故障判据、故障统计原则进行试验数据的收集与整理。
⑥ 根据数据情况选取合适的可靠性数据分析方法，进行可靠性评估。
⑦ 对评估结果进行分析，并得出相应的结论和建议。
⑧ 完成可靠性数据分析报告。

即学即用

什么是可靠性数据分析？举例说明可靠性数据分析的目的和意义。

第二节 可靠性数据的收集

可靠性数据分析需要大量丰富、翔实的数据。因此，需要严格、规范的可靠性数据收集渠道和程序，以保证收集到能够切实反映产品可靠性水平的基础数据，从而为可靠性数据分析提供可信的数据基础。可靠性数据是指在产品寿命周期各阶段的可靠性工作及活动中所产生的能够反映产品可靠性水平及状况的各种数据，可以是数字、图表、符号、文字和曲线等形式，本章所指的可靠性数据主要为系统或产品在工作中的故障或维修信息。

一、可靠性数据的来源

可靠性数据可以来源于产品寿命周期各阶段的一切可靠性活动，如研制阶段的可靠性试验、可靠性评审报告；生产阶段的可靠性验收试验、制造、装配、检验记录，元器件、原材料的筛选与验收记录，返修记录；使用中的故障数据，维护、修理记录及退役、报废记录等。

在生产实践中，可靠性数据主要来源于两个方面：一是从实验室进行的可靠性试验中得到的试验数据；二是在产品实际使用中得到的现场数据。试验数据和现场数据通常来自不同的寿命阶段。现场数据只能在产品投入使用后得到，而试验数据主要在产品的研制阶段和生产阶段获取。这两种数据是评估产品寿命各阶段可靠性水平的重要依据。由于数据产生的条件不同，它们各有优劣且各具特色，因而所用数据收集、处理分析的方法也不同。

1. 试验数据

从实验室得到的数据是质量优良的数据，因试验目的、方法通常较为明确，且试验数据的收集针对性强，可在试验过程中全面观测、记录数据，所以获得的数据不确切性要小得多。如果试验条件的制定和方案的实施能较真实地模拟使用中的条件，那么得到的数据将是可靠的，而且由于人为控制其试验条件，对试验中发生的故障现象的研究将会更深入。

试验数据可以来自可靠性试验、寿命试验或加速寿命试验，也可以来自功能试验、环境试验、定期试验或综合试验等。可靠性试验主要以截尾试验为主，它们分为定数截尾试验、定时截尾试验和随机截尾试验。在可靠性试验中，参加试验的产品通常只有部分发生故障，如果在试验中全部产品都发生故障，则可称其为完全寿命试验。定数截尾和定时截尾试验中，根据样品有无替换又分为有替换定数和定时截尾试验及无替换定数和定时截尾试验四种。

（1）定数截尾试验

试验前规定产品的故障数 r，试验进行到故障数达到规定故障数 r 就终止试验。若试验进行中，一个产品出现故障就用一个好的样品替换上去继续试验，直至达到规定故障数终止，这就是有替换定数截尾试验，记为（n，R，r），试验自始至终保持样品数不变。若试验中将故障的样品撤下不再补充，而将残存的样品继续试验到规定的故障数 r 才停止，这就是无替换定数截尾试验，记为（n，U，r），如图 6-4 所示。

（2）定时截尾试验

试验前规定产品的试验时间 t_0，试验进行到规定的试验时间就终止试验，试验也分有替换定时截尾试验和无替换定时截尾试验，分别记为（n，R，t_0）和（n，U，t_0），如图 6-5 所示。

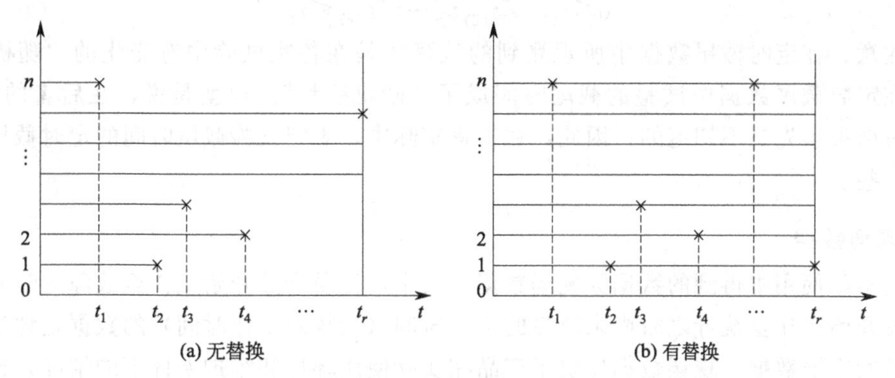

图 6-4 定数截尾试验

n—试验样品数；r—规定的故障样本数；t_i—样品故障时间

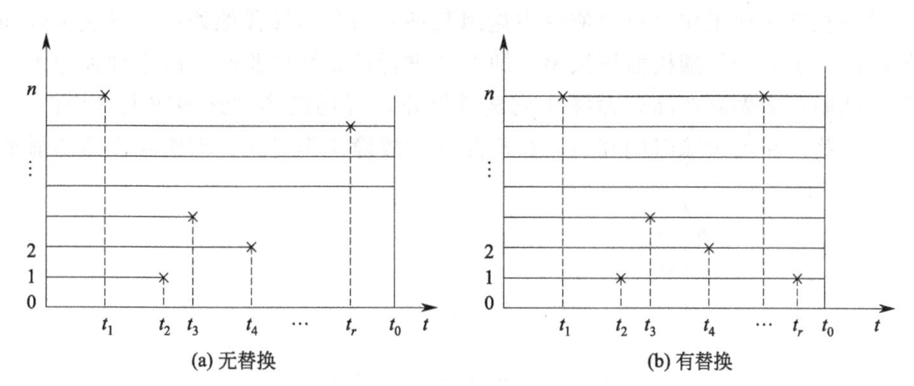

图 6-5 定时截尾试验

n—试验样品数；t_0—规定的试验时间；t_i—样品故障时间；r—故障样本数

通过可靠性试验获得的产品故障数据，可用于分析、评估产品的可靠性参数。为使评估结果尽量准确，整个试验过程应尽量采用自动监测进行连续测试，以得到确切的故障时间，进而避免在数据分析中造成较大误差。但是，连续测试不仅在技术上要求高，而且费用也贵，甚至难以实现，因此不得不采取间隔测试的办法。测试的间隔时间可以相等，也可以不等，其长短与产品的寿命分布形式有关；如果是指数分布，则开始测试间隔时间短，然后加长；如为正态分布，则开始可长，以后缩短，主要目的是不要将故障过于集中在少数几个测试间隔内。

如果一个测试间隔中有一个以上的故障，则每个故障时间按下面的方法进行计算：设某测试间隔（t_{k-1}，t_k）中测得故障数为 r_k，则在此间隔内的第 j 个故障时间 t_{kj} 为

$$t_{kj}=t_{k-1}+j\frac{t_k-t_{k-1}}{r_k-1},j=1,2,\cdots,r_k \tag{6-1}$$

将试验中样品的故障时间 t_i 按大小顺序进行排列，得一顺序统计量。对完全寿命试验为

$$0\leqslant t_{(1)}\leqslant t_{(2)}\leqslant\cdots\leqslant t_{(n)} \tag{6-2}$$

对定数截尾试验，其顺序统计量为

$$0\leqslant t_{(1)}\leqslant t_{(2)}\leqslant\cdots\leqslant t_{(r)} \tag{6-3}$$

对定时截尾试验，其顺序统计量为

$$0 \leqslant t_{(1)} \leqslant t_{(2)} \leqslant \cdots \leqslant t_{(r)} \leqslant t_0 \tag{6-4}$$

应注意，在定时截尾数据中所观测到的故障数是在各次试验中有变化的“随机变量”；反之，在定数截尾数据中试验的截尾时间成了“随机变量”。也就是说，在后者的情况下，试验何时结束事先是不知道的。因此，在工程实际中，规定试验截尾时间的定时截尾试验用得更多一些。

2. 现场数据

产品实际使用中得到的数据为现场数据。其中，记录产品开始工作至故障的时间（故障时间）及开始工作至统计之时尚未故障的工作时间（无故障工作时间）的数据是评估使用可靠性参数的重要数据。现场数据反映了产品在实际使用环境和维护条件下的情况，比实验室的模拟条件更代表了产品的表现。

现场数据中，产品投入使用的时间不同，观测者记录数据时除故障时间外，还有一些产品在统计时仍在完好地工作，以及使用中途因某种原因产品转移他处等，形成了现场数据随机截尾的特性。这是一种随机截尾试验，即产品进行可靠性试验时，由于种种原因一些产品中途撤离了试验，未做到产品寿命终止或试验终止，现场得到的这些数据可用图 6-6 表示。其中包括了一些产品的故障时间和另一些产品的无故障工作时间，即删除样品的撤离时间。

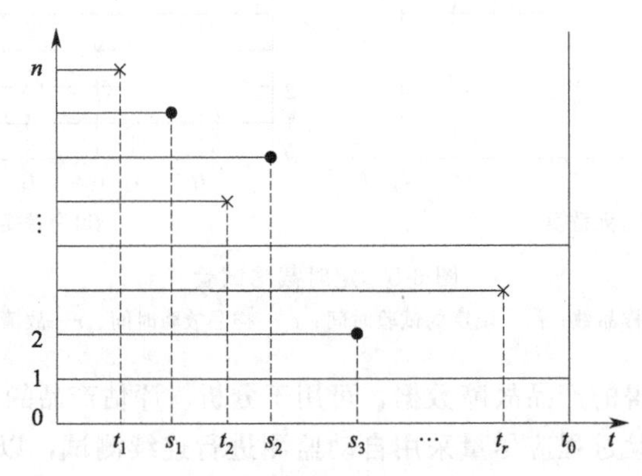

图 6-6　现场试验随机截尾数据

×—样品故障；●—样品撤离；t_0—试验截止时间；

t_1，t_2，…，t_r—故障样品的故障时间；s_1，s_2，…，s_k—删除样品的撤离时间

二、可靠性数据的特点

根据可靠性数据的来源和分类可知，可靠性数据具有如下特点。

1. 时间性

可靠性数据多以时间来描述，产品的无故障工作时间反映了它的可靠性。这里的时间概念是广义的，包括周期、距离（里程）、次数等，如汽车的行驶里程、发动机循环次数等。

2. 随机性

产品何时发生故障是随机的，所以描述其故障发生时间的变量是随机变量。

3. 有价性

可靠性数据的有价性主要体现在两个方面。首先，数据的收集需花费大量的财力和物

力，所以它本身的获取就是有价的；其次，经分析和处理后的可靠性数据，对可靠性工作的开展和指导具有很高的价值，其所创造的效益是可观的。

4. 时效性和可追溯性

可靠性数据的产生和利用与产品寿命周期各阶段有密切的关系，各阶段产生的数据反映了该阶段产品的可靠性水平，所以数据的时效性很强。

随着时间的推移，可靠性数据反映了产品可靠性发展的趋势和过程，如经过改进的产品其可靠性得到了增长，当前的数据与过去的数据有关，所以数据本身还具有可追溯性的特点。

三、可靠性数据的收集要求和程序

1. 可靠性数据的收集要求

可靠性数据的收集应在需求分析的基础上开展，可靠性数据的需要则是根据产品寿命周期内不同阶段对可靠性分析的需要而决定的。对数据的需求，是指对所要获取数据的目的进行分析的过程，以及数据得到后干什么用，如何使用等。有了需求分析才能确定数据的收集点、收集方式和内容。

在可靠性数据的收集中，由于试验数据始终受到密切的监视，因而其数据的质量是较高的。而产品使用过程的现场数据则不然，随着产品投入使用，其信息量越来越大，现场数据反映了产品实际工作环境的使用可靠性。然而，由于管理等方面的原因，其数据的不确切性很大，因此在数据满足一定量要求的条件下，对数据的质量要求是至关重要的。数据收集应满足以下基本要求。

（1）真实性

不论是在实验室或使用现场，所记录的数据必须如实代表产品状况，特别是对产品故障的描述，应针对具体产品，切忌张冠李戴。对产品发生故障的时机、原因、故障现象及造成的影响均应有明确的记录。

数据的真实性是其准确性的前提，只有对产品的状况如实记录与描述，才有助于准确判断问题。即使对某次故障在现场可能误判，但当对故障产品经过分解检查后，就能准确地描述这次故障的真实现象。由于技术水平及其他条件的限制，对故障的真实记录不等于是准确记录，还有待于进一步的分析与判断。

（2）连续性

可靠性数据有可追溯性的特点，随着时间的推移，它反映了产品可靠性的趋势，因此为了保证数据具有可追溯性，要求数据的记录连续。其中最主要的是产品在工作过程中所有事件发生时的时间记录及对所经历过程的描述，如产品开始工作、发生故障、中止工作的时间及对其中发生故障时的状况、返厂修理、经过纠正或报废等情况的描述。在对产品实行可靠性监控和信息的闭环管理时，连续性是对数据的基本要求。

（3）完整性

为了充分利用数据对产品可靠性进行评估，要求所记录的数据项尽可能完整，即对每一次故障或维修事件的发生，包括故障产品本身的使用状况及该产品的历史及送修、报废等都应尽可能记录清楚，这样才有利于对产品的可靠性进行全面分析，也有利于更好地制定对其的监控及维护措施。

以上对数据的要求，只有在较为完善的信息管理体系下对数据进行严格管理，事先确定好数据收集点，有专人负责对数据的记录，有完善的数据收集系统才能做到。

2. 可靠性数据的收集程序

可靠性数据的收集应有周密的计划。试验数据的收集一般比较完善，设计人员可根据事先的要求和目的记录所需数据，由于试验中除电子元器件外，投试的产品一般不会很多，逐个记录这些产品在试验中的表现是必要和可行的。现场数据就不可能做到这样完善，产品一投入使用，所到之处都是数据的发生地，在不可能做到面面俱到的情况下，根据需求分析应选择重点产品和地区作为数据收集点。

可靠性数据收集的一般过程如图 6-7 所示。

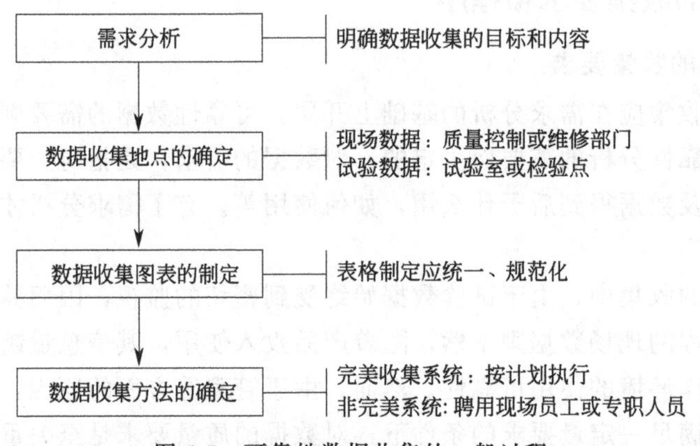

图 6-7　可靠性数据收集的一般过程

（1）进行需求分析

在进行数据收集以前必须进行需求分析，明确数据收集的内容及目的，不同的寿命阶段对数据的需求是不同的，因而所收集的对象和内容应随之确定。

（2）确定数据收集点

在不同的寿命阶段有不同的数据收集点，如内厂试验数据就应选实验室、产品生产检验点、元器件及材料筛选试验点等作为数据收集点；对于现场数据，主要是使用部门的质量控制室和维修部门等。在选择重点地区或部门时，以有一定的代表性为好，如使用的产品群体较大、管理较好、使用中代表了典型的环境与使用条件等。对于新投入使用的产品，应尽可能从头开始跟踪记录，以反映其使用的全过程。

（3）制定数据收集表格

数据收集表格制定是数据收集系统的重要任务。根据需求制定所需收集内容的统一、规范化的表格，这将便于计算机处理，也便于在同行业或同部门内流通，有利于减少重复工作量、提高效率，也有利于明确认识、统一观点。

（4）数据收集的方法

在建立了完善的数据收集系统以后，数据可依其传送的途径，按正常流通渠道进行，当数据收集系统运行尚不完善时，可用以下两种方式进行：一种在使用现场聘请信息员，让其按所要求收集的内容，逐项填表，定期反馈；另一种方式是信息系统派专人下到现场收集，按预先制定好的计划进行。两种方式收集的效果是相同的。

3. 可靠性数据收集应注意的问题

① 相同产品的工作条件差异性较大，因而数据收集时应区分不同条件和地区。如对腐

蚀而言，南北方差异很大，空中和海上差异很大；同一个仪表在同一产品中由于安装部位不同，所处条件差异也很大，如发动机周围的条件就比仪表舱内恶劣得多。

② 在收集现场数据时，一般是记录产品的全寿命周期活动。但由于设备早期故障等可靠性问题，可能需要对数据进行修正。因此为了评估产品的可靠性，在处理数据时应注意区分，不能将改进前后的数据混同处理。

③ 在现场数据的收集中，由于各种因素的影响，数据丢失现象严重，造成数据不完整和不连续，在收集数据时，应对这些情况进行了解，以便对分析结果进行修正或作为对评估方法进行研究时的依据。

④ 现场数据的收集者，不像实验室数据的收集者那样能很好地理解收集、分析计划。在很多情况下，是由很多各种水平的人担任收集工作，其中有的人几乎没有什么可靠性知识，因此可能造成数据收集中的人为差错。对于这种情况，首先数据收集必须有计划地进行，必须就记录纸的设计、记录方法等做相当详细的准备。另外，需要对收集数据的人员进行培训，加强责任心教育。

⑤ 数据的质和量对数据分析的结果影响很大。从统计的观点来看，处理的数据量应尽可能大一些，因而在费用允许的条件下，获取更多的数据是数据收集的基本要求。收集多少数据合适，还应综合考虑所需费用，以便规定一个适当的水平，然后再用各种方法去收集。

⑥ 可靠性数据的搜集需要消耗大量的时间和人力，最为重要的是要得到领导层的支持，还需要完善的规划和充分的实施计划。

⑦ 一般来说，不可能100%的产品都会在使用中发生故障，故障和维修数据只记录了那些有故障的产品。因此，未发生失效的那些产品也应该全部记录在册，以保证可靠性分析的准确性。

即学即用

现场试验数据有什么特点？列举造成这些特点的原因。

第三节 可靠性数据初步整理分析

在收集数据后，进行正式的可靠性数据分析之前，应该进行初步整理分析、探索数据的模式和特点等，并采用合理的方式显示和分析，帮助数据分析人员选择数据分布类型与适用的可靠性模型等，从而为进行正式可靠性数据分析提供基础、指明方向。

一、可靠性数据的排列图分析和因果图分析

通常，导致产品出现问题、发生故障的原因有很多，通过对这些因素进行全面系统地考察和分析，梳理出主要的故障模式，找出主要失效机理（故障原因）并定位关键产品，对及时有效地采取有针对性的纠正措施、做好产品的可靠性工作具有非常重要的价值，这也是可靠性数据分析要完成的任务之一。

排列图（Pareto 图）常用来分析和查找产品主要故障模式与故障机理，因果图用来分

析故障与可能导致故障的原因之间的关系，从而理清故障、分析原因、寻找纠正措施，改善和提高相关产品的可靠性水平。

1. 排列图分析

可靠性问题以产品故障的形式表现出来，大多数故障常表现为主要的几种故障模式，而这些故障模式往往是由少数故障原因引起的。因此，一旦明确了这些关键的少数故障模式和故障机理（原因），就可以采取有效措施消除这些原因，避免由此引起的产品故障，提高产品的可靠性。排列图是分析和抓住导致可靠性问题的主要故障模式与关键原因的一种有效工具，又称作巴雷特图或主次图。

排列图由两个纵坐标、一个横坐标、几个按高低顺序依次排列的矩形和一条累计百分比折线组成，左端纵坐标表示频数或次数（如故障次数），右边纵坐标表示频率（用百分比表示），横坐标表示要分析的因素（如故障模式、故障原因），用矩形的高度来表示各因素出现的频数，并从左向右按频数的多少，从大到小依次排列，折线表示累积频率（累计百分比）。在排列图中，通常按累计百分比将各因素根据重要程度分为A、B、C三类。

① A类因素：包括在累计频率的0～80％范围内的因素，是引起失效的主要因素；

② B类因素：属于累计频率的80％～90％范围内的因素，是引起失效的次要因素；

③ C类因素：其余在累计频率90％～100％范围内的因素，是引起失效的一般因素。

通过排列图可以直观地找到主要因素，即A类因素，通常A类因素应为1～2个，最多不超过3个，并且A类因素是分析研究的重点。

以某型飞机为例，利用排列图对影响飞机各子系统的故障进行分析，由图6-8可以看出仪表、雷达是影响飞机使用可靠性的关键子系统，可靠性问题较多，故障频繁，其次是无线电系统；但应注意，对不同目的的排列图分析可能会得出不同结论，比如电气子系统故障频数虽然相对较少，但从飞行任务的角度来看，其故障影响却较为突出。

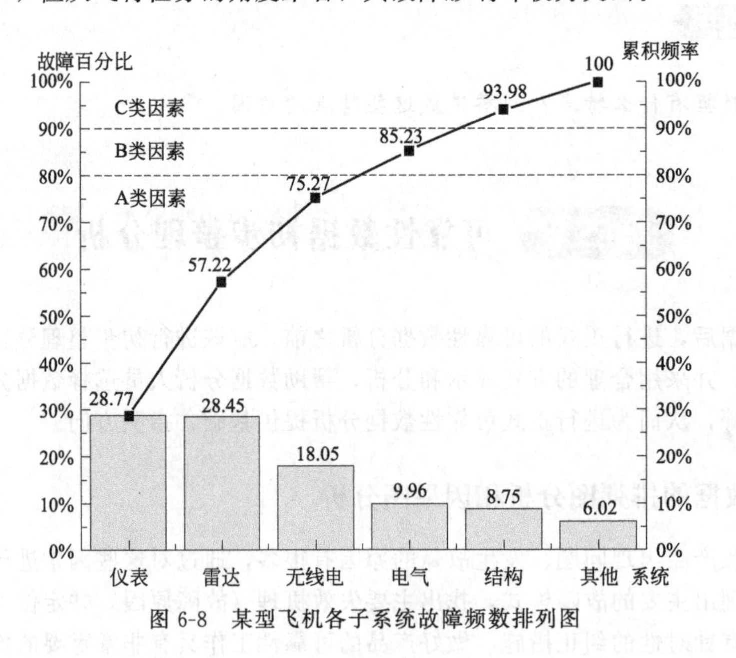

图6-8 某型飞机各子系统故障频数排列图

排列图分析的优点是简单直观，可用于故障分析的各个方面，利用排列图分析不仅可以找到问题的主要原因，而且可以连续使用，找出复杂问题的最终原因。为更好地解决产品的可靠性问题，可以把排列图与因果图结合起来使用，以有效改进和提高产品的可靠性水平。

2. 因果图分析

因果图是一种表达和分析因果关系的图形，又称石川图、特性要因图、鱼刺图。因果图通过识别症状、分析原因、寻找措施，来促进问题解决。

在可靠性数据分析中，通常以某产品或系统的故障作为结果，以导致产品或系统发生故障的诸因素作为原因，绘制因果图. 进而从错综复杂、多种多样的故障原因中找出故障的主要因素，采取有效纠正措施，予以解决。

因果图分析法的步骤如下：

① 将需要分析的故障结果放在因果图的右边，并用方框框上，相当于“鱼头”；

② 从左向右画一条带箭头的粗实线为主骨直通故障结果；

③ 找出导致结果的所有原因，按层次分析后分别列在“鱼刺”（树枝）上，即先填写大原因，并用方框框上，用直线直接与主骨相连，然后再画出中骨头、小骨，将中、小原因用相同方法标出，一直到能采取具体措施解决问题时为止。

以某型限温放大器为例，该产品在使用中故障频繁，为提高产品质量、改善可靠性设计，设计人员用因果图对限温放大器故障的原因进行了分析，并作了相应改进，取得较好的效果，如图 6-9 所示。

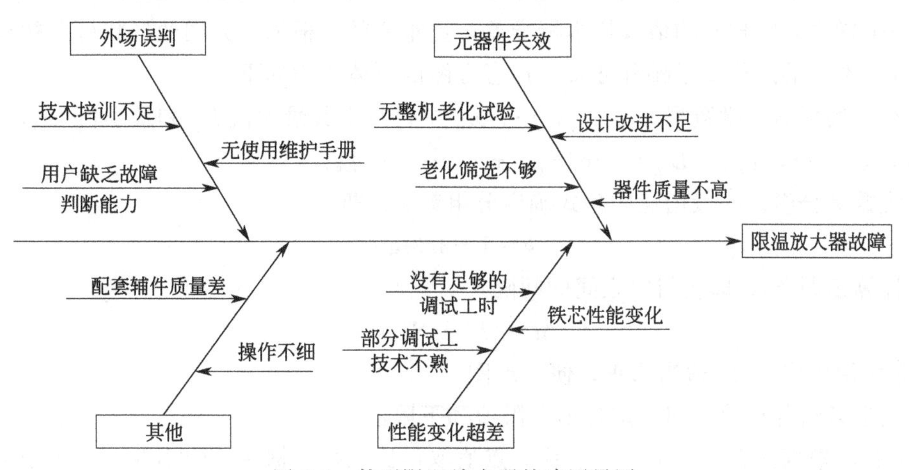

图 6-9 某型限温放大器故障因果图

因果图的显著特点是“重要因素不要遗漏”和“不重要的因素不要绘制”，做到这两点应从两个方面着手：一是找出原因，应尽可能具体到确定原因；另一个是系统整理这些原因。查找原因时，要求开放式的积极讨论，最有效的方法是“头脑风暴法”。因此作图时除主要设计、试验人员外，还应吸收有关方面人员参加并充分发表意见，特别应该重视现场人员的意见，并要从已有资料和信息中进行分析，通过试验进行验证，至现场进行调查等，找出原因。只有这样得到的因果分析图，才可能成为改进和提升产品可靠性的有力依据。

因果图和排列图各有侧重点，将二者配合使用，可实现优势互补，往往能取得事半功倍、意想不到的结果。

石川馨（Ishikawa Kaoru）（1915～1989）

光辉历程：石川馨 1915 年出生于日本，1939 年毕业于东京大学工程系，主修应用化学。1960 年，获工程博士学位后被提升为教授。

主要成就：石川馨是 QCC（Quality Control Circle，品管圈，又称质量管理小组）之父，日本式质量管理的集大成者，20 世纪 60 年代初期日本“质量圈”运动的最著名的倡导者。因果图就是石川馨所发明，又名石川图、鱼骨图。在他的学说中，强调有效的数据收集和演示。石川馨以促进质量工具（如帕累托图和因果图）用于优化质量改进而著称，认为因果图和其他工具一样都是帮助个人或质量管理小组进行质量改进的工具，主张公开的小组讨论与绘制图表有同等的重要性。

所获荣誉：《质量控制》（Quality Control）一书获“戴明奖”“日本 Keizai 新闻奖”“工业标准化奖”。1971 年，其质量控制教育项目获美国质量控制协会“格兰特奖章”。

二、数据分析的直方图

直方图是用来整理数据，找出其规律性的一种常用方法。通过作直方图，可以求出一批数据（一个样本）的样本均值及样本标准差，更重要的是根据直方图的形状可以初步判断该批数据（样本）的总体属于哪种分布。作直方图的具体步骤如下：

① 在收集到的一批数据 x_1，x_2，…，x_n 中，找出其最大值 L_a 和最小值 S_m，即 $L_a=\max\{x_1, x_2, \cdots, x_n\}$，$L_m=\min\{x_1, x_2, \cdots, x_n\}$。

② 将数据分组。一般用经验公式确定分组数 k，即

$$k=1+3.3\lg n \tag{6-5}$$

③ 计算组距 Δt，即组与组之间的间隔

$$\Delta t=(L_a-S_m)/k \tag{6-6}$$

实际使用中应对 Δt 适当修正，便于绘图。

④ 确定各组分点值，即确定各组上限值和下限值。

为了避免数据落在分点上，一般将分点值取得比该批数据多一位小数；或将分点值取成等于下限值和小于上限值，即按左闭右开区域来分配数据。

⑤ 计算各组的中心值

$$t_i=\frac{\text{某组下限值}+\text{某组上限值}}{2} \tag{6-7}$$

⑥ 统计落入各组的频数 Δr_i 和频率 w_i

$$w_i=\frac{\Delta r_i}{n} \tag{6-8}$$

⑦ 计算样本均值 $\bar{t}$

$$\bar{t}=\frac{1}{n}\sum_{i=1}^{k}\Delta r_i t_i=\sum_{i=1}^{k}w_i t_i \tag{6-9}$$

⑧ 计算样本标准差 s

$$s=\sqrt{\frac{1}{n-1}\sum_{i=1}^{k}\Delta r_i(t_i-\bar{t})^2} \tag{6-10}$$

⑨ 绘制直方图。

a. 频数直方图。以失效时间为横坐标、各组的失效频数为纵坐标，作失效频数直方图，如图 6-10 所示。

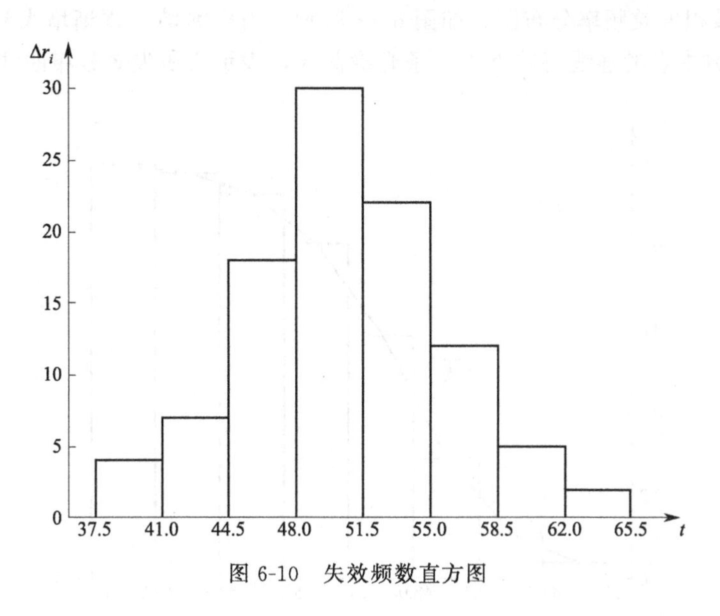

图 6-10 失效频数直方图

b. 频率直方图。将各组频率除以组距 Δt，取 $w_i/\Delta t$ 为纵坐标，失效时间为横坐标，作失效频率直方图，如图 6-11 所示。由图可知，当样本量增大，组距 Δt 缩小时，将各直方的中点连成一条曲线，则它是分布密度曲线的一种近似。

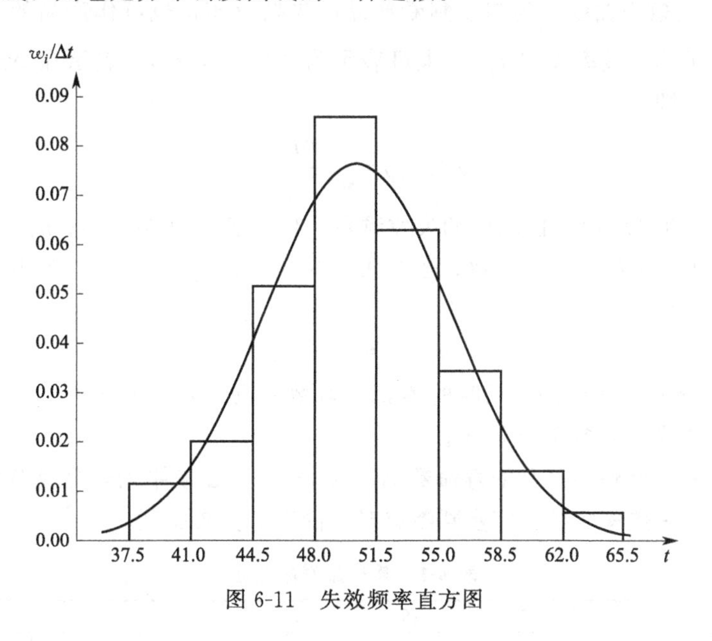

图 6-11 失效频率直方图

在各组组距相同时（在实际处理数据时，组距也可以取不等），产品的频数直方图的形状和频率直方图的形状是相同的，应注意它们的纵坐标不同。

c. 累积频率分布图。第 i 组的累积频率为

$$F_i=\sum_{j=1}^{i}w_j=\sum_{j=1}^{i}\frac{\Delta r_i}{n}=\frac{r_i}{n} \tag{6-11}$$

式中，r_i 为至第 i 组结束时的累积频率，$r_i=\sum\limits_{j=1}^{i}\Delta r_j$ 。以累积频率为纵坐标，失效时间为横坐标，作累积失效频率分布图，如图 6-12 所示。当样本量 n 逐渐增大到无穷，组距 $\Delta t\to 0$，那么各直方中点的连线将趋近于一条光滑曲线，表示累积失效分布曲线。

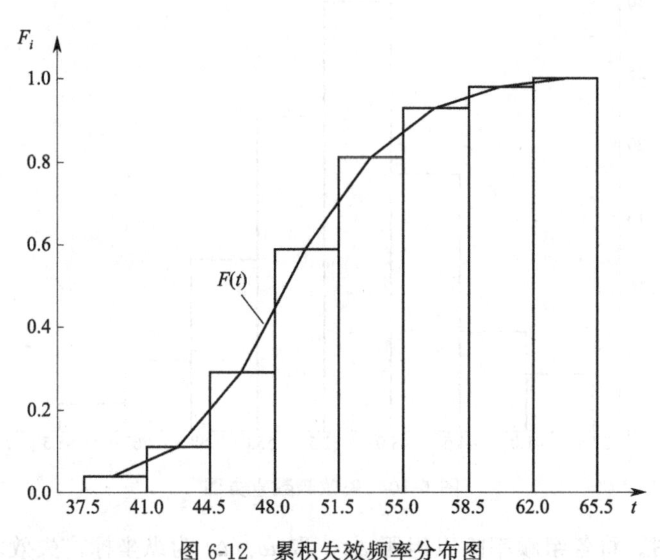

图 6-12　累积失效频率分布图

由直方图的形状可以初步判断数据分布的类型。

d. 产品平均失效率曲线。为初步判断产品的失效分布，也可作产品的平均失效率随时间变化的曲线。平均失效率 $\bar{\lambda}(\Delta t_i)$，也可表示为 $\bar{\lambda}(t_{i-1},t_i)$，表示在 Δt_i 时间区间内产品的平均失效率，即

$$\bar{\lambda}(\Delta t_i)=\frac{\Delta r_i}{n_{s,i-1}\Delta t_i} \tag{6-12}$$

式中，Δr_i 指在 Δt_i 时间区间内的失效频数，也可表示为 $\Delta r(t_i)$；$n_{s,i-1}$ 指进入第 i 个时间区间（第 i 组）时的受试样品数，也可表示为 n_s（t_{i-1}）（至 t_{i-1} 时刻为止继续受试的样品数），即

$$n_{s,i-1}=n-r_{i-1} \tag{6-13}$$

而 r_{i-1} 指进入第 i 个时间区间时的累积失效数，也可表示为 r（t_{i-1}）。绘制由计算得到的平均失效率曲线，如图 6-13 所示。

【例 6-1】已知 100 件某产品的寿命数据，见表 6-1，试求平均寿命及其标准差，并作出产品直方图及平均失效率曲线，初步判断该产品的寿命分布类型。

表 6-1　某产品寿命数据　　单位：h

61	54	63	39	49	57	50	57	57	50
44	38	50	58	53	50	50	50	50	52
48	52	52	52	58	54	45	49	50	54
45	50	54	51	58	54	53	54	60	53

续表

56	43	47	50	50	50	63	47	40	43
54	53	45	43	48	43	45	43	53	53
49	47	48	40	48	45	47	52	48	50
47	48	54	50	47	49	50	55	51	43
45	54	55	53	47	60	50	49	55	60
45	52	47	55	55	61	50	46	45	47

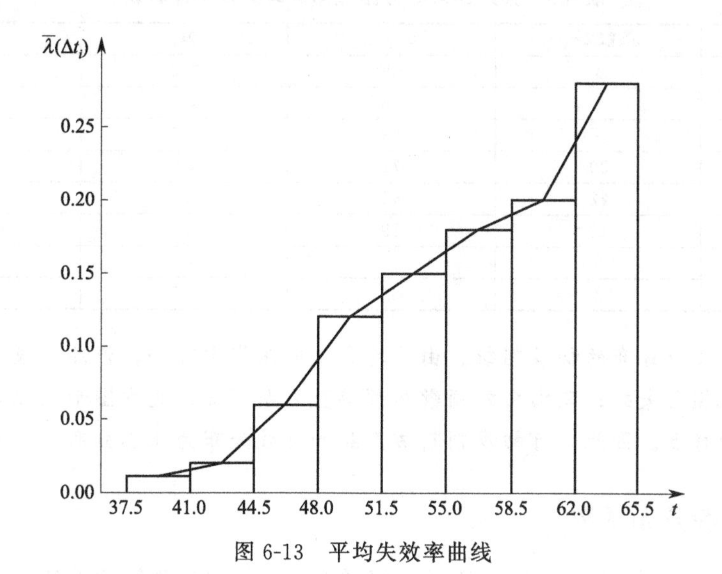

图 6-13 平均失效率曲线

解：(1) 最大值 $L_a=63\text{h}$；最小值 $S_m=38\text{h}$。

(2) 确定分组数：

$$k=1+3.3\lg100=7.6\approx8$$

(3) 计算组距：

$$\Delta t=\frac{63-38}{8}\text{h}\approx3.1\text{h}$$

为方便绘图，Δt 取 3.5h。

(4) 列表计算，见表 6-2。

表 6-2 某产品寿命分组数据累积频率计算表

组号	寿命区间	中心值t_i	频数 Δr_i	频率w_i	w_it_i	$t_i-\overline{t}$	$\Delta r_i(t_i-\overline{t})^2$	累积频率F_i
1	37.5～41.0	39.25	4	0.04	1.57	−11.375	517.5625	0.04
2	41.0～44.5	42.75	7	0.07	2.9925	−7.875	434.109375	0.11
3	44.5～48.0	46.25	18	0.18	8.325	−4.375	344.53125	0.29
4	48.0～51.5	49.75	30	0.3	14.925	−0.875	22.96875	0.59
5	51.5～55.0	53.25	22	0.22	11.715	2.625	151.59375	0.81
6	55.0～58.5	56.75	12	0.12	6.81	6.125	450.1875	0.93
7	58.5～62.0	60.25	5	0.05	3.0125	9.625	463.203125	0.98
8	62.0～65.5	63.75	2	0.02	1.275	13.125	344.53125	1
总和			100		50.625		2728.6875	

(5) 平均寿命

$$\overline{t}=\frac{1}{n}\sum_{i=1}^{k}\Delta r_it_i=\sum_{i=1}^{k}w_it_i=50.625\text{ h}$$

(6) 样本标准差

$$s=\sqrt{\frac{1}{n-1}\sum_{i=1}^{k}\Delta r_i(t_i-\bar{t})^2}=5.25\ \mathrm{h}$$

(7) 作直方图，如图 6-10～图 6-12 所示。

(8) 平均失效率的计算。计算结果见表 6-3，根据计算结果作直方图，如图 6-13 所示。

表 6-3　某产品寿命分组数据平均失效率计算表

寿命区间	频数 Δr_i	$n_{s,i-1}$	Δt_i	$\bar{\lambda}(\Delta t_i)$/h
37.5～41.0	4	100	3.5	0.011429
41.0～44.5	7	96	3.5	0.020833
44.5～48.0	18	89	3.5	0.057785
48.0～51.5	30	71	3.5	0.120724
51.5～55.0	22	41	3.5	0.15331
55.0～58.5	12	19	3.5	0.180451
58.5～62.0	5	7	3.5	0.204082
62.0～65.5	2	2	3.5	0.285714

(9) 该产品失效分布的初步判断。由平均失效率曲线图可知，产品失效率随时间的增长而增加，属于耗损型失效；又由失效频数和频率直方图可知，直方图形状左右对称，具有中间大、两头小的特点。因此，可初步判断该产品的失效分布为正态分布。

三、样本的经验分布函数

假设 $X_1\leqslant X_2\leqslant\cdots\leqslant X_n$ 为来自 X 的一组样本，按样本观测值从小到大的顺序，将其排列为 $x_1\leqslant x_2\leqslant\cdots\leqslant x_n$，则经验分布函数被定义为

$$F_n(x)=\begin{cases}0, & x<x_{(1)}\\ \vdots & \vdots\\ \dfrac{i}{n}, & x_{(i)}\leqslant x<x_{(1+1)}\\ \vdots & \vdots\\ 1, & x>x_{(n)}\end{cases}\tag{6-14}$$

样本观测值具有以下性质。

① $0\leqslant F_n(x)\leqslant 1$；

② $F_n(x)$ 是非减函数；

③ $F_n(x)$ 在每个 $x_{(i)}$ 处是右连续的，点 $x_{(i)}$ 是 $F_n(x)$ 的跳跃点。

样本分布函数 $F_n(x)$ 是事件 $\xi\leqslant x$ 的频率，总体分布函数 $F(x)$ 是事件 $\xi\leqslant x$ 的概率。对于不同的样本观测值，得到的经验分布函数也不相同，不过，经验分布函数 $F_n(x)$ 是总体分布 $F(x)$ 的近似，当样本总量 n 足够大时，经验分布函数 $F_n(x)$ 与总体分布函数 $F(x)$ 之间只有很小的差别，具体见下述定理。

定理 6-1（格里汶科定理）设 $x_1\leqslant x_2\leqslant\cdots\leqslant x_n$ 为来自总体 X 的独立同分布样本，则当 $n\to\infty$ 时，$F_n(x)$ 依概率 1 均匀地收敛于 $F(x)$，即

$$P\{\lim_{n\to\infty}\sup_{-\infty\leqslant x\leqslant+\infty}|F_n(x)-F(x)|=0\}=1\tag{6-15}$$

该定理表明，只要样本量足够大，经验分布函数 $F_n(x)$ 是总体分布函数的一个良好近

似，可用 $F_n(x)$ 直接代替总体分布函数。

第四节 分布的拟合优度检验

分布的检验是通过试验或现场使用等得到的统计数据，推断产品寿命是否服从初步整理分析所选定的分布，推断的依据是拟合优度检验。拟合优度是观测数据的分布与选定的理论分布之间符合程度的度量。拟合优度检验方法有两类，一类是作图法，另一类是解析法。作图法简单直观，但检验结果往往因人而异，判断不精确，因此，常用的是解析法。而在解析法中，也有多种检验方法，如 χ^2 检验法、K-S 检验法、相关系数检验法、似然比检验法、F 检验法等。有些方法通用性较强，有些方法只适用于某种情况。

对来自总体的一个样本，可根据本章第三节介绍的直方图等进行初步整理分析，可以初步判断样本数据服从某一分布。当然，样本的反映与假设的分布是有差异的，差异来自两个方面：一是分布假设不正确，假设的分布不是总体的分布；二是抽样的随机性所带来的抽样误差，称为随机误差。如果样本的偏差明显大于随机误差，则说明存在分布假设偏差，分布假设不正确；反之，如果样本的偏差与随机误差相差不大，则说明分布假设正确，可按照假设的分布进行数据分析和处理。基于这种思想，在分布假设正确（原假设）的条件下，研究偏差随机变量 D 的分布。根据样本计算偏差 D 的实现值 d，再由 D 的分布与显著性水平 α（α 是一个小概率）计算一个界限 $d_{1-\alpha}$，其中 $d_{1-\alpha}$ 由 $P\{D \geqslant d_{1-\alpha}\}=\alpha$ 计算，然后以“小概率事件在一次试验当中几乎不可能发生”的原则进行判决，具体而言，如果 $D \geqslant d_{1-\alpha}$，则偏差落入大于临界值的范围，发生了小概率事件，则拒绝原来的假设，认为选定的分布与总体分布之间差异较大。因此，当由样本计算的偏差 D 的实现值 d 超过 $d_{1-\alpha}$ 时，拒绝原假设；否则接受原假设。

根据上述思想，拟合优度检验的一般步骤如下：

① 建立原假设 H_0：$F(x)=F_0(x)$。

② 构造一个反映总体分布与由样本所获得的分布之间偏差的统计量 D。

③ 根据样本观测值计算出统计量 D 的观测值 d。

④ 规定检验水平 α（一般取 0.01、0.05、0.1 等），相应求得 D 的临界值 d_0，使

$$P\{D \geqslant d_0\}=\alpha$$

⑤ 比较 d 和 d_0 的大小，当 $d>d_0$ 时，拒绝假设 H_0；当 $d \leqslant d_0$ 时，接受假设 H_0。

一、皮尔逊检验

设总体 X 的分布函数 $F(x)$，根据来自该总体的样本检验原假设

$$H_0: F(x)=F_0(x) \tag{6-16}$$

为寻找检验统计量，首先把总体 X 的取值范围分成 k 个区间 $(a_0, a_1]$，$(a_1, a_2]$，…，(a_{k-1}, a_k)，要求 a_i 是分布函数 $F_0(x)$ 的连续点，a_0 可以取 $-\infty$，a_k 可以取 $+\infty$，记

$$p_i=F_0(a_i)-F_0(a_{i-1}), i=1,2,\cdots,k \tag{6-17}$$

则 p_i 代表变量 X 落入第 i 个区间的概率（$p_i>0$）。如果样本量为 n，则 np_i 是随机变量 X 落入 $(a_{i-1}, a_i]$ 的理论频数，如 n 个观测值中落入 $(a_{i-1}, a_i]$ 的实际频数为 n，则当

H_0 成立时，$(n-np_i)^2$ 应是较小的值。因而可以用这些量的和来检验 H_0 是否成立。皮尔逊证明了，在 H_0 成立时，当 $n\to\infty$时，统计量

$$\chi^2=\sum_{i=1}^{k}\frac{(n-np_i)^2}{np_i} \tag{6-18}$$

的极限分布是自由度为 $k-1$ 的 χ^2 分布。因此，χ^2 可以作为检验统计量。对于给定的显著性水平 α，由 $P(\chi^2>c \mid H_0)=\alpha$，可知临界值 $c=\chi^2_\alpha(k-1)$，而 $\chi^2_\alpha(v)$ 指自由度为 v 的 χ^2 分布的 α 分位数。

由样本观测值可计算检验统计量 χ^2 的观测值，若观测值大于临界值 $\chi^2_\alpha(k-1)$，则拒绝原假设 H_0，但在大多数情况下，要检验的母体分布 $F_0(x;\theta)$ 中的 $\theta=(\theta_1,\theta_2,\cdots,\theta_m)$ 是 m 维未知参数。这种情况下，为计算统计量 χ^2 中的 p_i，用 θ 的极大似然估计 $\hat{\theta}$ 代替 θ，即

$$\hat{p}_i=F_0(a_i;\theta)-F_0(a_{i-1};\theta),i=1,2,\cdots,k \tag{6-19}$$

此时，检验统计量为

$$\hat{\chi}^2=\sum_{i=1}^{k}\frac{(n-n\hat{p}_i)^2}{np_i} \tag{6-20}$$

Fisher 证明了当 $n\to+\infty$时，该统计量的极限分布是自由度为 $k-m-1$ 的 χ^2 分布，因而对于给定的显著性水平 α，同样可由 χ^2 分布分位点求出临界值 $c=\chi^2_\alpha(k-m-1)$。当 $\hat{\chi}^2$ 大于临界值 $\chi^2_\alpha(k-m-1)$ 时，拒绝原假设。

【例 6-2】 将 250 个元件进行加速寿命试验，每隔 100h 检验一次，记下失效产品个数，直到全部失效为止。不同时间内失效产品个数见表 6-4。试问这批产品寿命是否服从指数分布 $F_0(t)=1-\mathrm{e}^{-t/300}$。

表 6-4 某元件加速寿命试验数据表

时间区间/h	失效数	时间区间/h	失效数
0～100	39	500～600	22
100～200	58	600～700	12
200～300	47	700～800	6
300～400	33	800～900	6
400～500	25	900～1000	2

解： 由于假设没有给出产品寿命的均值 θ，而仅说它服从指数分布，因此需要先求出它的极大似然估计

$$\hat{\theta}=\frac{1}{250}\sum_{i=1}^{10}n_i\bar{t}_i$$

$$=\frac{1}{250}(50\times39+150\times58+\cdots+950\times2)\mathrm{h}=300\mathrm{h}$$

其中，$\bar{t}_i$ 取各组中值，即每一组数据的中点。下面的检验是对原假设

$$H_0:F(x)=F_0(x)=1-\mathrm{e}^{-t/300}$$

进行的。为使用 χ^2 检验法，首先对数据进行分组。一般组数在 7～20 个为宜，每组中观测值个数最好不少于 5 个。在例题中可按测试区间分组，而把最后两组合并成一组，然后分别

计算

$$\hat{p}_1=F_0(100)=1-e^{-\frac{100}{300}}=0.2835$$

$$\hat{p}_2=F_0(200)-F_0(100)=1-e^{-\frac{100}{300}}-(1-e^{-\frac{100}{300}})=0.2031$$

同理可计算 $\hat{p}_3$，$\hat{p}_4$，…，$\hat{p}_9$，结果见表 6-5 的第三列。

表 6-5 拟合优度检验计算

组号	n_i	$\hat{p}_i$	$n\hat{p}_i$	$n_i-n\hat{p}_i$	$(n-n\hat{p}_i)^2$	$\frac{(n-n\hat{p}_i)^2}{np_i}$
1	39	0.2835	70.88	−31.88	1016.33	14.34
2	58	0.2031	50.78	7.22	52.13	1.03
3	47	0.1455	36.38	10.62	112.78	3.10
4	33	0.1043	26.08	6.92	47.89	1.84
5	25	0.0747	18.68	6.32	39.94	2.14
6	22	0.0536	13.40	8.6	73.96	5.52
7	12	0.0383	9.58	2.42	5.86	0.61
8	6	0.0275	6.88	−0.88	0.77	0.11
9	8	0.0695	17.37	−9.37	87.80	5.05

最后，计算统计量 $\hat{\chi}^2$ 的观测值为

$$\hat{\chi}^2=\sum_{i=1}^{9}\frac{(n\text{-}n\hat{p}_i)^2}{np_i}=33.74$$

取显著性水平 $\alpha=0.01$，可查得临界值为 $\chi^2_{0.01}(9-1-1)=\chi^2_{0.01}(7)=18.48$。由于 $\hat{\chi}^2>\chi^2_{0.01}$（7），所以拒绝原假设，即不能认为这批产品的寿命服从指数分布。

【例 6-3】 在现场统计了 100 台某设备的故障数据如表 6-6 所示。现初步假设其寿命分布为正态分布，并估计得到其参数 $\mu=4300\text{h}$，$\sigma=1080\text{h}$，试用 χ^2 检验判断其假设的正确性（$\alpha=0.1$）。

表 6-6 设备故障数据表

时间区段/h	失效数	删除数
1800～2600	7	0
2600～3100	6	1
3100～3500	8	1
3500～3900	8	5
3900～4100	6	2
4100～4400	11	6
4400～4600	9	5
4600～4800	7	1
4800～5300	7	3
5300～6500	6	1

解： 原假设 H_0：设备寿命服从参数 $\mu=4300\text{h}$，$\sigma=1080\text{h}$ 的正态分布。用 χ^2 检验判断假设正确与否，计算结果如表 6-7 所示，其中 $\chi^2=5.5711$，显著性水平 $\alpha=0.1$。由于自由度 $k-m-1=10-1-2=7$，$\alpha=0.1$，查 χ^2 分布表可得，$\chi^2_{0.1}$（7）$=12.017>5.5711=\chi^2$，所以接受原假设 H_0，认为该设备寿命服从正态分布 N（4300，1080^2）。

表 6-7 设备故障数据表

$t_{i-1}\sim t_i$ 时间区段/h	失效数r_i	删除数 Δk_i	n_{i-1}	理论值 $R(t_i)$	p_i	$n_{i-1}p_i$	$(r_i-n_{i-1}p_i)^2$	$\frac{(r_i-n_{i-1}p_i)^2}{n_{i-1}p_i}$
1800～2600	7	0	100	0.9418	0.0582	5.82	1.39	0.239
2600～3100	6	1	93	0.8665	0.07995	7.435	2.059	0.277
3100～3500	8	1	86	0.7703	0.1110	9.546	2.39	0.25
3500～3900	8	5	77	0.6443	0.1636	12.597	21.13	1.68
3900～4100	6	2	64	0.5734	0.1100	7.04	1.082	0.154
4100～4400	11	6	56	0.4629	0.1927	10.79	0.0441	0.0041
4400～4600	9	5	39	0.3905	0.1564	6.1	8.41	1.38
4600～4800	7	1	25	0.3217	0.1762	4.4	6.76	1.53
4800～5300	7	3	17	0.1773	0.4489	7.63	0.397	0.052
5300～6500	6	1	7	0.0207	0.8834	6.18	0.0324	0.005

二、 K-S 检验

Kolmogorov-Smirnov 检验，简写为 K-S 检验，常译成科尔莫戈罗夫-斯米尔诺夫检验，亦称为 D 检验法，也是一种拟合优度检验方法。它涉及一组样本数据的实际分布与某一指定的理论分布间相符合程度的问题，用来检验所获取的样本数据是否来自具有某一理论分布的总体。K-S 检验的功效要比 χ^2 检验更强，对于特别小的样本数目，χ^2 检验不能应用，但 K-S 检验则不受限制，但总体的分布必须假定为连续型分布且不含有任何未知参数。

K-S 检验法的基本原理及步骤如下：

① 设总体 X 的分布函数为 $F(x)$，X_1，X_2，…，X_n 是来自于总体 X 的简单随机样本，按照样本观测值从小到大顺序排列为

$$x_{(1)}\leqslant x_{(2)}\leqslant\cdots\leqslant x_{(n)} \tag{6-21}$$

② 得到经验分布函数 $F_n(x)$，即

$$F_n(x)=\begin{cases}0 & x\leqslant x_{(1)}\\ \dfrac{i}{n} & x_{(i)}\leqslant x\leqslant x_{(i+1)}\\ 1 & x\geqslant x_{(n)}\end{cases} \tag{6-22}$$

③ 提出原假设

$$H_0:F(x)=F_0(x) \tag{6-23}$$

其中，$F_0(x)$ 为给定的连续分布函数。

④ 提出检验统计量

$$D_n=\sup_{-\infty\leqslant x\leqslant\infty}\left|F_n(x)-F_0(x)\right| \tag{6-24}$$

当假设 H_0 成立时，对于给定的 n 可以得到 D_n 的精确分布和 $n\to\infty$时的极限分布。

⑤ 在计算统计量 D_n 时，先求出

$$\delta_i=\max\left\{\left|F_0(x_{(i)})-\frac{i-1}{n}\right|,\left|F_0(x_{(i)})-\frac{i}{n}\right|\right\},(i=1,\cdots,n) \tag{6-25}$$

然后，在 δ_1，…，δ_n 中选择最大的一个便是 D_n，即

$$D_n=\max_i\{\delta_i\} \tag{6-26}$$

对于给定的显著性水平 α 和样本量 n，查表可得到临界值 $d_{n,\alpha}$。

$$D_n\leqslant d_{n,\alpha} \tag{6-27}$$

时，接受假设 H_0；否则，拒绝假设 H_0。

【例 6-4】 设从连续分布总体中抽取容量为 20 的样本，样本观测值如表 6-8 所示，试在显著性水平 $\alpha=0.05$ 下，检验其是否服从 $\mu=30$，$\sigma=100$ 的正态分布。

表 6-8 样本的观测值

39	67	42	43	26	29	48	53	21	37
15	40	34	23	45	30	49	32	58	19

解：①把样本观测值按照从小到大的顺序排列，即

$$x_{(1)} \leqslant x_{(2)} \leqslant \cdots \leqslant x_{(20)}$$

② 得到经验分布函数 $F_n(x)$，计算 $F_n(x)$ 的观测值，见表 6-9 第三列。

$$F_n(x)=\begin{cases} 0 & x<15 \\ 0.05 & 15 \leqslant x<19 \\ 0.10 & 19 \leqslant x<21 \\ \vdots & \vdots \\ 1 & x>67 \end{cases}$$

③ 假设 $F_n(x)$ 为 $N\ (30, 10^2)$，$F(x)$ 为总体分布函数，要检验假设

$$H_0: F(x)=F_n(x)$$

利用标准正态分布表计算 $F_0(x)$ 的值，即

$$F_0(x)=\phi\left[\frac{x-\mu}{\sigma}\right]=\phi\left[\frac{x-30}{10}\right]$$

$F_0(x)$ 计算结果见表 6-9 第四列。

④ 计算 $F_n(x)$ 与 $F_0(x_{(i)})$ 的差。

记 $d_{i1}=|F_0(x_{(i)})-F_n(x_{(i-1)})|$，$d_{i2}=|F_0(x_{(i)})-F_n(x_{(i)})|$，分别列于表 6-9 第五列和第六列。

表 6-9 样本的观测值

序号	x_i	$F_n(x_{(i)})$	$F_0(x_{(i)})$	d_{i1}	d_{i2}	δ_i
1	15	0.05	0.067	0.067	0.017	0.067
2	19	0.10	0.136	0.086	0.036	0.086
3	21	0.15	0.185	0.085	0.035	0.085
4	23	0.20	0.242	0.092	0.042	0.092
5	26	0.25	0.345	0.145	0.008	0.145
6	29	0.30	0.461	0.211	0.161	0.211
7	30	0.35	0.500	0.200	0.150	0.200
8	32	0.40	0.579	0.229	0.179	0.229
9	34	0.45	0.655	0.255	0.205	0.255
10	37	0.50	0.758	0.308	0.258	0.308
11	39	0.55	0.815	0.315	0.265	0.315
12	40	0.60	0.841	0.291	0.241	0.291
13	42	0.65	0.884	0.284	0.234	0.284
14	43	0.70	0.903	0.253	0.203	0.253
15	45	0.75	0.933	0.233	0.183	0.233
16	48	0.80	0.964	0.214	0.164	0.214
17	49	0.85	0.971	0.171	0.121	0.171
18	53	0.90	0.989	0.139	0.089	0.139
19	58	0.95	0.997	0.097	0.047	0.097
20	67	1	0.999	0.049	0	0.049

⑤ 根据表 6-6 可知

$$D_n=\max_i\{\delta_i\}=0.315$$

⑥ 由显著性水平 $\alpha=0.05$，查找 D_n 极限分布表，得到临界值 $D_{20}^{0.05}=0.32886$。因

$$D_n=0.315<0.32886$$

所以接受原假设 H_0，可认为样本服从正态分布 $N(30, 10^2)$。

三、指数分布寿命试验的数据分析

在可靠性寿命试验和进行的数据分析中，指数分布占有相当重要的地位。在许多场合下首先假设产品的寿命分布为指数分布，然后再进行试验，并对试验数据进行分析，计算出产品的各项可靠性特征。

1. 指数分布寿命试验的意义

(1) 指数分布寿命试验在实际使用中较为普遍

根据产品典型失效率曲线，产品失效分为早期失效期、偶然失效期及耗损失效期。产品在偶然失效期的寿命分布接近指数分布，即失效率 $\lambda(t)$ 接近于一个常数。这就是讨论指数分布寿命试验，并广泛应用指数分布所给出结论的一个重要原因。

(2) 指数分布与许多试验结果较为接近

寿命服从指数分布模型的物理基础是产品受到应力的偶然冲击而引起失效。很多产品的失效服从威布尔分布，而当形状参数 $m=1$ 时，就是指数分布。

(3) 可用指数分布当作实际分布

在有些情况下，产品的寿命分布不能用威布尔分布、正态分布、对数正态分布等来描述，或者即使能用，但是产品的可靠性指标尚未找到严格而又方便的计算公式。为了寻找一种统一的对比方法，不得不采用指数分布的各种结果，虽然这种近似有时精度较低，但是对同一种产品能定量地说明问题。

2. 指数分布寿命试验的设计

(1) 确定测试周期

若产品的寿命服从指数分布，累积失效分布函数为

$$F(t)=1-e^{-\frac{t}{\theta}} \tag{6-28}$$

式中，θ 为该试验条件下产品的平均寿命；t 为失效时间随机变量。

根据式(6-28)，测试时间 $t_i(i=1, 2, \cdots)$ 可按式(6-29) 估计得出

$$t_i=\theta\ln\frac{1}{1-F(t)} \qquad i=1,2,\cdots \tag{6-29}$$

式中，θ 为假设的平均寿命；$F(t_i)$ 可按等间隔取值，例如 2%，4%，6%，…。

对于预计累积失效概率较低时就停止的试验，$F(t_i)$ 的间隔可取密些，反之则取得疏些。实际安排测试时间时，对平均寿命 θ 及其分布往往不了解。这时可将 θ 估计得略小些。以便使开始的测试点前移，然后可根据实际情况适当调整。表 6-10 中列出了根据累计失效概率确定的测试时间。

表 6-10 测试时间选择

$F(t_i)/\%$	2	4	6	8	10	12	14	16	18	20
t_i/θ	0.02	0.04	0.06	0.08	0.10	0.13	0.15	0.17	0.20	0.22
$F(t_i)/\%$	22	24	26	28	30	32	34	36	38	40
t_i/θ	0.25	0.27	0.30	0.33	0.36	0.38	0.42	0.45	0.48	0.51
$F(t_i)/\%$	42	44	46	48	50	52	54	56	58	60
t_i/θ	0.55	0.58	0.61	0.65	0.69	0.73	0.78	0.82	0.87	0.92
$F(t_i)/\%$	62	64	66	68	70	72	74	76	78	80
t_i/θ	0.97	1.02	1.08	1.14	1.20	1.27	1.35	1.43	1.51	1.61

【例 6-5】 从摸底试验中，已知某开关管在 300℃、250℃、200℃时的平均寿命 θ 约分别为 80h、300h、3000h，现将这种管子放在这三种温度下做高温储存寿命试验，并要求在测试过程中得到的累积失效概率分别为 4%、10%、20%、40%、60%。问这些测试时间应如何安排。

解： 从表 6-10 可以看出，$F(t_i)$ 及$\dfrac{t_i}{\theta}$的关系。将上述数据代入，便可得出表 6-11 所列数值。

表 6-11 测试时间选择

$F(t_i)/\%$		4	10	20	40	60
t_i/θ		0.04	0.10	0.22	0.51	0.92
测试时间t_i/h	300℃	80×0.04=3.2	8	17.6	40.8	73.6
	250℃	300×0.04=12	30	66	153	276
	200℃	3000×0.04=120	300	660	1530	2760

实际上在安排测试时间时，平均寿命 θ 及其分布往往不太了解，这时可将 θ 估计得略小一些。这样，可使初始测量点前移，利用表 6-11 算出测试时间，然后根据实际情况再作调整。

(2) 确定样本容量

指数分布的寿命试验中，样本容量 n 主要决定于样品的价格、试验、测试工作的复杂程度以及试验总时间等。一般说来，样本容量大的，可以早些结束试验。通常，将样本容量 $n<20$ 的样本称为小样本。

假设试验样本容量为 n，则在时间 t 内出现 r 个失效的概率可近似表示为

$$\frac{r}{n}=1-e^{-t/\theta} \tag{6-30}$$

导出

$$n=\frac{r}{F(t)} \tag{6-31}$$

式中：n——为样本容量；

r——结束试验时被试样本失效个数；

$F(t)$ ——结束试验时的累计失效概率。

由上式可容易求出试验结束的时间

$$t=\theta\ln\left(\frac{n}{n-r}\right) \tag{6-32}$$

若给定样本的平均寿命，可应用式(6-32)，求出在时间 t 内能观察到 r 个失效时的样本

容量 n。

【例 6-6】已知某种产品的平均寿命 $\theta=3000\text{h}$，希望在 1000h 的试验中能观察到 $r=5$ 个失效，试问样本容量 n 的值？

解：当 $t=1000\text{h}$，$\theta=3000\text{h}$ 时，则 $\dfrac{t}{\theta}=\dfrac{1000}{3000}=0.333$。

从表 6-7 中可以查出，当 $\dfrac{t}{\theta}=0.333$ 时，$F(t)=\dfrac{r}{n}=28\%$。

因此，$n=\dfrac{r}{F(t)}=\dfrac{5}{0.28}=17.86$。故取 $n=18$。

(3) 确定试验截止时间

从前面的讨论中不难看出，试验时间 t 与样本容量 n 和失效数 r 有关。当试验中累积失效概率 $\dfrac{r}{n}$ 达到规定值时就结束试验，试验时间 t 约需 $\theta\ln\left(\dfrac{n}{n-r}\right)$。因此，当粗略地估计了产品在该试验条件下的平均寿命后，便可估计试验所需时间。

3. 指数分布截尾寿命试验及参数的点估计

(1) 按失效时间的统计分析

一般产品在偶然失效期，其寿命接近指数分布。设投试样本数为 n，在试验结束时共有 r 个样本失效，且失效时间分别为 t_1，t_2，…，t_r。现就四种截尾试验分别讨论平均寿命 θ 和失效率 λ 的点估计问题。

① $[n，无，t_0]$ 寿命试验　对无替换定时截尾寿命试验，若到规定试验时间 t_0 时 n 个样本中有 r 个失效（r 是随机的），它们的失效时间 $t_1\leqslant t_2\leqslant\cdots\leqslant t_r$，则 n 个样本总的试验时间为

$$t[n,无,t_0]=\sum_{i=1}^{r}t_i+(n-r)t_0 \tag{6-33}$$

此时平均寿命 θ 的估计值为

$$\hat{\theta}=\frac{t[n,无,t_0]}{r}=\frac{1}{r}\left[\sum_{i=1}^{r}t_i+(n-r)t_0\right] \tag{6-34}$$

而失效率 λ 的估计值为

$$\hat{\lambda}=\frac{1}{\hat{\theta}}=\frac{r}{\sum_{i=1}^{r}t_i+(n-r)t_0} \tag{6-35}$$

② $[n，无，r]$ 寿命试验　对无替换定数截尾寿命试验，若到规定的失效数 r 时就停止试验，它们的失效时间为 $t_1\leqslant t_2\leqslant\cdots\leqslant t_r$，剩下 $(n-r)$ 个样本未失效。则 n 个样本总的试验时间为

$$t[n,无,r]=\sum_{i=1}^{r}t_i+(n-r)t_r \tag{6-36}$$

此时平均寿命 θ 的估计值为

$$\hat{\theta}=\frac{t[n,无,r]}{r}=\frac{1}{r}\left[\sum_{i=1}^{r}t_i+(n-r)t_r\right] \tag{6-37}$$

而失效率 λ 的估计值为

$$\hat{\lambda}=\frac{1}{\hat{\theta}}=\frac{r}{\sum_{i=1}^{r}t_i+(n-r)t_r} \tag{6-38}$$

③ [n，有，t_0] 寿命试验　对有替换定时截尾寿命试验，当 n 个样本同时进入试验且发生失效时立即替换，直至试验到规定时间 t_0 时停止，在停止前有 r 个失效，则总的试验时间为

$$t[n,\text{有},t_0]=nt_0 \tag{6-39}$$

这时平均寿命 θ 的估计值为

$$\hat{\theta}=\frac{t[n,\text{有},t_0]}{r}=\frac{nt_0}{r} \tag{6-40}$$

而失效率 λ 的估计值为

$$\hat{\lambda}=\frac{1}{\hat{\theta}}=\frac{r}{nt_0} \tag{6-41}$$

④ [n，有，r] 寿命试验　对有替换定数截尾寿命试验，当 n 个样本同时进入试验且发生失效时立即替换，直至试验到预先规定的失效样本数 r 时停止，这时投入样本的总数为 ($n+r$) 个。则总的试验时间为

$$t[n,\text{有},r]=nt_r \tag{6-42}$$

这时平均寿命 θ 的估计值为

$$\hat{\theta}=\frac{t[n,\text{有},r]}{r}=\frac{nt_r}{r} \tag{6-43}$$

而失效率 λ 的估计值为

$$\hat{\lambda}=\frac{1}{\hat{\theta}}=\frac{r}{nt_r} \tag{6-44}$$

若令投试样本实际试验时间的总和为 t_Σ，失效样本数为 r，则上述四种截尾寿命试验的平均寿命 θ 的估计值可用统一公式表达为

$$\hat{\theta}=\frac{\text{总试验时间}}{\text{失效样本数}}=\frac{t_\Sigma}{r} \tag{6-45}$$

则失效率的估计值为

$$\hat{\lambda}=\frac{1}{\hat{\theta}}=\frac{r}{t_\Sigma} \tag{6-46}$$

可靠度 R (t) 的估计值则为

$$\hat{R}(t)=e^{-\hat{\lambda}t}=e^{-\frac{t}{\hat{\theta}}} \tag{6-47}$$

(2) 按失效数的统计分析

有时在一些产品试验中，在结束试验时才知样本是否失效而不知样本失效的时间。这时若投试样本数 n 足够大 ($n>50$)，经过试验时间 t 后有 r 个失效. 则可用式(6-48) 近似计算

$$\hat{R}(t)=e^{-\frac{t}{\hat{\theta}}}\approx\frac{n-r}{n} \tag{6-48}$$

对上式改写后即可得近似的平均寿命估计值

$$\hat{\theta}=\frac{t}{\ln n-\ln(n-r)} \tag{6-49}$$

4. 指数分布截尾寿命试验的参数区间估计

(1) 按失效时间的区间估计

上述平均寿命 θ 的点估计法不能给出平均寿命估计值 θ 与母体平均寿命 θ 之间的误差，因为点估计值 $\hat{\theta}$ 是由 n 个投试样本的试验结果得出来的。如果从该产品中另抽 n 个样本投试，则根据新的试验结果算出的 $\hat{\theta}$ 不一定与按上次试验结果得出的一样。因此，要求具有一定精度要求的平均寿命所处的范围，就需要采用区间估计法及置信区间的概念。

由数理统计学可知置信区间 $[\theta_L,\theta_U]$，置信下限 θ_L，置信上限 θ_U，显著性水平 α，置信度 $(1-\alpha)$ 之间满足以下关系

$$P(\theta_L\leqslant\theta\leqslant\theta_U)=1-\alpha \tag{6-50}$$

若 θ 的分布密度函数为 $f(x)$，则 $\hat{\theta}$ 取值在 $[a,b]$ 范围内的概率为

$$P(a\leqslant\hat{\theta}\leqslant b)=\int_a^b f(x)dx \tag{6-51}$$

一般不直接计算 $\hat{\theta}$ 的分布函数，而是计算 $2r\hat{\theta}/\theta=2t/\theta$（式中 t 为总的试验时间）。

$$f(x)=\frac{1}{2^r(r-1)!}e^{-x/2}x^{r-1} \tag{6-52}$$

实际上，这个分布就是自由度为 $2r$ 的 χ^2 分布，其图形如图 6-14 所示。可选取曲线 $f(x)$ 在 $(0,a)$ 区间的面积为 $\alpha/2$，在 (b,∞) 区间的面积为 $\alpha/2$，则 $[a,b]$ 区间的面积就是 $1-\alpha$。

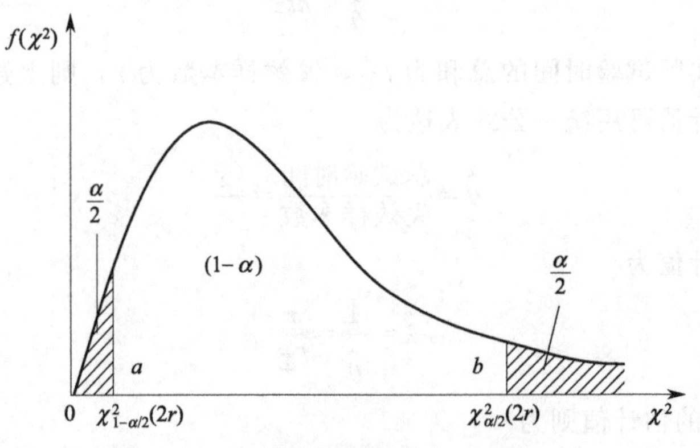

图 6-14 χ^2 分布的双侧分位点和分位数

如图 6-14 所示，对于自由度为 $2r$ 的 χ^2 分布的密度函数 $f(x)$，使 (a,∞) 之间的面积为 $(1-\alpha/2)$ 的点 a 用符号 $\chi^2_{1-\alpha/2}(2r)$ 表示，称为 χ^2 分布的 $(1-\alpha/2)$ 的下侧分位数；使 (b,∞) 之间面积为 $\alpha/2$ 的点 b 用符号 $\chi^2_{\alpha/2}(2r)$ 表示，称为 χ^2 分布的 $\alpha/2$ 的上侧分位数。

因为由式 (6-52) 表达的 $2r\hat{\theta}/\theta=2t/\theta$ 的分布密度函数是自由度为 $2r$ 的 χ^2 分布，所以由分位数的意义有

$$P\left[\chi^2_{1-\frac{\alpha}{2}}(2r)\leqslant\frac{2t}{\theta}\leqslant\chi^2_{\frac{\alpha}{2}}(2r)\right]=1-\alpha \tag{6-53}$$

因此

$$P\left[\frac{2t}{\chi^2_{1-\frac{\alpha}{2}}(2r)}\leqslant\theta\leqslant\frac{2t}{\chi^2_{\frac{\alpha}{2}}(2r)}\right]=1-\alpha \tag{6-54}$$

或

$$P\left[\frac{2r\hat{\theta}}{\chi^2_{1-\frac{\alpha}{2}}(2r)}\leqslant\theta\leqslant\frac{2r\hat{\theta}}{\chi^2_{\frac{\alpha}{2}}(2r)}\right]=1-\alpha \tag{6-55}$$

由此，置信区间为（$1-\alpha$）的 θ 的置信区间（θ_L，θ_U）就可由式（6-56）确定

$$\begin{cases}\theta_L=\dfrac{2t}{\chi^2_{\frac{\alpha}{2}}(2r)}=\dfrac{2r\hat{\theta}}{\chi^2_{\frac{\alpha}{2}}(2r)}\\[2ex]\theta_U=\dfrac{2t}{\chi^2_{1-\frac{\alpha}{2}}(2r)}=\dfrac{2r\hat{\theta}}{\chi^2_{1-\frac{\alpha}{2}}(2r)}\end{cases} \tag{6-56}$$

上述置信区间是对［n，无，r］寿命试验求出的，可以证明它对［n，有，r］寿命试验也适用。

对于给定自由度 n 和概率 p 的 χ^2 分布的下侧分位数 χ^2_p（n）可由相关手册中 χ^2 分布下侧分位数 $\chi^2_\alpha(n)$分布查表得，而这里需用上侧分位数 $\chi^2_\alpha(n)$，这时应将该表中的 p 换算成 α，而 $\alpha=1-p$。

对于定时截尾［n，无，t_0］寿命试验和［n，有，t_0］寿命试验，当置信度为（$1-\alpha$）时，平均寿命置信区间（θ_L，θ_U）可由式（6-57）估计

$$\begin{cases}\theta_L=\dfrac{2t}{\chi^2_{\frac{\alpha}{2}}(2r+2)}\\[2ex]\theta_U=\dfrac{2t}{\chi^2_{1-\frac{\alpha}{2}}(2r)}\end{cases} \tag{6-57}$$

式中，$\chi^2_{\alpha/2}$（$2r+2$）是自由度为（$2r+2$）的 χ^2 分布的$\dfrac{\alpha}{2}$的上侧分位数。

在研究可靠性指标时，有时不要求同时求出置信区间的上下限，即双侧估计，而仅要求以置信度（$1-\alpha$）保证真正的平均寿命确实大于某个数 θ_L 即可，即单侧估计，这时要求使 P（$\theta\geqslant\theta_L$）$=1-\alpha$。

在定数截尾试验时，包括［n，无，r］寿命试验和［n，有，r］寿命试验，因为$\dfrac{2t}{\theta}$是自由度为 $2r$ 的 χ^2 分布，如图 6-15 所示，因此

$$P\left\{\frac{2t}{\theta}\leqslant\chi^2_\alpha(2r)\right\}=1-\alpha \tag{6-58}$$

所以

$$P\left\{\theta\geqslant\frac{2t}{\chi^2_\alpha(2r)}\right\}=1-\alpha \tag{6-59}$$

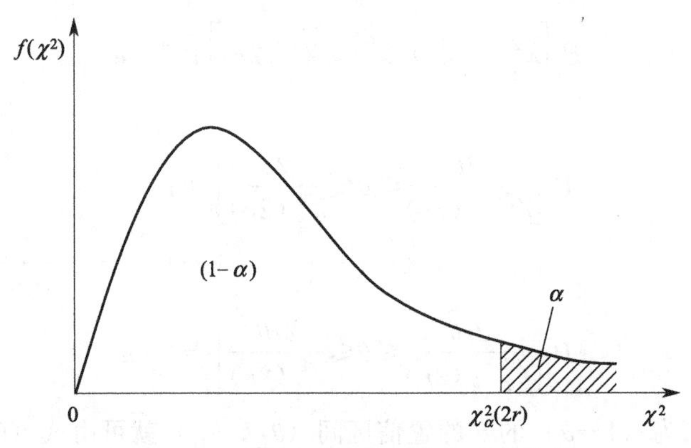

图 6-15 χ^2分布的上侧分位点和分位数

即

$$\theta_{\mathrm{L}}=\frac{2t}{\chi_{\alpha}^{2}(2r)} \tag{6-60}$$

对定时截尾试验，包括［n，无，t_0］寿命试验和［n，有，t_0］寿命试验，置信度为（$1-\alpha$）的置信下限同样可求得为

$$\theta_{\mathrm{L}}=\frac{2t}{\chi_{\alpha}^{2}(2r+2)} \tag{6-61}$$

式（6-60）和式（6-61）中的χ_{α}^{2}（$2r$）和χ_{α}^{2}（$2r+2$），可由相关手册中χ_{α}^{2}分布的上侧分位数查得。

（2）按失效数的区间估计

按失效数r近似地求平均寿命的点估计已由式（6-49）给出。若能求出失效数r的置信区间并代入该式，则又可求出θ的区间并估计。

由二项分布知，投试n个样本发生r个失效的概率可表达为

$$P(r)=C_{n}^{r}p^{r}(1-p)^{n-r}=\frac{n!}{r!\ (n-r)!}p^{r}(1-p)^{n-r} \tag{6-62}$$

式中，p为每个样本在试验中失效的概率。

由二项分布又知当$n\to\infty$时可将二项分布公式转化为正态分布公式。因此，当n较大时二项分布可用均值$\mu=np$，标准差$\sigma=\sqrt{np\ (1-p)}$（分别等于二项分布的均值及标准差）的正态分布来近似，而$\frac{r-np}{\sqrt{np\ (1-p)}}$近似标准正态分布变量．它的密度曲线关于对称纵轴。

若令z_{α}为标准正态分布的α分位点，则区间（$-\infty$，$z_{\alpha/2}$）与区间（$-\infty$，$z_{1-\alpha/2}$）的面积均等于$\alpha/2$，故区间（$z_{\alpha/2}$，$z_{1-\alpha/2}$）的面积为（$1-\alpha$），即每个样本在试验中失效的概率。

$$P\left[np+z_{\frac{\alpha}{2}}\sqrt{np(1-p)}\leqslant r\leqslant np+z_{1-\frac{\alpha}{2}}\sqrt{np(1-p)}\right]=1-\alpha \tag{6-63}$$

或

$$P\left[z_{\frac{\alpha}{2}}\leqslant\frac{r-np}{\sqrt{np(1-p)}}\leqslant z_{1-\frac{\alpha}{2}}\right]=1-\alpha \tag{6-64}$$

若用失效频率$\frac{r}{n}$近似p，则得r的置信区间

$$\begin{cases} r_L = r + z_{\frac{\alpha}{2}}\sqrt{\dfrac{r(n-r)}{n}} \\ r_U = r + z_{1-\frac{\alpha}{2}}\sqrt{\dfrac{r(n-r)}{n}} \end{cases} \tag{6-65}$$

将 r_L、r_U 代入式（6-49）中的 r，得置信度为（$1-\alpha$）的平均寿命 θ 的置信区间

$$\begin{cases} \theta_L = \dfrac{t}{\ln n - \ln\left[n - r + z_{\frac{\alpha}{2}}\sqrt{\dfrac{r(n-r)}{n}}\right]} \\ \theta_U = \dfrac{t}{\ln n - \ln\left[n - r + z_{1-\frac{\alpha}{2}}\sqrt{\dfrac{r(n-r)}{n}}\right]} \end{cases} \tag{6-66}$$

对于指数分布，由于 $\lambda=\dfrac{1}{\theta}$，所以 λ_L、λ_U 均可由 θ_L、θ_U 相应求出。

四、正态分布和威布尔分布完全寿命试验的参数估计

1. 正态分布完全寿命试验的参数估计

设投试得 n 个样本的失效时间分别是 t_1，t_2，…，t_n，则正态分布寿命的数学期望 μ（即平均寿命 θ）与标准差 S 的估计值分别为 $\hat{\mu}=\hat{\theta}=\dfrac{1}{n}\sum\limits_{i=1}^{n}t_i$，$\hat{S}=\sqrt{\dfrac{1}{n-1}\sum\limits_{i=1}^{n}(t_i-\hat{\mu})^2}$ 。

显然，这里 n 个样本的试验条件应当相同。

2. 威布尔分布完全寿命试验的参数估计

设投试的 n 个样本的失效时间分别是 t_1，t_2，…，t_n。若其位置参数为零，即为两参数的威布尔分布，其形状参数 n 与尺度参数 η（此时为特征寿命）的估计值可用式（6-67）计算，即

$$\hat{m}=\frac{\sigma_n}{2.30258S_{\lg t}},\lg\hat{\eta}=\overline{\lg t}+\frac{y_n}{2.30258\hat{m}} \tag{6-67}$$

式中，σ_n、y_n 为与样本数 n 有关的系数，见表 6-12；$\overline{\lg t}$ 为对数均值，$\overline{\lg t}=\dfrac{1}{n}\sum\limits_{i=1}^{n}\lg t_i$；

$s_{\lg t}=\sqrt{\dfrac{n}{n-1}\left[\overline{(\lg t)^2}-(\overline{\lg t})^2\right]}$ 。

表 6-12　系数 σ_n、y_n 值

n	σ_n	y_n	n	σ_n	y_n	n	σ_n	y_n
8	0.9043	0.4843	17	1.0411	0.5181	26	1.0961	0.5320
9	0.9288	0.4902	18	1.0496	0.5202	27	1.1004	0.5332
10	0.9494	0.4952	19	1.0566	0.5220	28	1.1047	0.5343
11	0.9676	0.4996	20	1.0628	0.5236	29	1.1086	0.5353
12	0.9883	0.5035	21	1.0696	0.5252	30	1.1124	0.5362
13	0.9972	0.5070	22	1.0754	0.5268	40	1.1413	0.5436
14	1.0095	0.5100	23	1.0811	0.5283	50	1.1607	0.5485
15	1.0206	0.5128	24	1.0864	0.5296	60	1.1747	0.5521
16	1.0316	0.5157	25	1.0915	0.5309			

五、数据分析中寿命分布的选择

产品寿命分布形式大致给出了产品故障性质及失效机理的线索。如指数分布意味着一个产品故障由随机原因引起，与其工作时间的长短无关；对数正态分布反映了疲劳模式或修复时间的状况；正态分布则代表了磨损或性能衰减。而对于产品中的某一薄弱部分出现故障，导致整个产品故障的，如涡轮发动机上的叶片断裂，引起涡轮故障甚至飞机事故，这时威布尔分布可以很好地描述。当然，产品寿命分布作为产品故障规律的描述，最终由产品的失效机理确定，因此，失效机理分析可以帮助进行寿命分布的选择。

在获得产品寿命试验的数据后，首先根据对数据的探索性分析，使用直方图方法绘制失效率曲线以及分布密度曲线，并结合样本均值、标准差、偏度和峰度等常见的分布数字特征，按照图 6-16 的流程进行寿命分布选择，然后再用拟合优度检验对数据是否来自所选择的总体分布进行判别。在实际中，人们由于没有足够的经实践证明为合理的数据去选择产品的寿命分布，因此，在采用数理统计方法进行分析和检验的同时，需要充分参照先前的历史信息与产品以往的故障模式与失效机理分析，综合权衡后确定寿命分布类型。比如，如果产品故障主要表现为电子产品的失效时，就有相当充分的理由选择指数分布进行数据分析。

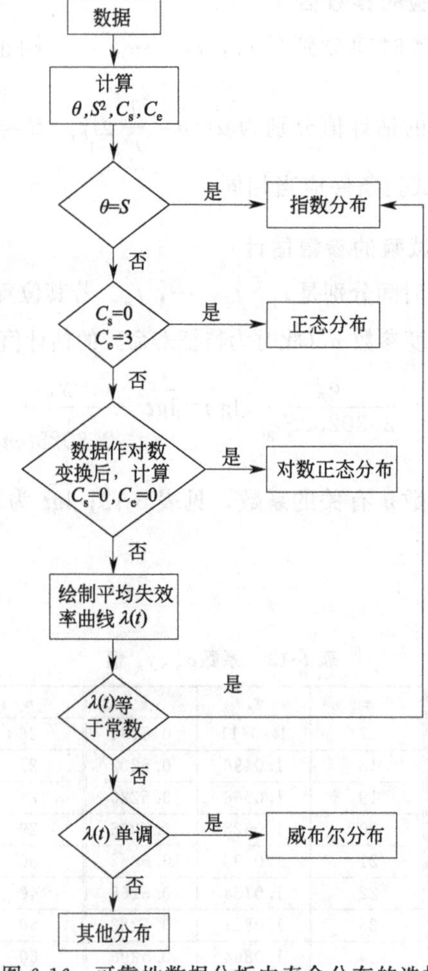

图 6-16　可靠性数据分析中寿命分布的选择

θ—样本均值；S^2—样本方差；C_s—偏度；C_e—峰度

现场收集的数据，由于受到现场使用以及任务变更等多方面因素的影响，基本上都是随机截尾试验数据。产品寿命的经验分布受随机删失的影响，特别是在大删失比的时候。删失比主要受信息管理因素、任务变更以及其他不确定性因素的影响。根据对失效机理的理解，数据删失不会改变产品的失效机理，因此，数据的分布类型不会发生变化，但分布的参数会发生一定变化。

本章小结

知识图谱

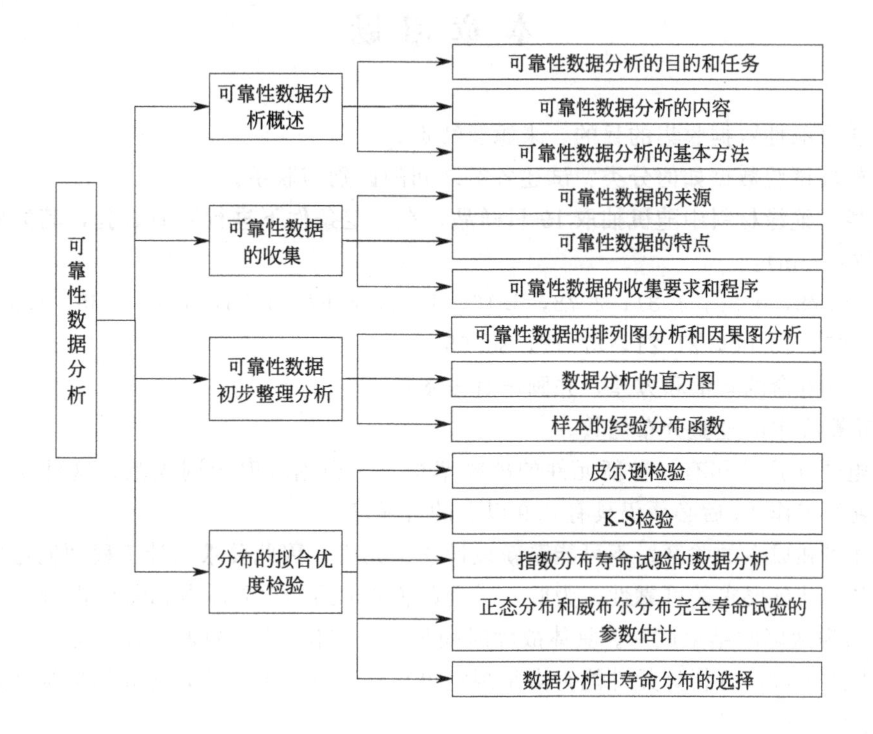

基本概念

试验数据	test data
现场数据	field data
定数截尾试验	fixed number truncated test
定时截尾试验	fixed time truncated test
排列图分析	pareto diagram analysis
因果图分析	cause and effect diagram (Ishikawa Diagram) analysis
χ^2 检验	Chi-Square test
K-S 检验	Kolmogorov-Smirnov test

学而思之

大数据时代已经以“迅雷不及掩耳之势”来袭，从互联网、电商等新兴行业到银行、保险、医疗等传统行业均宣称进入大数据应用时代。工业领域也相继推出了“工业 4.0”“互联网$^+$”等概念，希望实现大数据环境与工业技术的完美结合。作为传统工业技术发展支柱的可靠性工程在大数据环境中也不可避免地迎来了机遇和挑战。

思考：随着美国工业互联网和德国工业 4.0 等制造智能化转型战略的相继实施，工业大数据日益成为全球制造业挖掘价值、推动变革的主要抓手。结合我国制造业发展现状和未来规划，思考工业大数据在可靠性工程领域有哪些方面的应用。

本章习题

1. 简述可靠性数据收集的目的、来源及特点。

2. 可靠性试验数据如何分类？试述各类之间的区别与联系。

3. 从某种绝缘材料中随机抽取 19 只样品，在一定条件下进行寿命试验，其失效时间分别为（单位：min）：

0.19，0.78，0.96，1.31，2.78，3.16，4.15，4.67，4.85，6.5，7.35，8.01，8.27，12.00，13.95，16.00，21.21，27.11，34.95。

(1) 计算寿命的均值和方差，并画出直方图；

(2) 计算样本的经验分布函数。

4. 某电子生产公司有一种新元件的故障率很高。根据政府合同规范，这种元件要求在高应力环境下工作 4h 后必须仍具有 0.9 以上的可靠度。

由于时间和成本的关系，不可能重新设计这个元件，因此要求设计工程师们考虑采用增加冗余的方法达到要求的可靠性。为此，工程师们选取了 75 个样本元器件进行试验，当第 50 个元件出现故障时结束试验。具体故障时间记录（单位：h）如表 6-13 所示。

根据上述内容，分析该元件能否满足规定可靠性要求？若不能，应如何增加冗余单元才能达到可靠性目标要求。

表 6-13 元件故障时间记录

0.4	0.8	0.8	1.9	2.0	2.2	2.4	2.7	3.1	3.2
3.6	3.9	4.0	4.0	4.3	5.7	6.0	6.3	6.5	6.8
8.3	10.1	11.1	11.4	11.5	11.7	11.8	12.4	12.7	13.1
15.0	15.4	17.6	17.8	18.3	18.7	18.9	19.4	19.6	19.8
21.0	21.5	21.6	22.2	22.8	24.1	25.1	25.6	25.8	26.0

第七章 RCM 分析

学习目标

① 理解 RCM 的基本概念和内涵；
② 熟悉 RCM 发展历史和分析流程；
③ 掌握 RCM 常用决策模型和方法技术。

导入案例

1998 年 9 月 10 日，中国东方航空一架编号 B-2173 的麦道 MD-11 型客机执行 MU586 号航班从上海虹桥国际机场起飞前往北京首都国际机场，然后再飞往洛杉矶国际机场，机上乘客及机员共 137 名。起飞不久，机长倪介祥发觉飞机的前起落架指示灯未能熄掉，表示不能收回。当飞机升到 900 米时，倪介祥按照检查单程序又做了一次收起落架动作，只见红色信号灯仍亮着。于是机组在征得塔台同意下决定返航。返航的过程中，发现起落架已经收回但放下起落架的液压系统故障，无法将起落架降下。机组在多次努力无果后决定迫降。下午十一时，机组在做了一系列迫降前的准备后开始迫降，机长首先让后起落架先触地，之后机头在跑道上摩擦，并跟地面拖出一条火花，当滑行至 380 米后飞机最终停下。整个迫降过程未造成人员死亡，仅有数人在离开飞机时因为逃生滑梯漏气而跌伤。

飞机起落架担负着飞机起飞降落、地面移动等任务，是飞机的重要组成系统之一，起落架故障也是导致飞机安全事故的主要原因之一。据统计，2020 年民航业发生的 82 起 Accident 级别事故中，起落架故障是导致事故的第三大原因。因此，为了保证起落架系统的安全可靠，防止航空安全事故的发生，航空公司通常会根据以可靠性为中心的维修（reliability-centered maintenance，RCM）理论制定其维修大纲。

第一节 RCM 概述

RCM 是国际上通用的用以确定装备（设备）预防性维修需求、优化维修制度的一种系统工程过程，也是发达国家军队及工业部门制定军用装备和设备预防性维修大纲的首选方法。因此，RCM不是一种具体的维修方式，也不是笼统意义上的维修思想，而是一种体现以可靠性为中心的系统维修分析方法。通过RCM分析所得到的维修计划具有很强的针对性，避免了“多维修、多保养、多多益善”和“故障后再维修”的传统维修思想的影响，使维修工作更具科学性。实践证明，如果RCM被正确运用到现行的维修活动中，在保证生产安全性和设备可靠性的前提下，可将日常维修工作量降低40%～70%，大幅提高资产的使用率。

一、 RCM基本概念

1. RCM的内涵

根据GJB 1378A—2007定义，RCM是指以最少的资源消耗保持装备固有可靠性和安全性的原则，应用逻辑决断的方法确定装备预防性维修要求的过程或方法。根据应用对象的不同，一般可分为系统和设备RCM、结构RCM和区域检查RCM。系统和设备RCM用以确定系统和设备的预防性维修对象、预防性维修工作类型、维修间隔期等，适用于各种类型的设备预防性维修大纲的制定；结构RCM用以确定结构项目的检查等级、检查间隔期等，适用于大型复杂设备的结构部分；区域检查RCM用以确定区域检查的要求，如检查非重要项目的损伤，以及由于邻近项目故障引起的损伤，适用于需要划分区域进行检查的大型装备。由于系统和设备RCM具有通用性且应用广泛，因此如无特殊说明，本章介绍的RCM内容均为系统和设备RCM。

装备的预防性维修要求一般包括需要进行预防性维修的产品、预防性维修工作的类型及简要说明和预防性维修工作的间隔期等，其是编制维修工作卡、维修技术规程和准备维修资源、备品、消耗器材、仪器设备及人力资源等其他技术文件的依据。由此可知，RCM的根本目的是通过确定适用而有效的预防性维修工作，以最少的资源消耗保持和恢复装备的安全性和可靠性固有水平，并在必要时提供改进设计所需的信息。

2. RCM的故障分类

在RCM中，将故障主要划分为功能故障和潜在故障两大类，以实现不同的预防性维修方式和策略安排。其中，功能故障是指产品不能完成规定功能的状态，其进一步可区分为明显功能故障和隐蔽功能故障。明显功能故障是指故障发生后，正在履行正常职责的操作人员能够发现的功能故障。隐蔽功能故障是指正常使用装备的操作人员不能发现的功能故障，而必须在装备停机时做检查和测试时才能发现。

潜在故障是指产品即将不能完成规定功能的可鉴别状态。许多产品故障的发生并不是突变的，而是有一个发展过程。如果产品在临近功能故障之前具有明显的可观测或检测的征兆出现过程，那么这个过程就是产品的潜在故障过程，比如零部件、元器件的磨损、疲劳、老化等故障大多都存在这么一个过程。因此，潜在故障的主要特征包括：首先，它是功能故障临近前的状态，而不是功能故障前的任何时刻状态；其次，潜在故障状态具有明显的特征，是可以通过观察或检测识别出来的。通过对潜在故障的监测，可以及时发现和预测设备状态的变化安排合适的预防性维修活动，从而预防功能故障的发生。

二、 RCM发展历史

RCM方法起源于国际民用航空业，目的是为了提高飞机维修的可靠性。从20世纪60

年代起，这种方法始终在不断地稳步发展，目前已成为应用最为广泛的维护管理技术之一。

1. RCM 的产生

20 世纪 60 年代初，美国联合航空公司通过收集大量数据分析发现，对于许多项目，没有一种预防性维修方式是十分有效的。在其后近 10 的维修改革探索中，通过应用可靠性大纲、针对性维修、按需检查和更换等一系列试验和总结，形成了一种普遍适用的、新的维修理论——以可靠性为中心的维修。1968 年，美国空运协会发布了由领导制定波音 747 飞机初始维修大纲的维修指导小组（Maintenance Steering Group，MSG）起草的 MSG-1《手册：维修的鉴定与大纲的制定》，这也是 RCM 的最初版本。

2. RCM 的发展

1970 年，通过隐蔽功能故障判断分析等内容的增加和完善，MSG-1 升级为 MSG-2，并应用到洛克希德 1011 和 DC10 等飞机的维修过程，取得了显著成效。1974 年，美国国防部明令在全军推广 RCM，并于 1978 年委托联合航空公司在 MSG-2 基础上研究并提出维修大纲的制定方法。在这一背景下，美国航空业的诺兰（Nowlan. F. S）与希普（Heap. H. F）在 MSG-1 和 MSG-2 基础上，合作出版了《Reliability-centered Maintenance（RCM）》，正式推出了一种新的逻辑决断法 RCM 分析法，明确阐明了逻辑决断的基本原理，并指明了具体的预防性维修工作类型。与此同时，美国航空业进一步完善了 MSG-2，于 1980 年出版了 MSG-3。

到 1990 年代，RCM 应用在全球范围内得到进一步推广，已从武器装备、航空等产业扩展到核能工业、海洋石油工业以及其他民用工业部门或领域，与此同时其相关理论也有了新的发展。1991 年，英国 Aladon 维修咨询有限公司创始人莫布雷（John Moubray）在多年实践 RCM 的基础上出版了《以可靠性为中心的维修》。由于这本专著与以往的 RCM 标准、文件有较大区别，因此被业界称为《RCMⅡ》。1997 年，该书第二版发行，更加精确地定义了 RCM 的适用对象与范围，指明 RCM 不仅仅适用于传统的大型复杂系统或设备，也适用于有形资产，并详细阐述了 RCM 的指导和开展 RCM 的基本流程。1999 年，国际电工技术委员会（International Electrotechnical Commission，IEC）首次发布了 IEC 60300-3-11《RCM 应用指南》；同年，针对 RCM 应用争议对军用装备订购造成的影响，美国军方委托汽车工程师协会（Society of Automotive Engineering，SAE）制定了一份界定 RCM 方法的标准，即 SAE JA 1011《以可靠性为中心的维修过程的评审准则》，按照该标准第五章的规定，只有保证按顺序回答了标准中所规定 7 个问题的过程，才能称之为 RCM 过程。在此之后发布的各种 RCM 标准、规范、手册、指南等基本上都遵循 SAE JA 1011 的规定，比如美国船舶局《RCM 指南》，美国航空航天局（NASA）《设施及相关设备 RCM 指南 》，英国国防部标准 Def Stan 02-45，美国国防部标准 MIL-STD-3034A 等。此后，鉴于 RCM 的实施过程较为繁琐，出现了一些通过简化 RCM 分析过程但同样能达到所需效果的新方法，其中，最为典型的是简化的 RCM（streamlined RCM，SRCM）和反向 RCM（backfit RCM）。其中，SRCM 在电力系统等领域中取得了较为满意的效果，而反向 RCM 则作为规范方法出现在美国海军海面系统司令部 RCM 手册 S9081-AB-GIB-010 中，以用于既有装备的维护改善。

3. RCM 在我国的发展

我国 RCM 的应用发展始于 20 世纪 80 年代。1981 年，空军第一研究所翻译出版了《MSG-3》，1982 年翻译出版了诺兰与希普合著的《以可靠性为中心的维修》。1989 年，航空航天工业部发布了RCM航空工业标准HB 6211—1989《飞机、发动机及设备以可靠性为中心的维修大纲的制定》。1992年，国防科工委颁布了由军械工程学院为主编单位编制的我国第一部RCM国家军用标准GJB 1378—1992《装备预防性维修大纲的制定要求与方法》。2007年，该标准经过修订之后，GJB 1378A—2007《装备以可靠性为中心的维修分析》发布实施。2000年以后，RCM逐渐为人们所熟悉，应用范围由武器装备扩展到各种大型工业设备、铁路、核电站等领域，并取得了较好的效果。

4. RCM的发展趋势

RCM从产生至今已半个世纪，该方法的基本框架已经成熟并被广泛接受，随着工业信息化和大数据时代的到来，其今后将主要朝面向应用领域标准细化、信息化辅助手段应用强化、与其他方法结合以及应用领域不断拓展等方面发展。

第二节 RCM基本原理

RCM理论是建立在相关基本观点基础上的，其应用实施具有规定的过程准则。按照SAE JA1011规定，只有保证按顺序回答了标准中所规定7个问题的过程，才能称之为RCM过程。

一、RCM基本观点

在RCM理论的发展完善过程中，逐渐形成了以下四个基本观点。

1. 注重产品可靠性、安全性的先天性

产品的固有可靠性和安全性是由设计和制造赋予的，有效的维修只能保持而不能提高它们。因此，维修次数越多，不一定会使产品越可靠和越安全，想通过增加维修次数来提高产品固有可靠性水平的做法并不可取。

2. 不同故障具有不同的影响或后果，应根据影响和后果采取不同应对之策

在产品使用过程中，故障是不可避免的，但故障引发的后果却不尽相同，重要的是预防导致严重后果的故障发生。对于复杂产品，针对具有安全性和可能导致严重经济后果的重要部件，应做好预防性维修工作；对于采用了冗余技术的产品，其故障的安全性和任务性影响一般已明显降低，则可以从经济性角度加以权衡，确定是否需要做预防性维修工作。

3. 产品故障规律各异，应根据故障规律采取不同维修方式控制维修工作时机

产品使用过程中，其故障规律不尽相同。对于有损耗性故障规律的产品，宜采用定时拆修或更换的维修方式，以预防功能性故障的发生或引起多重故障；对于无损耗性故障规律的产品，定时拆修或更换常常有害无益，更宜通过检查、监控等手段了解产品运行状态，视情进行维修。

4. 不同维修方式的投入和效果各不相同，应根据综合效益权衡决策

对产品采用不同的预防性维修工作，其消耗的资源和费用、实施的难度与深度不尽相

同，应根据需要综合权衡后选择适用而有效的维修方式，以在保证可靠性与安全性的前提下，节省维修资源与费用。

二、 RCM基本准则

SAE JA1011 给出的 RCM 七个基本问题，是判断维修大纲制定过程是否属于 RCM 过程的基本准则。这七个基本问题分别为：

① 产品功能：在现行的使用环境下，装备的功能及相关的性能标准是什么？

② 故障模式：什么情况下，装备无法实现其功能？

③ 故障原因：引起各功能故障的原因是什么？

④ 故障影响：各故障发生时，会出现什么情况？

⑤ 故障后果：各故障在什么情况下至关重要？

⑥ 预防维修方式与工作间隔期：做什么工作才能预计或预防各故障？

⑦ 非主动性工作：找不到适当的预防性工作应怎么办？

通过回答上述七个问题，不仅可以对产品的功能、故障模式及其影响和后果有明确清晰的定义，而且能根据故障后果严重程度，对每一故障模式做出是否采取预防性维修、预防维修周期多长等决策，从而为维修大纲的制定提供科学合理的信息参考。

三、 RCM分析过程

RCM 分析过程，其实质就是回答 RCM 七个基本问题的过程，一般步骤如下：

(1) 确定重要功能零部件

装备等复杂产品是由大量的零部件组成的，这些零部件都具有具体的特定功能，也都有可能发生故障。从危害性来看，各种故障的后果并非完全相同，有些故障的后果可能危及到安全，有的可能对任务完成有直接影响，而大部分故障对装备整体没有直接影响且事后维修费用一般会比预防维修费用低。因此，制定维修大纲时，没必要对所有的成千上万个零部件逐一进行分析，而应将工作重点放在那些故障会影响安全性和使用性或会造成重大经济后果的重要功能零部件上。

重要功能零部件通常可以根据产品结构树的功能分析得到。首先，按照复杂程度构建产品结构树；然后，把故障发生不会导致严重后果的零部件从结构树中剔除，留下来的零部件便是必须做维修研究的对象。具有以下特征之一的零部件，一般可归为不重要的零部件：其故障对产品的使用功能没有重大影响；在设计上有冗余，其故障不会影响使用能力；故障没有安全性和使用性后果，且易于修复；根据经验和实际分析不会发生故障的零部件。

(2) 进行 FMEA

重要功能零部件确定后，接下来就是对确定的重要功能零部件进行 FMEA，从而为基于故障原因的 RCM 决断分析提供基本信息表。FMEA 技术和过程详见本书第四章的第一节内容。

(3) 确定维修方式

重要功能零部件进行 FMEA 后，对于每一故障原因应由专家严格按照 RCM 逻辑决断图进行分析决断，并提出针对该故障原因的维修方式及建议维修间隔期。RCM 逻辑决断技术详见本章第三节。

(4) 优化预防维修工作间隔期

针对可采取预防维修方式的零部件，进一步基于故障数据、维修成本等信息建立预防维修周期决策模型，通过模型决策寻找一个合适的维修间隔期，实现维修间隔期的优化，以避免维修过量或维修不足的产生。预防维修工作间隔期优化的常用决策模型详见本章第四节。

(5) 系统综合形成维修大纲

综合零部件结构关系和工作间隔期，按照总体工作效果最优原则，结合现有维修制度，把维修时间间隔各不相同的维修工作进行组合，形成生产应用实施的维修大纲。

第三节 RCM 决策模型

对产品进行 FMEA 确定了重要功能产品的关键故障模式后，下一步的工作就是针对各故障模式尤其是关键故障模式选择并确定适用的预防维修方式及工作间隔期。因此，RCM 决策主要包括两个过程，一是维修方式的决策，二是预防维修周期的决策。

一、维修方式决策的逻辑决断图

伴随着 MSG-1、MSG-2，RCMⅡ等 RCM 发展历程，维修方式决策的逻辑决断图也在不断地发展完善，分别形成了 MSG-1 逻辑决断图、MSG-2 逻辑决断图和 RCMⅡ逻辑决断图等。其中，由莫布雷提出的 RCMⅡ逻辑决断图如图 7-1 所示，配套使用的 RCM 决断工作单如表 7-1 所示。考虑了多重故障影响的逻辑决断图如图 7-2 和图 7-3 所示。

由图 7-2 和图 7-3 可知，考虑多重故障的 RCM 逻辑决断图一共分为两层。第一层确定故障影响（问题 1 至 5），即根据故障模式和影响分析确定各功能故障的影响类型，具体包括明显的安全性、任务性、经济性影响和隐蔽的安全性、任务性、经济性影响。问题 2 提到的对使用安全的直接影响是指某故障或它引起的二次损伤直接导致危害安全的事故发生，而不是与其他事故的结合才会导致危害安全的事故发生。

第二层是选择预防性维修工作类型，即第一层六个影响分支下的预防性维修工作类型逻辑决断。对于明显功能故障的产品，可供选择的维修工作类型包括保养、操作人员监控、功能检测、定时拆修、定时报废和综合工作；对于隐蔽功能故障的产品，可供选择的维修工作类型有保养、使用检查、功能检测、定时拆修、定时报废和综合工作。第二层中的各问题是按照预防性维修工作费用、资源消耗及技术要求由低到高和工作保守程度由小到大的顺序排列的。所以除了两个安全影响分支之外，对其他四个分支来说，如果某一问题中所问的工作类型对所分析功能故障的预防是适用且有效的话，则不必再问以下的问题。不过，这个分析原则不适用于保养工作，因为即使在理想的情况下，保养也只能延缓故障的发生，而不能防止故障的发生。此外，为了确保装备的使用安全，对于两个安全性影响分支来说，必须在回答完所有的问题之后，选择其中最有效的维修工作。

二、预防维修周期决策常用模型

对于 RCM 分析的 5 个步骤，前三个步骤都可利用相应的逻辑决断方法进行决策，而维修

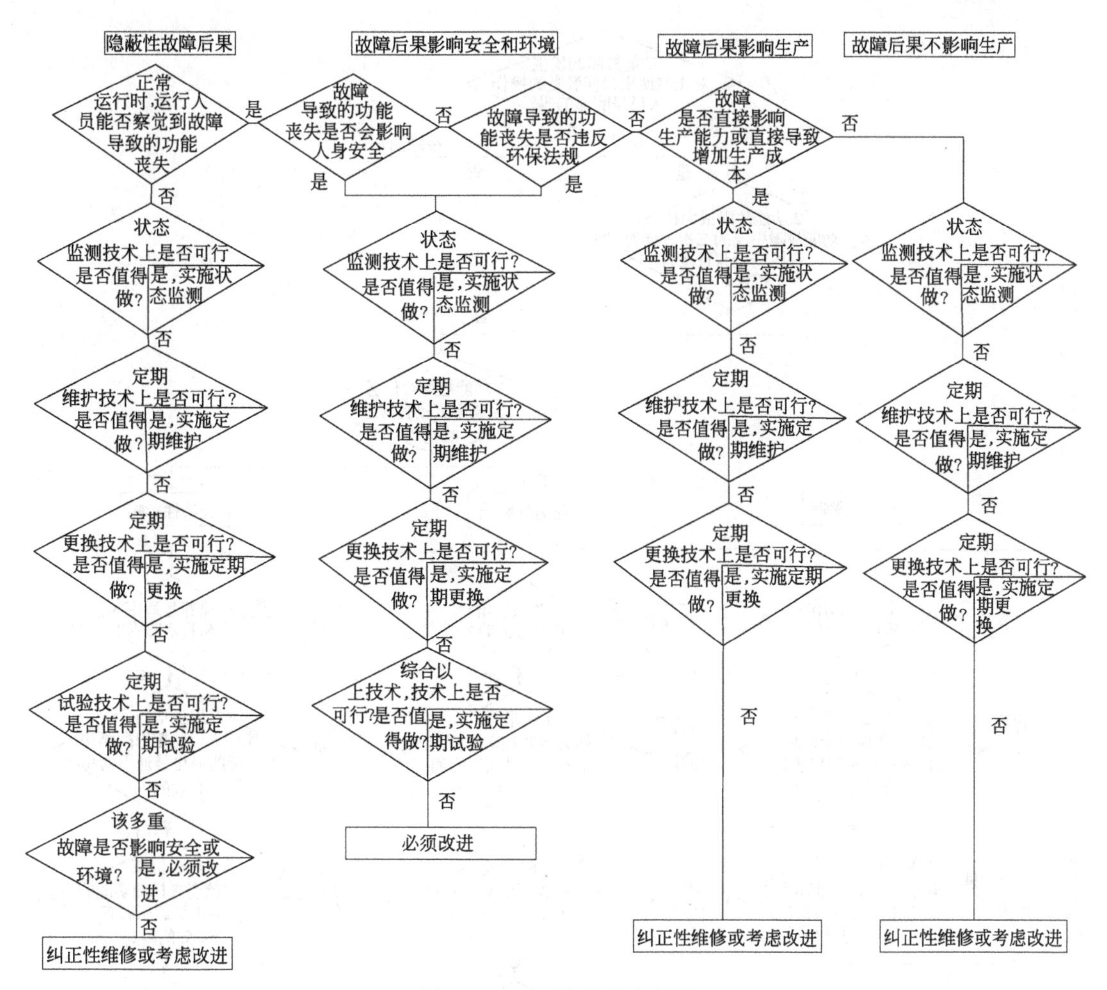

图 7-1 RCMⅡ逻辑决断图

表 7-1 RCM 决断工作单

RCMI 决断工作单 1990ALADON公司				装备或设备：					编号：		督导员：			日期	第　页
				设备或部件：					编号：		审查员：			日期	共　页
信息参照			后果评估				H1 S1 O1 N1	H2 S2 O2 N2	H3 S3 O3 N3	暂定措施			建议工作	初始间隔	实施人员
F	FF	FM	H	S	E	O				H4	H5	S4			

工作间隔期的选择却存在很大的不确定性。其中，保养工作的间隔期一般根据设计要求确定；一般的清洗、擦拭等日常维护工作由于费用低、时间短，可安排在日常维护工作中，无

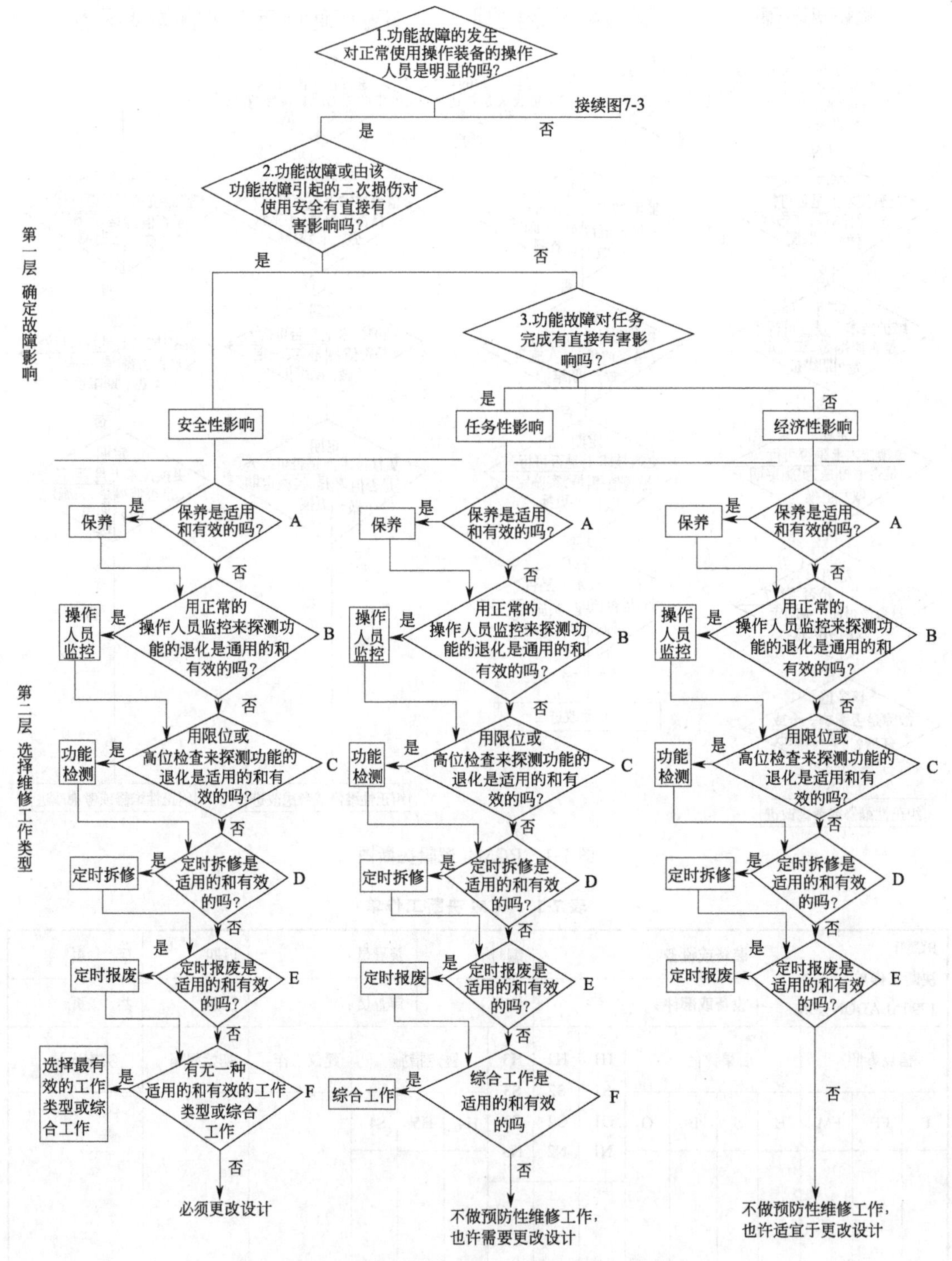

图 7-2　考虑多重故障的 RCM 逻辑决断图（第一部分）

须另行确定其工作间隔期。因此，需要重点确定工作间隔期的工作主要为以下两类：一类是定期更换工作，主要包括定期拆修和定期报废；一类是检查工作，主要包括功能检测和故障检查。以下将主要介绍 RCM 这两类工作间隔期的常用决策模型。

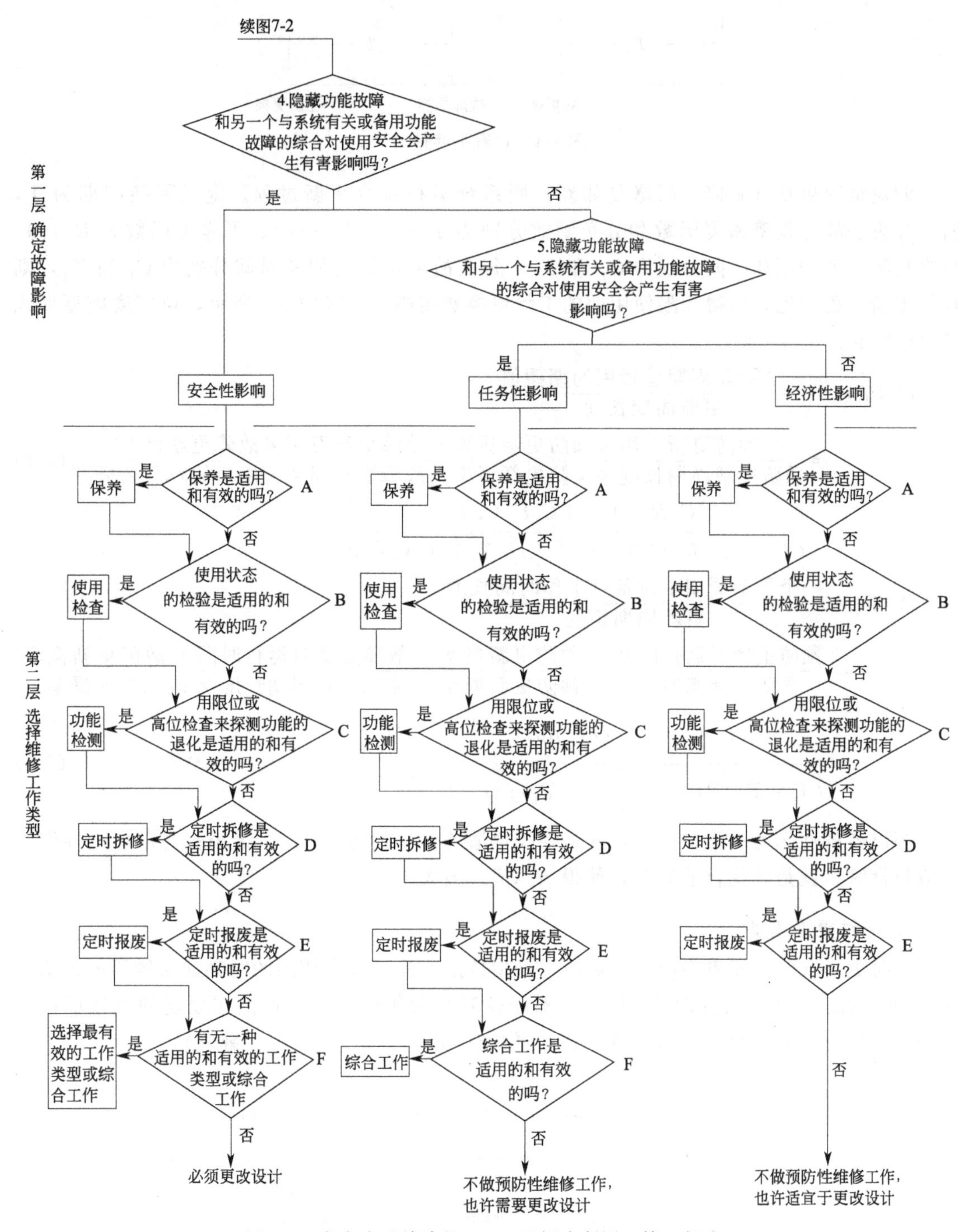

图 7-3 考虑多重故障的 RCM 逻辑决断图（第二部分）

1. 定寿更换模型

定寿更换又叫工龄更换或个别定时更换，是指按照每个产品的实际使用时间（工龄）进行的定时更换（翻修）。对于这种更换策略，产品在使用过程中即使无故障发生，到了规定的更换工龄 T 也要进行更换（翻修），如果未到规定工龄发生了故障，则在故障发生时更换新产品（翻修），过程如图 7-4 所示。

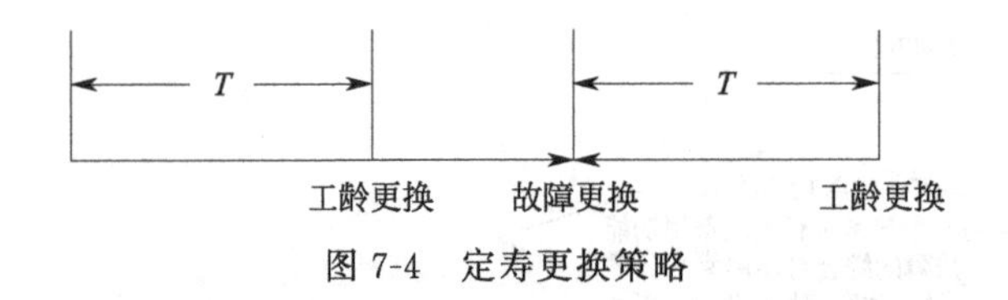

图 7-4　定寿更换策略

假设每次更换（翻修）都修复如新，则系统运行符合更新过程。定义更换周期为 T，若已知设备故障概率密度函数和分布函数分别为 $f(t)$ 和 $F(t)$、可靠度函数为 $R(t)$、每次预防更新费用和时间分别为 C_p 和 T_p、每次故障更新费用和时间分别为 C_f 和 T_f，则根据更新过程理论，可得无限使用期的工龄更换费用模型如式(7-1) 所示，可用度模型如式(7-2) 所示。

$$\begin{aligned}C(T) &= \frac{\text{一个更新周期总费用的期望值}}{\text{更新周期长度}} \\ &= \frac{\text{预防更新费用}\times\text{预防更新概率}+\text{故障更新费用}\times\text{故障更新概率}}{\text{预防更新周期长度}\times\text{预防更新概率}+\text{故障更新周期长度}\times\text{故障更新概率}} \\ &= \frac{C_pR(T)+C_fF(T)}{(T+T_p)R(T)+\int_0^T(t+T_f)f(t)\mathrm{d}t}\end{aligned} \tag{7-1}$$

$$\begin{aligned}A(T) &= \frac{\text{一个更新周期中设备可工作时间长度}}{\text{更新周期长度}} \\ &= \frac{\text{预防更新时运行时间}\times\text{预防更新概率}+\text{故障更新时运行时间}\times\text{故障更新概率}}{\text{预防更新周期长度}\times\text{预防更新概率}+\text{故障更新周期长度}\times\text{故障更新概率}} \\ &= \frac{TR(T)+\int_0^T tf(t)\mathrm{d}t}{(T+T_p)R(T)+\int_0^T(t+T_f)f(t)\mathrm{d}t}\end{aligned} \tag{7-2}$$

当以经济性作为决策目标时，就是寻找合适的 T，使得 $C(T)$ 最小；当以可用性作为决策目标时，就是寻找合适的 T，使得 $A(T)$ 最大。

2. 定时更换模型

定时更换又叫定期更换或成组更换，是指按照产品批投入使用的时刻起所经历的日历时间 T 进行的定时更换，如图 7-5 所示。对于这种更换策略，无论产品在规定的成组更换期 T 内是否进行故障更换（翻修）过，到达更换时刻 T 时都一起更换（翻修）。

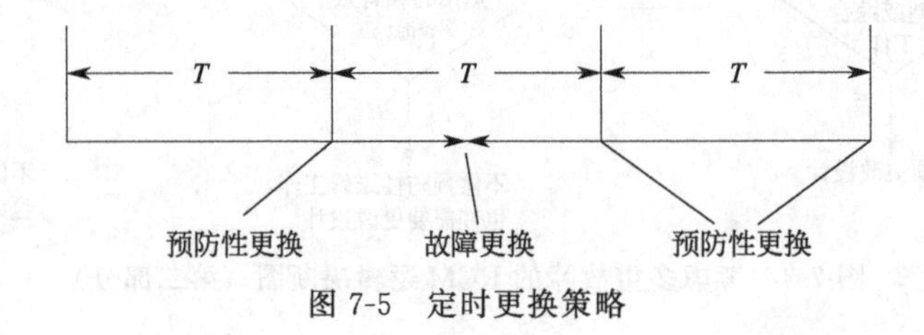

图 7-5　定时更换策略

假设每次预防性更换（翻修）都修复如新，则系统运行符合更新过程。定义设备 t 时间内的期望故障次数为 $M(t)$，已知每次预防更新费用和时间分别为 C_p 和 T_p、每次故障更新费用和时间分别为 C_f 和 T_f，则根据更新过程理论，可得无限使用期的成组更换费用模型如式(7-3) 所示，可用度模型如式(7-4) 所示。

$$C(T)=\frac{\text{一个更新周期总费用的期望值}}{\text{更新周期长度}}$$
$$=\frac{\text{每次预防更新费用}+\text{每次故障维修费用}\times\text{故障维修期望次数}}{\text{更新周期长度}} \tag{7-3}$$
$$=\frac{C_p+C_f M(T)}{T+T_p}$$

$$A(T)=\frac{\text{一个更新周期中设备可工作时间长度}}{\text{更新周期长度}}$$
$$=\frac{\text{成组更换期}-\text{故障停机期望时间}}{\text{更新周期长度}} \tag{7-4}$$
$$=\frac{T-T_f M(T)}{T+T_p}$$

式(7-3)和式(7-4)中，期望故障次数 $M(T)$ 一般需要通过计算得到。若已知设备的故障强度函数为 $\rho(t)$，则可得

$$M(T)=\int_0^T \rho(t)\mathrm{d}t \tag{7-5}$$

若已知设备的故障概率密度函数 $f(t)$ 和故障分布函数 $F(t)$，则可得

$$M(T)=F(T)+\int_0^T M(T-t)f(t)\mathrm{d}t \tag{7-6}$$

由于式(7-6)两边同时出现了 $M(T)$，因此用它来预计故障次数较困难。

① 若平均寿命可求解得到，则利用式(7-7)给出的三种近似求解方法可解得 $M(T)$

$$M(T)=\begin{cases} F(T)+\dfrac{1}{\mu}\displaystyle\int_0^T[1-F_e(T-t)]\mathrm{d}t \\ \dfrac{1}{\mu}T-F_e(T)+\displaystyle\int_0^T[1-F_e(T-t)]\mathrm{d}t \\ \dfrac{1}{\mu}T-F_e(T)+\displaystyle\int_0^T[1-F_e(T-t)][f(t)+\rho F^2(t)/F_e(t)]\mathrm{d}t \end{cases} \tag{7-7}$$

式(7-7)中，μ 是平均寿命；$F_e(T)=\dfrac{1}{\mu}\displaystyle\int_0^T[1-F(t)]\mathrm{d}t$ 。

② 当 T 很大且产品寿命函数的均值和方差存在时，也可通过拉普拉斯变换得到 $M(T)$ 的渐进式

$$M(T)=\frac{T}{\mu}+\frac{\sigma^2-\mu^2}{2\mu^2} \tag{7-8}$$

式(7-8)中，μ 是平均寿命，σ 是产品寿命的标准差。

当以经济性作为决策目标时，就是寻找合适的 T，使得 $C(T)$ 最小；当以可用性作为决策目标时，就是寻找合适的 T，使得 $A(T)$ 最大。

3. 功能检测模型

功能检测策略是针对某一种故障模式或单个部件、单个产品的状态检测，是 RCM 分析方法中的一种预防性维修工作类型。这种策略认为通常情况下产品功能故障不是瞬间发生的，而是有一个功能退化过程，即产品存在一个由正常到潜在故障再到功能故障的状态变化过程。若将从开始工作到发生潜在故障的一段时间看作是初始时间，从潜在故障到功能故障

的一段时间当作是延迟时间，且两种时间均为随机变量，则由此可以根据延迟时间模型（delay time model，DTM）理论建立 RCM 分析的功能检测模型。

若已知潜在故障发生时间 U 的密度函数和分布函数分别为 $g(u)$ 和 $G(u)$，延迟时间 H 的密度函数和分布函数分别为 $f(h)$ 和 $F(h)$。定义功能检测间隔期为 T（决策变量），假设检测是完美的，每次维修都修复如新，则系统运行符合更新过程，且存在两种更新方式：一种是潜在故障在下次检测到达之前转化为了功能故障，在功能故障点进行故障更新；另一种是潜在故障在下次检测到达之前未转化为功能故障，在检测点被检出进行检测更新。

假设潜在故障发生在第 $i-1$ 次检测到第 i 次检测间隔期内，如图 7-6 所示。

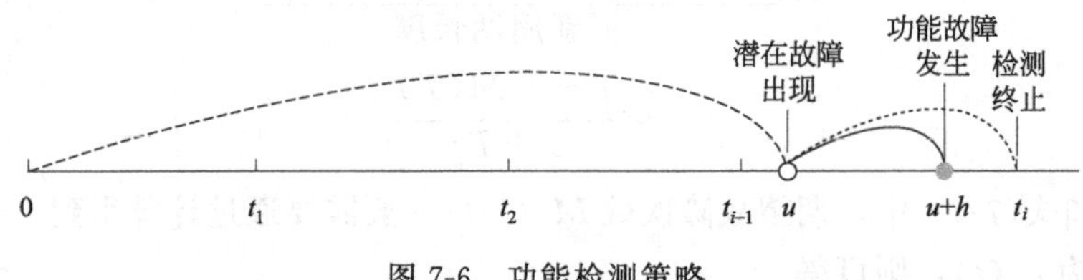

图 7-6　功能检测策略

由图 7-6 可知，该潜在故障在 (t_{i-1}, t_i) 时间内转为功能故障（即发生故障更新）的概率为

$$P_f(t_{i-1}, t_i) = \int_{t_{i-1}}^{t_i} g(u)F(t_i - u)\mathrm{d}u = \int_{(i-1)T}^{iT} g(u)F(iT - u)\mathrm{d}u \tag{7-9}$$

该潜在故障在 (t_{i-1}, t_i) 时间内未转为功能故障（即在第 i 次检测时被发现实现检测更新）的概率为

$$P_m(t_i) = \int_{t_{i-1}}^{t_i} g(u)[1 - F(t_i - u)]\mathrm{d}u = \int_{(i-1)T}^{iT} g(u)[1 - F(iT - u)]\mathrm{d}u \tag{7-10}$$

假设每次的检测更新时间 T_m 和费用 C_m、故障更新时间 T_f 和费用 C_f，以及每次的功能检测时间 T_d 和费用 C_d 均已知，则潜在故障发生在第 $i-1$ 次检测到第 i 次检测间隔期内的设备寿命周期期望费用 $EC(t_{i-1}, t_i)$、寿命周期期望停机时间 $ED(t_{i-1}, t_i)$ 和寿命周期期望长度 $ET(t_{i-1}, t_i)$ 分别为

$$EC(t_{i-1}, t_i) = [(i-1)C_d + C_f]P_f(t_{i-1}, t_i) + (iC_d + C_m)P_m(t_i) \tag{7-11}$$

$$ED(t_{i-1}, t_i) = [(i-1)T_d + T_f]P_f(t_{i-1}, t_i) + (iT_d + T_m)P_m(t_i) \tag{7-12}$$

$$\begin{aligned} ET(t_{i-1}, t_i) &= \int_{t_{i-1}}^{t_i}\int_0^{t_i - u}(u+h)g(u)f(h)\mathrm{d}h\mathrm{d}u + t_i P_m(t_i) \\ &= \int_{(i-1)T}^{iT}\int_0^{iT-u}(u+h)g(u)f(h)\mathrm{d}h\mathrm{d}u + iTP_m(t_i) \end{aligned} \tag{7-13}$$

综合所有可能的检测间隔期，可以得到设备在寿命周期内的期望费用 EC、期望停机时间 ED 和寿命周期期望长度 ET 分别为

$$EC = \sum_{i=1}^{\infty}\{[(i-1)C_d + C_f]P_f(t_{i-1}, t_i) + (iC_d + C_m)P_m(t_i)\} \tag{7-14}$$

$$ED = \sum_{i=1}^{\infty}\{[(i-1)T_d + T_f]P_f(t_{i-1}, t_i) + (iT_d + T_m)P_m(t_i)\} \tag{7-15}$$

$$ET = \sum_{i=1}^{\infty}\left[\int_{(i-1)T}^{iT}\int_0^{iT-u}(u+h)g(u)f(h)\mathrm{d}h\mathrm{d}u + iTP_m(t_i)\right] \tag{7-16}$$

由式(7-13)～式(7-16) 可得，设备的单位时间期望费用模型如式(7-17) 所示，可用度

模型如式(7-18) 所示。

$$C(T)=\frac{EC}{ET}=\frac{\sum_{i=1}^{\infty}\{[(i-1)C_{\mathrm{d}}+C_{\mathrm{f}}]P_{\mathrm{f}}(t_{i-1},t_i)+(iC_{\mathrm{d}}+C_{\mathrm{m}})P_{\mathrm{m}}(t_i)\}}{\sum_{i=1}^{\infty}[\int_{(i-1)T}^{iT}\int_{0}^{iT-u}(u+h)g(u)f(h)\mathrm{d}h\mathrm{d}u+iTP_{\mathrm{m}}(t_i)]} \tag{7-17}$$

$$A(T)=\frac{ET-ED}{ET}=1-\frac{\sum_{i=1}^{\infty}\{[(i-1)T_{\mathrm{d}}+T_{\mathrm{f}}]P_{\mathrm{f}}(t_{i-1},\ t_i)+(iT_{\mathrm{d}}+T_{\mathrm{m}})P_{\mathrm{m}}(t_i)\}}{\sum_{i=1}^{\infty}[\int_{(i-1)T}^{iT}\int_{0}^{iT-u}(u+h)g(u)f(h)\mathrm{d}h\mathrm{d}u+iTP_{\mathrm{m}}(t_i)]} \tag{7-18}$$

当以经济性作为决策目标时，就是寻找合适的 T，使得 C（T）最小；当以可用性作为决策目标时，就是寻找合适的 T，使得 A（T）最大。

4. 故障检查模型

对于灭火器、保护装置以及许多军事装备系统等只有突发事件发生时才启用的产品，虽然平时不发挥作用，但在平时往往会安排定期检查工作以保证系统的可用性。由于此类检查工作的目的是发现系统是否还能够执行规定功能，因此在 RCM 中把这类检查称为故障检查。根据检查是否引起故障以及检查时间、修理时间是否忽略等不同假设，该类问题一般可以归纳为以下四种可用度模型：检查时间、修理时间和检查引起的故障概率忽略不计（模型1）；检查时间恒定、修理时间为随机变量，检查引起的故障概率忽略不计（模型 2）；检查时间、修理时间均为随机变量，检查引起的故障概率存在且恒定为某值（模型 3）；检查时间、修理时间为常数，检查引起的故障概率忽略不计（模型 4）。本章主要介绍模型 1，其他模型可参见《以可靠性为中心的维修决策模型》（贾希胜著）等可靠性工程相关文献资料。

定义检查间隔期为 T（决策变量），且只有在规划的 iT（$i=1$，2，…）时刻进行定期检查时才能发现系统故障。假设检查不会引起系统故障和功能退化，且检查是完善的，每次修复和更换都修复如新，则系统运行符合更新过程。

若故障出现在第 i-1 次和第 i 次检测之间，则故障将在 iT 时刻被发现，如图 7-7 所示。

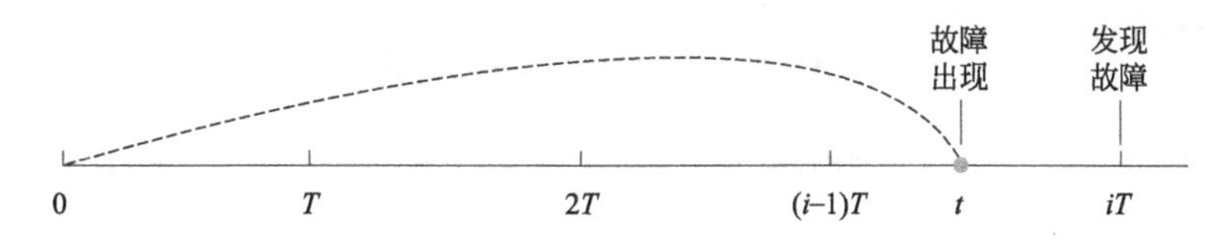

图 7-7 故障检查策略

假设检查和更换时间忽略不计，已知设备故障概率密度和分布函数分别为 f（t）和 F（t），则设备在寿命周期内的期望更新周期 ET 和期望停机时间 ED 分别为

$$ET=\sum_{i=1}^{\infty}\int_{(i-1)T}^{iT}iTf(t)\mathrm{d}t \tag{7-19}$$

$$ED=\sum_{i=1}^{\infty}\int_{(i-1)T}^{iT}(iT-t)f(t)\mathrm{d}t \tag{7-20}$$

由式(7-19) 和式(7-20) 可得，设备的可用度模型如式(7-21) 所示。

$$A(T)=\frac{ET-ED}{ET}=\frac{\int_0^{\infty}tf(t)\mathrm{d}t}{\sum_{i=1}^{\infty}\int_{(i-1)T}^{iT}iTf(t)\mathrm{d}t} \tag{7-21}$$

决策问题就是寻找合适的 T，使得 A（T）最大。

第四节 RCM 应用案例

下面以第四章应用实例的某型号飞机前起落架为分析对象继续进行 RCM 应用介绍。(资料来源：根据邵维贵《FMECA 和 FTA 在某型飞机起落架系统故障分析中的应用研究》改编)。

一、系统组成和工作原理

某型号飞机起落架为典型的三轮式结构，即整个系统由主起落架子系统和前起落架子系统构成。其中，主起落架子系统包括左起落架和右起落架，由起落架收放机构、缓冲及支撑机构、机轮及轮胎、刹车机构、护板及护板收放机构等组成，主要承担支撑飞机、吸收冲击载荷、地面刹车等功能；前起落架子系统由缓冲及支撑机构、收放机构、转弯机构、机轮及轮胎机构、护板及护板收放机构等组成，主要承担支撑飞机、吸收冲击载荷、地面转弯、地面滑跑等功能。前起落架系统功能层次与结构层次对应框图如图 7-8 所示。

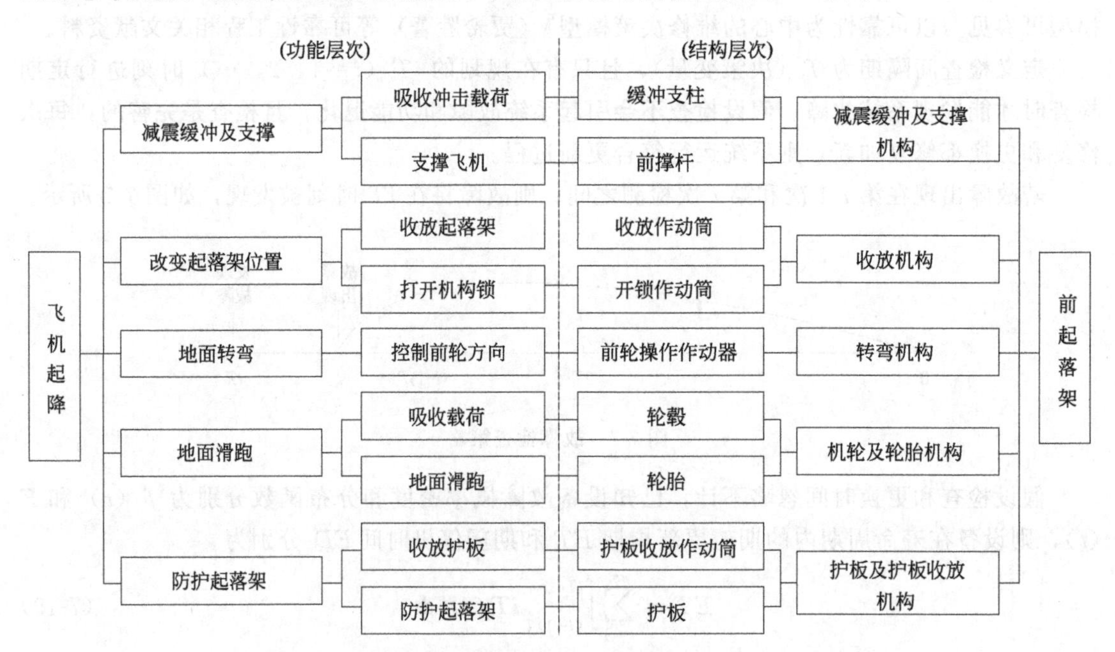

图 7-8　某型飞机前起落架系统功能层次与结构层次对应图

起落架正常收放的动力源是由液压泵提供的高压液压源；无法正常放下时，可以进行起落架应急放下，动力来源于起落架舱的氮气瓶装置所提供的应急气源。收放过程主要由收放作动筒完成。地面滑行时，安装于前起落架支柱上前轮转弯系统的前轮操纵作动器进行前行方向的控制，安装于主起落架支柱根部刹车系统的刹车组件进行减缓主机轮滚的动速度。

二、重要功能产品确定

通过统计整理近几年来单位飞机起落架在飞行和日常维护过程中发现的故障，得到前起落架系统的故障模式统计结果，如表 7-2 所示。

表 7-2　前起落架系统故障模式统计结果

子系统名称	故障频数	故障频率	故障模式	频数
前起落架收放子系统	43	46.24%	收放作动筒渗油	1
			起落架电磁阀回油慢	2
			液压元件损坏	15
			起落架收放异常	2
			液压管接头渗油	20
			节流器堵塞	1
			液压管磨损	2
转弯子系统	9	9.68%	前轮摆动	2
			上下扭力臂固定衬套磨损	1
			液压元件损坏	5
			前轮偏转不到位	1
缓冲及支撑子系统	4	4.3%	起落架支柱下沉量不符	1
			支柱转轴衬套裂纹	2
			撑杆中部连接螺栓变形	1
护板收放子系统	8	8.6%	护板铰链裂纹	4
			护板裂纹	1
			护板拉杆裂纹	3
机轮及轮胎	29	31.18	轮胎磨损见线	25
			轮胎胎面起泡	1
			轮毂裂纹	1
			轮胎渗气	2

由表 7-2 可知，前起落架故障主要出现在收放子系统和机轮及轮胎子系统。其中，收放子系统是故障发生占比最高的子系统（46.24%），主要表现为液压元件故障、液压管接头渗油、收放工作不正常等；机轮及轮胎子系统的故障发生占比次之（31.18%），主要表现为轮胎磨损见线、轮毂裂纹等。因此，可将前起落架的收放子系统、机轮及轮胎子系统确定为主要功能产品。

三、 FMEA

限于篇幅，下面仅以前起落架收放子系统这一主要功能产品为例进行 FMEA。

1. 系统定义

前起落架收放子系统的功能：保证前起落架的正常收放和机构锁的正常开锁上锁。前起落架收放子系统的组成：收放作动筒、液压装置、电磁阀、协调活门、前撑杆等。

2. 分析规则

（1）约定层次

初始约定层次为某型飞机，约定层次为前起落架收放子系统，最低约定层次为外场可更换件（LRU）。

（2）严酷度类别定义

根据相关要求和规定，确定的故障模式严酷度类别如表 7-3 所示。

表 7-3　严酷度类别定义

严酷度类别	严重程度定义
Ⅰ类(灾难的)	危及人员或飞机安全(如一等、二等飞行事故及重大环境损害)
Ⅱ类(致命的)	人员损伤或飞机部分损坏(如三等飞行事故及严重环境损害)
Ⅲ类(中等的)	影响任务完成、任务降级(如事故征候)
Ⅳ类(轻度的)	对人员或任务无影响或影响很小,增加非计划性维护或修理

（3）信息来源

外场历史故障数据统计。

（4）故障判据

某型飞机维护规程；规定的性能参数下降；引起非计划性维修的零部件裂纹、破损等。

3. FMEA 分析结果

按照 FMEA 分析流程，得到前起落架收放子系统的 FMEA 记录如表 7-4 所示。

表 7-4　前起落架收放子系统的 FMEA 记录

初始约定层次:某型飞机　　任务:飞行　　审核:×××

约定层次:前起落架收放子系统　　分析:×××　　批准:×××　　填报日期:×××

名称	故障模式及编号		故障原因	局部影响	最终影响	严酷度
	编号	故障模式				
前起落架收放子系统	01	收放作动筒渗油	0101 密封装置磨损	功能下降	飞机起落架收放性能下降	Ⅳ
	02	起落架电磁阀回油慢	0201 回油活门卡滞	功能下降	影响任务完成	Ⅲ
	03	液压元件损坏	0301 应急活门故障 0302 单向活门故障 0303 协调活门故障	功能丧失	影响任务完成	Ⅲ
	04	起落架收放异常	0401 收放作动筒故障 0402 液压元件故障	功能下降	影响起落架收放,损伤飞机	Ⅱ
	05	液压管接头渗油	0501 液压管破裂 0502 管接头螺纹不配合	液压油流出	轻度	Ⅳ
	06	节流器堵塞	0601 油液污染 0602 内部磨损,管路有金属屑	功能下降	影响飞机起落架收放	Ⅲ
	07	液压管磨损	0701 导管之间间隙不足	可能导致导管磨损	轻度	Ⅳ

四、维修方式确定

对于每一个故障原因，专家应按照 RCM 逻辑决断过程回答以下问题。

① Q1：操作者可明显察觉到故障导致的功能丧失吗（是或否）？

② Q2：故障后果是什么（安全性、操作性或经济性）？

③ Q3：可采取的维修方式是什么？

④ Q4：采取某一维修方式的理由是什么？

⑤ Q5：建议的工作间隔期？

专家讨论后，得到的决策结果如表 7-5 所示。

表 7-5 RCM 决策结果

名称	故障模式及编号		故障原因	Q1	Q2	Q3	Q4	Q5(单位:起落次数)
	编号	故障模式						
前起落架收放子系统	01	收放作动筒渗油	0101 密封装置磨损	是	飞机起落架收放性能下降	定期检查	功能故障前可发现渗油	1
	02	起落架电磁阀回油慢	0201 回油活门卡滞	是	影响任务完成	定期检查	卡滞前无明显耗损特征	1
	03	液压元件损坏	0301 应急活门故障	是	影响任务完成	定期检查 定期更换	功能故障前无明显耗损特征	1 350
			0302 单向活门故障	是	影响任务完成	定期检查 定期更换	功能故障前无明显耗损特征	1 350
			0303 协调活门故障	是	影响任务完成	定期检查 定期更换	功能故障前无明显耗损特征	1 350
	04	起落架收放异常	0401 收放作动筒故障	是	影响起落架收放,损伤飞机	定期检查 定期更换	功能故障前无明显耗损特征	1 350
			0402 液压元件故障	是	影响起落架收放,损伤飞机	定期检查 定期更换	功能故障前无明显耗损特征	1 350
	05	液压管接头渗油	0501 液压管破裂	否	轻度	定期检查	功能故障前可发现破损	1
			0502 管接头螺纹不配合	否	轻度	定期检查	功能故障前可发现异常	1
	06	节流器堵塞	0601 油液污染	是	影响飞机起落架收放	定期检查	功能故障前可发现异常	1
			0602 内部磨损，管路有金属屑	是	影响飞机起落架收放	定期检查	功能故障前可发现异常	1
	07	液压管磨损	0701 导管之间间隙不足	否	轻度	定期检查	功能故障前可发现异常	1

五、维修周期优化

表 7-5 中的维修间隔期只是专家根据经验给出的主观估计。在此基础上，应进一步根据掌握的实际运行数据信息进行维修周期的优化。假设收放作动筒故障时间服从均值为 500（起落次数）、标准差为 20（起落次数）的正态分布，每次预防性更换费用为 5000 元，每次故障维修费用及损失为 45000 元。基于以上数据信息，根据定寿更换模型（忽略维修时间），计算可得到收放作动筒预防更换周期的优化结果为 442 起落次数。

本章小结

知识图谱

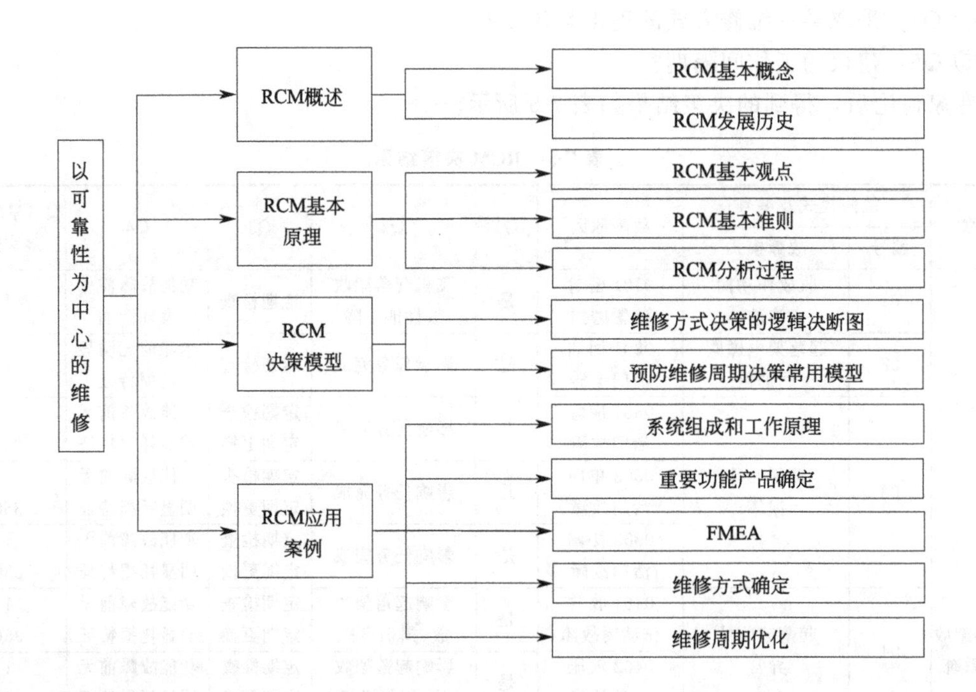

基本概念

以可靠性为中心的维修	reliability-centered maintenance（RCM）
延迟时间	delay time
故障维修	corrective maintenance
预防维修	preventive maintenance
维修计划	maintenance schedule

学而思之

中国人民解放军海军福建舰（简称“福建舰”）于 2022 年 6 月 17 日下水。“福建舰”是我国继“山东舰”之后第二艘完全自主建造的航空母舰。航空母舰是以舰载机为主要作战武器并为其提供海上活动基地的大型水面舰艇，是各国海军实现远海战略的关键装备。航空保障系统作为航空母舰的主要系统之一，承担舰载机的塔台飞行起降指挥、航空机务保障和航空舰面勤务保障等功能，是航空母舰实现“飞机上舰”和“形成作战能力”的关键所在。

思考：如何利用 RCM 理论制定航空母舰航空保障系统的维修大纲？

本章习题

1. 假设产品的故障概率密度 $f(t)$ $=1/4$，$4\geqslant t\geqslant 0$（单位：周），试求：

（1）用渐进式估计（0.2］时间段内的期望故障次数。

（2）用近似求解方法估计（0.2］时间段内的期望故障次数。

2. 假设产品的故障时间服从形状参数 $m=2$，尺度参数 $\eta=100$ 天的威布尔分布。每次预防更新的费用和时间分别为 $C_{\mathrm{p}}=1000$ 元，$T_{\mathrm{p}}=1$ 天，每次故障更新的费用和时间分别为 $C_{\mathrm{f}}=2000$ 元，$T_{\mathrm{f}}=2$ 天。试求：

（1）从经济角度看是否值得采用工龄更换策略？如果值得，最佳的更换间隔期是多少？

（2）从可用性角度看是否值得采用工龄更换策略？如果值得，最佳的更换间隔期是多少？

3. 假设产品的故障时间服从形状参数 $m=2$，尺度参数 $\eta=50$ 天的威布尔分布。每次预防维修费用和时间分别为 $C_{\mathrm{p}}=1000$ 元，$T_{\mathrm{p}}=1$ 天，每次故障更新的费用和时间分别为 $C_{\mathrm{f}}=3000$ 元，$T_{\mathrm{f}}=3$ 天。试求：

（1）从经济角度看是否值得采用成组更换策略？如果值得，最佳更换间隔期是多少？

（2）从可用性角度看是否值得采用成组更换策略？如果值得，最佳更换间隔期是多少？

4. 航空发动机第一级高压压缩机的叶片会产生疲劳裂纹。如果检测发现裂纹就要更换这个叶片，此时产生的维修费用为1000元。如果存在裂纹而没有被发现很可能引起发动机故障，故障后的平均维修费用为10000元。假设平均每次的检测费用为200元，叶片从开始使用到出现可判别裂纹的时间服从形状参数 $m_1=1.5$，尺度参数 $\eta_1=36$ 个月的威布尔分布，从出现可检测的裂纹开始到发生功能故障的时间服从形状参数 $m_2=1.5$，尺度参数 $\eta_2=12$ 个月的威布尔分布。试求：以成本最低确定最佳检测间隔期。

5. 设火警报警器的故障率 $\lambda=0.001$/天，试求：可用度为0.8时所对应的系统故障检查间隔期。

6. 简述RCM的分析过程。

第八章 可靠性管理

学习目标

① 理解可靠性管理的定义、内容和原则；

② 了解可靠性工作组织体系、可靠性标准化和可靠性教育；

③ 掌握可靠性过程管理和可靠性评审内容。

导入案例

在风光秀美的瑞士，火车是最重要的交通工具。尽管瑞士多高山峡谷，但瑞士铁路仍以准时著称于世，其列车晚点最多不会超过 4 分钟。然而在 2005 年 6 月 22 日下午，瑞士整个铁路供电网失去电力供给，全国的铁路网陷入瘫痪，瑞士铁路史上最为严重的断电事故发生了。在这次持续停电的四小时里，至少有 1500 次列车停运，其中还有 7 辆列车被困在了隧道里，大约 20 万旅客被困在列车或者站台上，仅用于安顿乘客的开支就超过 300 万瑞士法郎，其他经济损失无法估量。造成此次事故的关键原因之一被认为是电力可靠性管理。

现在，可靠性管理已经不仅仅局限于电力系统，很多行业都要进行可靠性管理。比如通信行业的网络质量甚至家电行业服务质量的可靠性都受到管理者的重视。可靠性管理的职能就在于，保证产品达到预定的可靠性指标。在产品研制、生产、使用直至报废的全寿命周期内，对各个环节如何管理，是企业实施可靠性工程的重中之重。

资料来源：根据网络资料整理。

第一节 可靠性管理概述

可靠性是由设计、试验、制造、装配等一系列工程活动所赋予的，而这些活动的进行是一个复杂的过程且涉及不同的组织和人员，离不开恰当的组织和管理，否则一旦有一个环节失误，都将会使产品达不到预期的可靠性。因此，可靠性工作实质上包括可靠性工程技术和可靠性管理两方面的活动，两者如鸟之两翼相辅相成，在产品可靠性预期目标实现过程中都具有不可替代的重要作用。

一、可靠性管理定义

可靠性管理是从系统观点出发，为保证用最少资源实现既定可靠性目标对产品全寿命过程的全部可靠性工作和全体科研、生产与使用人员进行计划、组织、协调、监督与控制等一切活动的总称。

从目标层面看，可靠性管理的目的是保证用户可靠性要求的最佳经济性实现，这些要求不仅包括可靠性大纲中规定的要求、用户的可靠性要求，同时还包括相关约束条件的满足。从对象层面看，可靠性管理的管理对象是工程研制、生产和使用过程中与可靠性有关的全部活动及相关工作人员，重点是研制阶段的设计与试验活动。从职能层面看，可靠性管理具有计划、组织、协调、监督和控制等职责，任务是防止、控制和纠正故障。因此，可靠性管理是可靠性工程的重要组成部分，对产品可靠性既定目标的实现具有极其重要的作用。

二、可靠性管理内容

可靠性管理的内容很多，在宏观管理层面包括可靠性管理机构的建立、检查监督机构的建立、可靠性标准化机构的建立、可靠性研究机构的建立等；在微观管理层面包括可靠性目标方针的确立、可靠性规划、可靠性教育等，如表 8-1 所示。

表 8-1 可靠性管理内容

序号	国家级可靠性管理	企业级可靠性管理
1	建立可靠性管理机构；制定可靠性方针政策；制定可靠性管理规划；明确可靠性管理任务和要求等	建立可靠性管理机构；企业领导及管理机构制定可靠性方针目标、管理规范等
2	建立产品质量与可靠性认证机构；对企业的管理及产品质量与可靠性水平进行确认等	建立试验站；制定各种试验的规范和要求；可靠性试验、筛选试验、例行试验、质量及可靠性检验等过程的管理
3	建立检查监督机构与试验机构；评审产品可靠性；承接可靠性试验业务等	可靠性研究与设计的管理；相关规范的制定；各种可靠性技术的实施；可靠性成果评定和技术交流等
4	建立可靠性数据交换机构；收集可靠性数据与信息资料；发布可靠性数据；出版质量与可靠性信息资料	生产制造过程中可靠性保证的管理
5	可靠性标准化机构的建立；可靠性设计、试验、管理以及数学方法等方面的国家基础标准和国家军用标准的制定	元器件采购清单和审批程序的制定；元器件采购的要求和规定制定；技术协议的签订和管理等
6	可靠性理论机构的建立；可靠性数学、失效物理学、可靠性管理、可靠性技术的研究和管理	企业可靠性设计、试验、管理等方面标准、规范及文件的拟制与执行
7	参加国际会议、技术考察、学术交流；技术引进	可靠性普及教育；可靠性技术交流活动等
8	各种学术委员会、学会、协会的学术交流活动；可靠性相关刊物及标准的编写、出版和发行；可靠性管理普及教育	市场调查；产品现场使用可靠性的调查；产品维修；产品可靠性数据的收集整理、分析及处理等

三、可靠性管理原则

可靠性管理是一项系统工程。在微观层面，可靠性管理工作应遵循以下几个基本原则。

1. 体现工程性

可靠性管理工作与产品全寿命周期的具体工程活动密不可分，可靠性管理应贯穿方案论证、设计、试制、试验、生产、使用等过程，否则可靠性工作必将与产品的各项工作形成“两张皮”，成为“点缀”或“累赘”。

2. 强调统一性

为了确保可靠性工作有序、有效开展并提高效率，可靠性管理特别注重统一性原则，包括制定统一的政策与规章、执行统一的标准和规范、建立统一的管理机构等。

3. 明确各级责任

实施过程中，应以用户要求为目标，策划系统的可靠性工作计划，并按产品功能级别逐级向下分解，在此基础上，须落实领导职责，明确产品寿命周期各阶段可靠性工作的责任主体及岗位职责。

4. 目标可量化

可靠性目标必须可量化才能在产品研制过程中得以控制和考核。量化指标不仅限于产品可靠性指标，还包括决定产品可靠性的关键性能参数、关键尺寸参数、关键工艺参数等，尤其是对于一般可靠性评估方法无法确定可靠性指标的长寿命、极小子样产品，而掌握这些关键参数与产品可靠性的关系并对其进行控制是有效避免隐患、降低可靠性风险的重要手段。

5. 重视信息工作

产品可靠性分析、评价等工作都是以数据为基础的，加强可靠性信息的收集和利用工作，不仅为可靠性分析和评价结果的准确性奠定坚实基础，为产品改进设计、提高可靠性提供决策依据，而且还可降低新产品开发风险和成本。

6. 加强人员培养和管理

无论是技术层面还是管理层面，各类可靠性活动的具体实施都离不开人的参与，人是影响产品全寿命周期各环节可靠性水平的主要因素之一，甚至是最重要因素。因此，在可靠性管理工作中，必须加强人员的可靠性培训和管理，充分发挥人的积极作用。

第二节 可靠性工作组织体系

对于不同产品和企业以及产品所处的寿命阶段不同，可靠性工作组织体系不尽相同，一般可分为行政机构和工作系统两大类。其中，行政机构主要负责领导和组织协调等工作，工作系统主要负责具体实施等工作。在航空航天产品领域，可靠性工作组织体系主要可分为型号指挥系统、设计师系统、可靠性专业队伍三个层次。

一、型号指挥系统职责

型号指挥系统是可靠性管理的领导机构，一般由行政领导和总师等高级管理人员组成，承担的职责主要包括：确定型号可靠性目标、领导型号可靠性工作顶层策划、掌握与控制型号可靠性工作计划、主持解决各种可靠性难题、指挥调配人财物各种资源保障等。

二、设计师系统职责

设计师系统是可靠性管理工作的主体。航空航天产品从方案设计、工程研制到制造样机，只有设计师最清楚和了解产品的内在工作原理、工作过程、结构关系、性能参数以及对环境的适应性。在整个型号的研制生产过程中，设计师系统承担的职责主要包括：负责型号各级产品的可靠性设计、配合工艺设计师研究工艺可靠性改进、负责进行各级产品的FMEA等可靠性分析工作、负责实施各级产品的可靠性试验及结果分析工作、向可靠性专业队伍提供详实的设计资料与数据信息以供分析和评审等。

三、可靠性专业队伍职责

可靠性专业队伍是指由可靠性专业人员组成的队伍组织，一般人数有限，在可靠性管理工作中承担可靠性专业指导和协助职责，主要包括：协助型号指挥系统与设计师系统拟制可靠性大纲及可靠性工作计划、为设计师系统在产品设计中应用可靠性技术提供设计和分析等技术支持、深入了解研制过程实际可靠性状况并针对问题提出建议、负责部分量化的可靠性分析与计算工作、参加设计评审并协助可靠性把关工作、参加可靠性标准和规范的制定与修订工作、协助产品保证部门或人力资源部门做好可靠性专业知识培训工作。

第三节　可靠性过程管理

要使规定的产品可靠性指标在产品设计、生产和使用过程中充分体现出来并维持下去，就必须进行全过程的可靠性管理。可靠性管理活动通常是按产品寿命周期阶段划分的，主要有开发设计、生产、销售、使用、维修等阶段。

一、开发设计阶段的可靠性管理

开发设计过程的可靠性管理，其首要问题是明确产品可靠性要求。因此，在提出一种新的产品方案时，要全面分析用户的需求，从用户出发，提出产品的基本性能、主要特点、主要技术指标以及应得到的可靠性指标，并进行可靠性论证。在论证的基础上，提出正式的产品技术要求。

可靠性设计目标的实现，离不开可靠性设计过程的组织与管理保证。在这一阶段，可靠性管理的主要任务是负责制定可靠性方针、计划和工作程序，并完成产品的可靠性技术设计工作，如定量的可靠性分析，评定产品的可靠性水平等。其中，可靠性管理部门主要是拟定可靠性目标，制定与实施可靠性控制计划，审查与评审设计方案的可靠性，从管理上保证产品的可靠性；可靠性设计部门的主要任务是在可靠性技术部门的支持下，具体负责产品的设计。

二、生产过程的可靠性管理

在生产过程中，影响产品可靠性的因素主要有操作者、原材料、设备、操作方法和环境条件等。这些因素对产品可靠性发生综合作用的过程也就是产品可靠性退化或增长的过程。生产阶段可靠性管理的任务就是建立保证生产出符合设计要求的可靠性产品的管理体系。为达到这一任务目标，生产过程的可靠性管理主要内容有：加强对人员的培训和管理，严格控制人的因素影响；对设备要建立定期的维修制度，以保证设备的正常运行；对材料供应和流转必须严格选点、严格检验以及合理存放；对影响产品可靠性的关键工艺环节应严格工艺纪律、遵守工艺操作规程；严格控制生产现场的环境条件；对工序质量进行严格控制；加强检验，排除制造缺陷，防止可靠性退化；通过试验筛选出可能发生故障的材料、零件，排除可能导致故障的原因。

三、销售、服务过程的可靠性管理

销售和服务是直接面对用户的窗口，在生产和使用之间起桥梁作用，主要的可靠性管理工作为：了解用户对产品的质量要求、不满、故障等情报，并向有关部门反馈；掌握产品的可靠性状况，使用户了解产品正确的选择和使用方法。

为了使用户易于理解，要从用户的立场考虑问题。操作使用说明书应详尽，规定的使用条件和环境要明确，对发生故障的责任范围以及如何处理等都要详细写明。

售后服务的责任是在产品故障发生之前对产品的状态经常进行检查，发生故障后能迅速处理。服务和销售是一体的，能直接收集到有关产品可靠性和维修性的第一手资料，在可靠性管理中占有重要的地位。

四、使用维修过程的可靠性管理

如果说设计过程奠定了可靠性基础，制造过程保证了可靠性实现，那么使用、维修过程则维持了可靠性水平，这是产品寿命周期可靠性工程的重要特点。

受各种因素的影响，在运输、使用、维修过程中会使设计和制造赋予产品的可靠性发生退化，使产品的使用可靠性下降，因此，必须进行严格的管理，防止或减弱这种退化。

产品使用阶段的可靠性与维修性和人机工程等多种因素有关，要保证产品使用的可靠性，应特别重视操作管理、维修管理以及使用可靠性数据的收集和反馈等工作。

第四节 可靠性数据管理

可靠性数据是可靠性分析与设计的主要依据。研究产品可靠性水平、制定可靠性目标、预计与计算可靠性的特征值以及进行可靠性改进设计等都必须有相应的可靠性数据予以支持，否则就无法定量地进行可靠性研究和管理工作。

一、可靠性数据的来源

企业内部的可靠性数据主要来源于企业的各个部门，凡是与产品可靠性有关的部门，如开发设计、工艺、质量、生产、销售、试验等部门都有责任和义务收集并提供相关的可靠性数据。这些数据可以从现场的记录得到，如进厂原料的检验数据、质量检查记录等；有的则要通过可靠性试验专门收集。企业内部的数据大多是属于早期故障的，主要是模拟试验的结果。但是还有很多可靠性数据往往无法从企业内部取得，只能从企业外部来收集。

从企业外部或市场用户收集数据是可靠性数据收集的一大特点。企业生产的产品大量在市场上流通，在用户现场使用。用户现场是产品的实际运行工况和使用条件的基地，许多产品只有在长期运行过程中才能产生大量的可靠性数据，因而由用户提供的可靠性数据最真实、详尽，最能反映实际问题，可以较为真实地反映出产品的可靠性水平。

二、可靠性数据的特点和分类

1. 可靠性数据特点

可靠性数据多数情况下用时间表示，但可靠性数据与其他时间数据相比要复杂得多，并且体现出类型特殊、代价较高等特征。因此，可靠性数据收集工作开始之前，一定要制定严密的计划，考虑周到，避免遗漏和浪费。

（1）类型特殊

可靠性数据是一种特殊类型的数据，一般由抽样数据得到且存在各种类型的删失情况，因此需要在一定的理论指导下，采用一定的数学手段才能获得。

（2）代价较高

一般情况下，故障时间类的数据只有在产品发生故障后才能取得，有时还需要通过一批产品的试验才能获得具有代表性的数据。可靠性试验时间越长，耗费就越大，因而取得数据的代价就越大。

2. 可靠性数据分类

可靠性数据的分类没有固定的模式，总的原则是数据要齐全、准确。一般可将其分成七类：产品可靠性分析原始数据、产品可靠性分析基础数据、环境条件数据、使用条件数据、质量数据、产品故障数据和可靠性信息数据。

三、可靠性数据的管理和交换

由于可靠性数据来源广泛，内容丰富，因此，可靠性数据的有效管理和利用可以有效地降低产品成本、缩短产品研制周期、提高系统可靠性，对产品的可靠性工程具有重大意义。

可靠性数据的有效管理和交换，是目前世界各工业发达国家密切关注的工作。现在的可靠性数据管理和交换工作主要是基于计算机网络和公用数据库进行的。人们通过计算机网络，能最大限度地利用现有技术知识和经验数据，减少或避免企业或社会的人力、财力和时间消耗，还可以不断地自动交换可靠性数据和更新数据。

四、故障报告、分析和纠正措施系统

故障报告、分析和纠正措施系统（failure reporting，analysis and corrective action system，FRACAS）是一个闭环的故障信息系统。它利用“及早报警”和“反馈控制”原理，通过一套严格的规范化管理程序，保证产品及其组成部分在各种试验中发生的及其分散的故障信息能被及时、准确、完整地收集并共享给相关组织和人员，目的是消除或大幅度降低故障带来的影响，防止问题积压，以确保产品达到并保持规定的可靠性和安全性。

1. 实施要求

FRACAS作为一个闭环的故障报告系统，活动涉及研制、试验、使用单位和各类人员。因此FRACAS的实施，要求必须对管理机构、各方面职责、各项活动程序、内容以及必要的资料做出全面规划，并纳入产品的可靠性保证计划之中。

① 机构与职责。明确规定FRACAS的管理机构和人员职责，故障评审委员会的组成及职责，FRACAS管理机构与外协件和外购件供应单位的关系，与用户的关系以及与总体、分系统、设备研制和生产单位的关系等。

② 活动与程序。明确规定故障报告程序、故障分析程序、故障纠正程序、悬案和遗留问题处理程序、故障件流程和保留要求、信息流程等。

③ 记录和文档。明确规定产品发生故障处理过程中产生的全部信息记录、故障报告表、故障分析报告表、纠正措施申请表、定期故障综合报告、故障趋势分析和报告及资料归档要求等。

④ 资源保证。各承制单位应投入一定资金、设备和专业人员从事FRACAS工作，包括建立专业的失效分析机构、产品的故障分析组以及故障审查委员会，配置FRACAS信息储存和处理设备、FRACAS管理机构人员与活动经费等。

2. 实施步骤

典型的FRACAS活动步骤如图8-1所示。

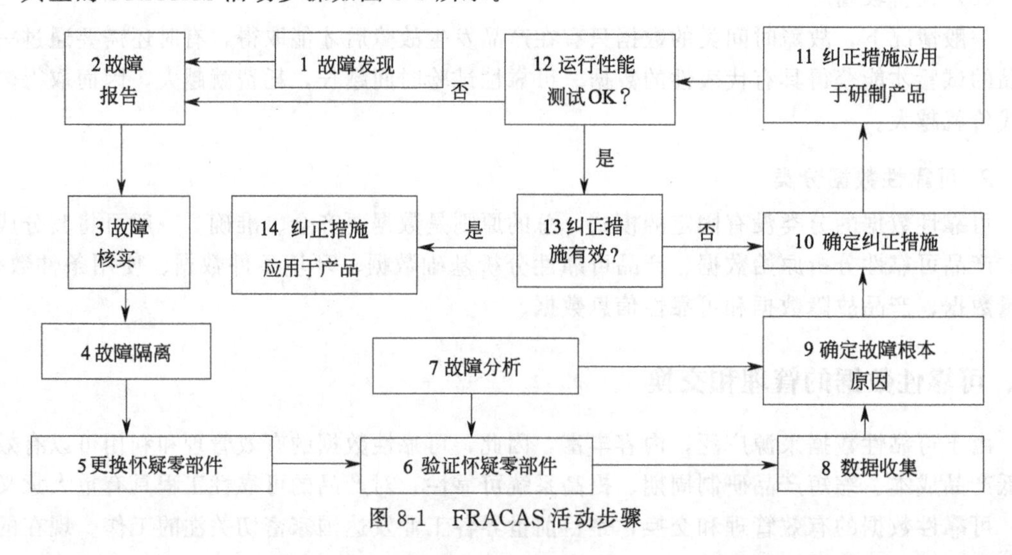

图8-1 FRACAS活动步骤

由图8-1可知，FRACAS活动一共包含14个步骤，这14个步骤形成了一个完整的闭环结构。具体实施过程如下：第一步，在某一工作或试验期间观测到故障；第二步，仔细记录所观测到的故障，并形成故障报告；第三步，进行故障核实，即重复观测或试验以证实故障的真实性；第四步，进行故障隔离，查找故障部位，直到最低一级故障元器件；第五步，更换有怀疑的零部件（被更换零部件的故障不是批次性的）；第六步，验证怀疑零部件，即对故障零部件进行检测；第七步，对故障进行分析，查找故障模式、机理和原因；第八步，收集有关数据和资料；第九步，在故障分析和数据资料收集基础上，确定故障根本原因；第十步，针对故障原因，提出纠正措施和建议；第十一步，将纠正措施应用于研制产品；第十二步，通过可靠性试验验证纠正措施的有效性；第十三步，评审判定纠正措施的有效性；第十四步，如果纠正措施有效，则全面实施纠正措施，如果无效，则重新分析确定纠正措施。

第五节 可靠性评审

可靠性评审是产品阶段评审的主要内容，也是产品可靠性大纲（计划）中的必需工作项目。一般情况下，可靠性评审可结合产品设计评审进行，特殊情况下可进行专项可靠性评审，评审结论是产品转阶段的重要依据之一。

一、可靠性评审的一般程序和要求

国内各行业由于行业特点差异，形成了各种评审方法、方式和组织形式，比如航天科技集团在研制生产阶段除了按照《航天产品技术评审 QJ1302.1—2001～QJ1302.5—2001》进行技术评审之外，还要在产品出厂前按照《航天型号出厂评审（Q/QJA14）》对产品进行出厂前的专项评审和出厂评审。下面介绍可靠性评审的一般程序和要求。

可靠性评审的一般程序如图 8-2 所示，评审要求主要包括以下 5 个方面。

① 可靠性评审的主要任务不仅仅是评价设计是否满足任务书要求，而且还要评价设计能力是否满足要求，并找出问题所在，提出解决问题的方案。

② 应在开发、设计各阶段结束时申请可靠性评审。

③ 评审要素的选择与具体的开发、设计阶段和产品本身有关，主要包括：满足顾客需求有关的项目、与产品规范要求有关的项目和与过程控制规范要求有关的项目。

④ 评审的结果应以规范的文件形成输出。

⑤ 参加评审的人员应包括影响产品质量与可靠性的所有相关职能部门中具备相应资格的人员。

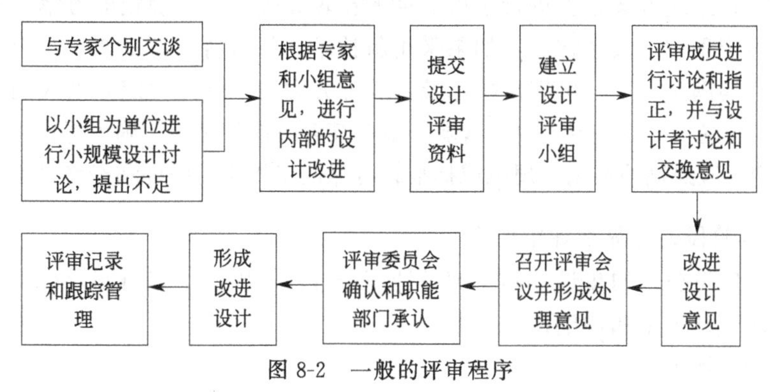

图 8-2 一般的评审程序

二、可靠性评审的主要内容

在论证、方案、工程研制、设计定型等不同阶段，产品可靠性评审内容及提交的文件内容并不完全相同。

1. 论证阶段的可靠性评审内容

在论证阶段，可靠性评审的目的是为了评价所论证产品可靠性的定性、定量要求，以及可靠性方案的科学性、可行性是否满足产品的使用要求。在论证阶段，可靠性评审应提交的文件包括：产品可靠性参数和指标要求及其确定依据、国内外相似产品可靠性水平分析、产品寿命剖面和任务剖面及初步的维修保障等约束条件、可靠性指标考核方案、可靠性经费需求分析等。

评审内容主要是提出可靠性要求的依据及约束条件、可靠性指标的考核方案设想等，具体包括：可靠性指标是否经过充分论证和确认，并和维修性、安全性、保障性、性能和费用进行了初步的综合权衡分析；可靠性指标与国内外同类产品相比处于什么水平；可靠性定性和定量等要求的完整性、协调性如何；产品的寿命剖面、任务剖面是否正确、完整；是否提出了可靠性大纲的初步要求；主要可靠性工作项目的确定，以及经费、进度是否进行了权衡分析；重要的可靠性试验项目是否明确；其进度和经费是否合理。

2. 方案阶段的可靠性评审内容

在方案阶段，可靠性评审的目的是为了评审可靠性研制方案与技术途径的正确性、可行性、经济性和研制风险水平，评审结论为产品是否转入初样机研制阶段提供依据。在方案阶段，提交的评审文件一般包括：可达到的可靠性定性定量要求和可靠性技术方案及故障诊断与检测隔离要求等分析、可靠性大纲及其重要保障措施、可靠性指标的考核验证方法及故障判别准则、采用的标准和规范、可靠性设计准则、可靠性经费的预算及依据等。

评审内容主要是考察可靠性大纲的完整性和可行性、相应保障措施以及初步维修保障方案的合理性等，具体包括：是否根据可靠性大纲的初步要求，在对大纲计划和产品标准进行合理裁剪的基础上制定了可靠性大纲，且该大纲是否能保证产品达到规定的可靠性要求；可靠性大纲规定的工作项目，是否与其他研制工作协调并纳入了产品研制综合计划；所定方案的可靠性指标与维修性、安全性、保障性、性能、进度和费用之间进行综合权衡的情况是否合理；所定可靠性目标值是否已经转换为合同规定值，门限值是否已经转换为合同最低可接受值；系统可靠性模型是否正确，相应的指标分配是否合理；可靠性预计结果是否能够满足规定的指标要求；系统方案是否进行了可靠性的比较和优选；所确定的方案是否采取了简化设计方案并尽可能采用了成熟技术，如果采用新技术、新材料、新工艺，是否有充分试验证明其可靠性及性能满足要求；可靠性指标及其验证方案是否已经确定并纳入到相应的合同或任务书中；方案中的可靠性关键项目、薄弱环节及其解决途径是否正确可行；可靠性设计分析与试验是否规定了应遵循的准则、规范或标准；可靠性工作所需条件和经费是否得到落实。

3. 工程研制阶段的可靠性评审内容

工程研制一般可分为初步设计和详细设计两个过程，因此工程研制阶段可进行两次可靠性评审，即初步设计评审和详细设计评审。

（1）初步设计评审

初步设计评审的目的是初步检查设计满足研制任务书对该阶段的可靠性要求的情况，检查可靠性大纲的实施情况，找出可靠性方面存在的问题或薄弱环节，并提出改进建议。评审结论为是否转入详细设计阶段提供依据，应提交的文件主要包括：可靠性初步设计情况报告（含分配、预计、相应的模型框图及分析报告等）、关键项目清单及控制计划、FMECA 和

FTA 等资料、元器件大纲、可靠性增长试验和鉴定试验方案及本阶段的试验结果报告等。

评审内容主要是考察各项可靠性工作是否满足可靠性大纲计划的要求，具体包括：是否修正了可靠性模型，进行了可靠性预计和指标再分配，且可靠性预计值是否有足够的裕量；是否按照可靠性设计准则进行了可靠性设计；是否进行了 FMEA 或 FMECA 工作，并确定了可靠性关键项目和管理要求；是否建立了可靠性数据管理系统以及 FRACAS（故障报告、分析与纠正措施）系统，效果如何；是否对外包过程进行了可靠性控制，有无明确的可靠性设计和鉴定验收要求；是否着手试验分析工作；可靠性大纲和工作计划对本阶段规定任务的落实情况如何；元器件大纲规定的本阶段工作落实情况如何；是否有初步的可靠性试验、验证计划及方案，本阶段的试验结果如何。

(2) 详细设计评审

详细设计评审的目的是检查详细设计是否满足任务书规定的本阶段的可靠性要求，检查可靠性的薄弱环节是否得到改进或彻底解决，评审结论为是否转入设计定型阶段提供依据。提交评审的文件一般应包括：可靠性详细设计报告（含可靠性分配、预计、分析等内容）、可靠性验证方案及结果、预期的维修/测试设备清单及费用分析、FMEA（FMECA）和 FTA 资料、可靠性增长方案等。

评审内容主要是考察可靠性大纲的实施情况、可靠性遗留问题的解决情况及可靠性已达到的水平情况。按照评审对象的不同，可以分为系统可靠性设计分析、非电产品的可靠性设计与分析、电子产品的可靠性设计与分析、可靠性增长试验、可靠性验证试验等。

系统可靠性设计分析评审一般检查项目：系统可靠性指标的分配情况如何；可靠性预计结果是否满足规定要求，预计方法及数据来源是否符合可靠性大纲中相应文件的规定；是否将可靠性作为必要要求并将其同其他要求进行综合权衡；设计是否尽可能采用标准件及现有零部件，并尽量减少零部件的种类和数量；可靠性的薄弱环节是否采取了有效的改进措施；材料及工艺选取是否符合相容性要求；设计是否充分考虑了防潮湿、防盐雾、防霉菌、防沙尘和抗核防护等；FMEA（FMECA）和 FTA 等可靠性分析结果如何；是否确定了系统所有严重、致命或灾难性故障模式；是否有足够的补救措施；是否考虑了功能测试、存储、包装、装卸、运输及维修对可靠性的影响。

非电子产品的可靠性设计与分析评审一般检查项目：受力机构的应力-强度分析结果、实际能达到的安全系数（经静力试验给出的结果）是否满足可靠性要求；承受动载荷结构的动力分析或疲劳寿命是否满足使用要求；防热材料的极限情况、失效判据及使用安全裕度是否满足使用要求；环境防护设计是否满足高、低温条件下的强度，刚度是否满足可靠性要求；结构耐振动、冲击、加速度、噪声等影响的工作可靠性如何；运动结构对各种偏差在最坏情况组合下的分析结果是否满足使用要求；连接结构的松动措施是否正确、可靠；液压、气压系统的设计是否能保证在其寿命周期内的各种条件下均能可靠工作。

电子产品的可靠性设计和分析评审一般检查项目：是否根据预计结果采取降额、简化电路、提高元器件质量等级、冗余设计、降低环境条件等措施提高设备的可靠性；元器件大纲是否考虑了以供设计师使用的元器件清单，降额准则是否符合技术规范要求，是否编制了元器件的应用指南；在进行参数最坏情况分析、统计、确定元器件的电器容差时，是否考虑了制造容差、由温度变化引起的容差、由老化引起的容差、由湿度引起的容差等；为了抑制射频干扰，是否采取了常用的设计惯例；产品热设计、机构抗振和抗冲击设计、冗余设计、电路最坏情况分析、潜在通路分析、老练和环境应力筛选等是否满足设计准则的相关要求？

可靠性增长试验评审的一般检查项目：是否制定和执行可靠性增长试验大纲；可靠性增长试验是否包括被试产品的全部关键部分；可靠性增长试验所包括的高温、低温、振动、冲击、湿度试验条件是否符合设计鉴定所规定的水平；性能要求检查是否是在要求的工作温度水平以上进行的；是否进行关键元器件、组件的可靠性试验或寿命试验；是否对部件进行“步进应力”试验来确定设计的安全性；在可靠性研制试验过程中，是否收集了故障数据和维修数据以确定是否需要提高可靠性。

可靠性验证试验评审的一般检查项目：试验是否模拟了任务剖面；是否需要对设备的所有工作模拟进行试验；故障的定义和判别准则是否符合规定的要求；试验是否是在规定的环境等级下进行的；对受试产品进行的试验是否符合规定要求；是否已将不工作或设备储存时间从相应的验证可靠性试验时间中扣除；试验规定的性能检查是否能够检查整个设备的故障率；是否所有接口都需要模拟或激励。

4. 设计定型阶段的可靠性评审内容

在设计定型阶段，可靠性评审的目的是评审可靠性验证结果与合同要求的符合性，以及评审验证过程暴露的问题和故障分析处理的正确性与彻底性，评审结论为能否通过设计定型提供重要依据。在设计定型阶段，需要提交的评审文件一般包括：系统可靠性设计报告、FMEA（FMECA）报告、可靠性试验和验证及分析报告、可靠性大纲（计划）实施报告、与供应单位和外包单位配套研制产品的可靠性鉴定报告。

评审内容主要是核查产品的可靠性是否满足《研制任务书》和合同要求，具体项目包括：可靠性指标的鉴定结果是否满足合同和任务书要求；合同或任务书中规定的可靠性数据、可靠性大纲实施总结报告是否齐全并符合规定要求；在研制过程中发生故障的改进措施是否全部落实并且有效；必要时还可以有重点地参照详细设计评审的有关内容，再检查可靠性设计与试验是否符合要求。

第六节 可靠性标准化

可靠性标准是通过总结可靠性工程与管理的实践经验而制定的，并且要随着理论研究水平的提高、工程技术的发展以及经验的积累而不断地予以修正、补充和完善。它是可靠性工程与管理的基础之一，是指导开展各项可靠性工作使其规范化、最优化的依据和保证。严格按照可靠性标准进行工作，可以提高可靠性管理的科学性，减少盲目性，并能以最少的人力、物力和时间实现既定的可靠性目标。因此，不论是管理者还是工程技术人员，都应认真学习和贯彻可靠性标准。

可靠性标准体系分为三个层次：可靠性基础标准、专业可靠性基础标准、有可靠性要求的产品标准。其中，可靠性基础标准是对可靠性工程与管理具有广泛指导意义的基础标准；专业可靠性基础标准是指某大类产品公用的可靠性标准；有可靠性要求的产品标准是指各种有可靠性指标要求的具体产品标准。

各种可靠性标准从级别上可分为国家可靠性标准（GB）、国家军用可靠性标准（GJB）和行业可靠性标准；从内容上可分为管理、采购、研制、生产、试验、分析、安装、储运、使用、维修等各个方面的标准；从形式上则有规范、标准、手册等方式表达的可靠性标准。

当今在国际上有两个比较完整的可靠性标准化体系。一个是美国军用标准（MIL STD)，另一个是国际电工委员会（IEC）标准。为了决定研制和生产军用系统时产品可靠性的管理重点，美国从20世纪50年代起，用了20多年的时间建立了一整套军用可靠性标准，系统总结了美国在提高军用产品质量和可靠性的管理、设计、生产、使用和维修等方面的经验，在国际上很有影响，对民用产品的可靠性工程也有相当大的指导意义。国际电工委员会于1965年在美国建议下成立“电子元件和设备可靠性技术委员会”(IEC/TC56)，并于1991年更名为“可信性技术委员会”；早在1984年，该委员会发布了《可靠性和可维修性管理》标准（IEC300-1984)；1989年，国际电工委员会和国际标准化组织（ISO）决定从质量、可信性和统计方法三方面成立一个联合协调工作组（简称IEC/ISO JCG QDS)，并共同发布了《可信性大纲管理指南》标准（ISO9000-4/IEC300-1993)，以取代IEC300-1984；目前，IEC300（后更名为60300系列）自20世纪90年代以来，已发展成为一个标准族，为可靠性管理涉及的分析方法、试验技术等提供了符合经济技术发展趋势的各类规范。

MIL美国军用标准

美国军用标准（American military standard，AMS)是美国国防部为支持军需物资采购和武器装备生产而专门制定的各种标准化文件的总称，简称MIL美军标。美国国防部为加强军事工程设计、研制、维修，军用品的采购以及后勤供应管理等工作，根据1954年制定的“国防标准化计划”，由国防供应局把所有军用标准、规格、手册、工程图纸等合成统一的“工程管理文件体系”。美国军用标准涉及各个专业，从武器、各种军用器材到后勤供应等，按照用途和性质划分为78个大类，640个小类，40个文字类。美军标对我国相关设计标准的制定有借鉴意义。

MIL标准主要包括：①军用规范、军用标准、军用标准图纸、军用手册以及合格产品目录；②美国国防部和美国政府其他部门共同制定的联邦标准和联邦规范、联邦合格产品目录和联邦信息处理标准出版物等；③专业协会、学会制定的标准；④与其他国家共同制定的一些地区性军用标准。

此外，在国际可靠性领域，有较大影响的专业学术团体IEEE（the institute of electrical and electronics engineers）也提出了自己的可靠性工作评价标准，2008年推出的IEEE Std 1624《组织可靠性能力》标准，为设计、制造和采购电气/电子组件或产品的组织提供了一种标准化的、客观的评核和评定一个组织可靠性能力成熟度的度量方法。

我国标准化部门、标准化及可靠性工作者多年来在引进、消化国外可靠性指标的基础上，制定了我国的可靠性标准，先后发布了《电子元器件失效率试验方法》《可靠性基础名词术语及定义》《设备可靠性验证试验》等国家标准和《装备维修性通用大纲》《装备可靠性工作通用要求》等军用标准。这些标准的发布，对我国普及可靠性基本概念、开展电子元器件及设备可靠性试验、推动可靠性工作的开展和提高产品可靠性都发挥了重要作用。

第七节 可靠性教育

可靠性和技术核心能力的提升需要建立一个重视学习的环境和条件，并且应针对不同岗位需求的人员提供针对化的可靠性知识教育和培训。

可靠性专业人员是可靠性教育和培训的主要对象，他们一般应掌握可靠性基本原理、可靠性预计和分配、故障模式及后果分析、可靠性试验与计划、可靠性数据收集和处理分析、可靠性数学、可靠性管理、元器件选用和降额、设计评审、可维修性、产品安全性、人机工程、环境工程等；此外，为了支持设计工作，可靠性专业人员还需了解具体产品（系统）的专业技术和知识，但不需达到设计人员的深度和水平。

对于工程设计人员，虽然主要职责是产品设计，但同时也应对可靠性知识有一定了解和掌握，须为他们提供可靠性基本概念和技术、与专业和所设计产品有关的可靠性标准等知识的培训和教育；可靠性数学等方面的培训也应提供，但不必达到专业人员的水平。

对于领导干部和计划管理干部，由于他们主要承担控制和协调等工作，因此应重点培训可靠性的基本原理和充足的管理技能与知识，以及有关的标准。

本章小结

知识图谱

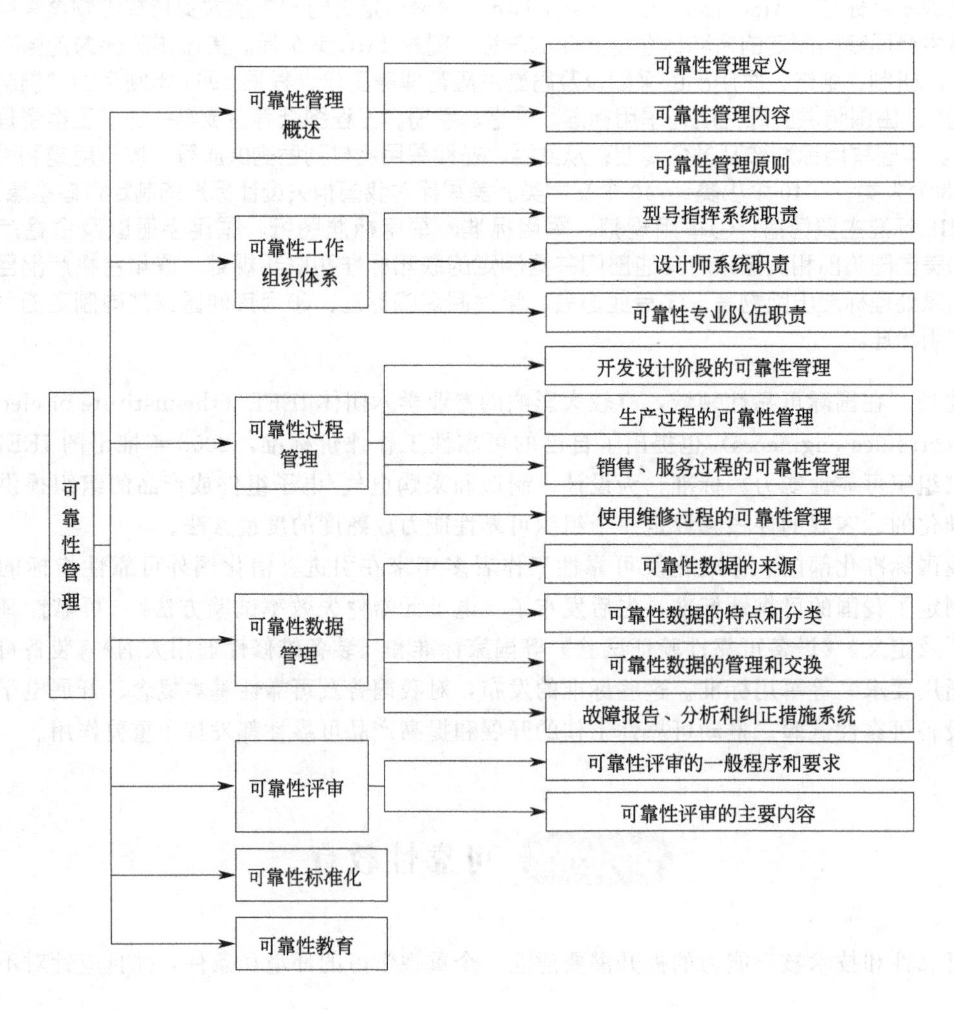

基本概念

可靠性管理 reliability management

故障报告、分析和纠正措施系统 failure reporting，analysis and corrective action system

可靠性评审 reliability evaluation

可靠性标准化 reliability standardization

学而思之

古语云："不谋全局者，不足以谋一域；不谋万世者，不足以谋一时"。

思考：如何理解可靠性工程技术与可靠性管理之间的关系？怎样通过可靠性管理经济性地实现产品计划所要求的可靠性？

本章习题

1. 简述可靠性管理的主要内容。
2. 简述设计定型阶段的可靠性评审内容。
3. 简述可靠性评审的一般程序和要求。
4. 简述 FRACAS 的实施步骤。
5. 试分析可靠性标准化的意义。
6. 对可靠性专业人员进行可靠性教育至少应包含哪些内容？

第九章 可靠性软件及应用

学习目标

① 了解常用的可靠性软件；

② 熟悉可靠性软件 Reliability Workbench 的功能模块；

③ 了解 Reliability Workbench 的工程应用，掌握常用的基本操作。

导入案例

神舟十二号，简称“神十二”，为中国载人航天工程发射的第十二艘飞船，是空间站关键技术验证阶段第四次飞行任务，也是空间站阶段首次载人飞行任务。2021 年 6 月 17 日 9 时 22 分，搭载神舟十二号载人飞船的长征二号 F（简称：CZ-2F）遥十二运载火箭，在酒泉卫星发射中心点火发射。此后，神舟十二号载人飞船与火箭成功分离，进入预定轨道，顺利将聂海胜、刘伯明、汤洪波 3 名航天员送入太空。此次发射任务的圆满成功，CZ-2F 运载火箭的高可靠性和安全性起到了至关重要的作用。

为了达到载人飞行的高可靠要求，设计人员把可靠性作为 CZ-2F 火箭设计的重点，对影响运载火箭成败的关键项目和环节进行了可靠性分析、冗余设计、可靠性试验等可靠性保障和提升措施，大幅度提高了系统的可靠性。然而，CZ-2F 火箭由箭体结构系统、动力装置系统、控制系统、推进剂利用系统、故障检测系统、逃逸系统、遥测系统、外测安全系统、附加系统、地面设备系统等十个系统组成。仅全箭的控制、推进剂利用、故障检测处理、遥测和外安五大电子电气系统就有近 360 种电子产品，五百多台（件）配套产品。要对全箭这么多零部件和系统开展可靠性分析和设计工作，工作量将非常惊人，如何提高可靠性工作效率是摆在研制任务面前的关键问题。

在此背景下，可靠性软件应运而生，由于能够代替传统人工完成可靠性工作，操作使用方便且计算效率高，在航空、航海、重大装备等领域得到了广泛应用。目前，国内外大型企业，如 Ford、Philips、Honeywell、中航工业、航天科技集团等均采购并应用了可靠性软件，有些可靠性研究机构或公司也开发了专门或综合的可靠性软件。可以想象，随着可靠性软件的推广应用，可靠性工作将会得到大幅提升，可靠性应用的范围也将越来越广。为此，本章围绕可靠性软件工程应用，简单介绍常用的可靠性软件、功能模块、典型案例和操作。

资料来源：根据网络资料整理。

第一节 可靠性软件功能介绍

可靠性软件为可靠性从业人员提供了方便的分析工具，大大提高了计算效率，有效推动了可靠性应用。目前市面上成熟的可靠性软件较多，有国外公司，也有国内公司的知名产品，各个产品均有自己的特色和优缺点。本节将简要介绍几款市场上较为认可的可靠性软件，然后选择 Reliability Workbench 这款软件，对其功能模块进行详细介绍。

一、常用可靠性软件介绍

根据国内外可靠性应用情况，有多款可靠性软件在市场上存在，不同工程和不同用户所使用的软件类型不同。由于能查到的相关资料较少，本节主要通过梳理网络上的相关资源，挑选几款比较有代表性的可靠性软件进行简要介绍。

1. ReliaSoft

ReliaSoft 可靠性软件产品是可靠性分析领域的工业标准之一，由国际质量与可靠性工程领域的专业机构和企业 ReliaSoft 公司研发。ReliaSoft 在欧洲、南美洲、新加坡、印度、中东等国家和地区设有分支机构，位于美国亚利桑那州的可靠性工程研发中心是全球的可靠性领域技术中心之一。ReliaSoft 的产品和服务结合了最先进的可靠性理论和实用工具，涉及可靠性工程的各个领域，能够满足企业在产品质量与可靠性分析方面的需要。客户遍及航空、航天、船舶、核工业、电子、机械、汽车、通信、铁路、石油、石化、电力、钢铁等行业。

ReliaSoft 软件的功能模块如图 9-1 所示，主要包括：寿命数据分析软件 Weibull++，加速寿命试验（QALT）数据分析软件 ALTA，利用可靠性框图（RBD）进行系统可靠性、维护性和可用性分析的 BlockSim，失效模式、影响和危害性分析软件 Xfmea，可靠性增长分析软件 RGA，以及 MSG-3 飞行器系统和动力装置分析软件 MPC，等等。这些软件产品由于结合了先进的可靠性工程理论和分析方法，且操作简便，受到使用者的广泛好评。

ReliaSoft 在开发大型数据分析引擎方面有了长足的发展，ReliaSoft 企业平台解决方案可帮助客户自动完成可靠性/质量数据采集、分析和填写报表的整个流程，其结构基于工业标准数据库，满足企业的特定数据和报表需求，系统的数据采集模块和报表功能十分灵活，数据分析及时、精确，在企业的决策过程中可发挥重大作用。已经引入 ReliaSoft 开展可靠性工作的企业包括 Ford、Volvo、DuPont、Philips、United Airline、Honeywell 等。

2. Reliability Workbench

Reliability Workbench（RWB）是一种系统可靠性和安全性分析软件工具包，由 Isograph 公司研发，广泛应用于航空航天、国防、轨道交通、汽车、机器人、石化和核电等众多行业。Isograph 公司成立于 1986 年，总部位于英国曼彻斯特，是可靠性、可用性、维修

图 9-1 ReliaSoft 软件的功能模块

性和安全性软件解决方案的领导者。

RWB 自 1990 年问世以来，历经 20 多年的不断发展和完善，现已成为业内所公认的成熟产品。2020 年 7 月 20 日，Isograph 公司在其总部曼彻斯特宣布发布最新版的 Reliability Workbench 15.0 软件（以下简称“RWB15.0”），如图 9-2 所示。RWB 系列软件易使用，已在全球 10000 多个用户中得到充分验证，应用于多个领域的许多高安全高可靠项目。

图 9-2 Reliability Workbench 15

作为集成化的工作平台，RWB 含有多个专业分析模块，可用于开展汽车功能安全分析、机器人功能安全分析、轨道交通 RAMS 分析、国防工业五性分析和核电安全性分析等。

分析模块包含可靠性预计分析、可靠性分配和增长分析、维修性预计分析、FMECA/FMEDA分析、可靠性框图建模分析、故障树分析、事件树分析、马尔可夫分析和威布尔分析等。每个分析模块都是功能强大的应用程序，既可独立使用，又可借助RWB模块集成环境发挥更大的作用。各专业模块通过动态共享数据方式，实现数据快捷传递，并能保持数据一致性。用户只需输入一次数据，就可以在模块中多次使用。凭借全新的企业版功能，用户可以通过企业内部网络将RWB项目集中存储至服务器端，项目能够被多个用户检入和检出。

3. JMP软件

JMP是一款综合性的数据分析软件平台，来自SAS。自1989年第一版JMP软件问世以来，JMP统计分析软件一直是各个行业和政府部门的科学家、工程师及其他数据探索人员的首选工具。JMP的应用领域包括业务可视化、探索性数据分析、六西格玛及持续改善(可视化六西格玛、质量管理、流程优化)、试验设计、生存及可靠性、统计分析与建模、交互式数据挖掘、分析程序开发等。

本章要重点讨论的可靠性只是JMP的一部分。在可靠性方面，它整合了所有的可靠性分析功能，但是并没有拆分成零散的模块，图9-3显示的是JMP的可靠性分析菜单。JMP是六西格玛软件的鼻祖，当年摩托罗拉开始推六西格玛的时候，用的就是JMP软件。已经有非常多的企业采用JMP开展可靠性工作，包括Tesla、Dow、Apple、Intel、Boeing、Raytheon、EMC、招商银行、中国石化等。

JMP是一款全面的数据分析平台，除了可靠性，它还有世界顶尖的实验设计（DOE）平台，而且在质量统计分析领域也是当仁不让的领导者，功能包括统计过程控制（SPC）、测量系统分析（MSA）、探索性数据分析（EDA）、假设检验（hypothesis&testing）。此外来自SAS的JMP还继承了SAS的建模预测与数据挖掘（data mining）功能，在健康管理等可靠性新兴领域中具有较好的应用前景。

4. CARMES

六性协同工作平台（以下简称“CARMES”）是我国首个工程实用化的大型专业软件，由工业和信息化部电子第五研究所数据中心自主研发，在工程安全保密、工程实用化、标准先进性、数据库支持、性价比等方面优于国外同类软件。CARMES自2001年推出以来，在吸收了广大用户的宝贵工程经验基础上，经历了10个版本的升级，在与国外、国内多家同类软件竞争中取得优势地位。CARMES在300多家装备研制生产单位以及通信、家电等企业的广泛应用，证明CARMES完全符合工程可靠性、维修性保障性设计、分析、评估的需要。

CARMES软件功能强大，全面覆盖“六性”建模、分析、设计、试验评估等工作项目，含50多个功能模块和支撑数据库，可帮助构建企业级的六性协同工作环境，实现型号六性信息化设计，满足各军兵种装备的六性设计分析及管理工程需求，实现管理与设计工具的高度融合，在航天、航空、电子、船舶、工程物理、兵器、通信、轨道交通、电网等领域得到广泛应用。

CARMES主要功能模块包括：可靠性、维修性与可用性应用程序RAMP，故障模式、影响及危害性分析程序FMECA，故障报告、分析和纠正措施系统FRACAS，故障树分析程序FTA，可靠性评估工具RAT，功能危险分析程序FHA，区域安全性分析程序ZSA，事件树分析程序ETA，寿命周期费用分析工具LCC，软件可靠性估计程序SRE，测试性分

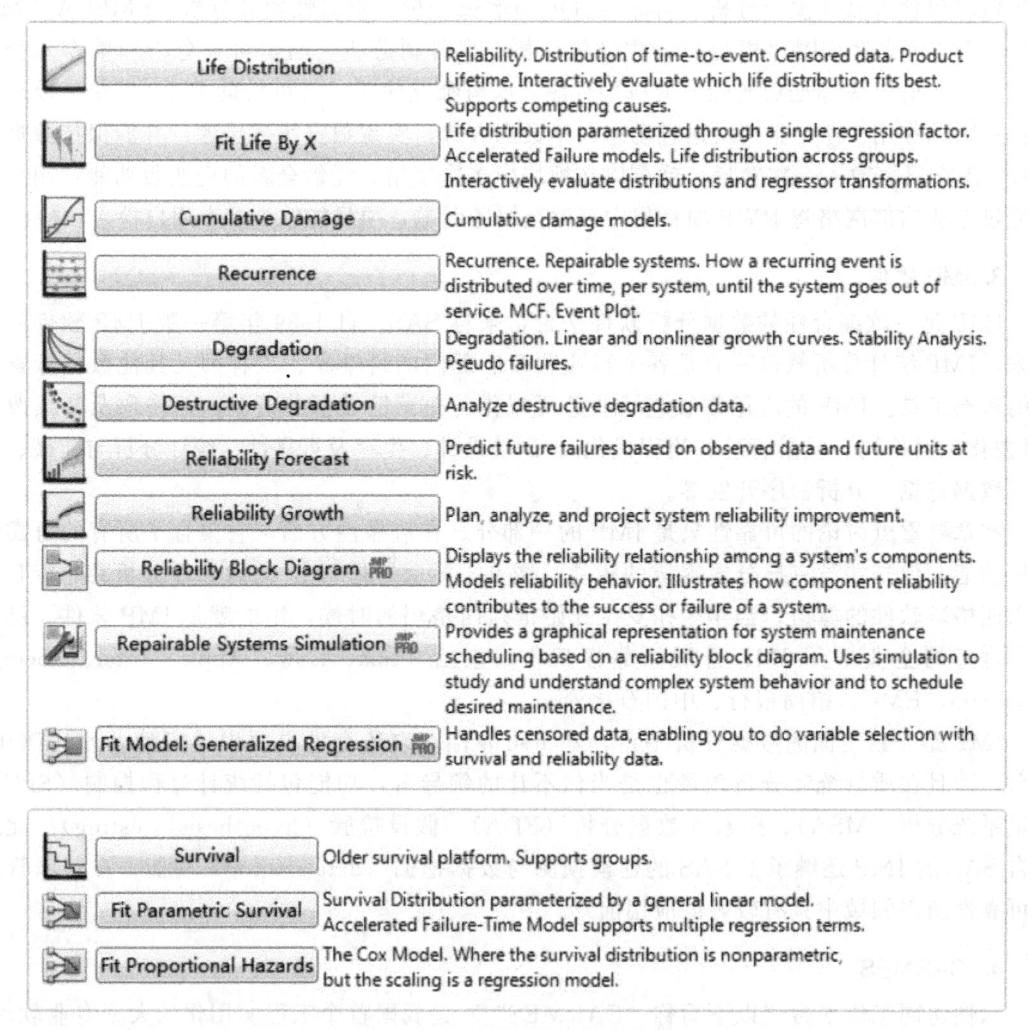

图 9-3 JMP 的可靠性分析菜单

析程序 TAM，以可靠性为中心的维修分析 RCMA，网络系统可靠性计算与仿真 NRCS，马尔可夫过程模块 MarkovPro，可靠性试验设计与数据分析程序 RTDAPro，维修级别分析 LORA，使用与维修工作分析 O&MTA，电路故障仿真和最坏情况分析程序 CFSWCA。

二、 Reliability Workbench 功能介绍

Reliability Workbench 是可靠性、安全性与可用性分析一体化集成工作平台，RWB 企业版能够实现大范围协同分析和版本管理。以下产品功能介绍源自红禾科技官网。

1. 主要功能特性

软件支持多个行业标准，含有多个专业分析模块，包含可靠性预计分析、维修性预计分析、FMECA/FMEDA 分析、可靠性框图建模分析、故障树分析、事件树分析、威布尔分析、马尔可夫分析、可靠性分配和增长分析等，如图 9-4 所示。软件含电子元件和机械零件的元器件库，提供报告设计器，可对报告模板进行设计器定制，并支持 Office 和 PDF 格式报告输出，支持带有分隔符文本格式、Office 格式文件、SQLServer 数据库和 Oracle 数据

库数据导入和导出。

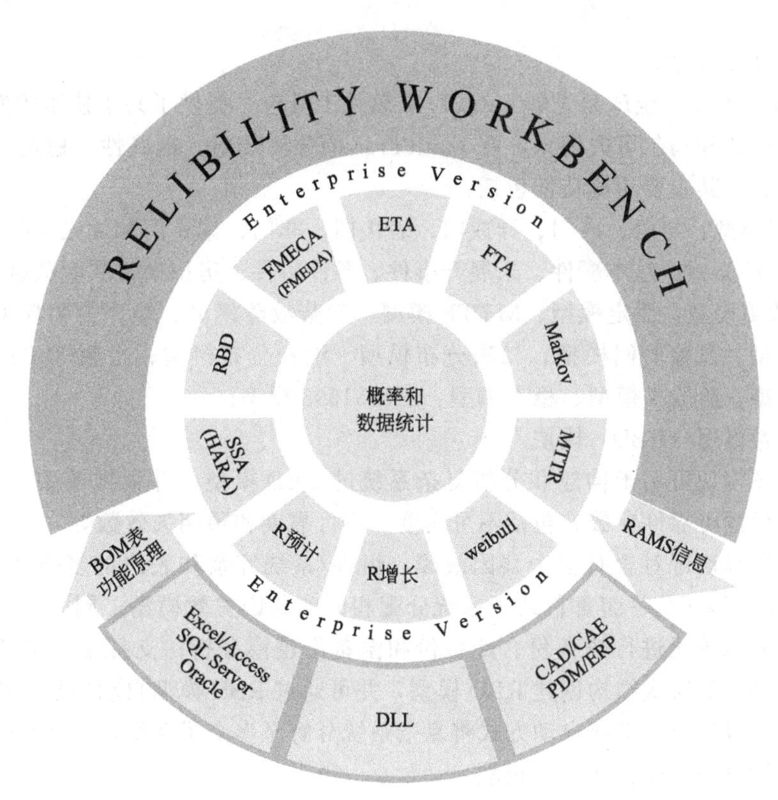

图 9-4 Reliability Workbench 软件模块（摘自红禾科技官网）

2. 主要模块介绍

（1）可靠性预计模块

可靠性预计模块是一款功能强大的可靠性预计分析工具，支持国际公认的电子和机械设备可靠性预计分析标准，包括：GJB/Z 299B & 299C、MIL-HDBK-217、RIAC 217 Plus、RDF 2000 / IEC TR 62380、Telcordia TR/SR-332、NSWC 98、SN29500/IEC 61709。这些预计分析标准采用一系列的模型对不同种类的电子/电气元器件和机械部件的故障率进行预计，在预计的过程中考虑环境类别、质量等级、应力条件，降额准则和其他参数对故障率的影响。模块提供强大的“继承”功能，用户可对某些参数（如环境类别或质量等级）进行全局更改。同时，可靠性预计模块含有的集成化元器件库提供了数以万计的通用电子元器件，从而使用户能够快速创建可靠性预计分析项目。

（2）FMECA 模块

FMECA 模块提供了完整的分析架构和报告功能，用户可根据行业标准或按照自定义要求创建 FMECA 分析表样式。FMECA 模块可以创建的 FMECA 分析表类型包括过程 FMEA（AIAG/VDA）、设计 FMEA（AIAG/VDA）、商用飞机 FMEA、IEC 61508、ISO 26262 等，支持 IEC 62380 故障模式库和 FMD 2016 故障模式库。

FMECA 模块所具有的优势在于它能通过系统层次结构自动追踪故障影响、严重度和故障原因。同时，软件具备故障率和危害度自动计算功能，并能筛选出可检测故障和不可检测故障。利用与故障模式和故障影响相关的 β 因子，FMECA 模块可以对故障模式向上传递的故障率进行调整。支持 ISO 26262 FMEDA 分析，支持单点故障 SPFM 和潜在故障度量 LPFM 的计算。

(3) FaultTree+模块

FaultTree+模块是全球领先的 FaultTree 软件工具包，提供了易于使用的操作界面来构建故障树、事件树和马尔可夫模型，在 FaultTree 的分析效率、精确性、稳定性和耐用性方面拥有良好声誉。其主要功能特性包括：

① 多种门类型：与门、或门、异或门、表决门、非门、禁止门和优先与门；

② 多种事件类型：基本事件、未展开事件、条件事件、房型事件和隐蔽事件；

③ 多种故障模型：固定模型、MTTF 模型、隐蔽故障模型、顺序故障模型、初因事件模型、备件模型、风险时间模型、二项分布模型、泊松分布模型、指数-MTTR 分布模型、威布尔分布模型、阶段类模型、稳态模型、IEC 61508 模型。

(4) 可靠性框图（RBD）模块

可靠性框图模块可用于构建和分析复杂系统的 RBD 模型，并根据模型生成最小割集，计算系统和组件的可靠性参数，包括不可用度、不可靠度和预期失效数等。

可靠性框图模块可对含有多个共因故障、组件/系统冗余和表决的复杂系统进行分析，并通过 CCF Beta 因子为一组部件或子系统分配相同的共因失效模型。同时，可靠性框图模块支持对隐蔽故障单元进行热备份、冷备份和温备份建模分析；支持基于 FMECA 或可靠性预计模块中的产品层次结构创建 RBD 模型，并可通过 RBD 模型自动创建故障树；支持分页功能，用户可以通过手动或自动方式将复杂系统分解至多个子系统进行建模分析。

(5) 可靠性分配（allocation）模块

可靠性分配模块通常应用于系统设计阶段。用户可在模块中选取可靠性分配方法，从而将系统可靠性目标分解至子系统和设备层级单元。同时，可靠性分配模块会根据分析结果，提出冗余配置建议以保证分配至各个子系统和设备的可靠性要求满足系统可靠性目标。可靠性分配模块能够让用户非常便捷地创建系统层次结构，并对其进行分析。

(6) 可靠性增长（growth）模块

RWB 平台中的可靠性增长模块可帮助用户分析系统可靠性增长或下降的趋势，从而使用户采取适当措施提高系统可靠性水平。可靠性增长模块通过计算尺度参数和形状参数来分析试验数据，这两个参数用于描述与试验数据相关的可靠性增长曲线。尺度参数和形状参数可用于计算故障密度，平均故障前时间（MTTF）或不可靠度。

(7) 威布尔（Weibull）模块

威布尔分析是一种基于历史故障数据的可靠性分析方法，主要用于描述系统或产品的故障分布。用户可在软件中直接输入分析所需的数据，也可从其他外部数据源导入数据。RWB 威布尔分析模块对所提供的故障数据进行分布拟合，包括指数分布、正态分布、对数正态分布、Weibayes 分布和多种威布尔分布类型。从威布尔分析模块中获取到的故障分布可应用于 RWB 平台中的其他工具模块。

(8) 元器件库模块

RWB 元器件库是一个包含机械零件和电子元器件故障数据的综合化数据库，用户可以通过可靠性预计、FMECA、RBD、故障树和事件树模块访问 RWB 元器件库。元器件库所含有的元器件数量超过 100000 个，包括由生产厂商提供的可靠性数据。除了行业元器件库外，RWB 还允许用户创建自定义器件库，并在多个项目中实现元器件数据共享。

第二节 可靠性软件应用案例

本节以 Reliability Workbench 软件为分析平台，结合飞机子系统可靠性分析应用案例，说明该软件的操作使用和可靠性方法的工程应用。分析过程数据仅用于展示软件功能，不具有实际价值。

一、飞机燃油系统可靠性框图分析

燃油系统是航空发动机的重要组成部分，也是发动机性能实现的重要保证。飞机燃油系统储存飞行所需的燃油，并在规定情况下向动力系统根据所需的流量和压力提供燃油。以下基于 Reliability Workbench 软件的 RBD 模块，对航空燃油系统进行可靠性框图分析。

1. 飞机燃油系统可靠性框图建模

飞机燃油系统通常可分为五个子系统：燃油储存系统、压力加油系统、放油系统、供油系统和燃油指示系统。基于 RBD 模块，可以绘制整个系统的可靠性框图，如图 9-5 所示。

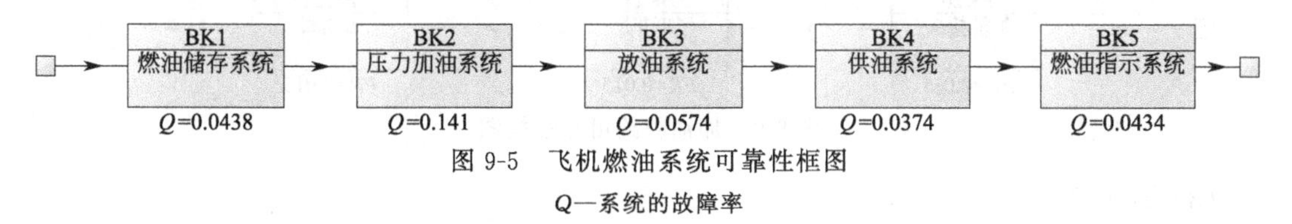

图 9-5 飞机燃油系统可靠性框图

Q—系统的故障率

在此框图下，分别对每个子系统进行展开建模。

(1) 燃油储存系统

燃油储存系统主要由油箱组成，在适宜的条件下存放燃油，防止燃油污染和泄漏，保证随时可以提供给需要的发动机或者 APU。经过适当简化，其可靠性框图绘制如图 9-6 所示。

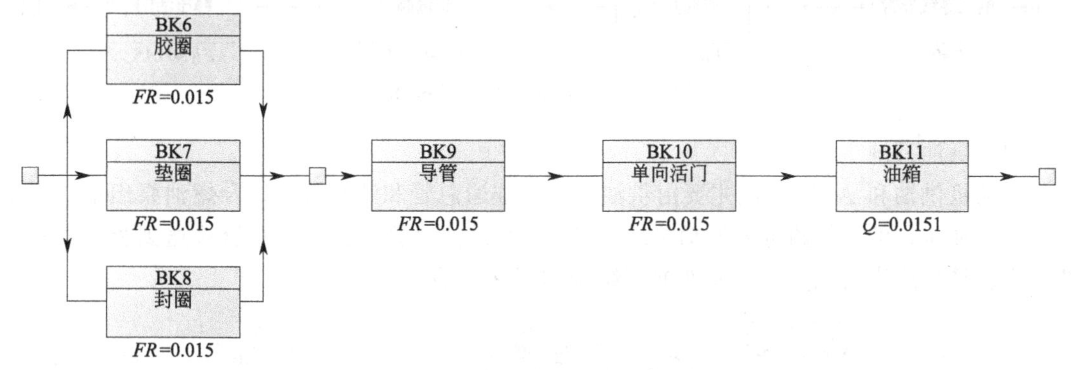

图 9-6 飞机燃油储存系统可靠性框图

FR—各单元的故障率

作为燃油储存系统的主要结构，进一步绘制油箱的可靠性框图，如图 9-7 所示。

(2) 压力加油系统

压力加油系统是通过加油台上的加油接口，将外部燃油输送到指定的油箱中。压力加油系统可以在地面上给主油箱或中央油箱加油。当想要燃油在油箱之间进行传输时，也可使用该系统。经过适当简化，其可靠性框图绘制如图 9-8 所示。

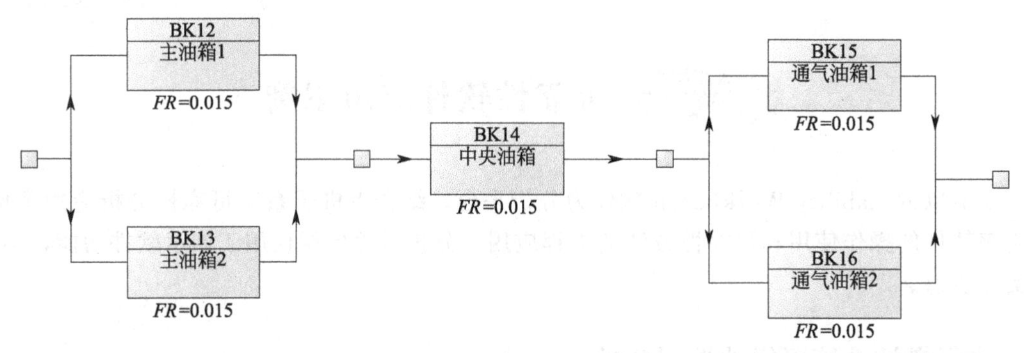

图 9-7　油箱可靠性框图

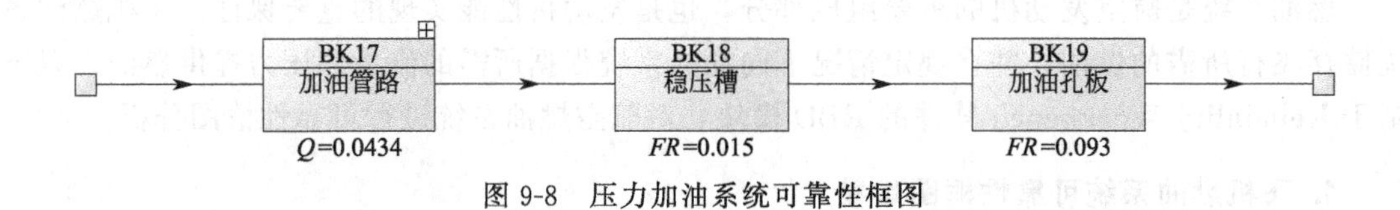

图 9-8　压力加油系统可靠性框图

进一步对加油管路进行建模，如图 9-9 所示。

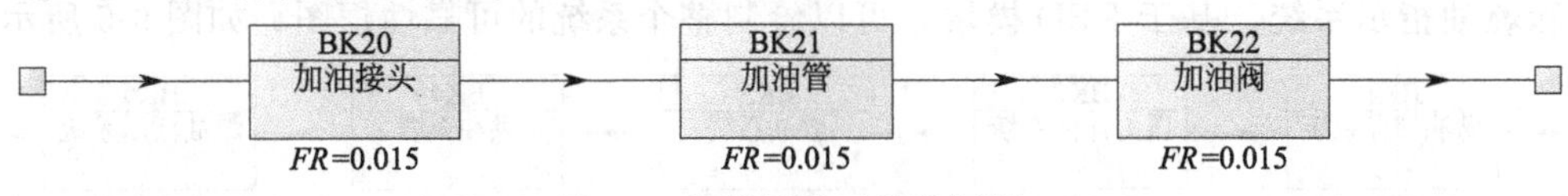

图 9-9　加油管路可靠性框图

(3) 放油系统

放油系统是通过放油泵排出指定油箱中的燃油，它可以把油箱中的燃油经过管路从加油台中排出飞机，放油系统也可以完成燃油在油箱间的转换（仅限于飞机在地面上）。经过适当简化，其可靠性框图绘制如图 9-10 所示。

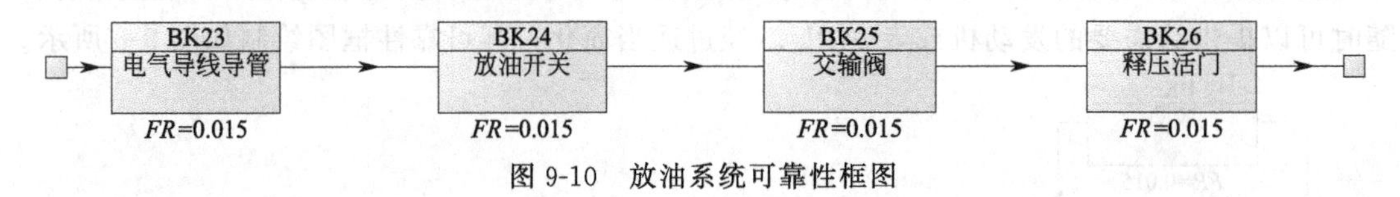

图 9-10　放油系统可靠性框图

(4) 供油系统

发动机供油和 APU 供油主要由供油总管，连通总管和油箱管路以及燃油泵组成，燃油泵将燃油加压，经过管路进入发动机或者 APU 的供油总管，由供油总管输送到相连的动力装置中。经过适当简化，其可靠性框图绘制如图 9-11 所示。

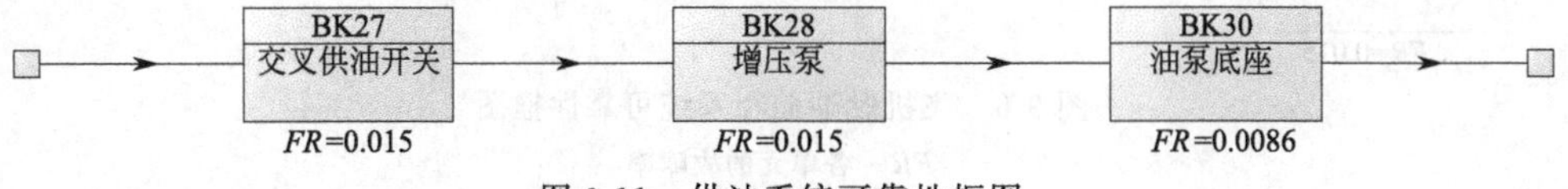

图 9-11　供油系统可靠性框图

(5) 燃油指示系统

燃油指示系统是根据油箱中的传感器传输的电信号，分析传感器阻抗，得到燃油在油箱中的位置，进而计算出燃油的重量。它可以通过各个油箱组件传感器得到的信号，计算出飞机的油量燃油重量。经过适当简化，其可靠性框图绘制如图 9-12 所示。

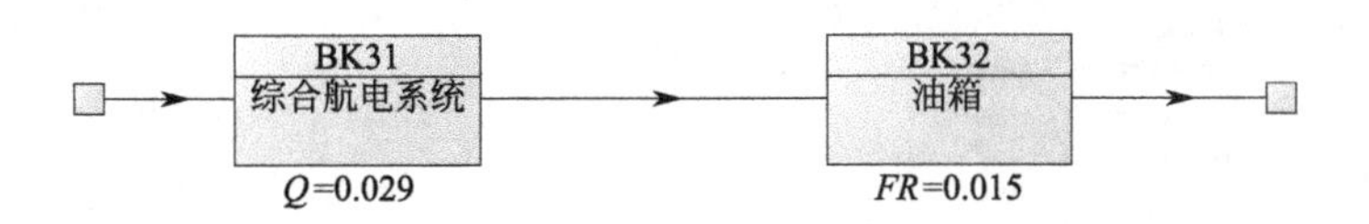

图 9-12 燃油指示系统可靠性框图

与之相关的综合航电系统可以进一步展开建模如图 9-13 所示。

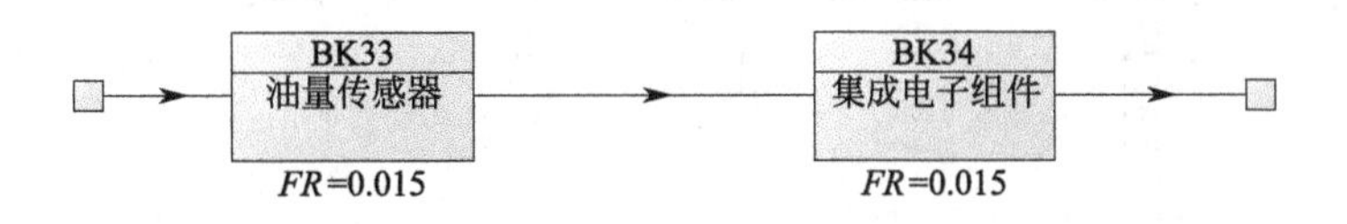

图 9-13 相关综合航电系统可靠性框图

2. 飞机燃油系统可靠性计算

绘制出可靠性框图后，便可以进行参数定义，进行可靠性计算。由于没有掌握准确的可靠性数据，这里对各部件的故障率与维修率进行了人为赋值，计算结果不具有真实性，仅作为软件操作演示。经过计算，飞机燃油系统的可靠性计算结果如图 9-14 和图 9-15。此外，还可以进一步计算子系统的可靠性分析结果。

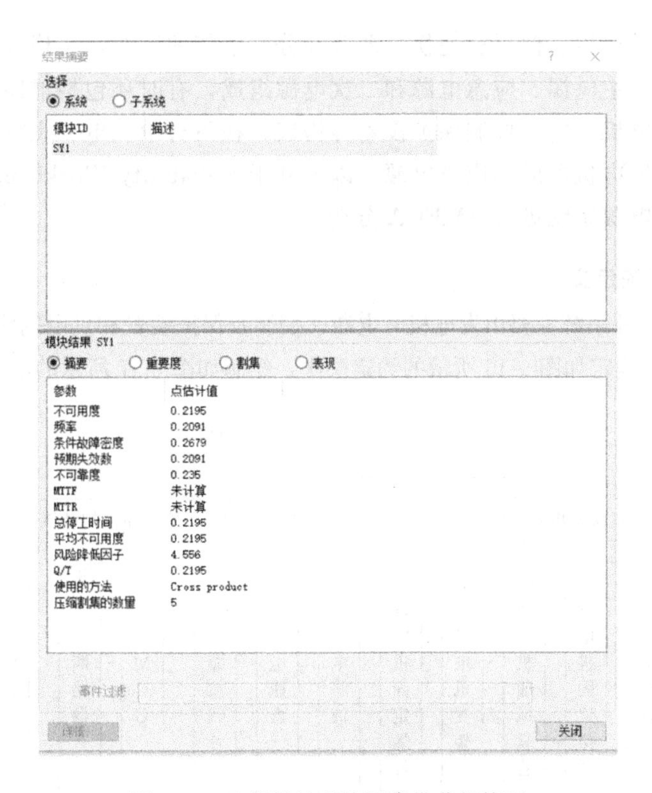

图 9-14 飞机燃油系统可靠性分析摘要

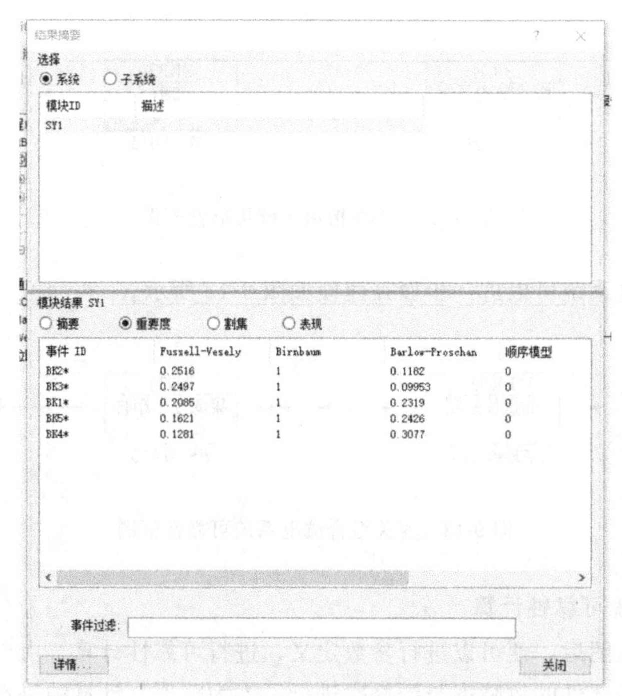

图 9-15　飞机燃油系统可靠性分析重要度

二、飞机电源系统 FMECA

飞机电源系统是产生、储存、变换、调节和分配电能的系统，是现代飞机的一个主要系统。飞机电源系统由主电源、应急电源和二次电源组成，有时还包括辅助电源。主电源由航空发动机传动的发电机、电源控制保护设备等构成，在飞行中供电。飞行中主电源发生故障时，蓄电池或应急发电机即成为应急电源。以下基于 Reliability Workbench 软件的 FMECA 模块，对某型飞机电源系统进行 FMECA 分析。

1. 飞机电源系统定义

所研究的飞机电源系统主要由发电机、电瓶、控制及保护装置和供电网络构成。通过梳理系统组成和具体部件，确定如图 9-16 所示的约定层次，绘制如图 9-17 所示的电源系统可靠性框图。

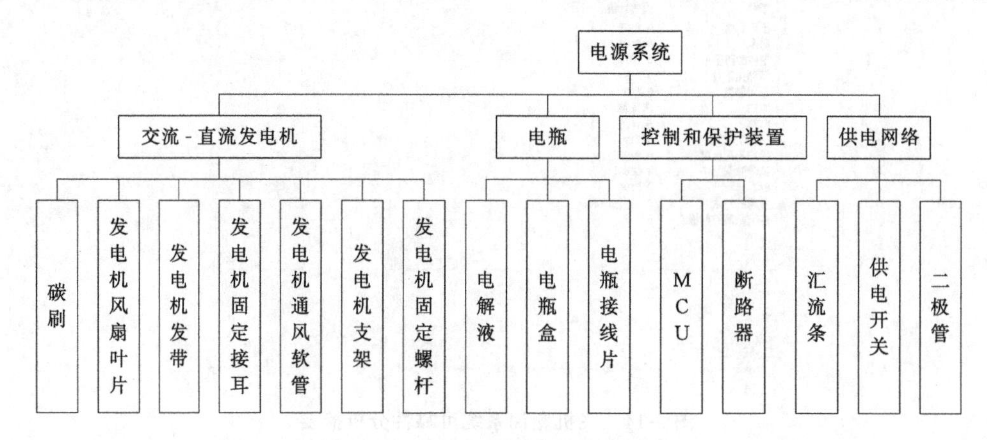

图 9-16　飞机电源系统的约定层次

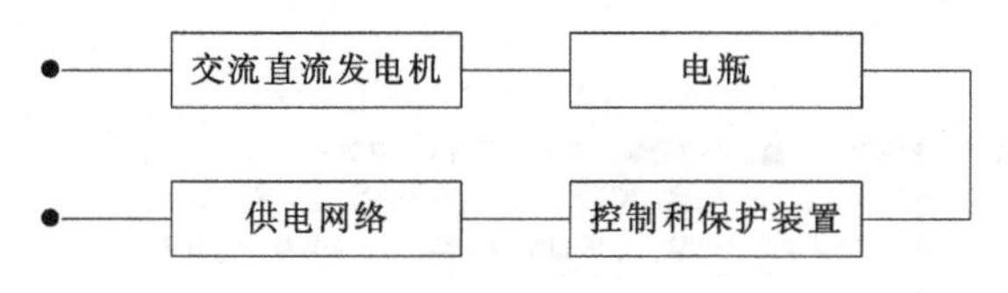

图 9-17 飞机电源系统可靠性框图

2. 飞机电源系统 FMECA 建模

RWB 的 FMECA 模块运用图形化界面建立产品（包括系统、子系统和元器件）结构层次，为底层结构添加故障模式，允许用户分析系统和指定危害度故障模式的故障影响。如图 9-18 所示，FMECA 模块由三个窗口组成：产品树控制窗口（左侧），用于显示产品结构层次；故障模式窗口（右侧上方），用于显示所选择的 FMECA 块的故障模式；表格窗口（右侧下方），用于显示所选 FMECA 块故障模式数据的细节。

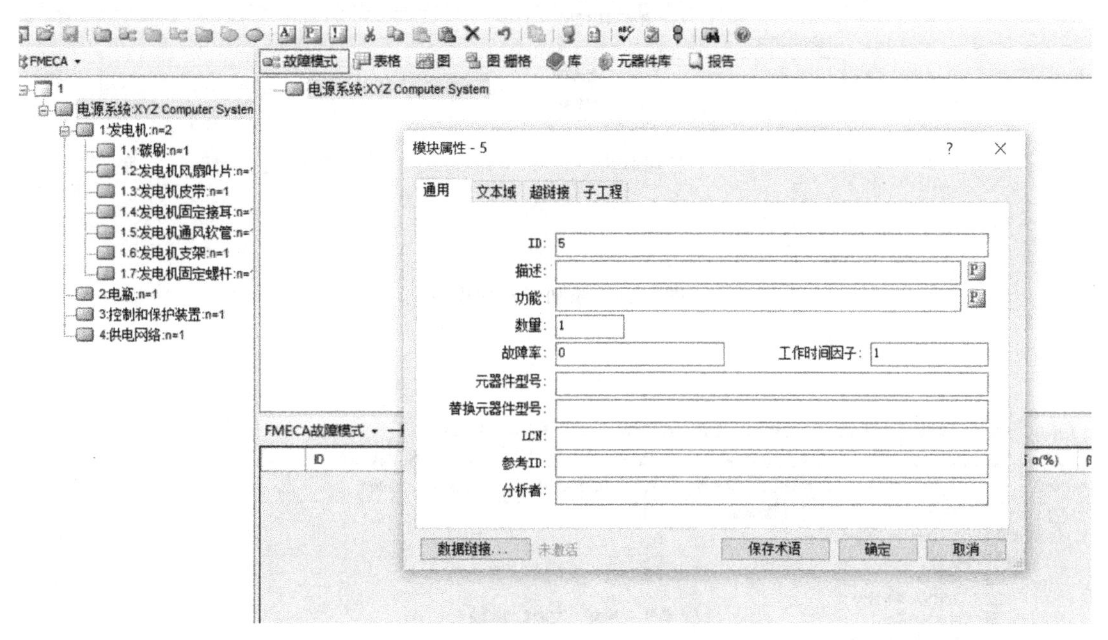

图 9-18 FMECA 模块窗口展示

（1）创建模块

FMECA 中创建的模块包括系统、子系统和元器件。最底层的带有故障率信息的元器件用于分析故障模式的故障率和危害度。首先，在电源系统模块下添加发电机等子系统模块，并对故障率等参数进行设定；然后，在子系统模块下添加元器件模块并进行参数设置，如图 9-19 所示。

（2）创建故障模式

为电源系统各元器件添加所有可能的故障模式，并对故障模式频数比 α、故障影响概率 β 等参数进行设置，如图 9-20 所示。

（3）添加故障模式影响

模块的故障模式都有一个高一级的影响，影响可以通过层级关系传递到最终影响。最终影响由整个系统的故障模式所引起，FMECA 模块的一个特点是允许用户分析最终影响和根原因故障模式的贡献。图 9-21 显示了所添加的电源系统故障模式影响。

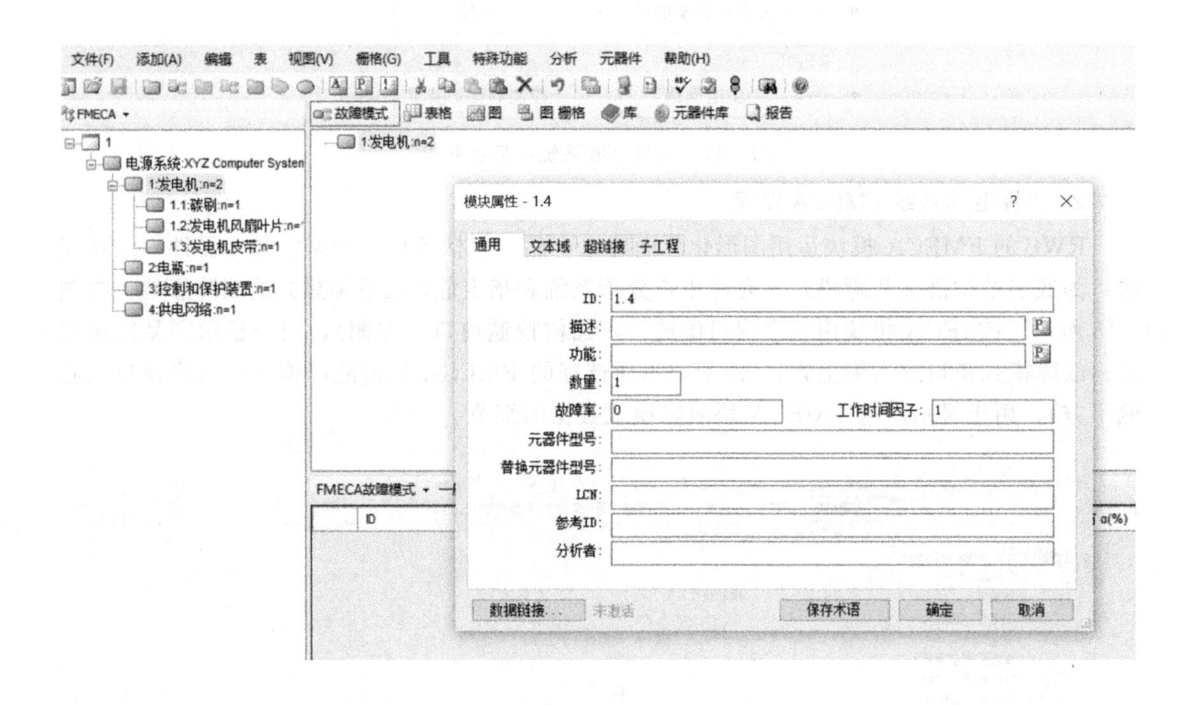

图 9-19 添加元器件模块

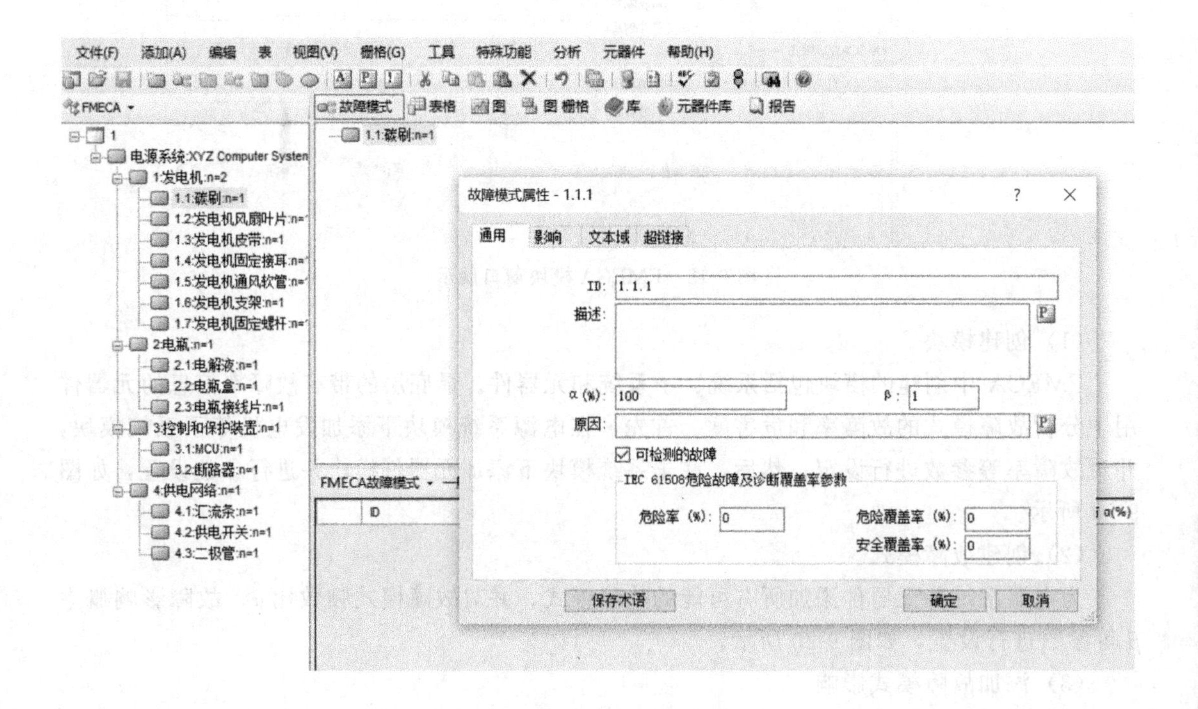

图 9-20 创建故障模式

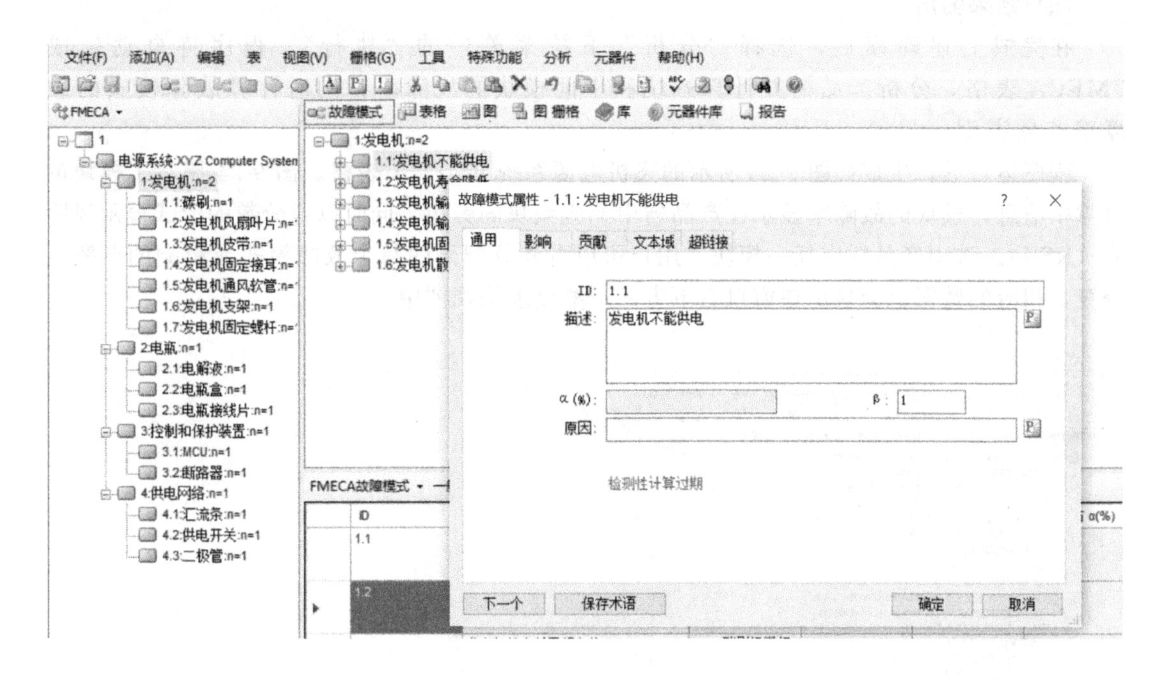

图 9-21　添加故障模式影响

(4) 设置故障模式严酷度等级

在添加故障模式影响后，需要对故障模式严酷度进行设置，如图 9-22 所示。

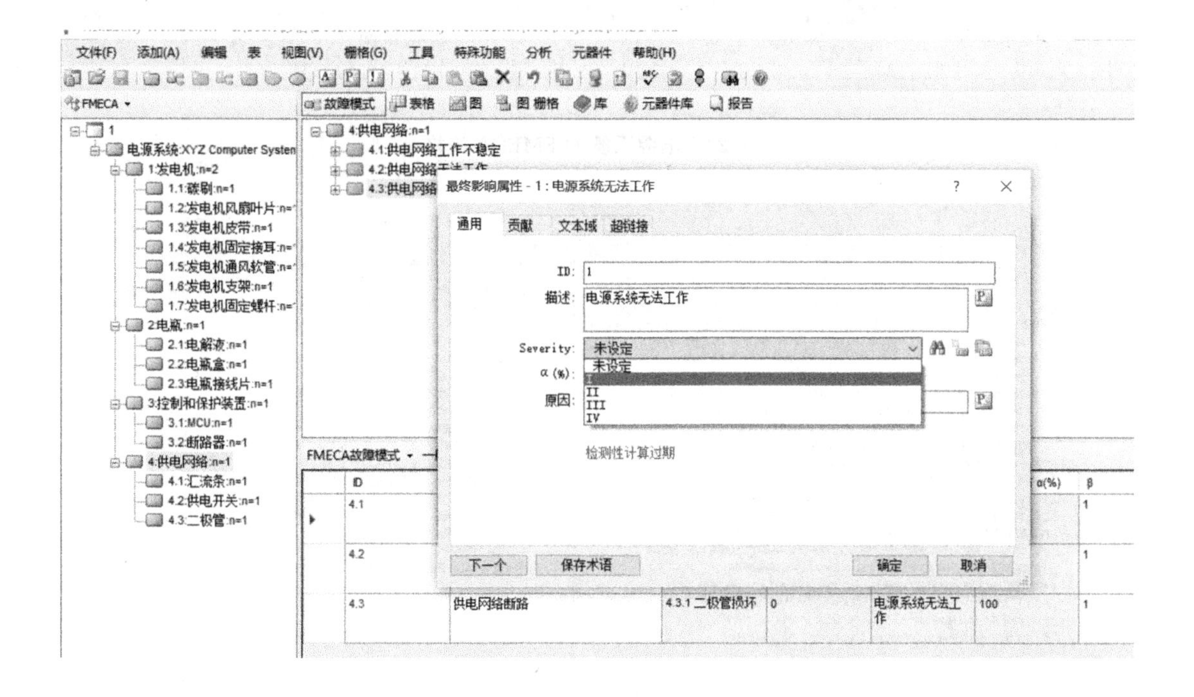

图 9-22　设置故障模式的严酷度等级

（5）结果输出

在完成上述建模后，选择“分析”下拉菜单中的“执行”，程序将自动生成FMECA表格，分析产品树并计算系统和中间模块的故障率，同时计算故障模式的故障率和危害度。

程序运行后，生成如图9-23所示的飞机电源系统FMECA表格。图9-24展示了模块的故障率信息，模块的故障率显示在产品树中相应模块的旁边，同时以百分数的形式显示风险值（RSK）。选中产品树中任一模块，用户可以看到分配给的每个故障模式或影响的严酷度等级，相应的数据也会显示在窗口右下方的严酷度表格视图中。

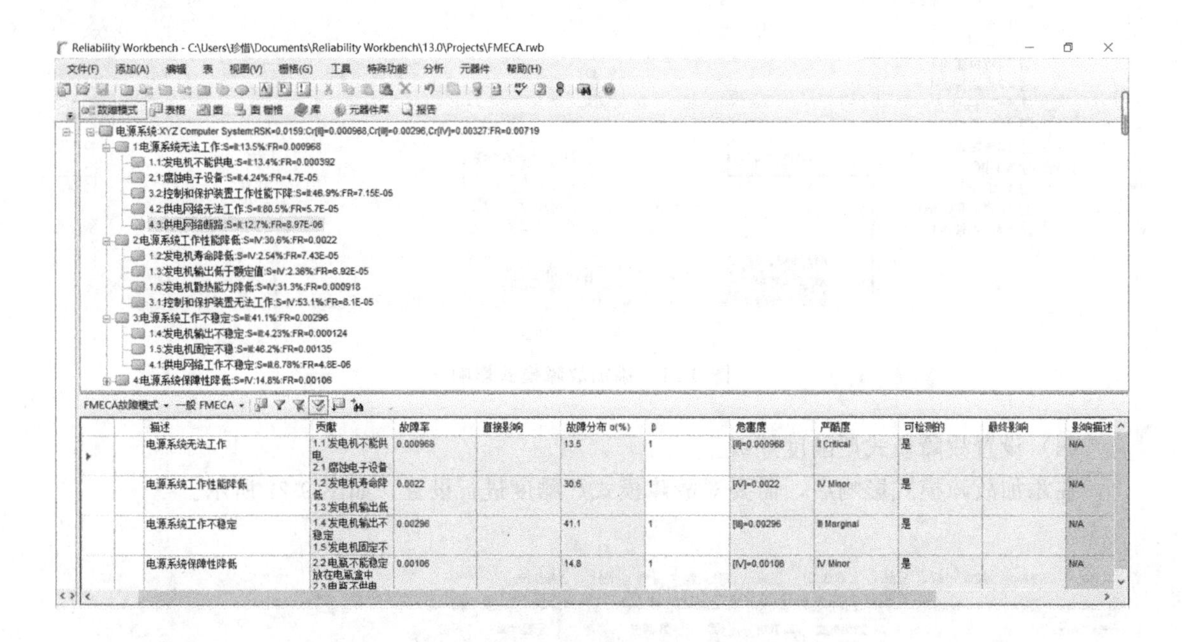

	描述	贡献	故障率	直接影响	故障分布 α(%)	β	危害度	严酷度	可检测的	最终影响	影响描述
▸	电源系统无法工作	1.1 发电机不能供电 2.1 腐蚀电子设备	0.000968		13.5	1	[II]=0.000968	II Critical	是		N/A
	电源系统工作性能降低	1.2 发电机寿命降低 1.3 发电机输出低	0.0022		30.6	1	[IV]=0.0022	IV Minor	是		N/A
	电源系统工作不稳定	1.4 发电机输出不稳定 1.5 发电机固定不	0.00296		41.1	1	[III]=0.00296	III Marginal	是		N/A
	电源系统保障性降低	2.2 电瓶不能稳定放在电瓶盒中 2.3 电瓶不供电	0.00106		14.8	1	[IV]=0.00106	IV Minor	是		N/A

图9-23 电源系统的FMECA表格

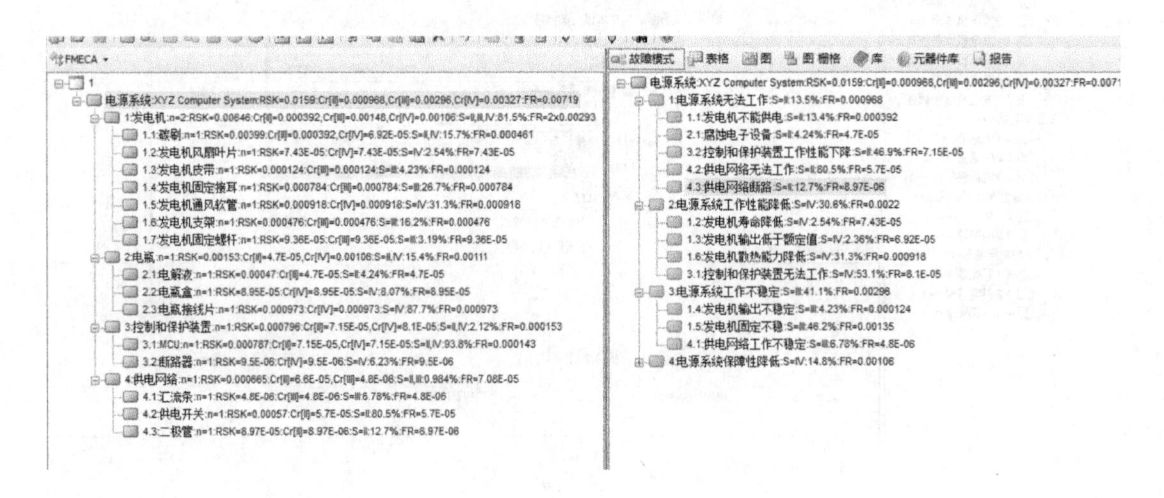

图9-24 电源系统的故障率信息

此外，分析结果也可以以图的格式显示，缺省设置下显示的是危害性矩阵图。如图 9-25 所示，危害性矩阵显示了系统的每个故障模式对应的严酷度并计算其危害度。

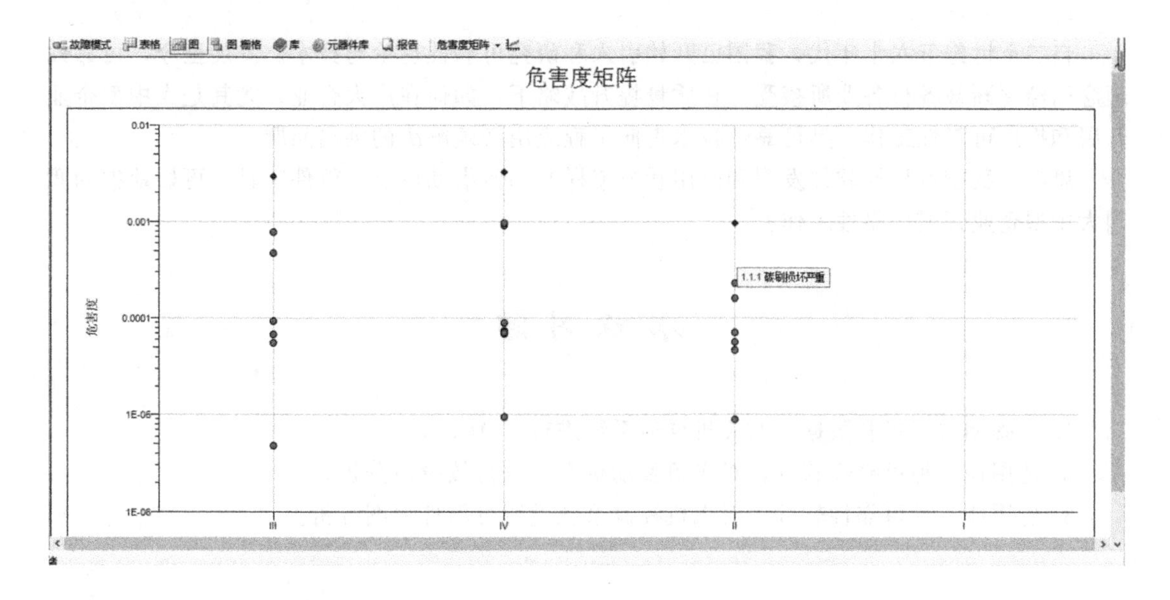

图 9-25 电源系统的危害度矩阵

本章小结

知识图谱

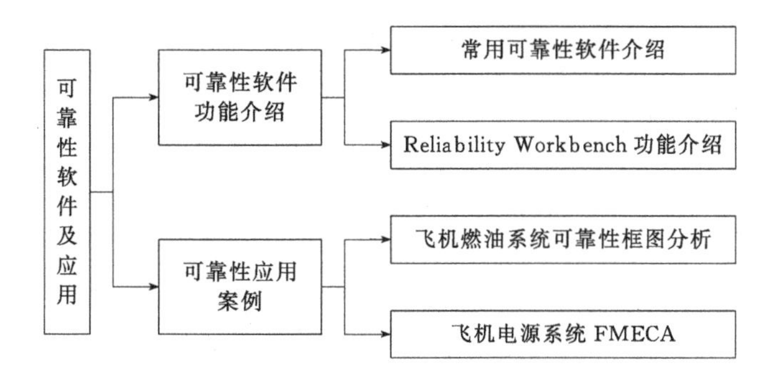

基本概念

可靠性框图	reliability block diagrams (RBD)
可靠性软件	reliability soft
故障模式、影响及危害性分析	failure mode, effects and criticality analysis (FMECA)

学而思之

自二十世纪五六十年代，我国已开始引入和研究可靠性理论与技术。发展至今，可靠性理念已经逐渐被各行各业所接受，在质量提升战略下，如何在广大企业，尤其是大中型企业开展和推广可靠性工作，是可靠性技术走向工程应用必须解决的突出问题。

思考：我国可靠性软件发展和应用状况怎样？如何借助可靠性软件工具，更好地推动我国大中型企业开展可靠性工作？

本章习题

1. 查阅相关资料和数据，对飞机导航系统进行FMECA。
2. 选用任一种可靠性软件，对飞机发动机系统进行故障树分析。
3. 选用任一种可靠性软件，对飞机控制系统进行可靠性框图分析。

参考文献

[1] 周正伐．航天可靠性工程［M］．北京：中国宇航出版社，2007.
[2] 曾声奎．可靠性设计与分析［M］．北京：国防工业出版社，2011.
[3] 王金武．可靠性工程基础［M］．北京：科学出版社，2013.
[4] 周正伐．可靠性工程基础［M］．2 版．北京：中国宇航出版社，2009.
[5] 刘品．可靠性工程基础（修订版）［M］．北京：中国计量出版社，2002.
[6] 佩希特．产品可靠性、维修性及保障性手册［M］．王军锋，陈云斌，周宪，等译．北京：机械工业出版社，2011.
[7] 姜同敏．可靠性与寿命试验［M］．北京：国防工业出版社， 2012.
[8] 姜同敏，王晓红，袁宏杰，李晓阳．可靠性试验技术［M］．北京：北京航空航天大学出版社， 2012.
[9] 刘岚岚，刘品．可靠性工程基础［M］．4 版．北京：中国质检出版社， 2014.
[10] 宋保维．系统可靠性设计与分析［M］．西安：西北工业大学出版社， 2000.
[11] 贾希胜．以可靠性为中心的维修决策模型［M］．北京：国防工业出版社， 2007.
[12] Elsayed A. Elsayed. 可靠性工程；第 2 版［M］．杨舟、康锐，译．北京：电子工业出版社， 2013.
[13] 常文兵，周晟瀚，肖依永．可靠性工程中的大数据分析［M］．北京:国防工业出版社， 2019.
[14] 赵宇，杨军，马小兵．可靠性数据分析教程［M］．北京：北京航空航天大学出版社， 2009.
[15] 赵宇．可靠性数据分析［M］．北京：国防工业出版社， 2011.
[16] 马小兵，杨军．可靠性统计分析［M］．北京：北京航空航天大学出版社， 2020.
[17] 贺国芳，杨军．可靠性数据的收集与分析［M］．北京：国防工业出版社， 1995.
[18] 梁开武．可靠性工程［M］．北京：国防工业出版社， 2014.
[19] 汪修慈．可靠性管理［M］．北京：电子工业出版社， 2015.

附 录

附表 1 标准正态分布表

x	0.00	0.01	0.02	0.03	0.04	0.05	0.06	0.07	0.08	0.09
0.0	0.5000	0.5040	0.5080	0.5120	0.5160	0.5199	0.5239	0.5279	0.5319	0.5359
0.1	0.5398	0.5438	0.5478	0.5517	0.5557	0.5596	0.5636	0.5675	0.5714	0.5753
0.2	0.5793	0.5832	0.5871	0.5910	0.5948	0.5987	0.6026	0.6064	0.6103	0.6141
0.3	0.6179	0.6217	0.6255	0.6293	0.6331	0.6368	0.6406	0.6443	0.6480	0.6517
0.4	0.6554	0.6591	0.6628	0.6664	0.6700	0.6736	0.6772	0.6808	0.6844	0.6879
0.5	0.6915	0.6950	0.6985	0.7019	0.7054	0.7088	0.7123	0.7157	0.7190	0.7224
0.6	0.7257	0.7291	0.7324	0.7357	0.7389	0.7422	0.7454	0.7486	0.7517	0.7549
0.7	0.7580	0.7611	0.7642	0.7673	0.7704	0.7734	0.7764	0.7794	0.7823	0.7852
0.8	0.7881	0.7910	0.7939	0.7967	0.7995	0.8023	0.8051	0.8078	0.8106	0.8133
0.9	0.8159	0.8186	0.8212	0.8238	0.8264	0.8289	0.8315	0.8340	0.8365	0.8389
1.0	0.8413	0.8438	0.8461	0.8485	0.8508	0.8531	0.8554	0.8577	0.8599	0.8621
1.1	0.8643	0.8665	0.8686	0.8708	0.8729	0.8749	0.8770	0.8790	0.8810	0.8830
1.2	0.8849	0.8869	0.8888	0.8907	0.8925	0.8944	0.8962	0.8980	0.8997	0.9015
1.3	0.9032	0.9049	0.9066	0.9082	0.9099	0.9115	0.9131	0.9147	0.9162	0.9177
1.4	0.9192	0.9207	0.9222	0.9236	0.9251	0.9265	0.9278	0.9292	0.9306	0.9319
1.5	0.9332	0.9345	0.9357	0.9370	0.9382	0.9394	0.9406	0.9418	0.9429	0.9441
1.6	0.9452	0.9463	0.9474	0.9484	0.9495	0.9505	0.9515	0.9525	0.9535	0.9545
1.7	0.9554	0.9564	0.9573	0.9582	0.9591	0.9599	0.9608	0.9616	0.9625	0.9633
1.8	0.9641	0.9649	0.9656	0.9664	0.9671	0.9678	0.9686	0.9693	0.9699	0.9706
1.9	0.9713	0.9719	0.9726	0.9732	0.9738	0.9744	0.9750	0.9756	0.9761	0.9767
2.0	0.9772	0.9778	0.9783	0.9788	0.9793	0.9798	0.9803	0.9808	0.9812	0.9817
2.1	0.9821	0.9826	0.9830	0.9834	0.9838	0.9842	0.9846	0.9850	0.9854	0.9857
2.2	0.9861	0.9864	0.9868	0.9871	0.9875	0.9878	0.9881	0.9884	0.9887	0.9890

续表

x	0.00	0.01	0.02	0.03	0.04	0.05	0.06	0.07	0.08	0.09
2.3	0.9893	0.9896	0.9898	0.9901	0.9904	0.9906	0.9909	0.9911	0.9913	0.9916
2.4	0.9918	0.9920	0.9922	0.9925	0.9927	0.9929	0.9931	0.9932	0.9934	0.9936
2.5	0.9938	0.9940	0.9941	0.9943	0.9945	0.9946	0.9948	0.9949	0.9951	0.9952
2.6	0.9953	0.9955	0.9956	0.9957	0.9959	0.9960	0.9961	0.9962	0.9963	0.9964
2.7	0.9965	0.9966	0.9967	0.9968	0.9969	0.9970	0.9971	0.9972	0.9973	0.9974
2.8	0.9974	0.9975	0.9976	0.9977	0.9977	0.9978	0.9979	0.9979	0.9980	0.9981
2.9	0.9981	0.9982	0.9982	0.9983	0.9984	0.9984	0.9985	0.9985	0.9986	0.9986
3.0	0.9987	0.9987	0.9987	0.9988	0.9988	0.9989	0.9989	0.9989	0.9990	0.9990
3.1	0.9990	0.9991	0.9991	0.9991	0.9992	0.9992	0.9992	0.9992	0.9993	0.9993
3.2	0.9993	0.9993	0.9994	0.9994	0.9994	0.9994	0.9994	0.9995	0.9995	0.9995
3.3	0.9995	0.9995	0.9995	0.9996	0.9996	0.9996	0.9996	0.9996	0.9996	0.9997
3.4	0.9997	0.9997	0.9997	0.9997	0.9997	0.9997	0.9997	0.9997	0.9997	0.9998

附表 2 χ^2 分布下侧分位数 $\chi_p^2(n)$

n \ p	0.001	0.005	0.010	0.025	0.050	0.100	0.500	0.900	0.950	0.975	0.990	0.995	0.999
1	0.0^5157	0.0^43927	0.0^31571	0.0^39821	0.003932	0.01579	0.4549	2.706	3.841	5.024	6.635	7.879	10.828
2	0.002001	0.01003	0.02010	0.05064	0.1026	0.2107	1.386	4.605	5.991	7.378	9.210	10.597	13.816
3	0.024	0.072	0.115	0.216	0.352	0.584	2.366	6.251	7.815	9.348	11.345	12.838	16.267
4	0.091	0.207	0.297	0.484	0.711	1.064	3.357	7.779	9.488	11.143	13.277	14.860	18.467
5	0.210	0.412	0.554	0.831	1.145	1.610	4.351	9.236	11.071	12.833	15.086	16.750	20.515
6	0.381	0.676	0.872	1.237	1.635	2.204	5.348	10.645	12.562	14.449	16.812	18.548	22.458
7	0.599	0.989	1.239	1.690	2.167	2.833	6.346	12.017	14.067	16.013	18.457	20.278	24.322
8	0.857	1.344	1.646	2.180	2.733	3.490	7.344	13.362	15.507	17.535	20.090	21.955	26.124
9	1.152	1.735	2.088	2.700	3.325	4.168	8.343	14.684	16.919	19.023	21.666	23.589	27.877
10	1.479	2.156	2.558	3.247	3.940	4.856	9.342	15.987	18.307	20.483	23.206	25.188	29.588
11	1.834	2.603	3.053	3.816	4.575	5.578	10.341	17.275	19.675	21.920	24.725	26.757	31.264
12	2.214	3.074	3.571	4.404	5.226	6.304	11.340	18.549	21.026	23.337	26.217	28.300	32.909
13	2.617	3.565	4.107	5.009	5.892	7.042	12.340	19.812	22.362	24.736	27.688	29.819	34.528
14	3.041	4.075	4.660	5.629	6.571	7.790	13.339	21.064	23.685	26.119	29.141	31.319	36.123
15	3.483	4.601	5.229	6.262	7.261	8.547	14.339	22.307	24.996	27.488	30.578	32.801	37.697
16	3.942	5.142	5.812	6.908	7.962	9.312	15.339	23.542	26.296	28.845	32.000	34.267	39.252
17	4.416	5.697	6.408	7.564	8.672	10.085	16.338	24.769	27.587	30.191	33.409	35.718	40.790
18	4.905	6.265	7.015	8.231	9.390	10.865	17.338	25.989	28.869	31.526	34.805	37.156	42.312
19	5.407	6.844	7.633	8.907	10.117	11.651	18.338	27.204	30.144	32.852	36.191	38.582	43.820
20	5.921	7.434	8.260	9.591	10.851	12.443	19.337	28.412	31.410	34.170	37.566	39.997	45.315
21	6.447	8.034	8.897	10.283	11.591	13.240	20.337	29.615	32.671	35.479	38.932	41.401	46.797

续表

n \ p	0.001	0.005	0.010	0.025	0.050	0.100	0.500	0.900	0.950	0.975	0.990	0.995	0.999
22	6.983	8.643	9.542	10.982	12.338	14.041	21.337	30.813	33.924	36.781	40.289	42.796	48.268
23	7.529	9.260	10.196	11.689	13.091	14.848	22.337	32.007	35.172	38.076	41.638	44.181	49.728
24	8.085	9.886	10.856	12.401	13.848	15.659	23.337	33.196	36.415	39.364	42.980	45.559	51.179
25	8.649	10.520	11.524	13.120	14.611	16.473	24.337	34.382	37.652	40.646	44.314	46.928	52.620
26	9.222	11.160	12.198	13.844	15.379	17.292	25.336	35.563	38.885	41.923	45.642	48.290	54.052
27	9.803	11.808	12.879	14.573	16.151	18.114	26.336	36.741	40.113	43.195	46.963	49.645	55.476
28	10.391	12.461	13.565	15.308	16.928	18.939	27.336	37.916	41.337	44.461	48.278	50.993	56.892
29	10.986	13.121	14.257	16.047	17.708	19.768	28.336	39.087	42.557	45.722	49.588	52.336	58.301
30	11.588	13.787	14.953	16.791	18.493	20.599	29.336	40.256	43.773	46.979	50.892	53.672	59.703
31	12.196	14.458	15.655	17.539	19.281	21.434	30.336	41.422	44.985	48.232	52.191	55.003	61.098
32	12.811	15.134	16.362	18.291	20.072	22.271	31.336	42.585	46.194	49.480	53.486	53.328	62.487
33	13.431	15.815	17.074	19.047	20.867	23.110	32.336	43.745	47.400	50.725	54.776	57.648	63.870
34	14.057	16.501	17.789	19.806	21.664	23.952	33.336	44.903	48.602	51.966	56.061	58.964	65.247
35	14.688	17.192	18.509	20.569	22.465	24.797	34.336	46.059	49.802	53.203	57.342	60.275	66.619
36	15.324	17.887	19.233	21.336	23.269	25.643	35.336	47.212	50.998	54.437	58.619	61.581	67.985
37	15.965	18.586	19.960	22.106	24.075	26.492	36.336	48.363	52.192	55.668	59.893	62.883	69.346
38	16.611	19.289	20.691	22.878	24.884	27.343	37.335	49.513	53.384	56.896	61.162	64.181	70.703
39	17.262	19.996	21.426	23.654	25.596	28.196	38.335	50.660	54.572	58.120	62.428	65.476	72.055
40	17.916	20.707	22.164	24.433	26.509	29.051	39.335	51.808	55.758	59.342	63.691	66.766	73.402

附表 3　科尔莫戈罗夫-斯米尔诺夫（K-S）检验的临界值($d_{n,\alpha}$)表

n \ α	0.2	0.1	0.05	0.02	0.01
1	0.90000	0.95000	0.97500	0.99000	0.99500
2	0.68377	0.77639	0.84189	0.90000	0.92929
3	0.56481	0.63604	0.70760	0.78456	0.82900
4	0.49265	0.56522	0.62394	0.68887	0.73424
5	0.44698	0.50945	0.56328	0.62718	0.66853
6	0.41037	0.46799	0.51926	0.57741	0.61661
7	0.38148	0.43607	0.48342	0.53844	0.57581
8	0.35831	0.40962	0.45427	0.50654	0.54179
9	0.33910	0.38746	0.43001	0.47960	0.51332
10	0.32260	0.36866	0.40925	0.45662	0.48893

续表

n \ α	0.2	0.1	0.05	0.02	0.01
11	0.30829	0.35242	0.39122	0.43670	0.46770
12	0.29577	0.33815	0.37543	0.41918	0.44905
13	0.28470	0.32549	0.36143	0.40362	0.43247
14	0.27481	0.31417	0.34890	0.38970	0.41762
15	0.26588	0.30397	0.33760	0.37713	0.40420
16	0.25778	0.29472	0.32733	0.36571	0.39201
17	0.25039	0.28627	0.31796	0.35528	0.38086
18	0.24360	0.27851	0.30936	0.34569	0.37062
19	0.23735	0.27136	0.30143	0.33685	0.36117
20	0.23156	0.26473	0.29403	0.32866	0.35241
21	0.22617	0.25858	0.28724	0.32104	0.34427
22	0.22115	0.25283	0.28087	0.31394	0.33666
23	0.21645	0.24746	0.27490	0.30728	0.32954
24	0.21205	0.24242	0.26931	0.30104	0.32286
25	0.20790	0.23768	0.26404	0.29516	0.31657
26	0.20399	0.23320	0.25907	0.28962	0.31064
27	0.20030	0.22898	0.25438	0.28438	0.30502
28	0.19680	0.22497	0.24993	0.27942	0.29971
29	0.19348	0.22117	0.24571	0.27471	0.29466
30	0.19032	0.21756	0.24170	0.27023	0.28987
31	0.18732	0.21412	0.23788	0.26596	0.28530
32	0.18445	0.21085	0.23424	0.26189	0.28094
33	0.18171	0.20771	0.23076	0.25801	0.27677
34	0.17909	0.20472	0.22743	0.25429	0.27279
35	0.17659	0.20185	0.22425	0.25073	0.26897
36	0.17418	0.19910	0.22119	0.24732	0.26532

续表

α / n	0.2	0.1	0.05	0.02	0.01
37	0.17188	0.19646	0.21826	0.24404	0.26180
38	0.16966	0.19392	0.21544	0.24089	0.25843
39	0.16753	0.19148	0.21273	0.23786	0.25518
40	0.16547	0.18913	0.21012	0.23494	0.25205
41	0.16349	0.18687	0.20760	0.23213	0.24904
42	0.16158	0.18468	0.20517	0.22941	0.24613
43	0.15974	0.18257	0.20283	0.22679	0.24332
44	0.15796	0.18053	0.20056	0.22426	0.24060
45	0.15623	0.17856	0.19837	0.22181	0.23798
46	0.15457	0.17665	0.19625	0.21944	0.23544
47	0.15295	0.17481	0.19420	0.21715	0.23298
48	0.15139	0.17302	0.19221	0.21493	0.23059
49	0.14987	0.17128	0.19028	0.21277	0.22828
50	0.14840	0.16959	0.18841	0.21068	0.22604
55	0.14164	0.16186	0.17981	0.20107	0.21574
60	0.13573	0.15511	0.17231	0.19267	0.20673
65	0.13052	0.14913	0.16567	0.18525	0.19877
70	0.12586	0.14381	0.15975	0.17863	0.19167
75	0.12167	0.13901	0.15442	0.17268	0.18528
80	0.11787	0.13467	0.14960	0.16728	0.17949
85	0.11442	0.13072	0.14520	0.16236	0.17421
90	0.11125	0.12709	0.14117	0.15786	0.16938
95	0.10833	0.12375	0.13746	0.15371	0.16493
100	0.10563	0.12067	0.13403	0.14987	0.16081